詳解
線形代数の基礎

川原　雄作・木村　哲三・新妻　弘・亀田　真澄／著

共立出版株式会社

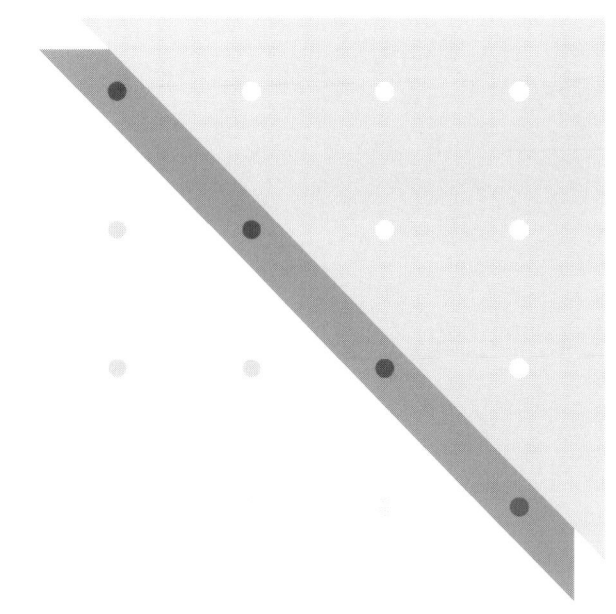

はしがき

本書は「線形代数の基礎」の問題，章末問題A，章末問題Bの全てに解答を与えるために書かれた.「線形代数の基礎」には各章の問題と章末問題Aの計算問題の答は書かれているが，ページ数の制約などのため計算過程は書かれていない．また，章末問題Bの解答も，ページ数の制約などのため全く書かれていなかった．そのため，授業が終わると質問をうけることも多かった．本来なら，学生の質問にはその場で一つ一つ応えるべきなのであるが，受講生の多い授業ではそれもままならない．本書を出す理由の大半がここにある．

章の構成は原テキストに従い，各節の始めに，定義，定理と問題を再録し，その解答を与えた．定義と定理にある程度慣れている読者は，本書だけで独立に演習書として使用することが出来ると思う．また，定義，定理の番号は原テキストと全く同じ番号を用いているので，定理の証明など参照するときに便利である．

原テキストは，そのはしがきにあるように，大学初学年の学生諸君が，行列，行列式とその応用，連立1次方程式，ベクトル，線形写像，行列の対角化などの諸概念を理解しやすいようにと心がけて書かれている．とはいえ，線形代数のこれらの概念を十分に理解するのはそれほどたやすいことではない．問題をみずからの手で計算し納得する，その積み重ねの上に学力がついて来る．かなりの時間がかかる作業である．そのことを十分理解された上で，本書を活用していただければ幸いである．

最後に，本書の出版に際しお世話になった共立出版 (株) の加藤敏博氏および吉村修司氏に深く感謝する．

2001 年 4 月

著　者

目 次

第1章　行　列

1.1　行列の和とスカラー倍

mn 個の数 a_{ij} を長方形に並べたもの

$$A = \begin{pmatrix} a_{11} & a_{12} & \ldots & a_{1n} \\ a_{21} & a_{22} & \ldots & a_{2n} \\ \vdots & \vdots & \ddots & \vdots \\ a_{m1} & a_{m2} & \ldots & a_{mn} \end{pmatrix}, \qquad 単に\ A = (a_{ij})$$

を (m, n) 型**行列**という．行列 A を構成する mn 個の数を行列 A の**成分**という．a_{ij} を行列 A の (i, j) 成分という．行列の横の並びを**行**といい，上から順に第 1 行, 第 2 行,$\ldots$, 第 m 行という．また縦の並びを**列**といい，左から順に第 1 列, 第 2 列,$\ldots$, 第 n 列という．

すべての成分が実数であるときを**実行列**，また複素数であるときを**複素行列**という．

$m = n$ のとき，すなわち (n, n) 型行列を n 次の**正方行列**または $\boldsymbol{n}$ **次行列**という．n 次正方行列 $A = (a_{ij})$ において $a_{11}, a_{22}, \ldots, a_{nn}$ からなる対角線を**主対角線**といい，それらの成分を**対角成分**という．

$(1, 1)$ 型行列 $A = (a)$ は数 a と同一視する．すなわち $(a) = a$. また $(1, n)$ 型行列を n 項**行ベクトル**，$(m, 1)$ 型行列を m 項**列ベクトル**という．列ベクトルと行ベクトルは**ボールト体(太い小文字)** を用いて次のように表す．

$$\boldsymbol{a} = \begin{pmatrix} a_1 \\ a_2 \\ \vdots \\ a_m \end{pmatrix}, \qquad \boldsymbol{b} = (b_1\ b_2\ \ldots\ b_n)$$

すべての成分が 0 である (m, n) 型行列を**零行列**といい，$O_{m,n}$ または O と表す．

和とスカラー倍　$A = (a_{ij}), B = (b_{ij})$ がともに (m, n) 型行列で対応する成分がすべて等しいとき，すなわち $a_{ij} = b_{ij}$ $(i = 1, 2, \ldots, m;\ j = 1, 2, \ldots, n)$ のとき，A と B は**等しい**といい，$A = B$ で表す．2 つの (m, n) 型行列 A, B に対して，A と B の**和**を $A + B = (a_{ij} + b_{ij})$ と定める．(m, n) 型行列 A と数 k (スカラー k) に対して，A の k 倍を $kA = (ka_{ij})$ と定める．

定理 1.1 行列 A, B, C, O とスカラー $k, h, 1$ に対して，和とスカラー倍の 2 つの演算に関して次の法則が成り立つ．

(1) $A + B = B + A$　　(2) $(A + B) + C = A + (B + C)$
(3) $A + O = O + A = A$
(4) $A + X = O = X + A$ となる行列 X が各 A に対して唯一存在する．
(5) $k(A + B) = kA + kB$　　(6) $(k + h)A = kA + hA$
(7) $k(hA) = (kh)A$　　(8) $1A = A$

問題 1.1 $A = \begin{pmatrix} 2 & -1 & 1 \\ 3 & 2 & 1 \end{pmatrix}$, $B = \begin{pmatrix} 0 & 2 & 1 \\ -1 & -2 & 3 \end{pmatrix}$, $C = \begin{pmatrix} 1 & 3 & -1 \\ 3 & 0 & 0 \end{pmatrix}$ に対して次の行列を求めよ．

(1) $-2A$　　(2) $A + B + C$
(3) $3A - B$　　(4) $3B - 2C + A$

【解答】 (1) $-2A = \begin{pmatrix} -2\cdot 2 & -2\cdot(-1) & -2\cdot 1 \\ -2\cdot 3 & -2\cdot 2 & -2\cdot 1 \end{pmatrix} = \begin{pmatrix} -4 & 2 & -2 \\ -6 & -4 & -2 \end{pmatrix}$

(2) $A + B + C = \begin{pmatrix} 2+0+1 & -1+2+3 & 1+1-1 \\ 3-1+3 & 2-2+0 & 1+3+0 \end{pmatrix} = \begin{pmatrix} 3 & 4 & 1 \\ 5 & 0 & 4 \end{pmatrix}$

(3) $3A - B = \begin{pmatrix} 3\cdot 2-0 & 3\cdot(-1)-2 & 3\cdot 1-1 \\ 3\cdot 3+1 & 3\cdot 2+2 & 3\cdot 1-3 \end{pmatrix} = \begin{pmatrix} 6 & -5 & 2 \\ 10 & 8 & 0 \end{pmatrix}$

(4) $3B - 2C + A = \begin{pmatrix} 0-2+2 & 6-6-1 & 3+2+1 \\ -3-6+3 & -6+0+2 & 9+0+1 \end{pmatrix} = \begin{pmatrix} 0 & -1 & 6 \\ -6 & -4 & 10 \end{pmatrix}$ ■

問題 1.2 スカラー k，行列 A に対して，次の (1), (2) を示せ．

(1) $(-k)A = -(kA) = k(-A)$

(2) $kA = O$ ならば "$k = 0$ または $A = O$" である．

【解答】 (1) $(-k)A = ((-k)a_{ij}) = (-ka_{ij}) = -(ka_{ij}) = -(kA) = k(-a_{ij}) = k(-A)$
(2) $kA = O$ により $ka_{ij} = 0$ である．したがって $k \neq 0$ ならばすべての i, j に対して $a_{ij} = 0$ である． ■

1.2 行列の積

(m, n) 型行列 $A = (a_{ij})$ と (n, l) 型行列 $B = (b_{ij})$ に対して，積 AB を

$$AB = (c_{ij}), \quad c_{ij} = \sum_{k=1}^{n} a_{ik}b_{kj} = a_{i1}b_{1j} + a_{i2}b_{2j} + \cdots + a_{in}b_{nj}$$

と定める．すなわち積 AB は (m,l) 型行列であり，A の列の数と B の行の数が等しいときのみ定義される．したがって積 AB が定義されても積 BA は定義されるとは限らない．仮に存在しても $AB = BA$ とは限らない．特に $AB = BA$ のときには A と B は**交換可能**または**可換**であるという．

定理 1.2 行列の積に関して，次の等式が成立する．

(1) $(AB)C = A(BC)$　　(2) $(A+B)C = AC + BC$
(3) $C(A+B) = CA + CB$　　(4) $(kA)B = A(kB) = k(AB)$

積 AB において，A, B のうち 1 つが零行列ならば AB も零行列である．しかし $A \neq O$ かつ $B \neq O$ であっても $AB = O$ となることがある．このような A, B を**零因子**という．

単位行列 n 次正方行列であって，対角成分が 1 であり，他の成分が 0 である E_n を n 次の**単位行列**という．単に E とも書く．**クロネッカーのデルタ** (Kronecker's delta)

$$\delta_{ij} = \begin{cases} 1 & (i = j) \\ 0 & (i \neq j) \end{cases}$$

を用いれば $E_n = (\delta_{ij})$ と表せる．このとき任意の (m,n) 型行列 A との積について $E_m A = A = AE_n$ が成り立つ．

べき乗 正方行列 $A\ (\neq O)$ の n 個の積 $\overbrace{AA\ldots A}^{n\ \text{個}}$ を A の n 乗といい，A^n と表す．すなわち $A^0 = E$, $A^1 = A$, $A^2 = A \cdot A$, $A^3 = A^2 \cdot A, \ldots,$ $A^{n+1} = A^n A$ である．

転置行列 (m,n) 型行列 $A = (a_{ij})$ に対して，行と列を入れ替えてできる (n,m) 型行列を A の**転置行列**といい，${}^tA$ で表す．すなわち ${}^tA = (s_{ij})$, $s_{ij} = a_{ji}$ $(i = 1, 2, \ldots, n;\ j = 1, 2, \ldots, m)$ である．

定理 1.3 行列 A, B とスカラー k に対して，次の等式が成り立つ．

(1) ${}^t({}^tA) = A$　　(2) ${}^t(A+B) = {}^tA + {}^tB$
(3) ${}^t(AB) = {}^tB\,{}^tA$　　(4) ${}^t(kA) = k\,{}^tA$

問題 1.3 $A = \begin{pmatrix} 1 & 2 & 0 \\ 3 & -1 & 1 \end{pmatrix}$, $B = \begin{pmatrix} 1 & 3 \\ 0 & 1 \\ -1 & 2 \end{pmatrix}$, $C = \begin{pmatrix} 1 & 0 & -1 \\ 3 & 1 & -1 \\ -1 & 2 & 2 \end{pmatrix}$ に対して，次の行列を求めよ．

(1) AB　　(2) BA　　(3) $A(CB)$
(4) $2A + AC$　　(5) $A(CB)$ と $(AC)B$ が等しいことを確かめよ．

【解答】 ┊印は計算補助に用いた記号です．

(1) $AB=\begin{pmatrix}1 & 2 & 0\\ 3 & -1 & 1\end{pmatrix}\begin{pmatrix}1 & 3\\ 0 & 1\\ -1 & 2\end{pmatrix}=\begin{pmatrix}1\cdot1+2\cdot0+0\cdot(-1) & 1\cdot3+2\cdot1+0\cdot2\\ 3\cdot1-1\cdot0+1\cdot(-1) & 3\cdot3-1\cdot1+1\cdot2\end{pmatrix}$

$=\begin{pmatrix}1 & 5\\ 2 & 10\end{pmatrix}$

(2) $BA=\begin{pmatrix}1 & 3\\ 0 & 1\\ -1 & 2\end{pmatrix}\begin{pmatrix}1 & 2 & 0\\ 3 & -1 & 1\end{pmatrix}=\begin{pmatrix}1+9 & 2-3 & 0+3\\ 0+3 & 0-1 & 0+1\\ -1+6 & -2-2 & 0+2\end{pmatrix}=\begin{pmatrix}10 & -1 & 3\\ 3 & -1 & 1\\ 5 & -4 & 2\end{pmatrix}$

(3) $CB=\begin{pmatrix}1 & 0 & -1\\ 3 & 1 & -1\\ -1 & 2 & 2\end{pmatrix}\begin{pmatrix}1 & 3\\ 0 & 1\\ -1 & 2\end{pmatrix}=\begin{pmatrix}1+0+1 & 3+0-2\\ 3+0+1 & 9+1-2\\ -1+0-2 & -3+2+4\end{pmatrix}=\begin{pmatrix}2 & 1\\ 4 & 8\\ -3 & 3\end{pmatrix}$ より

$A(CB)=\begin{pmatrix}1 & 2 & 0\\ 3 & -1 & 1\end{pmatrix}\begin{pmatrix}2 & 1\\ 4 & 8\\ -3 & 3\end{pmatrix}=\begin{pmatrix}2+8+0 & 1+16+0\\ 6-4-3 & 3-8+3\end{pmatrix}=\begin{pmatrix}10 & 17\\ -1 & -2\end{pmatrix}$

(4) $AC=\begin{pmatrix}1 & 2 & 0\\ 3 & -1 & 1\end{pmatrix}\begin{pmatrix}1 & 0 & -1\\ 3 & 1 & -1\\ -1 & 2 & 2\end{pmatrix}=\begin{pmatrix}1+6+0 & 0+2+0 & -1-2+0\\ 3-3-1 & 0-1+2 & -3+1+2\end{pmatrix}=\begin{pmatrix}7 & 2 & -3\\ -1 & 1 & 0\end{pmatrix}$,

$2A=\begin{pmatrix}2 & 4 & 0\\ 6 & -2 & 2\end{pmatrix}$ より $2A+AC=\begin{pmatrix}2+7 & 4+2 & 0-3\\ 6-1 & -2+1 & 2+0\end{pmatrix}=\begin{pmatrix}9 & 6 & -3\\ 5 & -1 & 2\end{pmatrix}$

(5) $(AC)B=\begin{pmatrix}7 & 2 & -3\\ -1 & 1 & 0\end{pmatrix}\begin{pmatrix}1 & 3\\ 0 & 1\\ -1 & 2\end{pmatrix}=\begin{pmatrix}7+0+3 & 21+2-6\\ -1+0+0 & -3+1+0\end{pmatrix}=\begin{pmatrix}10 & 17\\ -1 & -2\end{pmatrix}$

であり，(3) より $A(CB)=(AC)B$.　■

問題 1.4 次の行列と可換な行列をすべて求めよ．

(1) $\begin{pmatrix}1 & 1\\ 0 & 1\end{pmatrix}$　　(2) $\begin{pmatrix}0 & 0 & 1\\ 0 & 0 & 0\\ 1 & 0 & 0\end{pmatrix}$

【解答】 (1) X を $A=\begin{pmatrix}1 & 1\\ 0 & 1\end{pmatrix}$ と可換な行列とする．A が $(2,2)$ 型行列であり，積 AX が定義されるので，X の列数は 2 である．また積 XA が定義されるので，X の行数も 2 である．したがって $X=\begin{pmatrix}x & y\\ z & w\end{pmatrix}$ とおける．このとき $AX=\begin{pmatrix}x+z & y+w\\ z & w\end{pmatrix}$ および $XA=\begin{pmatrix}x & x+y\\ z & z+w\end{pmatrix}$ であり，可換性 $AX=XA$ より

$$x+z=x,\quad y+w=x+y,\quad z=z,\quad w=z+w$$

であるから，$z=0$, $x=w$ が成り立つ．ここで，$x=a$, $y=b$ (a,b は任意定数) とおけば，$X=\begin{pmatrix}a & b\\ 0 & a\end{pmatrix}$ である．

(2) Y を $B=\begin{pmatrix}0&0&1\\0&0&0\\1&0&0\end{pmatrix}$ と可換な行列とする．B が $(3,3)$ 型行列であり，積 BY と積 YB が定義されるので，Y は $(3,3)$ 型行列であり，$Y=\begin{pmatrix}p&q&r\\s&t&u\\v&w&x\end{pmatrix}$ とおける．このとき $BY=\begin{pmatrix}v&w&x\\0&0&0\\p&q&r\end{pmatrix}$ および $YB=\begin{pmatrix}r&0&p\\u&0&s\\x&0&v\end{pmatrix}$ となる．可換性 $BY=YB$ より

$$v=r,\quad w=0,\quad x=p,\quad u=0,\quad s=0,\quad q=0$$

であるから．$p=a,\ r=b,\ t=c$ (a,b,c は任意定数) として $Y=\begin{pmatrix}a&0&b\\0&c&0\\b&0&a\end{pmatrix}$ である． ■

> **問題 1.5** 次の行列 A に対して，$A^2, A^3, A^n\ (n\geqq 4)$ を求めよ．
>
> (1) $\begin{pmatrix}1&-1\\0&1\end{pmatrix}$ (2) $\begin{pmatrix}0&0&1\\0&1&0\\1&0&0\end{pmatrix}$ (3) $\begin{pmatrix}0&1&0&0\\0&0&1&0\\0&0&0&1\\0&0&0&0\end{pmatrix}$

【解答】 ⁝印は計算補助に用いた記号です．

(1) $A^2=\begin{pmatrix}1&-1\\0&1\end{pmatrix}\begin{pmatrix}1&-1\\0&1\end{pmatrix}=\begin{pmatrix}1+0&-1-1\\0+0&0+1\end{pmatrix}=\begin{pmatrix}1&-2\\0&1\end{pmatrix}$，さらに $A^3=A^2A=\begin{pmatrix}1&-2\\0&1\end{pmatrix}\begin{pmatrix}1&-1\\0&1\end{pmatrix}=\begin{pmatrix}1+0&-1-2\\0+0&0+1\end{pmatrix}=\begin{pmatrix}1&-3\\0&1\end{pmatrix}$ である．推測して $A^n=\begin{pmatrix}1&-n\\0&1\end{pmatrix}$ が正しいとする．このとき，$A^{n+1}=A^nA=\begin{pmatrix}1&-n\\0&1\end{pmatrix}\begin{pmatrix}1&-1\\0&1\end{pmatrix}=\begin{pmatrix}1+0&-1-n\\0+0&0+1\end{pmatrix}=\begin{pmatrix}1&-(n+1)\\0&1\end{pmatrix}$ となり，数学的帰納法により $A^n=\begin{pmatrix}1&-n\\0&1\end{pmatrix}$ が成り立つ．

(2) $A^2=\begin{pmatrix}0&0&1\\0&1&0\\1&0&0\end{pmatrix}\begin{pmatrix}0&0&1\\0&1&0\\1&0&0\end{pmatrix}=\begin{pmatrix}0+0+1&0+0+0&0+0+0\\0+0+0&0+1+0&0+0+0\\0+0+0&0+0+0&1+0+0\end{pmatrix}=E$ である．

$A^3=A^2A=EA=A$ である．ゆえに $A^n=\begin{cases}A & (n=\text{奇数})\\E & (n=\text{偶数})\end{cases}$ が成り立つ．

(3) $A^2=\begin{pmatrix}0&1&0&0\\0&0&1&0\\0&0&0&1\\0&0&0&0\end{pmatrix}\begin{pmatrix}0&1&0&0\\0&0&1&0\\0&0&0&1\\0&0&0&0\end{pmatrix}=\begin{pmatrix}0&0&1&0\\0&0&0&1\\0&0&0&0\\0&0&0&0\end{pmatrix}$，$A^3=A^2A=\begin{pmatrix}0&0&1&0\\0&0&0&1\\0&0&0&0\\0&0&0&0\end{pmatrix}\begin{pmatrix}0&1&0&0\\0&0&1&0\\0&0&0&1\\0&0&0&0\end{pmatrix}=\begin{pmatrix}0&0&0&1\\0&0&0&0\\0&0&0&0\\0&0&0&0\end{pmatrix}$． さらに $A^4=O$ であり，$n\geqq 4$ に対して $A^n=A^4A^{n-4}=OA^{n-4}=O$

が成り立つ． ■

問題 1.6 任意の自然数 m, n に対して，次の等式が成り立つことを示せ．

(1) $A^m A^n = A^{m+n} = A^n A^m$　　(2) $(A^m)^n = A^{mn} = (A^n)^m$

【解答】 (1) $A^m A^n = \overbrace{AA\ldots A}^{m\text{ 個}}\overbrace{AA\ldots A}^{n\text{ 個}} = \overbrace{AA\ldots A}^{(m+n)\text{ 個}} = A^{m+n}$ である．同様にして $A^n A^m = A^{m+n}$ が成り立つ．

(2) $(A^m)^n = (\overbrace{AA\ldots A}^{m\text{ 個}})^n = \overbrace{\overbrace{AA\ldots A}^{m\text{ 個}}\ldots\overbrace{AA\ldots A}^{m\text{ 個}}}^{n\text{ 個}} = \overbrace{AA\ldots A}^{mn\text{ 個}} = A^{mn}$ である．同様にして $(A^n)^m = A^{mn}$ が成り立つ． ■

問題 1.7 $\boldsymbol{a} = \begin{pmatrix} a_1 \\ a_2 \\ \vdots \\ a_n \end{pmatrix}$ のとき，${}^t\boldsymbol{a}\boldsymbol{a} = a_1^2 + a_2^2 + \cdots + a_n^2$ であることを示せ．

【解答】 ${}^t\boldsymbol{a}\boldsymbol{a} = \begin{pmatrix} a_1 & a_2 & \ldots & a_n \end{pmatrix}\begin{pmatrix} a_1 \\ a_2 \\ \vdots \\ a_n \end{pmatrix} = \begin{pmatrix} a_1^2 + a_2^2 + \cdots + a_n^2 \end{pmatrix}$ は $(1,1)$ 行列であるから，${}^t\boldsymbol{a}\boldsymbol{a} = a_1^2 + a_2^2 + \cdots + a_n^2$ が成り立つ． ■

問題 1.8 定理 1.3 を確かめよ．

【解答】 $A = (a_{ij})$, $B = (b_{ij})$ とする．(1) A の転置行列を ${}^tA = (a'_{ij})$ とおけば $a'_{ij} = a_{ji}$ である．また，${}^tA$ の転置行列を ${}^t({}^tA) = (a''_{ij})$ とおけば，任意の i, j について

$$a''_{ij} = a'_{ji} = a_{ij}$$

であるから，行列 A と ${}^t({}^tA)$ の対応した成分がすべて等しい．ゆえに $A = {}^t({}^tA)$.
(2) $A + B = C = (c_{ij})$ とおけば，$c_{ij} = a_{ij} + b_{ij}$ である．また，${}^tC = (c'_{ij})$ とすると

$$c'_{ij} = c_{ji} = a_{ji} + b_{ji} = a'_{ij} + b'_{ij}$$

であるから，${}^tC = {}^tA + {}^tB$, ゆえに ${}^t(A + B) = {}^tA + {}^tB$. ただし，${}^tB = (b'_{ij})$ である．
(3) $AB = C = (c_{ij})$ とおけば，行列の積の定義より $c_{ij} = \sum_{k=1}^n a_{ik}b_{kj}$. このとき

$$\begin{aligned} {}^tB\,{}^tA \text{ の } (i,j) \text{ 成分} &= \sum_{k=1}^n b'_{ik}a'_{kj} = \sum_{k=1}^n b_{ki}a_{jk} = \sum_{k=1}^n a_{jk}b_{ki} = c_{ji} \\ &= c'_{ij} = {}^tC \text{ の } (i,j) \text{ 成分} = {}^t(AB) \text{ の } (i,j) \text{ 成分} \end{aligned}$$

が成り立つ．ゆえに ${}^t(AB) = {}^tB{}^tA$.

(4) $kA = C = (c_{ij})$ とおけば，$c_{ij} = ka_{ij}$ である．このとき

$$^tC \text{ の } (i,j) \text{ 成分} = c'_{ij} = c_{ji} = ka_{ji} = ka'_{ij} = k \times (^tA \text{ の } (i,j) \text{ 成分})$$

が成り立つ．ゆえに $^t(kA) = k\,^tA$. ■

1.3 正則行列

正方行列 A に対して $AX = E$, $XA = E$ を同時に満たす正方行列 X が存在するとき，このような行列 X は唯一定まる．この X を A の **逆行列**といい，A^{-1} で表す．A が逆行列をもつとき，A は**正則行列**または**正則**であるという．

定理 1.4 A, B が正則行列であるとき，A^{-1}, AB, ^tA も正則行列であり，次の等式が成立する．

(1) $(A^{-1})^{-1} = A$　　(2) $(AB)^{-1} = B^{-1}A^{-1}$
(3) $(^tA)^{-1} = {}^t(A^{-1})$

正方行列 $A = (a_{ij})$ に対して

(1) $a_{ij} = 0\ (i > j)$ であるとき，A を**上三角行列**という．

(2) $a_{ij} = 0\ (i < j)$ であるとき，A を**下三角行列**という．

(3) $a_{ij} = 0\ (i \neq j)$ であるとき，A を**対角行列**という．

(4) $^tA = A$ であるとき，A を**対称行列**という．特にすべての成分が実数であるとき，**実対称行列**という．

(5) $^tA = -A$ であるとき，A を**交代行列**という．

(6) A が実行列で，$A\,^tA = {}^tAA = E$ であるとき，すなわち $^tA = A^{-1}$ であるとき A を**直交行列**という．

正規行列 複素行列 $A = (a_{ij})$ の成分 a_{ij} をすべて共役複素数で置き換えた行列 $\overline{A} = (\overline{a_{ij}})$ の転置行列 $^t\overline{A}$ を**共役転置行列**または**随伴行列**といい，A^* で表す．このとき

(1) $A^* = A$ であるとき，A を**エルミート行列** (Hermite 行列) という．すべての成分が実数であるエルミート行列は実対称行列である．

(2) $AA^* = A^*A = E$ すなわち $A^* = A^{-1}$ であるとき，A を**ユニタリ行列** (Unitary 行列) という．

(3) $AA^* = A^*A$ であるとき，A を**正規行列**という．

問題 1.9 正則な n 次正方行列 $A_1, A_2, \ldots, A_k$ に対して，次の等式を示せ．

$$(A_1A_2\ldots A_k)^{-1} = A_k^{-1}\ldots A_2^{-1}A_1^{-1}$$

【解答】 $k=2$ の場合，定理 1.4(2) より明らかに成り立つ．$k=h\ (\geqq 3)$ に対して $(A_1A_2\ldots A_h)^{-1}=A_h^{-1}\ldots A_2^{-1}A_1^{-1}$ が成り立つと仮定する．このとき，定理 1.4(2), 結合法則と仮定により

$$\begin{aligned}(A_1A_2\ldots A_hA_{h+1})^{-1}&=\{(A_1A_2\ldots A_h)A_{h+1}\}^{-1}=A_{h+1}^{-1}(A_1A_2\ldots A_h)^{-1}\\&=A_{h+1}^{-1}(A_h^{-1}\ldots A_2^{-1}A_1^{-1})=A_{h+1}^{-1}A_h^{-1}\ldots A_2^{-1}A_1^{-1}\end{aligned}$$

が成り立つ．したがって数学的帰納法により等式が成り立つ． ■

> **問題 1.10** 次の性質が成り立つことを示せ．
> (1) $A{}^tA$ は対称行列である．
> (2) 正則行列 A が対称行列のとき，A^{-1} も対称行列である．

【解答】 (1) 定理 1.3 の (3) と (1) により ${}^t(A{}^tA)={}^t({}^tA){}^tA=A{}^tA$ が成り立つ．
(2) 定理 1.4(3) により ${}^t(A^{-1})=({}^tA)^{-1}$ であり，A は対称行列であるから，$({}^tA)^{-1}=(A)^{-1}=A^{-1}$ が成り立つ． ■

> **問題 1.11** エルミート行列およびユニタリ行列は正規行列であることを示せ．

【解答】 (i) A がエルミート行列であれば，$A^*=A$ であるから，$AA^*=AA=A^*A$ となり，A は正規行列である．
(ii) A がユニタリ行列であれば，$A^*=A^{-1}$ であるから，$AA^*=AA^{-1}=E=A^{-1}A=A^*A$ となり，A は正規行列である． ■

1.4 行列の分割表示

次のように行列 A をいくつかのブロックに分ける．

$$A=\left(\begin{array}{c:ccc}a_{11}&a_{12}&a_{13}&a_{14}\\a_{21}&a_{22}&a_{23}&a_{24}\\\hline a_{31}&a_{32}&a_{33}&a_{34}\end{array}\right)$$

この各ブロックから得られる行列

$$A_{11}=\begin{pmatrix}a_{11}\\a_{21}\end{pmatrix},\ A_{12}=\begin{pmatrix}a_{12}&a_{13}&a_{14}\\a_{22}&a_{23}&a_{24}\end{pmatrix},\ A_{21}=(a_{31}),\ A_{22}=(a_{32}\ a_{33}\ a_{34})$$

を行列 A の**小行列**という．小行列を用いた行列の表し方を行列 A の**分割表示**という．例えば，行列 A について $\begin{pmatrix}A_{11}&A_{12}\\A_{21}&A_{22}\end{pmatrix}$ は A の分割表示である．

例 1.1 A を (m,n) 型行列，B を (n,s) 型行列，$\boldsymbol{x}$ を n 項列ベクトルとする．

$$A=(a_{ij})=\begin{pmatrix}\boldsymbol{a}'_1\\ \boldsymbol{a}'_2\\ \vdots\\ \boldsymbol{a}'_m\end{pmatrix}=(\boldsymbol{a}_1\ \boldsymbol{a}_2\ \ldots\ \boldsymbol{a}_n),$$

$$B=\begin{pmatrix}\boldsymbol{b}'_1\\ \boldsymbol{b}'_2\\ \vdots\\ \boldsymbol{b}'_n\end{pmatrix}=(\boldsymbol{b}_1\ \boldsymbol{b}_2\ \ldots\ \boldsymbol{b}_s),\quad \boldsymbol{x}=\begin{pmatrix}x_1\\ x_2\\ \vdots\\ x_n\end{pmatrix}.$$

このとき，次の等式が成り立つ．

(1) $A\boldsymbol{x}=(\boldsymbol{a}_1\ \boldsymbol{a}_2\ \ldots\ \boldsymbol{a}_n)\begin{pmatrix}x_1\\ x_2\\ \vdots\\ x_n\end{pmatrix}=x_1\boldsymbol{a}_1+x_2\boldsymbol{a}_2+\cdots+x_n\boldsymbol{a}_n$

(2) $AB=A(\boldsymbol{b}_1\ \boldsymbol{b}_2\ \ldots\ \boldsymbol{b}_s)=(A\boldsymbol{b}_1\ A\boldsymbol{b}_2\ \ldots\ A\boldsymbol{b}_s)$

(3) $AB=(a_{ij})\begin{pmatrix}\boldsymbol{b}'_1\\ \boldsymbol{b}'_2\\ \vdots\\ \boldsymbol{b}'_n\end{pmatrix}=\begin{pmatrix}a_{11}\boldsymbol{b}'_1+a_{12}\boldsymbol{b}'_2+\cdots+a_{1n}\boldsymbol{b}'_n\\ \vdots\\ a_{m1}\boldsymbol{b}'_1+a_{m2}\boldsymbol{b}'_2+\cdots+a_{mn}\boldsymbol{b}'_n\end{pmatrix}$

(4) $AB=\begin{pmatrix}\boldsymbol{a}'_1\\ \boldsymbol{a}'_2\\ \vdots\\ \boldsymbol{a}'_m\end{pmatrix}(\boldsymbol{b}_1\ \boldsymbol{b}_2\ \ldots\ \boldsymbol{b}_s)=\begin{pmatrix}\boldsymbol{a}'_1\boldsymbol{b}_1 & \boldsymbol{a}'_1\boldsymbol{b}_2 & \ldots & \boldsymbol{a}'_1\boldsymbol{b}_s\\ \boldsymbol{a}'_2\boldsymbol{b}_1 & \boldsymbol{a}'_2\boldsymbol{b}_2 & \ldots & \boldsymbol{a}'_2\boldsymbol{b}_s\\ \vdots & \vdots & \ddots & \vdots\\ \boldsymbol{a}'_m\boldsymbol{b}_1 & \boldsymbol{a}'_m\boldsymbol{b}_2 & \ldots & \boldsymbol{a}'_m\boldsymbol{b}_s\end{pmatrix}$

問題 1.12 例 1.1 の (1) – (4) を確かめよ．

【解答】 (1)

$$A\boldsymbol{x}=\begin{pmatrix}a_{11} & a_{12} & \ldots & a_{1n}\\ a_{21} & a_{22} & \ldots & a_{2n}\\ \vdots & \vdots & \ddots & \vdots\\ a_{m1} & a_{m2} & \ldots & a_{mn}\end{pmatrix}\begin{pmatrix}x_1\\ x_2\\ \vdots\\ x_n\end{pmatrix}=\begin{pmatrix}a_{11}x_1+a_{12}x_2+\cdots+a_{1n}x_n\\ a_{21}x_1+a_{22}x_2+\cdots+a_{2n}x_n\\ \vdots\\ a_{m1}x_1+a_{m2}x_2+\cdots+a_{mn}x_n\end{pmatrix}$$
$$=x_1\boldsymbol{a}_1+x_2\boldsymbol{a}_2+\cdots+x_n\boldsymbol{a}_n.$$

(2) AB の第 j 列を $(AB)_j$ と表せば，$j = 1, 2, \ldots, m$ に対して

$$(AB)_j = \begin{pmatrix} \displaystyle\sum_{k=1}^{n} a_{1k} b_{kj} \\ \displaystyle\sum_{k=1}^{n} a_{2k} b_{kj} \\ \vdots \\ \displaystyle\sum_{k=1}^{n} a_{mk} b_{kj} \end{pmatrix} = \begin{pmatrix} a_{11} & a_{12} & \ldots & a_{1n} \\ a_{21} & a_{22} & \ldots & a_{2n} \\ \vdots & \vdots & \ddots & \vdots \\ a_{m1} & a_{m2} & \ldots & a_{mn} \end{pmatrix} \begin{pmatrix} b_{1j} \\ b_{2j} \\ \vdots \\ b_{nj} \end{pmatrix} = A\boldsymbol{b}_j.$$

(3) AB の第 i 行を $(AB)_i$ と表せば，$i = 1, 2, \ldots, m$ に対して

$$\begin{aligned} (AB)_i &= \begin{pmatrix} \displaystyle\sum_{k=1}^{n} a_{ik} b_{k1} & \displaystyle\sum_{k=1}^{n} a_{ik} b_{k2} & \ldots & \displaystyle\sum_{k=1}^{n} a_{ik} b_{kn} \end{pmatrix} \\ &= \begin{pmatrix} a_{i1} & a_{i2} & \ldots & a_{in} \end{pmatrix} \begin{pmatrix} b_{11} & b_{12} & \ldots & b_{1n} \\ b_{21} & b_{22} & \ldots & b_{2n} \\ \vdots & \vdots & \ddots & \vdots \\ b_{m1} & b_{m2} & \ldots & b_{mn} \end{pmatrix} = \begin{pmatrix} a_{i1} & a_{i2} & \ldots & a_{in} \end{pmatrix} \begin{pmatrix} \boldsymbol{b}'_1 \\ \boldsymbol{b}'_2 \\ \vdots \\ \boldsymbol{b}'_n \end{pmatrix} \\ &= a_{i1}\boldsymbol{b}'_1 + a_{i2}\boldsymbol{b}'_2 + \cdots + a_{in}\boldsymbol{b}'_n. \end{aligned}$$

(4) AB の (i, j) 成分を c_{ij} と表せば，$i = 1, 2, \ldots, m$; $j = 1, 2, \ldots, s$ に対して

$$c_{ij} = \sum_{k=1}^{n} a_{ik} b_{kj} = (a_{i1}\ a_{i2}\ \ldots\ a_{in}) \begin{pmatrix} b_{1j} \\ b_{2j} \\ \vdots \\ b_{nj} \end{pmatrix} = \boldsymbol{a}'_i \boldsymbol{b}_j \quad ■$$

章末問題 1

問　題 1. A

1. $A = \begin{pmatrix} 2 & 1 & -1 \\ 4 & 2 & -4 \end{pmatrix}$，$B = \begin{pmatrix} 1 & -2 & 3 \\ 1 & 2 & -3 \end{pmatrix}$，$C = \begin{pmatrix} -8 & 1 & 3 \\ -1 & 2 & 1 \end{pmatrix}$ に対して，次の行列を計算せよ．

(1) $3A - B + C$　　(2) $A - 3B + C$

【解答】 ┊印は計算補助に用いた記号です．

(1) $3A - B + C = \begin{pmatrix} 6-1-8 & 3+2+1 & -3-3+3 \\ 12-1-1 & 6-2+2 & -12+3+1 \end{pmatrix} = \begin{pmatrix} -3 & 6 & -3 \\ 10 & 6 & -8 \end{pmatrix}$

(2) $A - 3B + C = \begin{pmatrix} 2-3-8 & 1+6+1 & -1-9+3 \\ 4-3-1 & 2-6+2 & -4+9+1 \end{pmatrix} = \begin{pmatrix} -9 & 8 & -7 \\ 0 & -2 & 6 \end{pmatrix}$ ■

2. 次の行列の積を計算せよ.

(1) $\begin{pmatrix} 0 & 2 & 1 \\ 1 & 1 & 5 \\ -1 & 0 & 2 \end{pmatrix}\begin{pmatrix} 2 & 1 \\ 3 & 2 \\ 4 & 3 \end{pmatrix}$ (2) $\begin{pmatrix} 2 & 1 \\ 3 & 2 \\ 4 & 3 \end{pmatrix}\begin{pmatrix} 1 & 0 & 2 \\ 2 & 2 & 3 \end{pmatrix}$

(3) $\begin{pmatrix} 2 & 2 & 1 \\ 1 & 3 & 2 \\ 0 & 3 & 1 \end{pmatrix}\begin{pmatrix} 2 \\ 4 \\ 6 \end{pmatrix}$ (4) $\begin{pmatrix} 2 & 4 & 6 \end{pmatrix}\begin{pmatrix} 2 & 2 & 1 \\ 1 & 3 & 2 \\ 0 & 3 & 1 \end{pmatrix}$

【解答】 ┆印は計算補助に用いた記号です.

(1) $\begin{pmatrix} 0 & 2 & 1 \\ 1 & 1 & 5 \\ -1 & 0 & 2 \end{pmatrix}\begin{pmatrix} 2 & 1 \\ 3 & 2 \\ 4 & 3 \end{pmatrix} = \begin{pmatrix} 0+6+4 & 0+4+3 \\ 2+3+20 & 1+2+15 \\ -2+0+8 & -1+0+6 \end{pmatrix} = \begin{pmatrix} 10 & 7 \\ 25 & 18 \\ 6 & 5 \end{pmatrix}$

(2) $\begin{pmatrix} 2 & 1 \\ 3 & 2 \\ 4 & 3 \end{pmatrix}\begin{pmatrix} 1 & 0 & 2 \\ 2 & 2 & 3 \end{pmatrix} = \begin{pmatrix} 2+2 & 0+2 & 4+3 \\ 3+4 & 0+4 & 6+6 \\ 4+6 & 0+6 & 8+9 \end{pmatrix} = \begin{pmatrix} 4 & 2 & 7 \\ 7 & 4 & 12 \\ 10 & 6 & 17 \end{pmatrix}$

(3) $\begin{pmatrix} 2 & 2 & 1 \\ 1 & 3 & 2 \\ 0 & 3 & 1 \end{pmatrix}\begin{pmatrix} 2 \\ 4 \\ 6 \end{pmatrix} = \begin{pmatrix} 4+8+6 \\ 2+12+12 \\ 0+12+6 \end{pmatrix} = \begin{pmatrix} 18 \\ 26 \\ 18 \end{pmatrix}$

(4) $\begin{pmatrix} 2 & 4 & 6 \end{pmatrix}\begin{pmatrix} 2 & 2 & 1 \\ 1 & 3 & 2 \\ 0 & 3 & 1 \end{pmatrix} = \begin{pmatrix} 4+4+0 & 4+12+18 & 2+8+6 \end{pmatrix} = \begin{pmatrix} 8 & 34 & 16 \end{pmatrix}$ ■

3. 次の行列 A に対して, $A + {}^tA$, $A - {}^tA$ を求めよ.

(1) $\begin{pmatrix} 3 & 4 \\ 2 & 1 \end{pmatrix}$ (2) $\begin{pmatrix} 1 & 2 & 0 \\ 2 & 1 & 4 \\ -3 & 0 & -1 \end{pmatrix}$

【解答】 ┆印は計算補助に用いた記号です.

(1) $A + {}^tA = \begin{pmatrix} 3 & 4 \\ 2 & 1 \end{pmatrix} + \begin{pmatrix} 3 & 2 \\ 4 & 1 \end{pmatrix} = \begin{pmatrix} 3+3 & 4+3 \\ 2+4 & 1+1 \end{pmatrix} = \begin{pmatrix} 6 & 6 \\ 6 & 2 \end{pmatrix}$,

$A - {}^tA = \begin{pmatrix} 3 & 4 \\ 2 & 1 \end{pmatrix} - \begin{pmatrix} 3 & 2 \\ 4 & 1 \end{pmatrix} = \begin{pmatrix} 3-3 & 4-2 \\ 2-4 & 1-1 \end{pmatrix} = \begin{pmatrix} 0 & 2 \\ -2 & 0 \end{pmatrix}$.

(2) $A + {}^tA = \begin{pmatrix} 1 & 2 & 0 \\ 2 & 1 & 4 \\ -3 & 0 & -1 \end{pmatrix} + \begin{pmatrix} 1 & 2 & -3 \\ 2 & 1 & 0 \\ 0 & 4 & -1 \end{pmatrix} = \begin{pmatrix} 2 & 4 & -3 \\ 4 & 2 & 4 \\ -3 & 4 & -2 \end{pmatrix}$,

$A - {}^tA = \begin{pmatrix} 1-1 & 2-2 & 0-(-3) \\ 2-2 & 1-1 & 4-0 \\ -3-0 & 0-4 & -1-(-1) \end{pmatrix} = \begin{pmatrix} 0 & 0 & 3 \\ 0 & 0 & 4 \\ -3 & -4 & 0 \end{pmatrix}$ ■

4. 次の行列 A に対して, A^n を求めよ.

(1) $\begin{pmatrix} 0 & 0 & 0 \\ 1 & 0 & 0 \\ 0 & 1 & 0 \end{pmatrix}$ (2) $\begin{pmatrix} 0 & 0 & 1 \\ 1 & 0 & 0 \\ 0 & 1 & 0 \end{pmatrix}$

【解答】 ┆印は計算補助に用いた記号です.

(1) $A^2 = \begin{pmatrix} 0&0&0\\1&0&0\\0&1&0 \end{pmatrix}\begin{pmatrix} 0&0&0\\1&0&0\\0&1&0 \end{pmatrix} = \begin{pmatrix} 0+0+0&0+0+0&0+0+0\\0+0+0&0+0+0&0+0+0\\0+1+0&0+0+0&0+0+0 \end{pmatrix} = \begin{pmatrix} 0&0&0\\0&0&0\\1&0&0 \end{pmatrix}$

であり, $A^3 = A^2A = \begin{pmatrix} 0&0&0\\0&0&0\\1&0&0 \end{pmatrix}\begin{pmatrix} 0&0&0\\1&0&0\\0&1&0 \end{pmatrix} = \begin{pmatrix} 0&0&0\\0&0&0\\0&0&0 \end{pmatrix} = O$ となり, $n \geqq 3$ に対して $A^n = O$ である.

(2) $A^2 = \begin{pmatrix} 0&0&1\\1&0&0\\0&1&0 \end{pmatrix}\begin{pmatrix} 0&0&1\\1&0&0\\0&1&0 \end{pmatrix} = \begin{pmatrix} 0+0+0&0+0+1&0+0+0\\0+0+0&0+0+0&1+0+0\\0+1+0&0+0+0&0+0+0 \end{pmatrix} = \begin{pmatrix} 0&1&0\\0&0&1\\1&0&0 \end{pmatrix}$

であり, $A^3 = A^2A = \begin{pmatrix} 0&1&0\\0&0&1\\1&0&0 \end{pmatrix}\begin{pmatrix} 0&0&1\\1&0&0\\0&1&0 \end{pmatrix} = \begin{pmatrix} 1&0&0\\0&1&0\\0&0&1 \end{pmatrix} = E$ である. ゆえに

$$A^n = \begin{cases} A & (n = 3m+1) \\ A^2 & (n = 3m+2) \\ E & (n = 3m) \end{cases} \quad \blacksquare$$

5. 次の行列 A, B に対して, AB および BA を求めよ.

(1) $A = \begin{pmatrix} 1&0&-2\\2&-1&2 \end{pmatrix}$, $B = \begin{pmatrix} 1&2\\-2&0\\1&3 \end{pmatrix}$

(2) $A = \begin{pmatrix} \cos\alpha & -\sin\alpha\\ \sin\alpha & \cos\alpha \end{pmatrix}$, $B = \begin{pmatrix} \cos\beta & -\sin\beta\\ \sin\beta & \cos\beta \end{pmatrix}$

【解答】 ┆印は計算補助に用いた記号です.

(1) $AB = \begin{pmatrix} 1&0&-2\\2&-1&2 \end{pmatrix}\begin{pmatrix} 1&2\\-2&0\\1&3 \end{pmatrix} = \begin{pmatrix} 1+0-2&2+0-6\\2+2+2&4+0+6 \end{pmatrix} = \begin{pmatrix} -1&-4\\6&10 \end{pmatrix}$, $BA = \begin{pmatrix} 1&2\\-2&0\\1&3 \end{pmatrix}\begin{pmatrix} 1&0&-2\\2&-1&2 \end{pmatrix} = \begin{pmatrix} 1+4&0-2&-2+4\\-2+0&0+0&4+0\\1+6&0-3&-2+6 \end{pmatrix} = \begin{pmatrix} 5&-2&2\\-2&0&4\\7&-3&4 \end{pmatrix}$ である. これより A, B は可換でない.

(2) 加法定理を用いて

$$\begin{aligned} AB &= \begin{pmatrix} \cos\alpha\cos\beta - \sin\alpha\sin\beta & -\cos\alpha\sin\beta - \sin\alpha\cos\beta \\ \sin\alpha\cos\beta + \cos\alpha\sin\beta & -\sin\alpha\sin\beta + \cos\alpha\cos\beta \end{pmatrix} \\ &= \begin{pmatrix} \cos(\alpha+\beta) & -\sin(\alpha+\beta) \\ \sin(\alpha+\beta) & \cos(\alpha+\beta) \end{pmatrix}, \\ BA &= \begin{pmatrix} \cos\beta\cos\alpha - \sin\beta\sin\alpha & -\cos\beta\sin\alpha - \sin\beta\cos\alpha \\ \sin\beta\cos\alpha + \cos\beta\sin\alpha & -\sin\beta\sin\alpha + \cos\beta\cos\alpha \end{pmatrix} \end{aligned}$$

$$= \begin{pmatrix} \cos(\alpha+\beta) & -\sin(\alpha+\beta) \\ \sin(\alpha+\beta) & \cos(\alpha+\beta) \end{pmatrix}$$

が成り立つ．これより A, B は可換である． ■

6. $A = \begin{pmatrix} 3 & -1 \\ 1 & 2 \\ -1 & 1 \end{pmatrix}$, $B = \begin{pmatrix} 2i & 0 \\ 0 & 2-i \\ i & 2 \end{pmatrix}$ に対して，${}^tAA$ と BB^* を求めよ．

【解答】 ┊印は計算補助に用いた記号です．

(i) ${}^tA = \begin{pmatrix} 3 & 1 & -1 \\ -1 & 2 & 1 \end{pmatrix}$ であるから

$${}^tAA = \begin{pmatrix} 3 & 1 & -1 \\ -1 & 2 & 1 \end{pmatrix}\begin{pmatrix} 3 & -1 \\ 1 & 2 \\ -1 & 1 \end{pmatrix} = \begin{pmatrix} 9+1+1 & -3+2-1 \\ -3+2-1 & 1+4+1 \end{pmatrix}$$

$$= \begin{pmatrix} 11 & -2 \\ -2 & 6 \end{pmatrix}$$

(ii) $B^* = {}^t\overline{B} = {}^t\begin{pmatrix} -2i & 0 \\ 0 & 2+i \\ -i & 2 \end{pmatrix} = \begin{pmatrix} -2i & 0 & -i \\ 0 & 2+i & 2 \end{pmatrix}$ および $i^2 = -1$ により

$$BB^* = \begin{pmatrix} 2i & 0 \\ 0 & 2-i \\ i & 2 \end{pmatrix}\begin{pmatrix} -2i & 0 & -i \\ 0 & 2+i & 2 \end{pmatrix}$$

$$= \begin{pmatrix} -4i^2+0 & 0+0 & -2i^2+0 \\ 0+0 & 0+(2-i)(2+i) & 0+2(2-i) \\ -2i^2+0 & 0+2(2+i) & -i^2+4 \end{pmatrix} = \begin{pmatrix} 4 & 0 & 2 \\ 0 & 5 & 4-2i \\ 2 & 4+2i & 5 \end{pmatrix}$$ ■

7. $X = \begin{pmatrix} 3 & -1 & -1 \\ -1 & 3 & -1 \\ -1 & -1 & 3 \end{pmatrix}$ に対して，$X^3 - 9X^2 + 24X - 16E$ を計算せよ．

【解答】 $X^3 - 9X^2 + 24X - 16E = X(X(X-9E)+24E) - 16E$ として

$$X - 9E = \begin{pmatrix} -6 & -1 & -1 \\ -1 & -6 & -1 \\ -1 & -1 & -6 \end{pmatrix}, \qquad X(X-9E)+24E = \begin{pmatrix} 8 & 4 & 4 \\ 4 & 8 & 4 \\ 4 & 4 & 8 \end{pmatrix},$$

$$X(X(X-9E)+24E) = \begin{pmatrix} 16 & 0 & 0 \\ 0 & 16 & 0 \\ 0 & 0 & 16 \end{pmatrix}$$

が成り立つ．ゆえに $X^3 - 9X^2 + 24X - 16E = O$． ■

8. 次の行列の積を分割表示の積として計算せよ．

(1) $\left(\begin{array}{cc|cc} 1&0&1&0\\ 1&0&2&0\\ \hline 1&0&0&1\\ 0&1&1&0 \end{array}\right)\left(\begin{array}{cc|cc} 1&0&1&0\\ 2&1&0&1\\ \hline 1&0&0&1\\ 0&1&1&4 \end{array}\right)$　　　(2) $\left(\begin{array}{c|cc} 0&1&1\\ \hline 1&1&0\\ 0&0&1 \end{array}\right)\left(\begin{array}{c|cc} 1&2&3\\ \hline 2&1&0\\ 3&4&1 \end{array}\right)$

【解答】 (1) 与式

$$=\left(\begin{array}{c|c} \begin{pmatrix}1&0\\1&0\end{pmatrix}\begin{pmatrix}1&0\\2&1\end{pmatrix}+\begin{pmatrix}1&0\\2&0\end{pmatrix}\begin{pmatrix}1&0\\0&1\end{pmatrix} & \begin{pmatrix}1&0\\1&0\end{pmatrix}\begin{pmatrix}1&0\\0&1\end{pmatrix}+\begin{pmatrix}1&0\\2&0\end{pmatrix}\begin{pmatrix}0&1\\1&4\end{pmatrix} \\ \hline \begin{pmatrix}1&0\\0&1\end{pmatrix}\begin{pmatrix}1&0\\2&1\end{pmatrix}+\begin{pmatrix}0&1\\1&0\end{pmatrix}\begin{pmatrix}1&0\\0&1\end{pmatrix} & \begin{pmatrix}1&0\\0&1\end{pmatrix}\begin{pmatrix}1&0\\0&1\end{pmatrix}+\begin{pmatrix}0&1\\1&0\end{pmatrix}\begin{pmatrix}0&1\\1&4\end{pmatrix} \end{array}\right)$$

$$=\left(\begin{array}{c|c} \begin{pmatrix}1&0\\1&0\end{pmatrix}+\begin{pmatrix}1&0\\2&0\end{pmatrix} & \begin{pmatrix}1&0\\1&0\end{pmatrix}+\begin{pmatrix}0&1\\0&2\end{pmatrix} \\ \hline \begin{pmatrix}1&0\\2&1\end{pmatrix}+\begin{pmatrix}0&1\\1&0\end{pmatrix} & \begin{pmatrix}1&0\\0&1\end{pmatrix}+\begin{pmatrix}1&4\\0&1\end{pmatrix} \end{array}\right)=\left(\begin{array}{c|c} \begin{pmatrix}2&0\\3&0\end{pmatrix} & \begin{pmatrix}1&1\\1&2\end{pmatrix} \\ \hline \begin{pmatrix}1&1\\3&1\end{pmatrix} & \begin{pmatrix}2&4\\0&2\end{pmatrix} \end{array}\right)=\begin{pmatrix}2&0&1&1\\3&0&1&2\\1&1&2&4\\3&1&0&2\end{pmatrix}.$$

(2) 与式

$$=\left(\begin{array}{c|c} (0)(1)+(1\ 1)\begin{pmatrix}2\\3\end{pmatrix} & (0)(2\ 3)+(1\ 1)\begin{pmatrix}1&0\\4&1\end{pmatrix} \\ \hline \begin{pmatrix}1\\0\end{pmatrix}(1)+\begin{pmatrix}1&0\\0&1\end{pmatrix}\begin{pmatrix}2\\3\end{pmatrix} & \begin{pmatrix}1\\0\end{pmatrix}(2\ 3)+\begin{pmatrix}1&0\\0&1\end{pmatrix}\begin{pmatrix}1&0\\4&1\end{pmatrix} \end{array}\right)$$

$$=\left(\begin{array}{c|c} (0)+(5) & (0\ 0)+(5\ 1) \\ \hline \begin{pmatrix}1\\0\end{pmatrix}+\begin{pmatrix}2\\3\end{pmatrix} & \begin{pmatrix}2&3\\0&0\end{pmatrix}+\begin{pmatrix}1&0\\4&1\end{pmatrix} \end{array}\right)=\left(\begin{array}{c|c} 5 & (5\ 1) \\ \hline \begin{pmatrix}3\\3\end{pmatrix} & \begin{pmatrix}3&3\\4&1\end{pmatrix} \end{array}\right)=\begin{pmatrix}5&5&1\\3&3&3\\3&4&1\end{pmatrix}\qquad\blacksquare$$

問　題 1. B

1. (1) 正方行列 A に対して $S=\dfrac{1}{2}(A+{}^tA)$, $T=\dfrac{1}{2}(A-{}^tA)$ とおく．このとき，S は対称行列であり，T は交代行列であることを示せ．

(2) 正方行列 A が対称行列であり，また交代行列でもあれば，$A=O$ であることを示せ．

(3) A が正方行列で $A=S+T$ であり，さらに S が対称行列，T が交代行列であるならば，$S=\dfrac{1}{2}(A+{}^tA)$, $T=\dfrac{1}{2}(A-{}^tA)$ であることを示せ．

(4) $A=\begin{pmatrix}1&0&1\\-1&3&2\\1&-1&2\end{pmatrix}$ を対称行列と交代行列の和として表せ．

【解答】 (1) 定理 1.3 (1), (2), (4) を用いて

$${}^tS={}^t\left\{\frac{1}{2}(A+{}^tA)\right\}=\frac{1}{2}{}^t(A+{}^tA)=\frac{1}{2}\left({}^tA+{}^t({}^tA)\right)=\frac{1}{2}({}^tA+A)=S$$

より，S は対称行列である．

$$ {}^tT = {}^t\left\{\frac{1}{2}(A - {}^tA)\right\} = \frac{1}{2}{}^t(A - {}^tA) = \frac{1}{2}({}^tA - {}^t({}^tA)) = -\frac{1}{2}(A - {}^tA) = -T $$

より，T は交代行列である．

(2) ${}^tA = A$, ${}^tA = -A$ であれば，$A = {}^tA = -A$. ゆえに $2A = O$ より，$A = O$.

(3) ${}^tS = S$, ${}^tT = -T$, $A = S + T$ とする．${}^tA = {}^t(S + T) = S - T$ より，$A + {}^tA = 2S$ および $A - {}^tA = 2T$. ゆえに

$$ S = \frac{1}{2}(A + {}^tA), \quad T = \frac{1}{2}(A - {}^tA) $$

(4) $A = \begin{pmatrix} 1 & 0 & 1 \\ -1 & 3 & 2 \\ 1 & -1 & 2 \end{pmatrix}$, ${}^tA = \begin{pmatrix} 1 & -1 & 1 \\ 0 & 3 & -1 \\ 1 & 2 & 2 \end{pmatrix}$ より

$$ S = \frac{1}{2}(A + {}^tA) = \begin{pmatrix} 1 & -\frac{1}{2} & 1 \\ -\frac{1}{2} & 3 & \frac{1}{2} \\ 1 & \frac{1}{2} & 2 \end{pmatrix}, \quad T = \frac{1}{2}(A - {}^tA) = \begin{pmatrix} 0 & \frac{1}{2} & 0 \\ -\frac{1}{2} & 0 & \frac{3}{2} \\ 0 & -\frac{3}{2} & 0 \end{pmatrix} $$

ゆえに $A = S + T = \begin{pmatrix} 1 & -\frac{1}{2} & 1 \\ -\frac{1}{2} & 3 & \frac{1}{2} \\ 1 & \frac{1}{2} & 2 \end{pmatrix} + \begin{pmatrix} 0 & \frac{1}{2} & 0 \\ -\frac{1}{2} & 0 & \frac{3}{2} \\ 0 & -\frac{3}{2} & 0 \end{pmatrix}$ ■

2. A, B は n 次正方行列であり，$AB = BA$ を満たすものとする．このとき，$(AB)^m = A^m B^m$ であることを示せ．

【解答】 (i) 任意の自然数 r に対して $B^r A = AB^r$ であることを示す．

$r = 1$ のとき，明らかに $BA = BA$ である．

$r \geqq 2$ のとき，$B^{r-1}A = AB^{r-1}$ が正しいと仮定する．このとき

$$ \begin{aligned} B^r A &= B^{r-1}(BA) = B^{r-1}(AB) = (B^{r-1}A)B \\ &= (AB^{r-1})B = AB^r \end{aligned} $$

ゆえに数学的帰納法により $B^r A = AB^r$.

(ii) 任意の自然数 m に対して $(AB)^m = A^m B^m$ であることを示す．

$m = 1$ のとき，$(AB)^1 = AB$ である．

$m \geqq 2$ のとき，$(AB)^{m-1} = A^{m-1}B^{m-1}$ が正しいと仮定する．このとき

$$ \begin{aligned} (AB)^m &= (AB)^{m-1}AB = (A^{m-1}B^{m-1})AB = A^{m-1}(B^{m-1}A)B \\ &= A^{m-1}(AB^{m-1})B = A^m B^m \end{aligned} $$

ゆえに数学的帰納法により $(AB)^m = A^m B^m$ ■

3. n 次正方行列 A, B に対して $AB-BA$ を A と B の**交換子積**といい，記号 $[A,B]$ で表す．次の等式が成り立つことを示せ．

(1) $[A,B]=-[B,A]$　　(2) $[A,A]=O$
(3) $[[A,B],C]+[[B,C],A]+[[C,A],B]=O$

【解答】 (1) $[A,B]=AB-BA=-(BA-AB)=-[B,A]$

(2) $[A,A]=AA-AA=O$

(3) 各項をまず計算する．

$$\begin{aligned}[[A,B],C]&=[AB-BA,C]=(AB-BA)C-C(AB-BA)\\&=ABC-BAC-CAB+CBA,\\ [[B,C],A]&=BCA-CBA-ABC+ACB,\\ [[C,A],B]&=CAB-ACB-BCA+BAC.\end{aligned}$$

ゆえに

$$\begin{aligned}&[[A,B],C]+[[B,C],A]+[[C,A],B]\\&\quad=(ABC-BAC-CAB+CBA)+(BCA-CBA-ABC+ACB)\\&\qquad+(CAB-ACB-BCA+BAC)\\&\quad=O \quad ■\end{aligned}$$

4. n 次正方行列 A に対して，$A^m=O$ を満たす自然数 m が存在するとき，A を**べき零行列**という．このとき，次の問に答えよ．

(1) A がべき零行列であり，$A^m=O$ であるとするとき，$(E-A)(E+A+\cdots+A^{m-1})$ を計算せよ．

(2) A がべき零行列であり，$A^m=O$ であるとするとき，$E-A$ が正則であることを示し，$(E-A)^{-1}$ を E と A を用いて表せ．

【解答】 (1) $A^m=O$ より

$$\begin{aligned}&(E-A)(E+A+A^2+\cdots+A^{m-1})\\&\quad=E(E+A+A^2+\cdots+A^{m-1})\\&\qquad-A(E+A+A^2+\cdots+A^{m-1})\\&\quad=E+A+A^2+\cdots+A^{m-1}-(A+A^2+A^3+\cdots+A^m)\\&\quad=E-A^m=E\end{aligned}$$

(2) 同様にして，$(E+A+A^2+\cdots+A^{m-1})(E-A)=E$. ゆえに

$$(E-A)^{-1}=E+A+A^2+\cdots+A^{m-1} \quad ■$$

第2章　行列式

2.1　行列式の定義

置換 自然数 $1, 2, \ldots, n$ からなる集合を N とする．N から N の上への 1 対 1 写像 ϕ を N の**置換**または n 次置換という．N の元 i に対して i の ϕ による像を $\phi(i)$ で表す．ϕ を，1 を $\phi(1)$ に，2 を $\phi(2)$ に，…，n を $\phi(n)$ に写像するという意味で

$$\phi = \begin{pmatrix} 1 & 2 & \ldots & n \\ \phi(1) & \phi(2) & \ldots & \phi(n) \end{pmatrix} \tag{2.1}$$

と表現する．式 (2.1) の $\phi(1), \phi(2), \ldots, \phi(n)$ は $1, 2, \ldots, n$ の順列であり $1, 2, \ldots, n$ の順列は $n!$ 個あるので，N の置換全体の集合 S_n は $n!$ 個の元で構成されている．

置換の積 N の置換 ϕ, ψ に対して合成写像 $\psi \circ \phi$ を ϕ と ψ の積といい，$\psi\phi$ で表す．

$$\psi\phi = \begin{pmatrix} 1 & 2 & \ldots & n \\ \psi(\phi(1)) & \psi(\phi(2)) & \ldots & \psi(\phi(n)) \end{pmatrix}$$

特に，$1_N = \begin{pmatrix} 1 & 2 & \ldots & n \\ 1 & 2 & \ldots & n \end{pmatrix}$ を**恒等置換**という．また $\phi = \begin{pmatrix} 1 & 2 & \ldots & n \\ p_1 & p_2 & \ldots & p_n \end{pmatrix}$ に対して $\psi = \begin{pmatrix} p_1 & p_2 & \ldots & p_n \\ 1 & 2 & \ldots & n \end{pmatrix}$ を ϕ の**逆置換**といい，ϕ^{-1} で表す．

互換 置換 ϕ が i と j を入れ替えて他のものを動かさないとき，この ϕ を**互換**といい，$\phi = (i, j)$ で表す．

$$\phi = (i, j) = \begin{pmatrix} 1 & 2 & \ldots & i & \ldots & j & \ldots & n \\ 1 & 2 & \ldots & j & \ldots & i & \ldots & n \end{pmatrix}$$

このとき，$\phi\phi = 1_N$，$\phi^{-1} = \phi$ が成り立つ．

定理 2.1 任意の置換はいくつかの互換の積として表すことができる．

定理 2.2 置換を互換の積として表すとき，互換の個数が偶数であるか奇数であるかはその置換によって一定である．

置換の符号 置換 ϕ が偶数個の互換の積であるとき**偶置換**，奇数個の互換の積であるとき**奇置換**という．このとき，次のように置換 ϕ の **符号** $\operatorname{sgn}\phi$ を定める．

$$\operatorname{sgn}\phi=\begin{cases}1 & (\phi\text{が偶置換のとき})\\ -1 & (\phi\text{が奇置換のとき})\end{cases}$$

行列式の定義 n 次正方行列 $A=(a_{ij})$ に対して

$$|A|=\sum_{\phi\in S_n}\operatorname{sgn}\phi\cdot a_{1\phi(1)}a_{2\phi(2)}\ldots a_{n\phi(n)} \tag{2.2}$$

とおき，これを n 次正方行列 A の**行列式** (determinant) または $\boldsymbol{n}$ **次の行列式**という．ここで，式 (2.2) の右辺はすべての順列 $(\phi(1)\ \phi(2)\ \ldots\ \phi(n))$ に対する和 ($n!$ 個の和) であり，ϕ が偶置換のとき $+$ の符号を，ϕ が奇置換のとき $-$ の符号をつけてそれぞれ加えたものである．この行列式 $|A|$ はまた次のように表す．

$$\det A,\qquad |a_{ij}|,\qquad \begin{vmatrix} a_{11} & a_{12} & \ldots & a_{1n}\\ a_{21} & a_{22} & \ldots & a_{2n}\\ \vdots & \vdots & \ddots & \vdots\\ a_{n1} & a_{n2} & \ldots & a_{nn}\end{vmatrix}$$

【補足】 行列式について

- 1 次の行列式: $|a_{11}|=a_{11}$.
- 2 次の行列式: $\begin{vmatrix} a_{11} & a_{12}\\ a_{21} & a_{22}\end{vmatrix}=a_{11}a_{22}-a_{12}a_{21}$.
- 3 次の行列式:

$$\begin{vmatrix} a_{11} & a_{12} & a_{13}\\ a_{21} & a_{22} & a_{23}\\ a_{31} & a_{32} & a_{33}\end{vmatrix}=a_{11}a_{22}a_{33}+a_{12}a_{23}a_{31}+a_{13}a_{21}a_{32}$$
$$-a_{13}a_{22}a_{31}-a_{12}a_{21}a_{33}-a_{11}a_{23}a_{32}.$$

3 次の行列式には右の覚えやすい記憶法がある．これを**サラス** (Sarrus) **の方法**という．

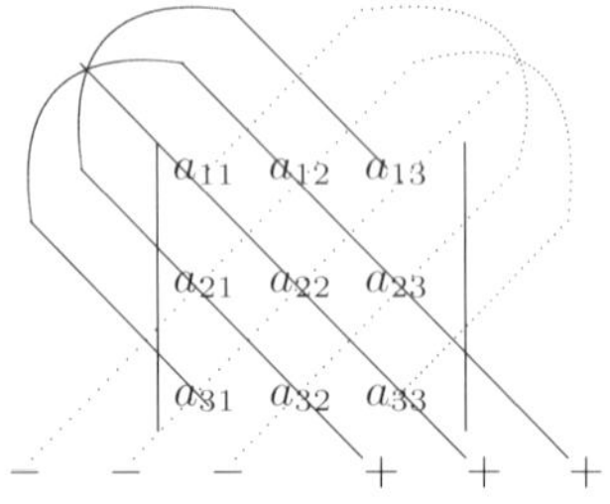

- 4 次以上の行列式については上述のような便利な記憶法はない．

> **問題 2.1** $\phi = \begin{pmatrix} 1 & 2 & 3 & 4 & 5 \\ 3 & 5 & 1 & 2 & 4 \end{pmatrix}$, $\psi = \begin{pmatrix} 1 & 2 & 3 & 4 & 5 \\ 4 & 1 & 5 & 2 & 3 \end{pmatrix}$ に対して，次の置換を求めよ．
>
> (1) $\psi\phi$　　(2) $\phi\psi$　　(3) ϕ^{-1}

【解答】 (1) $\psi\phi(1) = \psi(\phi(1)) = \psi(3) = 5$, $\psi\phi(2) = \psi(5) = 3$, $\psi\phi(3) = \psi(1) = 4$, $\psi\phi(4) = \psi(2) = 1$, $\psi\phi(5) = \psi(4) = 2$ により

$$\psi\phi = \begin{pmatrix} 1 & 2 & 3 & 4 & 5 \\ 4 & 1 & 5 & 2 & 3 \end{pmatrix}\begin{pmatrix} 1 & 2 & 3 & 4 & 5 \\ 3 & 5 & 1 & 2 & 4 \end{pmatrix} = \begin{pmatrix} 1 & 2 & 3 & 4 & 5 \\ 5 & 3 & 4 & 1 & 2 \end{pmatrix}.$$

(2) $\phi\psi(1) = \phi(4) = 2$, $\phi\psi(2) = \phi(1) = 3$, $\phi\psi(3) = \phi(5) = 4$, $\phi\psi(4) = \phi(2) = 5$, $\phi\psi(5) = \phi(3) = 1$ により

$$\phi\psi = \begin{pmatrix} 1 & 2 & 3 & 4 & 5 \\ 3 & 5 & 1 & 2 & 4 \end{pmatrix}\begin{pmatrix} 1 & 2 & 3 & 4 & 5 \\ 4 & 1 & 5 & 2 & 3 \end{pmatrix} = \begin{pmatrix} 1 & 2 & 3 & 4 & 5 \\ 2 & 3 & 4 & 5 & 1 \end{pmatrix}.$$

(3) 逆置換の定義により

$$\phi^{-1} = \begin{pmatrix} 1 & 2 & 3 & 4 & 5 \\ 3 & 5 & 1 & 2 & 4 \end{pmatrix}^{-1} = \begin{pmatrix} 3 & 5 & 1 & 2 & 4 \\ 1 & 2 & 3 & 4 & 5 \end{pmatrix} = \begin{pmatrix} 1 & 2 & 3 & 4 & 5 \\ 3 & 4 & 1 & 5 & 2 \end{pmatrix} \quad ■$$

> **問題 2.2** N の置換 ϕ, ψ に対して，次の等式が成り立つことを示せ．
>
> (1) $(\phi\psi)\sigma = \phi(\psi\sigma)$　　(2) $(\phi^{-1})^{-1} = \phi$　　(3) $(\psi\phi)^{-1} = \phi^{-1}\psi^{-1}$

【解答】 $i, j, k = 1, 2, \ldots, n$ とする．
(1) 任意の i に対して

$$((\phi\psi)\sigma)(i) = (\phi\psi)(\sigma(i)) = (\phi(\psi(\sigma(i)))) = \phi((\psi\sigma)(i)) = (\phi(\psi\sigma))(i)$$

であるから，$(\phi\psi)\sigma = \phi(\psi\sigma)$.

(2) 任意の i に対して $\phi(i) = j$ とする．このとき，$\phi^{-1}(j) = i$. さらに $(\phi^{-1})^{-1}(i) = j$ であるから，$(\phi^{-1})^{-1}(i) = \phi(i)$ である．ゆえに $(\phi^{-1})^{-1} = \phi$.

(3) 任意の i に対して $\phi(i) = j$, $\psi(j) = k$ とする．このとき，$\phi^{-1}(j) = i$, $\psi^{-1}(k) = j$ となる．よって，$\phi^{-1}\psi^{-1}(k) = \phi^{-1}(j) = i$ である．一方，$\psi\phi(i) = k$ により，$(\psi\phi)^{-1}(k) = i$ であるから，$\phi^{-1}\psi^{-1}(k) = (\psi\phi)^{-1}(k) = i$ である．ゆえに $(\psi\phi)^{-1} = \phi^{-1}\psi^{-1}$. ■

> **問題 2.3** 次の置換の符号を求めよ．
>
> (1) $\begin{pmatrix} 1 & 2 & 3 & 4 \\ 2 & 4 & 1 & 3 \end{pmatrix}$　　(2) $\begin{pmatrix} 1 & 2 & 3 & 4 \\ 3 & 2 & 1 & 4 \end{pmatrix}$　　(3) $\begin{pmatrix} 1 & 2 & 3 & 4 & 5 \\ 2 & 5 & 1 & 3 & 4 \end{pmatrix}$

【解答】 (1) 与えられた置換を互換の積で表す.

$$\begin{aligned}\begin{pmatrix} 1 & 2 & 3 & 4 \\ 2 & 4 & 1 & 3 \end{pmatrix} &= (3,\ 4)\begin{pmatrix} 1 & 2 & 3 & 4 \\ 2 & 3 & 1 & 4 \end{pmatrix} = (3,\ 4)(1,\ 3)\begin{pmatrix} 1 & 2 & 3 & 4 \\ 2 & 1 & 3 & 4 \end{pmatrix} \\ &= (3,\ 4)(1,\ 3)(1,\ 2).\end{aligned}$$

ゆえに $\mathrm{sgn}\begin{pmatrix}1&2&3&4\\2&4&1&3\end{pmatrix}=\mathrm{sgn}(3,\ 4)(1,\ 3)(1,\ 2)=(-1)^3=-1.$

(2) $\begin{pmatrix}1&2&3&4\\3&2&1&4\end{pmatrix}=(1,\ 3)$ であるから，$\mathrm{sgn}\begin{pmatrix}1&2&3&4\\3&2&1&4\end{pmatrix}=\mathrm{sgn}(1,\ 3)=(-1)^1=-1.$

(3) 与えられた置換を互換の積で表す．

$$\begin{pmatrix}1&2&3&4&5\\2&5&1&3&4\end{pmatrix}=(4,\ 5)\begin{pmatrix}1&2&3&4&5\\2&4&1&3&5\end{pmatrix}=(4,\ 5)(3,\ 4)\begin{pmatrix}1&2&3&4&5\\2&3&1&4&5\end{pmatrix}$$
$$=(4,\ 5)(3,\ 4)(1,\ 3)\begin{pmatrix}1&2&3&4&5\\2&1&3&4&5\end{pmatrix}=(4,\ 5)(3,\ 4)(1,\ 3)(1,\ 2).$$

ゆえに 4 個の互換の積であるから，$\mathrm{sgn}\begin{pmatrix}1&2&3&4&5\\2&5&1&3&4\end{pmatrix}=(-1)^4=+1.$ ■

問題 2.4 置換の符号に関する次の等式が成り立つことを示せ．

(1) $\mathrm{sgn}(1_N)=1$　　(2) $\mathrm{sgn}(\phi^{-1})=\mathrm{sgn}\,\phi$　　(3) $\mathrm{sgn}(\psi\phi)=(\mathrm{sgn}\,\psi)(\mathrm{sgn}\,\phi)$

【解答】 (1) $1_N=(1,\ 2)(1,\ 2)$ と表されるから，$\mathrm{sgn}\,1_N=(-1)^2=+1.$

(2) $\phi=(i_1,\ j_1)(i_2,\ j_2)\ldots(i_k,\ j_k)$ とすれば，問題 2.2(3) より

$$\phi^{-1}=(i_k,\ j_k)^{-1}\ldots(i_2,\ j_2)^{-1}(i_1,\ j_1)^{-1}=(i_k,\ j_k)\ldots(i_2,\ j_2)(i_1,\ j_1)$$

と表され，ともに同じ個数の互換の積であるから，$\mathrm{sgn}(\phi^{-1})=\mathrm{sgn}\,\phi.$

(3) $\phi=(i_1,\ j_1)(i_2,\ j_2)\ldots(i_k,\ j_k)$ および $\psi=(m_1,\ n_1)(m_2,\ n_2)\ldots(m_h,\ n_h)$ とすれば

$$\psi\phi=(m_1,\ n_1)(m_2,\ n_2)\ldots(m_h,\ n_h)(i_1,\ j_1)(i_2,\ j_2)\ldots(i_k,\ j_k)$$

である．したがって，符号について次の式が成り立つ．

$$\mathrm{sgn}(\psi\phi)=(-1)^{h+k}=(-1)^h(-1)^k=(\mathrm{sgn}\,\psi)(\mathrm{sgn}\,\phi)$$ ■

問題 2.5 次の行列式の値を計算せよ．

(1) $\begin{vmatrix}1&2\\3&-1\end{vmatrix}$　　(2) $\begin{vmatrix}a&b\\c&d\end{vmatrix}$　　(3) $\begin{vmatrix}1&4&-2\\3&2&1\\0&-1&3\end{vmatrix}$

【解答】 (1) $\begin{vmatrix}1&2\\3&-1\end{vmatrix}=1\cdot(-1)-2\cdot3=-7.$　(2) $\begin{vmatrix}a&b\\c&d\end{vmatrix}=ad-bc.$

(3) $\begin{vmatrix}1&4&-2\\3&2&1\\0&-1&3\end{vmatrix}=6+0+6-0-36-(-1)=-23$ ■

2.2 行列式の性質

定理 2.3 行列式の行と列を入れ替えてもその値は変わらない．

$$|{}^tA| = |A|$$

これより行列式の行に関して成り立つ性質は列に関しても同様に成り立つ．

定理 2.4 行列式について，次の (1), (2), (3) が成り立つ．

(1) 行列式の第 i 行が 2 つの行ベクトルの和 $\boldsymbol{a}_i' + \boldsymbol{a}_i''$ であれば，その行列式は第 i 行をそれぞれ $\boldsymbol{a}_i'$ と $\boldsymbol{a}_i''$ で置き換えた 2 つの行列式の和に等しい．

(2) 行列式の第 i 行を k 倍した行列式はもとの行列式の k 倍に等しい．

(3) 行列式の 2 つの行を入れ替えると，行列式の符号が変わる．

定理 2.3 と定理 2.4 より次の (1), (2), (3) が成立する．

(1) 行列式の第 i 列が 2 つの列ベクトルの和 $\boldsymbol{a}_i' + \boldsymbol{a}_i''$ であれば，その行列式は第 i 列をそれぞれ $\boldsymbol{a}_i'$ と $\boldsymbol{a}_i''$ で置き換えた 2 つの行列式の和に等しい．

(2) 行列式の第 i 列を k 倍した行列式は，もとの行列式の k 倍に等しい．

(3) 行列式の 2 つの列を入れ替えると，行列式の符号が変わる．

定理 2.5 n 次の行列式 $|A|$ の行 (または列) に $1, 2, \ldots, n$ の置換 ϕ を施して得られる行列式の値は $\operatorname{sgn}\phi \cdot |A|$ である．

$$\begin{vmatrix} a_{\phi(1)1} & a_{\phi(1)2} & \cdots & a_{\phi(1)n} \\ a_{\phi(2)1} & a_{\phi(2)2} & \cdots & a_{\phi(2)n} \\ \vdots & \vdots & \ddots & \vdots \\ a_{\phi(n)1} & a_{\phi(n)2} & \cdots & a_{\phi(n)n} \end{vmatrix} = \operatorname{sgn}\phi \cdot \begin{vmatrix} a_{11} & a_{12} & \cdots & a_{1n} \\ a_{21} & a_{22} & \cdots & a_{2n} \\ \vdots & \vdots & \ddots & \vdots \\ a_{n1} & a_{n2} & \cdots & a_{nn} \end{vmatrix}$$

定理 2.6 行列式に関して次の性質が成り立つ．

(1) 2 つの行 (または列) が等しい行列式の値は 0 である．

(2) ある行 (または列) の成分がすべて 0 である行列式の値は 0 である．

(3) ある行 (または列) に他の行 (または列) の定数倍を加えても，行列式の値は変わらない．

定理 2.7 (行列の積の行列式) n 次正方行列 A, B に対して

$$|AB| = |A| \cdot |B|$$

例 2.1 次の等式が成り立つことを示せ.

$$\begin{vmatrix} a_{11} & 0 & \dots & 0 \\ a_{21} & a_{22} & \dots & a_{2n} \\ \vdots & \vdots & \ddots & \vdots \\ a_{n1} & a_{n2} & \dots & a_{nn} \end{vmatrix} = \begin{vmatrix} a_{11} & a_{12} & \dots & a_{1n} \\ 0 & a_{22} & \dots & a_{2n} \\ \vdots & \vdots & \ddots & \vdots \\ 0 & a_{n2} & \dots & a_{nn} \end{vmatrix} = a_{11} \cdot \begin{vmatrix} a_{22} & \dots & a_{2n} \\ \vdots & \ddots & \vdots \\ a_{n2} & \dots & a_{nn} \end{vmatrix}$$

問題 2.6 例 2.1 を用いて次の等式を示せ.

$$\begin{vmatrix} a_{11} & a_{12} & \dots & a_{1n} \\ & a_{22} & \dots & a_{2n} \\ & & \ddots & \vdots \\ \text{\huge 0} & & & a_{nn} \end{vmatrix} = \begin{vmatrix} a_{11} & & & \text{\huge 0} \\ a_{21} & a_{22} & & \\ \vdots & \vdots & \ddots & \\ a_{n1} & a_{n2} & \dots & a_{nn} \end{vmatrix} = a_{11}a_{22}\dots a_{nn}$$

【解答】 例 2.1 より

$$\begin{vmatrix} a_{11} & a_{12} & \dots & a_{1n} \\ & a_{22} & \dots & a_{2n} \\ & & \ddots & \vdots \\ \text{\huge 0} & & & a_{nn} \end{vmatrix} = a_{11} \begin{vmatrix} a_{22} & a_{23} & \dots & a_{2n} \\ & a_{33} & \dots & a_{3n} \\ & & \ddots & \vdots \\ \text{\huge 0} & & & a_{nn} \end{vmatrix} = a_{11}a_{22} \begin{vmatrix} a_{33} & a_{34} & \dots & a_{3n} \\ & a_{44} & \dots & a_{4n} \\ & & \ddots & \vdots \\ \text{\huge 0} & & & a_{nn} \end{vmatrix}$$
$$= \cdots = a_{11}a_{22}\dots a_{nn}.$$

同様にして後半も示せる.　■

問題 2.7 次の行列式の値を求めよ.

(1) $\begin{vmatrix} 1 & 0 & 0 & 0 \\ 3 & 2 & 0 & 0 \\ 5 & 4 & 3 & 0 \\ 7 & 6 & 5 & 4 \end{vmatrix}$　　(2) $\begin{vmatrix} 3 & 2 & 1 & 0 \\ 0 & 1 & 0 & 0 \\ 0 & 4 & 3 & 0 \\ 0 & 1 & 0 & -2 \end{vmatrix}$

【解答】 (1) 前問を用いれば

$$\begin{vmatrix} 1 & 0 & 0 & 0 \\ 3 & 2 & 0 & 0 \\ 5 & 4 & 3 & 0 \\ 7 & 6 & 5 & 4 \end{vmatrix} = 1 \cdot \begin{vmatrix} 2 & 0 & 0 \\ 4 & 3 & 0 \\ 6 & 5 & 4 \end{vmatrix} = 1 \cdot 2 \cdot \begin{vmatrix} 3 & 0 \\ 5 & 4 \end{vmatrix} = 1 \cdot 2 \cdot 3 \cdot 4 = 24.$$

(2) 例 2.1 より

$$\begin{vmatrix} 3 & 2 & 1 & 0 \\ 0 & 1 & 0 & 0 \\ 0 & 4 & 3 & 0 \\ 0 & 1 & 0 & -2 \end{vmatrix} = 3 \cdot \begin{vmatrix} 1 & 0 & 0 \\ 4 & 3 & 0 \\ 1 & 0 & -2 \end{vmatrix} = 3 \cdot 1 \cdot \begin{vmatrix} 3 & 0 \\ 0 & -2 \end{vmatrix} = 3 \cdot 1 \cdot 3 \cdot (-2) = -18 \quad \blacksquare$$

問題 2.8 A が n 次正方行列，k が定数であるとき次の等式を示せ．

$$|kA| = k^n|A|$$

【解答】 kA の (i,j) 成分は ka_{ij} であるから，定理 2.4(2) を各行に適用すると

$$|kA| = \begin{vmatrix} ka_{11} & ka_{12} & \ldots & ka_{1n} \\ ka_{21} & ka_{22} & \ldots & ka_{2n} \\ \vdots & \vdots & \ddots & \vdots \\ ka_{n1} & ka_{n2} & \ldots & ka_{nn} \end{vmatrix} = k^n \begin{vmatrix} a_{11} & a_{12} & \ldots & a_{1n} \\ a_{21} & a_{22} & \ldots & a_{2n} \\ \vdots & \vdots & \ddots & \vdots \\ a_{n1} & a_{n2} & \ldots & a_{nn} \end{vmatrix} = k^n|A| \quad \blacksquare$$

2.3 行列式の展開

余因子 n 次行列 $A = (a_{ij})$ において，第 i 行と第 j 列を除いた $(n-1)$ 次の行列式

$$\widetilde{d}_{ij} = \begin{vmatrix} a_{11} & \ldots & a_{1j-1} & a_{1j+1} & \ldots & a_{1n} \\ \vdots & \ddots & \vdots & \vdots & \ddots & \vdots \\ a_{i-11} & \ldots & a_{i-1j-1} & a_{i-1j+1} & \ldots & a_{i-1n} \\ a_{i+11} & \ldots & a_{i+1j-1} & a_{i+1j+1} & \ldots & a_{i+1n} \\ \vdots & \ddots & \vdots & \vdots & \ddots & \vdots \\ a_{n1} & \ldots & a_{nj-1} & a_{nj+1} & \ldots & a_{nn} \end{vmatrix} < i$$
$$\widehat{j}$$

に符号 $(-1)^{i+j}$ を掛けた

$$\widetilde{a}_{ij} = (-1)^{i+j}\widetilde{d}_{ij}$$

を A における a_{ij} の **余因子** または **余因数** という．

定理 2.8 (余因子展開定理) n 次行列 $A = (a_{ij})$ に対して，次の式が成り立つ．

(1) $|A| = a_{i1}\widetilde{a}_{i1} + a_{i2}\widetilde{a}_{i2} + \cdots + a_{in}\widetilde{a}_{in} \qquad (i = 1, 2, \ldots, n)$

(2) $|A| = a_{1j}\widetilde{a}_{1j} + a_{2j}\widetilde{a}_{2j} + \cdots + a_{nj}\widetilde{a}_{nj} \qquad (j = 1, 2, \ldots, n)$

定理 2.9 n 次行列 $A=(a_{ij})$ に対して，次の式が成り立つ．

(1) $0=a_{i1}\widetilde{a}_{s1}+a_{i2}\widetilde{a}_{s2}+\cdots+a_{in}\widetilde{a}_{sn}\qquad(i,s=1,2,\ldots,n;\ i\neq s)$

(2) $0=a_{1j}\widetilde{a}_{1t}+a_{2j}\widetilde{a}_{2t}+\cdots+a_{nj}\widetilde{a}_{nt}\qquad(j,t=1,2,\ldots,n;\ j\neq t)$

クロネッカーのデルタ記号を用いれば，上の 2 つの定理は次のようになる．

$$\begin{cases}|A|\delta_{ij}=a_{i1}\widetilde{a}_{j1}+a_{i2}\widetilde{a}_{j2}+\cdots+a_{in}\widetilde{a}_{jn}\\|A|\delta_{ij}=a_{1i}\widetilde{a}_{1j}+a_{2i}\widetilde{a}_{2j}+\cdots+a_{ni}\widetilde{a}_{nj}\end{cases}$$

余因子行列　n 次行列 $A=(a_{ij})$ に対して，a_{ij} の余因子 $\widetilde{a}_{ij}$ を (j,i) 成分とする n 次行列を A の **余因子行列**といい，$\widetilde{A}$ で表す (添字の順序に注意！)．

$$\widetilde{A}=\begin{pmatrix}\widetilde{a}_{11}&\widetilde{a}_{21}&\ldots&\widetilde{a}_{n1}\\\widetilde{a}_{12}&\widetilde{a}_{22}&\ldots&\widetilde{a}_{n2}\\\vdots&\vdots&\ddots&\vdots\\\widetilde{a}_{1n}&\widetilde{a}_{2n}&\ldots&\widetilde{a}_{nn}\end{pmatrix}$$

定理 2.10 n 次行列 $A=(a_{ij})$ に対して

(1) $A\widetilde{A}=\widetilde{A}A=|A|\cdot E_n$　　(2) A が正則行列 $\iff |A|\neq 0$

逆行列　A が正則のとき，定理 2.10 より A の逆行列 A^{-1} は次の式で得られる．

$$A^{-1}=\frac{1}{|A|}\widetilde{A}\tag{2.3}$$

問題 2.9 余因子行列を用いて次の行列の逆行列を求めよ．

(1) $\begin{pmatrix}1&2\\3&4\end{pmatrix}$　(2) $\begin{pmatrix}1&0&2\\-1&2&0\\0&2&1\end{pmatrix}$　(3) $\begin{pmatrix}1&2&2\\3&1&1\\2&3&4\end{pmatrix}$

【解答】 ⋮印は除かれた列の位置，＿印は除かれた行の位置を示す．

(1) (i) $|A|=1\cdot4-2\cdot3=-2$.

(ii) A の 1 行目にある a_{1j} $(j=1,2)$ に関する余因子について

$$\widetilde{a}_{11}=(-1)^{1+1}|4|=4,\quad \widetilde{a}_{12}=(-1)^{1+2}|3|=-3.$$

2 行目にある a_{2j} $(j=1,2)$ に関する余因子について

$$\widetilde{a}_{21}=(-1)^{2+1}|2|=-2,\quad \widetilde{a}_{22}=(-1)^{2+2}|1|=1.$$

(iii) 式 (2.3) より

$$A^{-1} = \frac{1}{|A|}\begin{pmatrix} \widetilde{a}_{11} & \widetilde{a}_{21} \\ \widetilde{a}_{12} & \widetilde{a}_{22} \end{pmatrix} = \frac{1}{-2}\begin{pmatrix} 4 & 2 \\ -3 & 1 \end{pmatrix} = \begin{pmatrix} -2 & 1 \\ \frac{3}{2} & -\frac{1}{2} \end{pmatrix}.$$

(2) (i) $|A| = 2 + 0 - 4 - 0 - 0 - 0 = -2.$
(ii) A の 1 行目にある a_{1j} $(j = 1, 2, 3)$ に関する余因子について

$$\widetilde{a}_{11} = (-1)^{1+1}\begin{vmatrix} 2 & 0 \\ 2 & 1 \end{vmatrix} = 2, \qquad \widetilde{a}_{12} = (-1)^{1+2}\begin{vmatrix} -1 & 0 \\ 0 & 1 \end{vmatrix} = 1,$$

$$\widetilde{a}_{13} = (-1)^{1+3}\begin{vmatrix} -1 & 2 \\ 0 & 2 \end{vmatrix} = -2.$$

2 行目にある a_{2j} $(j = 1, 2, 3)$ に関する余因子について

$$\widetilde{a}_{21} = (-1)^{2+1}\begin{vmatrix} 0 & 2 \\ 2 & 1 \end{vmatrix} = 4, \qquad \widetilde{a}_{22} = (-1)^{2+2}\begin{vmatrix} 1 & 2 \\ 0 & 1 \end{vmatrix} = 1,$$

$$\widetilde{a}_{23} = (-1)^{2+3}\begin{vmatrix} 1 & 0 \\ 0 & 2 \end{vmatrix} = -2.$$

3 行目にある a_{3j} $(j = 1, 2, 3)$ に関する余因子について

$$\widetilde{a}_{31} = (-1)^{3+1}\begin{vmatrix} 0 & 2 \\ 2 & 0 \end{vmatrix} = -4, \qquad \widetilde{a}_{32} = (-1)^{3+2}\begin{vmatrix} 1 & 2 \\ -1 & 0 \end{vmatrix} = -2,$$

$$\widetilde{a}_{33} = (-1)^{3+3}\begin{vmatrix} 1 & 0 \\ -1 & 2 \end{vmatrix} = 2.$$

(iii) 式 (2.3) より

$$A^{-1} = \frac{1}{|A|}\begin{pmatrix} \widetilde{a}_{11} & \widetilde{a}_{21} & \widetilde{a}_{31} \\ \widetilde{a}_{12} & \widetilde{a}_{22} & \widetilde{a}_{32} \\ \widetilde{a}_{13} & \widetilde{a}_{23} & \widetilde{a}_{33} \end{pmatrix} = \frac{1}{-2}\begin{pmatrix} 2 & 4 & -4 \\ 1 & 1 & -2 \\ -2 & -2 & 2 \end{pmatrix} = \begin{pmatrix} -1 & -2 & 2 \\ -\frac{1}{2} & -\frac{1}{2} & 1 \\ 1 & 1 & -1 \end{pmatrix}.$$

(3) (i) $|A| = 4 + 4 + 18 - 4 - 24 - 3 = -5.$
(ii) A の 1 行目にある a_{1j} $(j = 1, 2, 3)$ に関する余因子について

$$\widetilde{a}_{11} = \begin{vmatrix} 1 & 1 \\ 3 & 4 \end{vmatrix} = 1, \quad \widetilde{a}_{12} = -\begin{vmatrix} 3 & 1 \\ 2 & 4 \end{vmatrix} = -10, \quad \widetilde{a}_{13} = \begin{vmatrix} 3 & 1 \\ 2 & 3 \end{vmatrix} = 7.$$

2 行目にある a_{2j} $(j = 1, 2, 3)$ に関する余因子について

$$\widetilde{a}_{21} = -\begin{vmatrix} 2 & 2 \\ 3 & 4 \end{vmatrix} = -2, \quad \widetilde{a}_{22} = \begin{vmatrix} 1 & 2 \\ 2 & 4 \end{vmatrix} = 0, \quad \widetilde{a}_{23} = -\begin{vmatrix} 1 & 2 \\ 2 & 3 \end{vmatrix} = 1.$$

3 行目にある a_{3j} $(j = 1, 2, 3)$ に関する余因子について

$$\widetilde{a}_{31} = \begin{vmatrix} 2 & 2 \\ 1 & 1 \end{vmatrix} = 0, \quad \widetilde{a}_{32} = -\begin{vmatrix} 1 & 2 \\ 3 & 1 \end{vmatrix} = 5, \quad \widetilde{a}_{33} = \begin{vmatrix} 1 & 2 \\ 3 & 1 \end{vmatrix} = -5.$$

(iii) 式 (2.3) より

$$A^{-1} = \frac{1}{-5}\begin{pmatrix} 1 & -2 & 0 \\ -10 & 0 & 5 \\ 7 & 1 & -5 \end{pmatrix} = \begin{pmatrix} -\frac{1}{5} & \frac{2}{5} & 0 \\ 2 & 0 & -1 \\ -\frac{7}{5} & -\frac{1}{5} & 1 \end{pmatrix} \quad \blacksquare$$

問題 2.10 n 次正方行列 A について次の等式を示せ.

(1) $|A^{-1}| = \dfrac{1}{|A|}$　　　　(2) $|\widetilde{A}| = |A|^{n-1}$

【解答】 (1) $E = AA^{-1}$ と定理 2.7 により

$$1 = |E| = |AA^{-1}| = |A| \cdot |A^{-1}|$$

であるから，$|A^{-1}| = 1/|A|$ が成り立つ.
(2) 定理 2.10(1) より

$$A\widetilde{A} = \widetilde{A}A = |A|E_n \qquad ①$$

が成り立つ. ①の行列式をとると

$$|A\widetilde{A}| = |A| \cdot |\widetilde{A}|,$$

$$|A\widetilde{A}| = ||A| \cdot E_n| = \begin{vmatrix} |A| & & 0 \\ & \ddots & \\ 0 & & |A| \end{vmatrix} = |A|^n \begin{vmatrix} 1 & & 0 \\ & \ddots & \\ 0 & & 1 \end{vmatrix} = |A|^n$$

であるから

$$|A| \cdot |\widetilde{A}| = |A|^n \qquad ②$$

が成り立つ.
(i) $|A| \neq 0$ のとき，②より

$$|\widetilde{A}| = |A|^{n-1} \qquad ③$$

(ii) $|A| = 0$ のとき，①より

$$A\widetilde{A} = 0 \cdot E_n = O \qquad ④$$

もし，$|\widetilde{A}| = 0$ であれば，③は明らかに成り立つ. そこで，$|\widetilde{A}| \neq 0$ とする. このとき，逆行列 $\widetilde{A}^{-1}$ が存在するから，④の両辺に右から $\widetilde{A}^{-1}$ をかけて

$$A\widetilde{A}\widetilde{A}^{-1} = A(\widetilde{A}\widetilde{A}^{-1}) = AE_n = A, \quad O\widetilde{A}^{-1} = O$$

ゆえに $A = O$. すると，余因子行列の定義より $\widetilde{A} = O$ となり，したがって $|\widetilde{A}| = 0$ となり，矛盾である.
(iii) 以上によって，すべての場合に $|\widetilde{A}| = |A|^{n-1}$ が成り立つことが示された. $\blacksquare$

2.4 行列式の計算

問題 2.11 次の行列式の値を求めよ.

$$(1)\ \begin{vmatrix} 0 & 1 & 1 & -3 \\ 1 & 2 & 2 & 4 \\ 1 & -1 & 0 & 1 \\ 3 & 1 & -2 & 0 \end{vmatrix} \qquad (2)\ \begin{vmatrix} 2 & 1 & 1 & 1 \\ 1 & 2 & 1 & 1 \\ 1 & 1 & 2 & 1 \\ 1 & 1 & 1 & 2 \end{vmatrix} \qquad (3)\ \begin{vmatrix} 3 & 1 & 2 & -2 \\ 2 & -3 & 5 & -1 \\ -1 & 4 & -2 & 3 \\ 4 & -2 & 3 & 1 \end{vmatrix}$$

【解答】 (1) 1 列を 2 列に加え，1 列を 4 列から引いて，さらにその 3 行で展開して

$$\begin{vmatrix} 0 & 1 & 1 & -3 \\ 1 & 2 & 2 & 4 \\ 1 & -1 & 0 & 1 \\ 3 & 1 & -2 & 0 \end{vmatrix} = \begin{vmatrix} 0 & 1 & 1 & -3 \\ 1 & 3 & 2 & 3 \\ 1 & 0 & 0 & 0 \\ 3 & 4 & -2 & -3 \end{vmatrix} = \begin{vmatrix} 1 & 1 & -3 \\ 3 & 2 & 3 \\ 4 & -2 & -3 \end{vmatrix} = (*1)$$

3 列から 3 をくくりだして，さらにその 1 列を 2 列から引き，1 列を 3 列に加えて，さらにその 1 行で展開して

$$(*1) = 3\begin{vmatrix} 1 & 1 & -1 \\ 3 & 2 & 1 \\ 4 & -2 & -1 \end{vmatrix} = 3\begin{vmatrix} 1 & 0 & 0 \\ 3 & -1 & 4 \\ 4 & -6 & 3 \end{vmatrix} = 3\begin{vmatrix} -1 & 4 \\ -6 & 3 \end{vmatrix} = 3(-3+24) = 63.$$

(2) 2 行の (-2) 倍を 1 行に加え，2 行を 3 行と 4 行から引いて，さらにその 2 行で展開して

$$\begin{vmatrix} 2 & 1 & 1 & 1 \\ 1 & 2 & 1 & 1 \\ 1 & 1 & 2 & 1 \\ 1 & 1 & 1 & 2 \end{vmatrix} = \begin{vmatrix} 0 & -3 & -1 & -1 \\ 1 & 2 & 1 & 1 \\ 0 & -1 & 1 & 0 \\ 0 & -1 & 0 & 1 \end{vmatrix} = -\begin{vmatrix} -3 & -1 & -1 \\ -1 & 1 & 0 \\ -1 & 0 & 1 \end{vmatrix} = (*1)$$

3 列を 1 列に加えて，さらにその 3 行で展開して

$$(*1) = -\begin{vmatrix} -4 & -1 & -1 \\ -1 & 1 & 0 \\ 0 & 0 & 1 \end{vmatrix} = -\begin{vmatrix} -4 & -1 \\ -1 & 1 \end{vmatrix} = -(-4-1) = 5.$$

(3) 2 列の (-3) 倍を 1 列に加え，2 列の (-2) 倍を 3 列に加え，2 列の 2 倍を 4 列に加えて，さらに 2 列で展開して

$$\begin{vmatrix} 3 & 1 & 2 & -2 \\ 2 & -3 & 5 & -1 \\ -1 & 4 & -2 & 3 \\ 4 & -2 & 3 & 1 \end{vmatrix} = \begin{vmatrix} 0 & 1 & 0 & 0 \\ 11 & -3 & 11 & -7 \\ -13 & 4 & -10 & 11 \\ 10 & -2 & 7 & -3 \end{vmatrix} = -\begin{vmatrix} 11 & 11 & -7 \\ -13 & -10 & 11 \\ 10 & 7 & -3 \end{vmatrix} = (*1)$$

3行を1行から引き，2行に加えて，さらにその1列の (-4) 倍を2列に加え，1列の4倍を3列に加えて，さらにその1行で展開して

$$(*1) = -\begin{vmatrix} 1 & 4 & -4 \\ -3 & -3 & 8 \\ 10 & 7 & -3 \end{vmatrix} = -\begin{vmatrix} 1 & 0 & 0 \\ -3 & 9 & -4 \\ 10 & -33 & 37 \end{vmatrix} = -\begin{vmatrix} 9 & -4 \\ -33 & 37 \end{vmatrix} = (*2)$$

1列から3をくくりだし，さらにその1列を2列に加えて，さらにその1行の4倍を2行に加えて

$$\begin{aligned}(*2) &= -3\begin{vmatrix} 3 & -4 \\ -11 & 37 \end{vmatrix} = -3\begin{vmatrix} 3 & -1 \\ -11 & 26 \end{vmatrix} = -3\begin{vmatrix} 3 & -1 \\ 1 & 22 \end{vmatrix} \\ &= -3(66+1) = -201 \quad \blacksquare\end{aligned}$$

問題 2.12 次の行列式を計算せよ．

$$(1)\ \begin{vmatrix} 1 & a & a^2-bc \\ 1 & b & b^2-ca \\ 1 & c & c^2-ab \end{vmatrix} \qquad (2)\ \begin{vmatrix} 1 & 1 & 1 \\ a^2 & b^2 & c^2 \\ a^3 & b^3 & c^3 \end{vmatrix} \qquad (3)\ \begin{vmatrix} a & b & c & d \\ b & a & d & c \\ c & d & a & b \\ d & c & b & a \end{vmatrix}$$

【解答】 (1) 1行を2行と3行から引いて

$$\begin{vmatrix} 1 & a & a^2-bc \\ 1 & b & b^2-ca \\ 1 & c & c^2-ab \end{vmatrix} = \begin{vmatrix} 1 & a & a^2-bc \\ 0 & b-a & b^2-ca-a^2+bc \\ 0 & c-a & c^2-ab-a^2+bc \end{vmatrix} = (*1)$$

1列で展開して

$$\begin{aligned}(*1) &= \begin{vmatrix} b-a & b^2-ca-a^2+bc \\ c-a & c^2-ab-a^2+bc \end{vmatrix} = \begin{vmatrix} b-a & (b-a)(b+a+c) \\ c-a & (c-a)(c+a+b) \end{vmatrix} \\ &= (b-a)(c-a)\begin{vmatrix} 1 & b+a+c \\ 1 & c+a+b \end{vmatrix} = (b-a)(c-a)\{c+a+b-(b+a+c)\} \\ &= (b-a)(c-a)\cdot 0 = 0.\end{aligned}$$

(2) 1列を2列と3列から引き，さらにその1列で展開して，因数分解して

$$\begin{aligned}\begin{vmatrix} 1 & 1 & 1 \\ a^2 & b^2 & c^2 \\ a^3 & b^3 & c^3 \end{vmatrix} &= \begin{vmatrix} 1 & 0 & 0 \\ a^2 & b^2-a^2 & c^2-a^2 \\ a^3 & b^3-a^3 & c^3-a^3 \end{vmatrix} = \begin{vmatrix} b^2-a^2 & c^2-a^2 \\ b^3-a^3 & c^3-a^3 \end{vmatrix} \\ &= \begin{vmatrix} (b-a)(b+a) & (c-a)(c+a) \\ (b-a)(b^2+ab+a^2) & (c-a)(c^2+ac+a^2) \end{vmatrix} = (*1)\end{aligned}$$

1列から $(b-a)$ を，2列から $(c-a)$ をくくりだし，さらにその1列を2列から引いて

$$(*1) = (b-a)(c-a)\begin{vmatrix} b+a & c+a \\ b^2+ab+a^2 & c^2+ac+a^2 \end{vmatrix}$$

$$= (b-a)(c-a)\begin{vmatrix} b+a & c-b \\ b^2+ab+a^2 & c^2+ac-b^2-ab \end{vmatrix}$$

$$= (b-a)(c-a)\begin{vmatrix} b+a & c-b \\ b^2+ab+a^2 & (c-b)(c+b+a) \end{vmatrix} = (*2)$$

2 列から $(c-b)$ をくくりだして

$$(*2) = (b-a)(c-a)(c-b)\begin{vmatrix} b+a & 1 \\ b^2+ab+a^2 & c+b+a \end{vmatrix}$$

$$= (b-a)(c-a)(c-b)\{(b+a)(c+b+a)-(b^2+ab+a^2)\}$$

$$= (b-a)(c-a)(c-b)(bc+ac+ab).$$

(3) 2 行と 3 行と 4 行を 1 行に加え，さらに $a+b+c+d$ をくくりだして

$$\begin{vmatrix} a & b & c & d \\ b & a & d & c \\ c & d & a & b \\ d & c & b & a \end{vmatrix} = \begin{vmatrix} a+b+c+d & b & c & d \\ a+b+c+d & a & d & c \\ a+b+c+d & d & a & b \\ a+b+c+d & c & b & a \end{vmatrix} = (a+b+c+d)\begin{vmatrix} 1 & b & c & d \\ 1 & a & d & c \\ 1 & d & a & b \\ 1 & c & b & a \end{vmatrix} = (*1)$$

1 行を 2 行と 3 行と 4 行から引き，さらにその 1 列で展開して

$$(*1) = (a+b+c+d)\begin{vmatrix} 1 & b & c & d \\ 0 & a-b & d-c & c-d \\ 0 & d-b & a-c & b-d \\ 0 & c-b & b-c & a-d \end{vmatrix}$$

$$= (a+b+c+d)\begin{vmatrix} a-b & d-c & c-d \\ d-b & a-c & b-d \\ c-b & b-c & a-d \end{vmatrix} = (*2)$$

3 列に 2 列を加え，さらにその 3 列から $a+b-c-d$ をくくりだして

$$(*2) = (a+b+c+d)\begin{vmatrix} a-b & d-c & 0 \\ d-b & a-c & a+b-c-d \\ c-b & b-c & a+b-c-d \end{vmatrix}$$

$$= (a+b+c+d)(a+b-c-d)\begin{vmatrix} a-b & d-c & 0 \\ d-b & a-c & 1 \\ c-b & b-c & 1 \end{vmatrix} = (*3)$$

2 行から 3 行を引いて

$$(*3) = (a+b+c+d)(a+b-c-d)\begin{vmatrix} a-b & d-c & 0 \\ d-c & a-b & 0 \\ c-b & b-c & 1 \end{vmatrix}$$

$$= (a+b+c+d)(a+b-c-d)\begin{vmatrix} a-b & d-c \\ d-c & a-b \end{vmatrix}$$

$$= (a+b+c+d)(a+b-c-d)\{(a-b)^2-(d-c)^2\}$$

$$= (a+b+c+d)(a+b-c-d)(a-b-c+d)(a-b+c-d) \quad \blacksquare$$

2.5　空間のベクトルの外積

原点を O とする座標空間の x 軸，y 軸，z 軸上に，それぞれ点 $\mathrm{E}_1(1,0,0)$, $\mathrm{E}_2(0,1,0)$, $\mathrm{E}_3(0,0,1)$ をとる．また原点 O を始点とする点 E_1, E_2, E_3 の位置ベクトルをそれぞれ $\boldsymbol{e}_1$, $\boldsymbol{e}_2$, $\boldsymbol{e}_3$ とする．このとき，空間のベクトル $\boldsymbol{a}$ は

$$\boldsymbol{a} = a_1\boldsymbol{e}_1 + a_2\boldsymbol{e}_2 + a_3\boldsymbol{e}_3$$

の型に一意的に表される．

空間の 2 つのベクトル $\boldsymbol{a}, \boldsymbol{b}$ に対して次のようなベクトルが唯一定まる．このベクトルを $\boldsymbol{a}$ と $\boldsymbol{b}$ の**外積**といい，記号 $\boldsymbol{a} \times \boldsymbol{b}$ で表す.

(1) $\boldsymbol{a}, \boldsymbol{b}$ が平行でない場合:

(i) $\boldsymbol{a} \times \boldsymbol{b}$ は $\boldsymbol{a}$ と $\boldsymbol{b}$ の両方に直交している.

(ii) $\boldsymbol{a} \times \boldsymbol{b}$ の長さは，$\boldsymbol{a}$ と $\boldsymbol{b}$ を 2 辺とする平行四辺形の面積に等しい.

(iii) $\boldsymbol{a} \times \boldsymbol{b}$ の向きは，$\boldsymbol{a}$ を $\boldsymbol{b}$ に重なるように θ $(0 < \theta < \pi)$ だけ回転するとき，右ネジが進む向きと一致する.

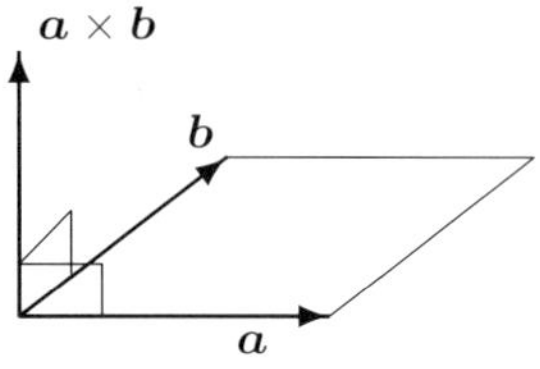

(2) $\boldsymbol{a}, \boldsymbol{b}$ が平行である場合:　$\boldsymbol{a} \times \boldsymbol{b} = \boldsymbol{0}$

定理 2.11 空間のベクトル $\boldsymbol{a}, \boldsymbol{b}, \boldsymbol{c}$ と実数 k に対して，次の式が成り立つ.

(1) $\boldsymbol{a} \times \boldsymbol{b} = -\boldsymbol{b} \times \boldsymbol{a}$　　(2) $(k\boldsymbol{a}) \times \boldsymbol{b} = \boldsymbol{a} \times (k\boldsymbol{b}) = k(\boldsymbol{a} \times \boldsymbol{b})$

(3) $\boldsymbol{a} \times (\boldsymbol{b}+\boldsymbol{c}) = \boldsymbol{a} \times \boldsymbol{b} + \boldsymbol{a} \times \boldsymbol{c}$,　$(\boldsymbol{a}+\boldsymbol{b}) \times \boldsymbol{c} = \boldsymbol{a} \times \boldsymbol{c} + \boldsymbol{b} \times \boldsymbol{c}$

例えば，点 $\mathrm{E}_1, \mathrm{E}_2, \mathrm{E}_3$ の位置関係が図のような場合には，次のような関係式が成り立つ.

$$\boldsymbol{e}_1 \times \boldsymbol{e}_2 = \boldsymbol{e}_3,$$
$$\boldsymbol{e}_2 \times \boldsymbol{e}_3 = \boldsymbol{e}_1,$$
$$\boldsymbol{e}_3 \times \boldsymbol{e}_1 = \boldsymbol{e}_2$$

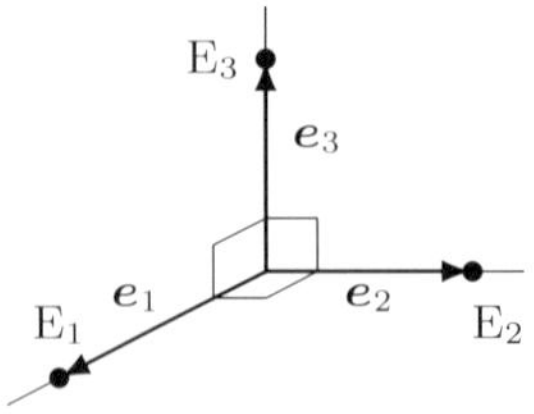

また，$\boldsymbol{a} = a_1\boldsymbol{e}_1 + a_2\boldsymbol{e}_2 + a_3\boldsymbol{e}_3$，$\boldsymbol{b} = b_1\boldsymbol{e}_1 + b_2\boldsymbol{e}_2 + b_3\boldsymbol{e}_3$ に対する外積 $\boldsymbol{a} \times \boldsymbol{b}$ は，ベクトル $\boldsymbol{e}_1, \boldsymbol{e}_2, \boldsymbol{e}_3$ を数と同じに取り扱えば，次のように 3 次の行列式として表される.

$$\boldsymbol{a} \times \boldsymbol{b} = \begin{vmatrix} \boldsymbol{e}_1 & \boldsymbol{e}_2 & \boldsymbol{e}_3 \\ a_1 & a_2 & a_3 \\ b_1 & b_2 & b_3 \end{vmatrix} \tag{2.4}$$

3 重積 空間の 3 つのベクトル $\boldsymbol{a}, \boldsymbol{b}, \boldsymbol{c}$ に対して，外積 $\boldsymbol{a} \times \boldsymbol{b}$ とベクトル $\boldsymbol{c}$ との内積 $(\boldsymbol{a} \times \boldsymbol{b}, \boldsymbol{c})$ をベクトル $\boldsymbol{a}, \boldsymbol{b}, \boldsymbol{c}$ の **3 重積**という．すなわち，$\boldsymbol{a} = a_1\boldsymbol{e}_1 + a_2\boldsymbol{e}_2 + a_3\boldsymbol{e}_3$，$\boldsymbol{b} = b_1\boldsymbol{e}_1 + b_2\boldsymbol{e}_2 + b_3\boldsymbol{e}_3$，$\boldsymbol{c} = c_1\boldsymbol{e}_1 + c_2\boldsymbol{e}_2 + c_3\boldsymbol{e}_3$ のとき，次の式で得られる．

$$(\boldsymbol{a} \times \boldsymbol{b}, \boldsymbol{c}) = \begin{vmatrix} a_1 & a_2 & a_3 \\ b_1 & b_2 & b_3 \\ c_1 & c_2 & c_3 \end{vmatrix} \tag{2.5}$$

問題 2.13 次の空間のベクトル $\boldsymbol{a}, \boldsymbol{b}, \boldsymbol{c}$ に対して，外積 $\boldsymbol{a}\times\boldsymbol{b}$ および 3 重積 $(\boldsymbol{a}\times\boldsymbol{b}, \boldsymbol{c})$ を求めよ．

(1) $\begin{cases} \boldsymbol{a} = \quad\quad - \boldsymbol{e}_2 + 2\boldsymbol{e}_3 \\ \boldsymbol{b} = 2\boldsymbol{e}_1 + 3\boldsymbol{e}_2 + \boldsymbol{e}_3 \\ \boldsymbol{c} = -3\boldsymbol{e}_1 + 2\boldsymbol{e}_2 \end{cases}$ (2) $\begin{cases} \boldsymbol{a} = 2\boldsymbol{e}_1 - 3\boldsymbol{e}_2 + 4\boldsymbol{e}_3 \\ \boldsymbol{b} = -\boldsymbol{e}_1 + \boldsymbol{e}_2 + 2\boldsymbol{e}_3 \\ \boldsymbol{c} = -2\boldsymbol{e}_1 + 2\boldsymbol{e}_2 + 3\boldsymbol{e}_3 \end{cases}$

【解答】 (1) (i) 式 (2.4) とサラスの方法により

$$\begin{aligned}\boldsymbol{a} \times \boldsymbol{b} &= \begin{vmatrix} \boldsymbol{e}_1 & \boldsymbol{e}_2 & \boldsymbol{e}_3 \\ 0 & -1 & 2 \\ 2 & 3 & 1 \end{vmatrix} = -1 \cdot \boldsymbol{e}_1 + 4 \cdot \boldsymbol{e}_2 + 0 \cdot \boldsymbol{e}_3 + 2 \cdot \boldsymbol{e}_3 - 0 \cdot \boldsymbol{e}_2 - 6 \cdot \boldsymbol{e}_1 \\ &= -7\boldsymbol{e}_1 + 4\boldsymbol{e}_2 + 2\boldsymbol{e}_3.\end{aligned}$$

(ii) 式 (2.5) とサラスの方法により

$$(\boldsymbol{a} \times \boldsymbol{b}, \boldsymbol{c}) = \begin{vmatrix} 0 & -1 & 2 \\ 2 & 3 & 1 \\ -3 & 2 & 0 \end{vmatrix} = 0 + 3 + 8 - (-18) - 0 - 0 = 29.$$

(2) (i) 式 (2.4) とサラスの方法により

$$\begin{aligned}\boldsymbol{a} \times \boldsymbol{b} &= \begin{vmatrix} \boldsymbol{e}_1 & \boldsymbol{e}_2 & \boldsymbol{e}_3 \\ 2 & -3 & 4 \\ -1 & 1 & 2 \end{vmatrix} = -6 \cdot \boldsymbol{e}_1 - 4 \cdot \boldsymbol{e}_2 + 2 \cdot \boldsymbol{e}_3 - 3 \cdot \boldsymbol{e}_3 - 4 \cdot \boldsymbol{e}_2 - 4 \cdot \boldsymbol{e}_1 \\ &= -10\boldsymbol{e}_1 - 8\boldsymbol{e}_2 - \boldsymbol{e}_3.\end{aligned}$$

(ii) 式 (2.5) とサラスの方法により

$$(\boldsymbol{a} \times \boldsymbol{b}, \boldsymbol{c}) = \begin{vmatrix} 2 & -3 & 4 \\ -1 & 1 & 2 \\ -2 & 2 & 3 \end{vmatrix} = 6 + 12 - 8 - (-8) - 9 - 8 = 1 \quad \blacksquare$$

問題 2.14 空間の任意のベクトル $\boldsymbol{a}, \boldsymbol{b}$ に対して，次の等式が成り立つことを示せ．

(1) $\boldsymbol{a} \times \boldsymbol{a} = \boldsymbol{0}$ (2) $(\boldsymbol{a} \times \boldsymbol{b}, \boldsymbol{a}) = (\boldsymbol{a} \times \boldsymbol{b}, \boldsymbol{b}) = 0$

【解答】 (1) $\boldsymbol{a}$ と $\boldsymbol{a}$ は明らかに平行であるから，$\boldsymbol{a} \times \boldsymbol{a} = \boldsymbol{0}$ が定義から成り立つ．
(2) 定義から $\boldsymbol{a} \times \boldsymbol{b}$ は $\boldsymbol{a}$ と $\boldsymbol{b}$ に直交する．したがって，$(\boldsymbol{a} \times \boldsymbol{b}, \boldsymbol{a}) = (\boldsymbol{a} \times \boldsymbol{b}, \boldsymbol{b}) = 0$ が成り立つ． $\blacksquare$

章末問題 2

問　題 2. A

1. 次の置換を互換の積として表し，符号を求めよ．

(1) $\begin{pmatrix} 1 & 2 & 3 & 4 & 5 & 6 \\ 5 & 3 & 2 & 6 & 1 & 4 \end{pmatrix}$　　(2) $\begin{pmatrix} 1 & 2 & 3 & 4 & 5 & 6 \\ 5 & 6 & 2 & 1 & 4 & 3 \end{pmatrix}$

【解答】 (1) 与えられた置換を互換の積で表す．

$$\begin{pmatrix} 1 & 2 & 3 & 4 & 5 & 6 \\ 5 & 3 & 2 & 6 & 1 & 4 \end{pmatrix} = \begin{pmatrix} 1 & 2 & 3 & 4 & 5 & 6 \\ 1 & 3 & 2 & 6 & 5 & 4 \end{pmatrix}(1,\ 5) = \begin{pmatrix} 1 & 2 & 3 & 4 & 5 & 6 \\ 1 & 2 & 3 & 6 & 5 & 4 \end{pmatrix}(2,\ 3)(1,\ 5)$$
$$= \begin{pmatrix} 1 & 2 & 3 & 4 & 5 & 6 \\ 1 & 2 & 3 & 4 & 5 & 6 \end{pmatrix}(4,\ 6)(2,\ 3)(1,\ 5) = (4,\ 6)(2,\ 3)(1,\ 5)$$

であるから，$\mathrm{sgn}\begin{pmatrix} 1 & 2 & 3 & 4 & 5 & 6 \\ 5 & 3 & 2 & 6 & 1 & 4 \end{pmatrix} = \mathrm{sgn}(4,\ 6)(2,\ 3)(1,\ 5) = (-1)^3 = -1.$

(2) 与えられた置換を互換の積で表す．

$$\begin{pmatrix} 1 & 2 & 3 & 4 & 5 & 6 \\ 5 & 6 & 2 & 1 & 4 & 3 \end{pmatrix} = \begin{pmatrix} 1 & 2 & 3 & 4 & 5 & 6 \\ 1 & 6 & 2 & 5 & 4 & 3 \end{pmatrix}(1,\ 4) = \begin{pmatrix} 1 & 2 & 3 & 4 & 5 & 6 \\ 1 & 2 & 6 & 5 & 4 & 3 \end{pmatrix}(2,\ 3)(1,\ 4)$$
$$= \begin{pmatrix} 1 & 2 & 3 & 4 & 5 & 6 \\ 1 & 2 & 3 & 5 & 4 & 6 \end{pmatrix}(3,\ 6)(2,\ 3)(1,\ 4) = (4,\ 5)(3,\ 6)(2,\ 3)(1,\ 4)$$

であるから，$\mathrm{sgn}\begin{pmatrix} 1 & 2 & 3 & 4 & 5 & 6 \\ 5 & 6 & 2 & 1 & 4 & 3 \end{pmatrix} = (-1)^4 = +1.$ ■

2. 次の行列式を計算せよ．

(1) $\begin{vmatrix} 1 & 2 & 3 \\ 8 & 9 & 4 \\ 7 & 6 & 5 \end{vmatrix}$　(2) $\begin{vmatrix} 4 & 8 & 1 \\ 6 & 2 & 7 \\ 3 & 9 & 5 \end{vmatrix}$　(3) $\begin{vmatrix} 3 & 2 & 1 \\ 4 & -1 & -2 \\ 2 & 4 & 3 \end{vmatrix}$

(4) $\begin{vmatrix} 5 & -1 & 2 & 7 \\ -2 & 4 & 0 & 1 \\ 3 & 1 & 5 & 2 \\ 0 & -3 & -1 & 4 \end{vmatrix}$　(5) $\begin{vmatrix} 5 & 2 & 4 & 3 \\ 2 & 6 & 3 & 5 \\ 7 & 3 & 4 & 2 \\ 3 & 2 & 7 & 4 \end{vmatrix}$　(6) $\begin{vmatrix} 0 & 1 & -2 & 3 \\ 1 & 0 & -3 & -2 \\ -2 & 3 & -1 & 0 \\ 3 & -2 & 0 & 1 \end{vmatrix}$

【解答】 (1) 1 列の (-2) 倍を 2 列に加え，1 列の (-3) 倍を 3 列に加えて，さらにその 1 行で展開して

$$\begin{vmatrix} 1 & 2 & 3 \\ 8 & 9 & 4 \\ 7 & 6 & 5 \end{vmatrix} = \begin{vmatrix} 1 & 0 & 0 \\ 8 & -7 & -20 \\ 7 & -8 & -16 \end{vmatrix} = \begin{vmatrix} -7 & -20 \\ -8 & -16 \end{vmatrix}$$
$$= 8\begin{vmatrix} -7 & -20 \\ -1 & -2 \end{vmatrix} = 8(14-20) = -48.$$

(2) 3 列の (-4) 倍を 1 列に加え，3 列の (-8) 倍を 2 列に加えて，さらにその 1 行で展開して

$$\begin{vmatrix} 4 & 8 & 1 \\ 6 & 2 & 7 \\ 3 & 9 & 5 \end{vmatrix} = \begin{vmatrix} 0 & 0 & 1 \\ -22 & -54 & 7 \\ -17 & -31 & 5 \end{vmatrix} = \begin{vmatrix} -22 & -54 \\ -17 & -31 \end{vmatrix} = (*1)$$

1 行から 2 をくくりだして，さらにその 1 行を 2 行から引いて，さらにその 2 行から (-2) をくくりだして

$$(*1) = 2\begin{vmatrix} -11 & -27 \\ -17 & -31 \end{vmatrix} = 2\begin{vmatrix} -11 & -27 \\ -6 & -4 \end{vmatrix} = -4\begin{vmatrix} -11 & -27 \\ 3 & 2 \end{vmatrix} = (*2)$$

2 行の 4 倍を 1 行に加えて

$$(*2) = -4\begin{vmatrix} 1 & -19 \\ 3 & 2 \end{vmatrix} = -4(2+57) = -236.$$

(3) 3 列の (-3) 倍を 1 列に加え，3 列の (-2) 倍を 2 列に加えて，さらにその 1 行で展開して

$$\begin{vmatrix} 3 & 2 & 1 \\ 4 & -1 & -2 \\ 2 & 4 & 3 \end{vmatrix} = \begin{vmatrix} 0 & 0 & 1 \\ 10 & 3 & -2 \\ -7 & -2 & 3 \end{vmatrix} = \begin{vmatrix} 10 & 3 \\ -7 & -2 \end{vmatrix} = -20+21 = 1.$$

(4) 4 列の 2 倍を 1 列に加え，4 列の (-4) 倍を 3 列に加えて，さらにその 2 行で展開して

$$\begin{vmatrix} 5 & -1 & 2 & 7 \\ -2 & 4 & 0 & 1 \\ 3 & 1 & 5 & 2 \\ 0 & -3 & -1 & 4 \end{vmatrix} = \begin{vmatrix} 19 & -29 & 2 & 7 \\ 0 & 0 & 0 & 1 \\ 7 & -7 & 5 & 2 \\ 8 & -19 & -1 & 4 \end{vmatrix} = \begin{vmatrix} 19 & -29 & 2 \\ 7 & -7 & 5 \\ 8 & -19 & -1 \end{vmatrix} = (*1)$$

3 行の 2 倍を 1 行に加え，3 行の 5 倍を 2 行に加えて，さらにその 3 列で展開して

$$(*1) = -\begin{vmatrix} 35 & -67 & 0 \\ 47 & -102 & 0 \\ 8 & -19 & -1 \end{vmatrix} = -\begin{vmatrix} 35 & -67 \\ 47 & -102 \end{vmatrix} = (*2)$$

1 列の 2 倍を 2 列に加え，さらにその 2 列の 5 倍を 1 列に加えて

$$(*2) = -\begin{vmatrix} 35 & 3 \\ 47 & -8 \end{vmatrix} = -\begin{vmatrix} 50 & 3 \\ 7 & -8 \end{vmatrix} = -(-400-21) = 421.$$

(5) 2 列を 1 列から引いて，さらにその 3 行を 2 行に加えて

$$\begin{vmatrix} 5 & 2 & 4 & 3 \\ 2 & 6 & 3 & 5 \\ 7 & 3 & 4 & 2 \\ 3 & 2 & 7 & 4 \end{vmatrix} = \begin{vmatrix} 3 & 2 & 4 & 3 \\ -4 & 6 & 3 & 5 \\ 4 & 3 & 4 & 2 \\ 1 & 2 & 7 & 4 \end{vmatrix} = \begin{vmatrix} 3 & 2 & 4 & 3 \\ 0 & 9 & 7 & 7 \\ 4 & 3 & 4 & 2 \\ 1 & 2 & 7 & 4 \end{vmatrix} = (*1)$$

4 行の (-3) 倍を 1 行に加え，4 行の (-4) 倍を 3 行に加えて，さらにその 1 列で展開して

$$(*1) = \begin{vmatrix} 0 & -4 & -17 & -9 \\ 0 & 9 & 7 & 7 \\ 0 & -5 & -24 & -14 \\ 1 & 2 & 7 & 4 \end{vmatrix} = -\begin{vmatrix} -4 & -17 & -9 \\ 9 & 7 & 7 \\ -5 & -24 & -14 \end{vmatrix} = (*2)$$

1 行と 3 行から (-1) をくくりだし，さらにその 1 列の (-4) 倍を 2 列に加え，1 列の (-2) 倍を 3 列に加えて

$$(*2) = -\begin{vmatrix} 4 & 17 & 9 \\ 9 & 7 & 7 \\ 5 & 24 & 14 \end{vmatrix} = \begin{vmatrix} 4 & 1 & 1 \\ 9 & -29 & -11 \\ 5 & 4 & 4 \end{vmatrix} = (*3)$$

3 列の (-4) 倍を 1 列に加え，3 列を 2 列から引いて，さらにその 1 行で展開して

$$(*3) = -\begin{vmatrix} 0 & 0 & 1 \\ 53 & -18 & -11 \\ -11 & 0 & 4 \end{vmatrix} = -\begin{vmatrix} 53 & -18 \\ -11 & 0 \end{vmatrix}$$
$$= -\{0 - (-18)(-11)\} = 198.$$

(6) 4 列の (-3) 倍を 1 列に加え，4 列の 2 倍を 2 列に加えて，さらにその 4 行で展開して

$$\begin{vmatrix} 0 & 1 & -2 & 3 \\ 1 & 0 & -3 & -2 \\ -2 & 3 & -1 & 0 \\ 3 & -2 & 0 & 1 \end{vmatrix} = \begin{vmatrix} -9 & 7 & -2 & 3 \\ 7 & -4 & -3 & -2 \\ -2 & 3 & -1 & 0 \\ 0 & 0 & 0 & 1 \end{vmatrix} = \begin{vmatrix} -9 & 7 & -2 \\ 7 & -4 & -3 \\ -2 & 3 & -1 \end{vmatrix} = (*1)$$

3 列の (-2) 倍を 1 列に加え，3 列の 3 倍を 2 列に加えて，さらにその 3 行で展開して

$$(*1) = \begin{vmatrix} -5 & 1 & -2 \\ 13 & -13 & -3 \\ 0 & 0 & -1 \end{vmatrix} = (-1)\begin{vmatrix} -5 & 1 \\ 13 & -13 \end{vmatrix} = -13\begin{vmatrix} -5 & 1 \\ 1 & -1 \end{vmatrix}$$
$$= -13(5-1) = -52. \quad \blacksquare$$

3. 次の行列式を計算せよ．

(1) $\begin{vmatrix} a & a & b \\ a & b & a \\ b & a & a \end{vmatrix}$ (2) $\begin{vmatrix} 1 & 1 & 1 \\ a & b & c \\ a^2 & b^2 & c^2 \end{vmatrix}$ (3) $\begin{vmatrix} a & a & a & a \\ a & b & b & b \\ a & b & c & c \\ a & b & c & d \end{vmatrix}$

(4) $\begin{vmatrix} 1 & 1 & 1 & 1 \\ x & a & a & a \\ x & y & b & b \\ x & y & z & c \end{vmatrix}$ (5) $\begin{vmatrix} x+y+z & -z & -y \\ -z & x+y+z & -x \\ -y & -x & x+y+z \end{vmatrix}$

【解答】 (1) 2 列と 3 列を 1 列に加えて，さらに 1 列から $2a+b$ をくくりだして

$$\begin{vmatrix} a & a & b \\ a & b & a \\ b & a & a \end{vmatrix} = \begin{vmatrix} 2a+b & a & b \\ 2a+b & b & a \\ 2a+b & a & a \end{vmatrix} = (2a+b)\begin{vmatrix} 1 & a & b \\ 1 & b & a \\ 1 & a & a \end{vmatrix} = (*1)$$

2 行と 3 行から 1 行を引き, さらにその 1 列で展開して

$$(*1) = (2a+b)\begin{vmatrix} 1 & a & b \\ 0 & b-a & a-b \\ 0 & 0 & a-b \end{vmatrix} = (2a+b)\begin{vmatrix} b-a & a-b \\ 0 & a-b \end{vmatrix}$$
$$= (2a+b)(b-a)(a-b) = -(a-b)^2(2a+b).$$

(2) 2 列と 3 列から 1 列を引き，さらにその 1 行で展開して

$$\begin{vmatrix} 1 & 1 & 1 \\ a & b & c \\ a^2 & b^2 & c^2 \end{vmatrix} = \begin{vmatrix} 1 & 0 & 0 \\ a & b-a & c-a \\ a^2 & b^2-a^2 & c^2-a^2 \end{vmatrix} = \begin{vmatrix} b-a & c-a \\ b^2-a^2 & c^2-a^2 \end{vmatrix} = (*1)$$

2 行を因数分解して，さらに 1 列から $b-a$ を，2 列から $c-a$ をくくりだして

$$(*1) = \begin{vmatrix} b-a & c-a \\ (b-a)(b+a) & (c-a)(c+a) \end{vmatrix} = (b-a)(c-a)\begin{vmatrix} 1 & 1 \\ b+a & c+a \end{vmatrix}$$
$$= (b-a)(c-a)\{(c+a)-(b+a)\} = (b-a)(c-a)(c-b)$$
$$= (a-b)(b-c)(c-a).$$

(3) 1 行を 2 行，3 行と 4 行から引いて，さらにその 1 列で展開して

$$\begin{vmatrix} a & a & a & a \\ a & b & b & b \\ a & b & c & c \\ a & b & c & d \end{vmatrix} = \begin{vmatrix} a & a & a & a \\ 0 & b-a & b-a & b-a \\ 0 & b-a & c-a & c-a \\ 0 & b-a & c-a & d-a \end{vmatrix} = a\begin{vmatrix} b-a & b-a & b-a \\ b-a & c-a & c-a \\ b-a & c-a & d-a \end{vmatrix} = (*1)$$

1 行を 2 行と 3 行から引いて，さらにその 1 列で展開して

$$(*1) = a\begin{vmatrix} b-a & b-a & b-a \\ 0 & c-b & c-b \\ 0 & c-b & d-b \end{vmatrix} = a(b-a)\begin{vmatrix} c-b & c-b \\ c-b & d-b \end{vmatrix} = (*2)$$

1 行を 2 行から引いて，さらにその 1 列で展開して

$$(*2) = a(b-a)\begin{vmatrix} c-b & c-b \\ 0 & d-c \end{vmatrix} = a(b-a)(c-b)(d-c).$$

(4) 2 列と 3 列と 4 列から 1 列を引き，さらにその 1 行で展開して

$$\begin{vmatrix} 1 & 1 & 1 & 1 \\ x & a & a & a \\ x & y & b & b \\ x & y & z & c \end{vmatrix} = \begin{vmatrix} 1 & 0 & 0 & 0 \\ x & a-x & a-x & a-x \\ x & y-x & b-x & b-x \\ x & y-x & z-x & c-x \end{vmatrix} = \begin{vmatrix} a-x & a-x & a-x \\ y-x & b-x & b-x \\ y-x & z-x & c-x \end{vmatrix} = (*1)$$

1行から $a-x$ をくくりだし，さらにその2列と3列から1列を引いて

$$(*1) = (a-x)\begin{vmatrix} 1 & 1 & 1 \\ y-x & b-x & b-x \\ y-x & z-x & c-x \end{vmatrix} = (a-x)\begin{vmatrix} 1 & 0 & 0 \\ y-x & b-y & b-y \\ y-x & z-y & c-y \end{vmatrix} = (*2)$$

1行で展開して

$$(*2) = (a-x)\begin{vmatrix} b-y & b-y \\ z-y & c-y \end{vmatrix} = (a-x)(b-y)\begin{vmatrix} 1 & 1 \\ z-y & c-y \end{vmatrix}$$
$$= (a-x)(b-y)\{(c-y)-(z-y)\} = (a-x)(b-y)(c-z).$$

(5) 2列に1列を加え，3列に1列を加えて，さらにその2列から $x+y$ と3列から $x+z$ をくくりだして

$$\begin{vmatrix} x+y+z & -z & -y \\ -z & x+y+z & -x \\ -y & -x & x+y+z \end{vmatrix} = \begin{vmatrix} x+y+z & x+y & x+z \\ -z & x+y & -x-z \\ -y & -x-y & x+z \end{vmatrix}$$
$$= (x+y)(x+z)\begin{vmatrix} x+y+z & 1 & 1 \\ -z & 1 & -1 \\ -y & -1 & 1 \end{vmatrix} = (*1)$$

3行を1行から引き，3行を2行に加えて，さらにその3列で展開して

$$(*1) = (x+y)(x+z)\begin{vmatrix} x+2y+z & 2 & 0 \\ -z-y & 0 & 0 \\ -y & -1 & 1 \end{vmatrix}$$
$$= (x+y)(x+z)\begin{vmatrix} x+2y+z & 2 \\ -z-y & 0 \end{vmatrix} = 2(x+y)(x+z)(y+z). \quad \blacksquare$$

4. 次の等式が成り立つことを示せ.

(1) $$\begin{vmatrix} 0 & a & b & c \\ a & 0 & c & b \\ b & c & 0 & a \\ c & b & a & 0 \end{vmatrix} = (a+b+c)(a+b-c)(a-b+c)(a-b-c)$$

(2) $$\begin{vmatrix} b^2+c^2 & ab & ca \\ ab & c^2+a^2 & bc \\ ca & bc & a^2+b^2 \end{vmatrix} = \begin{vmatrix} 0 & c & b \\ c & 0 & a \\ b & a & 0 \end{vmatrix}^2 = 4a^2b^2c^2$$

【解答】 (1) 2列と3列と4列を1列に加え，さらに $a+b+c$ をくくりだして

$$与式 = \begin{vmatrix} a+b+c & a & b & c \\ a+b+c & 0 & c & b \\ a+b+c & c & 0 & a \\ a+b+c & b & a & 0 \end{vmatrix} = (a+b+c)\begin{vmatrix} 1 & a & b & c \\ 1 & 0 & c & b \\ 1 & c & 0 & a \\ 1 & b & a & 0 \end{vmatrix} = (*1)$$

2 行の (-1) 倍と，3 行の (-1) 倍と，4 行を 1 行に加え，さらに 1 行から $a+b-c$ をくくりだして

$$(*1) = (a+b+c)\begin{vmatrix} 0 & a-c+b & b-c+a & c-b-a \\ 1 & 0 & c & b \\ 1 & c & 0 & a \\ 1 & b & a & 0 \end{vmatrix}$$

$$= (a+b+c)(a+b-c)\begin{vmatrix} 0 & 1 & 1 & -1 \\ 1 & 0 & c & b \\ 1 & c & 0 & a \\ 1 & b & a & 0 \end{vmatrix} = (*2)$$

4 列を 2 列と 3 列に加え，さらにその 1 行に関して展開して

$$(*2) = (a+b+c)(a+b-c)\begin{vmatrix} 0 & 0 & 0 & -1 \\ 1 & b & c+b & b \\ 1 & c+a & a & a \\ 1 & b & a & 0 \end{vmatrix}$$

$$= (a+b+c)(a+b-c)\begin{vmatrix} 1 & b & c+b \\ 1 & c+a & a \\ 1 & b & a \end{vmatrix} = (*3)$$

1 行を 2 行と 3 行から引き，さらにサラスの方法を用いて

$$(*3) = (a+b+c)(a+b-c)\begin{vmatrix} 1 & b & c+b \\ 0 & c+a-b & a-c-b \\ 0 & 0 & a-c-b \end{vmatrix}$$

$$= (a+b+c)(a+b-c)(a-b+c)(a-b-c).$$

(2) $A = \begin{pmatrix} 0 & c & b \\ c & 0 & a \\ b & a & 0 \end{pmatrix}$ とおく．このときサラスの方法により

$$|A| = 0 + abc + abc - 0 - 0 - 0 = 2abc.$$

よって，$|A|^2 = (2abc)^2 = 4a^2b^2c^2$ が成り立つ．

$$A^2 = \begin{pmatrix} 0+c^2+b^2 & 0+0+ac & 0+ac+0 \\ 0+0+ab & c^2+0+a^2 & bc+0+0 \\ 0+ac+0 & bc+0+0 & b^2+a^2+0 \end{pmatrix} = \begin{pmatrix} b^2+c^2 & ac & ac \\ ab & a^2+c^2 & bc \\ ac & bc & a^2+b^2 \end{pmatrix}.$$

ゆえに，定理 2.7 により

$$\begin{vmatrix} b^2+c^2 & ac & ac \\ ab & a^2+c^2 & bc \\ ac & bc & a^2+b^2 \end{vmatrix} = |A^2| = |A| \cdot |A| = 4a^2b^2c^2 \quad \blacksquare$$

5. 次の方程式を解け.

(1) $\begin{vmatrix} x-2 & 1 & -1 \\ 1 & x-2 & 1 \\ -1 & 1 & x-2 \end{vmatrix} = 0$　　(2) $\begin{vmatrix} x-1 & -2 & 2 \\ -2 & x-1 & -2 \\ 2 & -2 & x-1 \end{vmatrix} = 0$

【解答】 (1) 3 列の $(x-2)$ 倍を 1 列に加え，3 列を 2 列に加えて，さらにその 1 行で展開して

$$\begin{vmatrix} x-2 & 1 & -1 \\ 1 & x-2 & 1 \\ -1 & 1 & x-2 \end{vmatrix} = \begin{vmatrix} 0 & 0 & -1 \\ x-1 & x-1 & 1 \\ x^2-4x+3 & x-1 & x-2 \end{vmatrix}$$

$$= -\begin{vmatrix} x-1 & x-1 \\ x^2-4x+3 & x-1 \end{vmatrix} = (*1)$$

1 行から $x-1$ をくくりだして

$$(*1) = -(x-1)\begin{vmatrix} 1 & 1 \\ x^2-4x+3 & x-1 \end{vmatrix} = -(x-1)\{x-1-(x^2-4x+3)\}$$

$$= (x-1)(x^2-5x+4) = (x-1)^2(x-4)$$

したがって，方程式 $(x-1)^2(x-4)=0$ を解くことになり，ゆえに $x=1$ (重解)，$x=4$ が求める解である．

(2) 1 行を 2 行に加え，1 行を 3 行から引いて，さらにその 2 行と 3 行から $x-3$ をくくりだして

$$\begin{vmatrix} x-1 & -2 & 2 \\ -2 & x-1 & -2 \\ 2 & -2 & x-1 \end{vmatrix} = \begin{vmatrix} x-1 & -2 & 2 \\ x-3 & x-3 & 0 \\ -x+3 & 0 & x-3 \end{vmatrix}$$

$$= (x-3)^2\begin{vmatrix} x-1 & -2 & 2 \\ 1 & 1 & 0 \\ -1 & 0 & 1 \end{vmatrix} = (*1)$$

3 列を 1 列に加えて，さらにその 3 行で展開して

$$(*1) = (x-3)^2\begin{vmatrix} x+1 & -2 & 2 \\ 1 & 1 & 0 \\ 0 & 0 & 1 \end{vmatrix} = (x-3)^2\begin{vmatrix} x+1 & -2 \\ 1 & 1 \end{vmatrix}$$

$$= (x-3)^2(x+1+2) = (x-3)^2(x+3)$$

したがって，方程式 $(x-3)^2(x+3)=0$ を解くことになり，ゆえに $x=3$ (重解)，$x=-3$ が求める解である．　■

【別解】 $x-1=y$ とおいて，さらにその 1 列を 2 列に加えて，さらにその 1 列を 3 列から引いて

$$\begin{vmatrix} x-1 & -2 & 2 \\ -2 & x-1 & -2 \\ 2 & -2 & x-1 \end{vmatrix} = \begin{vmatrix} y & -2 & 2 \\ -2 & y & -2 \\ 2 & -2 & y \end{vmatrix} = \begin{vmatrix} y & y-2 & 2-y \\ -2 & y-2 & 0 \\ 2 & 0 & y-2 \end{vmatrix} = (*1)$$

2 列と 3 列から $y-2$ をくくりだして

$$(*1) = (y-2)^2 \begin{vmatrix} y & 1 & -1 \\ -2 & 1 & 0 \\ 2 & 0 & 1 \end{vmatrix} = (y-2)^2 \begin{vmatrix} y+2 & 0 & -1 \\ -2 & 1 & 0 \\ 2 & 0 & 1 \end{vmatrix}$$

$$= (y-2)^2 \begin{vmatrix} y+2 & -1 \\ 2 & 1 \end{vmatrix} = (y-2)^2(y+4)$$

したがって，方程式 $(y-2)^2(y+4)=0$ を解いて，$y=-4,\ 2$ (重解) であるから，$y=x-1$ より $x=-3,\ 3$ (重解) が求める解である．

6. 次の行列 A の余因子行列 $\widetilde{A}$ を求め，A が正則であればその逆行列を求めよ．

(1) $\begin{pmatrix} 3 & 1 \\ 1 & 1 \end{pmatrix}$　(2) $\begin{pmatrix} 2 & 1 \\ -2 & 1 \end{pmatrix}$　(3) $\begin{pmatrix} 0 & 1 & 2 \\ 1 & 3 & 10 \\ 2 & -5 & -3 \end{pmatrix}$

(4) $\begin{pmatrix} 2 & 1 & 1 \\ 1 & 3 & -7 \\ 2 & 3 & -5 \end{pmatrix}$　(5) $\begin{pmatrix} 3 & -1 & -1 \\ 1 & 2 & 3 \\ -1 & 5 & 7 \end{pmatrix}$　(6) $\begin{pmatrix} 1 & -1 & 2 \\ 2 & 1 & 0 \\ -2 & 3 & -5 \end{pmatrix}$

【解答】 以下の (1)～(6) を通して，┊印は除かれた列の位置，＿印は除かれた行の位置を示す．

(1) 1 行目にある a_{1j} $(j=1,2)$ に関する余因子について

$$\widetilde{a}_{11} = (-1)^{1+1}|1| = 1, \qquad \widetilde{a}_{12} = (-1)^{1+2}|1| = -1.$$

2 行目にある a_{2j} $(j=1,2)$ に関する余因子について

$$\widetilde{a}_{21} = (-1)^{2+1}|1| = -1, \qquad \widetilde{a}_{22} = (-1)^{2+2}|3| = 3.$$

したがって，余因子行列の定義 (p.24) より，A の余因子行列 $\widetilde{A}$ は

$$\widetilde{A} = \begin{pmatrix} \widetilde{a}_{11} & \widetilde{a}_{21} \\ \widetilde{a}_{12} & \widetilde{a}_{22} \end{pmatrix} = \begin{pmatrix} 1 & -1 \\ -1 & 3 \end{pmatrix}.$$

さらに $|A| = 3\cdot 1 - 1\cdot 1 = 2$ より，A は正則である．ゆえに，式 (2.3) より

$$A^{-1} = \frac{1}{|A|}\begin{pmatrix} \widetilde{a}_{11} & \widetilde{a}_{21} \\ \widetilde{a}_{12} & \widetilde{a}_{22} \end{pmatrix} = \frac{1}{2}\begin{pmatrix} 1 & -1 \\ -1 & 3 \end{pmatrix} = \begin{pmatrix} \frac{1}{2} & -\frac{1}{2} \\ -\frac{1}{2} & \frac{3}{2} \end{pmatrix}.$$

(2) 1 行目にある a_{1j} $(j=1,2)$ に関する余因子について

$$\widetilde{a}_{11} = |1| = 1, \qquad \widetilde{a}_{12} = -|-2| = 2.$$

2 行目にある a_{2j} $(j=1,2)$ に関する余因子について

$$\widetilde{a}_{21} = -|1| = -1, \qquad \widetilde{a}_{22} = |2| = 2.$$

したがって，A の余因子行列 $\widetilde{A}$ について $\widetilde{A}=\begin{pmatrix}1&-1\\2&2\end{pmatrix}$. また $|A|=1\cdot 2-(-1)\cdot 2=4$ より，A は正則である．ゆえに，式 (2.3) より

$$A^{-1}=\frac{1}{|A|}\begin{pmatrix}\widetilde{a}_{11}&\widetilde{a}_{21}\\\widetilde{a}_{12}&\widetilde{a}_{22}\end{pmatrix}=\frac{1}{4}\begin{pmatrix}1&-1\\2&2\end{pmatrix}=\begin{pmatrix}\frac{1}{4}&-\frac{1}{4}\\\frac{1}{2}&\frac{1}{2}\end{pmatrix}.$$

(3) 1 行目にある a_{1j} $(j=1,2,3)$ に関する余因子について

$$\widetilde{a}_{11}=(-1)^{1+1}\begin{vmatrix}3&10\\-5&-3\end{vmatrix}=41,\qquad \widetilde{a}_{12}=(-1)^{1+2}\begin{vmatrix}1&10\\2&-3\end{vmatrix}=23,$$

$$\widetilde{a}_{13}=(-1)^{1+3}\begin{vmatrix}1&3\\2&-5\end{vmatrix}=-11.$$

2 行目にある a_{2j} $(j=1,2,3)$ に関する余因子について

$$\widetilde{a}_{21}=(-1)^{2+1}\begin{vmatrix}1&2\\-5&-3\end{vmatrix}=-7,\qquad \widetilde{a}_{22}=(-1)^{2+2}\begin{vmatrix}0&2\\2&-3\end{vmatrix}=-4,$$

$$\widetilde{a}_{23}=(-1)^{2+3}\begin{vmatrix}0&1\\2&-5\end{vmatrix}=2.$$

3 行目にある a_{3j} $(j=1,2,3)$ に関する余因子について

$$\widetilde{a}_{31}=(-1)^{3+1}\begin{vmatrix}1&2\\3&10\end{vmatrix}=4,\qquad \widetilde{a}_{32}=(-1)^{3+2}\begin{vmatrix}0&2\\1&10\end{vmatrix}=2,$$

$$\widetilde{a}_{33}=(-1)^{3+3}\begin{vmatrix}0&1\\1&3\end{vmatrix}=-1.$$

したがって，余因子行列の定義 (p.24) より，A の余因子行列 $\widetilde{A}$ について

$$\widetilde{A}=\begin{pmatrix}\widetilde{a}_{11}&\widetilde{a}_{21}&\widetilde{a}_{31}\\\widetilde{a}_{12}&\widetilde{a}_{22}&\widetilde{a}_{32}\\\widetilde{a}_{13}&\widetilde{a}_{23}&\widetilde{a}_{33}\end{pmatrix}=\begin{pmatrix}41&-7&4\\23&-4&2\\-11&2&-1\end{pmatrix}.$$

また $|A|=0+20-10-12-(-3)-0=1$ であるから，A は正則である．ゆえに A の逆行列 A^{-1} は，式 (2.3) より

$$A^{-1}=\frac{1}{|A|}\widetilde{A}=\begin{pmatrix}41&-7&4\\23&-4&2\\-11&2&-1\end{pmatrix}.$$

(4) 1 行目にある a_{1j} $(j=1,2,3)$ に関する余因子について

$$\widetilde{a}_{11}=\begin{vmatrix}3&-7\\3&-5\end{vmatrix}=6,\qquad \widetilde{a}_{12}=-\begin{vmatrix}1&-7\\2&-5\end{vmatrix}=-9,$$

$$\widetilde{a}_{13}=\begin{vmatrix}1&3\\2&3\end{vmatrix}=-3.$$

2 行目にある a_{2j} $(j=1,2,3)$ に関する余因子について

$$\widetilde{a}_{21}=-1\begin{vmatrix}1 & 1\\ 3 & -5\end{vmatrix}=8,\qquad \widetilde{a}_{22}=\begin{vmatrix}2 & 1\\ 2 & -5\end{vmatrix}=-12,$$

$$\widetilde{a}_{23}=-\begin{vmatrix}2 & 1\\ 2 & 3\end{vmatrix}=-4.$$

3 行目にある a_{3j} $(j=1,2,3)$ に関する余因子について

$$\widetilde{a}_{31}=\begin{vmatrix}1 & 1\\ 3 & -7\end{vmatrix}=-10,\qquad \widetilde{a}_{32}=-\begin{vmatrix}2 & 1\\ 1 & -7\end{vmatrix}=15,$$

$$\widetilde{a}_{33}=\begin{vmatrix}2 & 1\\ 1 & 3\end{vmatrix}=5.$$

したがって，A の余因子行列 $\widetilde{A}$ について $\widetilde{A}=\begin{pmatrix}6 & 8 & -10\\ -9 & -12 & 15\\ -3 & -4 & 5\end{pmatrix}$. また $|A|=-30-14+3-6-(-5)-(-42)=0$ であるから，A は正則でない．

(5) 1 行目にある a_{1j} $(j=1,2,3)$ に関する余因子について

$$\widetilde{a}_{11}=\begin{vmatrix}2 & 3\\ 5 & 7\end{vmatrix}=-1,\qquad \widetilde{a}_{12}=-\begin{vmatrix}1 & 3\\ -1 & 7\end{vmatrix}=-10,$$

$$\widetilde{a}_{13}=\begin{vmatrix}1 & 2\\ -1 & 5\end{vmatrix}=7.$$

2 行目にある a_{2j} $(j=1,2,3)$ に関する余因子について

$$\widetilde{a}_{21}=-\begin{vmatrix}-1 & -1\\ 5 & 7\end{vmatrix}=2,\qquad \widetilde{a}_{22}=\begin{vmatrix}3 & -1\\ -1 & 7\end{vmatrix}=20,$$

$$\widetilde{a}_{23}=-\begin{vmatrix}3 & -1\\ -1 & 5\end{vmatrix}=-14.$$

3 行目にある a_{3j} $(j=1,2,3)$ に関する余因子について

$$\widetilde{a}_{31}=\begin{vmatrix}-1 & -1\\ 2 & 3\end{vmatrix}=-1,\qquad \widetilde{a}_{32}=-\begin{vmatrix}3 & -1\\ 1 & 3\end{vmatrix}=-10,$$

$$\widetilde{a}_{33}=\begin{vmatrix}3 & -1\\ 1 & 2\end{vmatrix}=7.$$

したがって，A の余因子行列 $\widetilde{A}$ について $\widetilde{A}=\begin{pmatrix}-1 & 2 & -1\\ -10 & 20 & -10\\ 7 & -14 & 7\end{pmatrix}$. また $|A|=42+3-5-2-(-7)-45=0$ であるから，A は正則でない．

(6) 1 行目にある a_{1j} $(j=1,2,3)$ に関する余因子について

$$\widetilde{a}_{11} = \begin{vmatrix} 1 & 0 \\ 3 & -5 \end{vmatrix} = -5, \qquad \widetilde{a}_{12} = -\begin{vmatrix} 2 & 0 \\ -2 & -5 \end{vmatrix} = 10,$$

$$\widetilde{a}_{13} = \begin{vmatrix} 2 & 1 \\ -2 & 3 \end{vmatrix} = 8.$$

2 行目にある a_{2j} $(j=1,2,3)$ に関する余因子について

$$\widetilde{a}_{21} = -\begin{vmatrix} -1 & 2 \\ 3 & -5 \end{vmatrix} = 1, \qquad \widetilde{a}_{22} = \begin{vmatrix} 1 & 2 \\ -2 & -5 \end{vmatrix} = -1,$$

$$\widetilde{a}_{23} = -\begin{vmatrix} 1 & -1 \\ -2 & 3 \end{vmatrix} = -1.$$

3 行目にある a_{3j} $(j=1,2,3)$ に関する余因子について

$$\widetilde{a}_{31} = \begin{vmatrix} -1 & 2 \\ 1 & 0 \end{vmatrix} = -2, \qquad \widetilde{a}_{32} = -\begin{vmatrix} 1 & 2 \\ 2 & 0 \end{vmatrix} = 4,$$

$$\widetilde{a}_{33} = \begin{vmatrix} 1 & -1 \\ 2 & 1 \end{vmatrix} = 3.$$

したがって，A の余因子行列 $\widetilde{A}$ について $\widetilde{A} = \begin{pmatrix} -5 & 1 & -2 \\ 10 & -1 & 4 \\ 8 & -1 & 3 \end{pmatrix}$. また $|A| = -5+0+12-(-4)-10-0 = 1$ であるから，A は正則である．ゆえに A の逆行列 A^{-1} について $A^{-1} = \dfrac{1}{|A|}\widetilde{A} = \begin{pmatrix} -5 & 1 & -2 \\ 10 & -1 & 4 \\ 8 & -1 & 3 \end{pmatrix}$ ■

問　題 2. B

1. n 次の置換の全体 S_n において，偶置換および奇置換はそれぞれ $\dfrac{n!}{2}$ 個ずつあることを示せ $(n \geqq 2)$.

【解答】 S_n は $n!$ 個の元で構成されている. ここで

A を S_n の元であって, 奇置換であるもの全体の集合,
B を S_n の元であって, 偶置換であるもの全体の集合

とする. このとき，$\psi = (i,j)$ として A から B への写像 f を

$$f\colon A \longrightarrow B, \quad f: \sigma \longmapsto \psi\sigma$$

により定義する．$\sigma \neq \sigma'$ とすれば $\psi\sigma \neq \psi\sigma'$ であるから f は1対1写像である．また，τ を B の任意の元とすれば $\psi^{-1}\tau$ は A の元であり，$f(\psi^{-1}\tau) = \psi(\psi^{-1}\tau) = \tau$ であるから，f は上への写像である．ゆえに f は A から B の上への1対1写像である．つまり A と B は同数の元で構成されていて，$A \cap B = \emptyset$ (空集合) であるから A と B はそれぞれ $\dfrac{n!}{2}$ 個の元により構成されている．

2. 直交行列の行列式は 1 または -1 であることを示せ．

【解答】 A を直交行列とする．このとき ${}^tAA = E_n$．この両辺の行列式を計算すれば

$$|{}^tAA| = |{}^tA| \cdot |A| = |A|^2, \qquad |E_n| = 1.$$

ゆえに，$|A|^2 = 1$ より，$|A| = \pm 1$.

3. 微分可能な関数 $a_i(x), b_i(x), c_i(x)$ $(i = 1, 2, 3)$ に対して，次の等式を示せ．

$$\frac{d}{dx}\begin{vmatrix} a_1(x) & a_2(x) & a_3(x) \\ b_1(x) & b_2(x) & b_3(x) \\ c_1(x) & c_2(x) & c_3(x) \end{vmatrix} = \begin{vmatrix} a'_1(x) & a'_2(x) & a'_3(x) \\ b_1(x) & b_2(x) & b_3(x) \\ c_1(x) & c_2(x) & c_3(x) \end{vmatrix} + \begin{vmatrix} a_1(x) & a_2(x) & a_3(x) \\ b'_1(x) & b'_2(x) & b'_3(x) \\ c_1(x) & c_2(x) & c_3(x) \end{vmatrix} + \begin{vmatrix} a_1(x) & a_2(x) & a_3(x) \\ b_1(x) & b_2(x) & b_3(x) \\ c'_1(x) & c'_2(x) & c'_3(x) \end{vmatrix}$$

【解答】 行列式の定義より

$$\begin{vmatrix} a_1(x) & a_2(x) & a_3(x) \\ b_1(x) & b_2(x) & b_3(x) \\ c_1(x) & c_2(x) & c_3(x) \end{vmatrix} = \sum_{\psi_{ijk} \in S_3} \operatorname{sgn} \psi_{ijk} a_i(x) b_j(x) c_k(x)$$

ただし $\psi_{ijk} = \begin{pmatrix} 1 & 2 & 3 \\ i & j & k \end{pmatrix}$．ゆえに

$$\begin{aligned}
\frac{d}{dx}\begin{vmatrix} a_1(x) & a_2(x) & a_3(x) \\ b_1(x) & b_2(x) & b_3(x) \\ c_1(x) & c_2(x) & c_3(x) \end{vmatrix} &= \frac{d}{dx}\sum_{\psi_{ijk} \in S_3} \operatorname{sgn} \psi_{ijk} a_i(x) b_j(x) c_k(x) \\
&= \sum_{\psi_{ijk} \in S_3} \operatorname{sgn} \psi_{ijk} \frac{d}{dx}\{a_i(x) b_j(x) c_k(x)\} \\
&= \sum_{\psi_{ijk} \in S_3} \operatorname{sgn} \psi_{ijk} \{a'_i(x) b_j(x) c_k(x) + a_i(x) b'_j(x) c_k(x) + a_i(x) b_j(x) c'_k(x)\} \\
&= \sum_{\psi_{ijk} \in S_3} \operatorname{sgn} \psi_{ijk} a'_i(x) b_j(x) c_k(x) + \sum_{\psi_{ijk} \in S_3} \operatorname{sgn} \psi_{ijk} a_i(x) b'_j(x) c_k(x) \\
&\qquad + \sum_{\psi_{ijk} \in S_3} \operatorname{sgn} \psi_{ijk} a_i(x) b_j(x) c'_k(x) \\
&= \begin{vmatrix} a'_1(x) & a'_2(x) & a'_3(x) \\ b_1(x) & b_2(x) & b_3(x) \\ c_1(x) & c_2(x) & c_3(x) \end{vmatrix} + \begin{vmatrix} a_1(x) & a_2(x) & a_3(x) \\ b'_1(x) & b'_2(x) & b'_3(x) \\ c_1(x) & c_2(x) & c_3(x) \end{vmatrix} + \begin{vmatrix} a_1(x) & a_2(x) & a_3(x) \\ b_1(x) & b_2(x) & b_3(x) \\ c'_1(x) & c'_2(x) & c'_3(x) \end{vmatrix}
\end{aligned}$$

4. A は n 次正方行列であり $A = \begin{pmatrix} A_l & B \\ O & A_m \end{pmatrix}$ (A_l は l 次，A_m は m 次の正方行列，$l + m = n$) と分割表示されているとする．

(1) $A = \begin{pmatrix} E_l & O \\ O & A_m \end{pmatrix}\begin{pmatrix} A_l & B \\ O & E_m \end{pmatrix}$ が正しいことを示せ．

(2) $|A| = |A_l| \cdot |A_m|$ であることを示せ．

【解答】 (1) $\begin{pmatrix} E_l & O \\ O & A_m \end{pmatrix}\begin{pmatrix} A_l & B \\ O & E_m \end{pmatrix} = \begin{pmatrix} E_l A_l & E_l B \\ O & A_m E_n \end{pmatrix} = \begin{pmatrix} A_l & B \\ O & A_m \end{pmatrix} = A$

(2) (i) $\begin{vmatrix} E_l & O \\ O & A_m \end{vmatrix} = |A_m|$ を証明する．

$l = 1$ のとき，明らかに $\begin{vmatrix} 1 & {}^t\mathbf{0} \\ \mathbf{0} & A_m \end{vmatrix} = |A_m|$ が成り立つ．

$l - 1$ のとき，$\begin{vmatrix} E_{l-1} & O \\ O & A_m \end{vmatrix} = |A_m|$ が成り立つと仮定する．このとき

$$\begin{vmatrix} E_l & O \\ O & A_m \end{vmatrix} = \begin{vmatrix} 1 & {}^t\mathbf{0} & {}^t\mathbf{0}' \\ \mathbf{0} & E_{l-1} & O' \\ \mathbf{0}' & O' & A_m \end{vmatrix} = \begin{vmatrix} E_{l-1} & O' \\ O' & A_m \end{vmatrix} = |A_m|$$

が成り立つ．ゆえに数学的帰納法により，任意の l に対して $\begin{vmatrix} E_l & O \\ O & A_m \end{vmatrix} = |A_m|$ が成り立つ．

(ii) $\begin{vmatrix} A_l & B \\ O & E_m \end{vmatrix} = |A_l|$ を証明する．

$m = 1$ のとき，明らかに $\begin{vmatrix} A_l & \boldsymbol{b} \\ \mathbf{0} & 1 \end{vmatrix} = |A_l|$ が成り立つ．

$m - 1$ のとき，$\begin{vmatrix} A_l & B \\ O & E_{m-1} \end{vmatrix} = |A_l|$ が成り立つと仮定する．このとき

$$\begin{vmatrix} A_l & B \\ O & E_m \end{vmatrix} = \begin{vmatrix} A_l & B' & \boldsymbol{b}' \\ O' & E_{m-1} & \mathbf{0} \\ {}^t\mathbf{0} & {}^t\mathbf{0}' & 1 \end{vmatrix} = \begin{vmatrix} A_l & B' \\ O' & E_{m-1} \end{vmatrix} = |A_l|$$

が成り立つ．ゆえに数学的帰納法により，任意の m に対して $\begin{vmatrix} A_l & B \\ O & E_m \end{vmatrix} = |A_l|$ が成り立つ．

以上の結果と (1) から

$$|A| = \left|\begin{pmatrix} E_l & O \\ O & A_m \end{pmatrix}\begin{pmatrix} A_l & B \\ O & E_m \end{pmatrix}\right| = \begin{vmatrix} E_l & O \\ O & A_m \end{vmatrix} \cdot \begin{vmatrix} A_l & B \\ O & E_m \end{vmatrix} = |A_m| \cdot |A_l|. \quad \blacksquare$$

5. n 次正方行列 A の余因子行列 $\widetilde{A}$ に対して次の命題を示せ.

(1) A が上三角行列ならば, $\widetilde{A}$ も上三角行列である.

(2) A が対称行列ならば, $\widetilde{A}$ も対称行列である.

【解答】 (1) A が上三角行列であれば

$$A = \begin{pmatrix} a_{11} & a_{12} & \ldots & a_{1n} \\ & a_{22} & \ldots & a_{2n} \\ & & \ddots & \vdots \\ \text{\huge 0} & & & a_{nn} \end{pmatrix}$$

となる. このとき, $\widetilde{A}$ の (j,i) 成分は $\widetilde{a}_{ij}$ であるから, $i<j$ に対して $\widetilde{a}_{ij}=0$ を示せばよい.

A の a_{11} 以外の第 1 列の成分がすべて 0 であるから, $\widetilde{a}_{12}, \widetilde{a}_{13}, \ldots, \widetilde{a}_{1n}$ は 0 である. A の a_{nn} 以外の第 n 行の成分がすべて 0 であるから, $\widetilde{a}_{2n}, \widetilde{a}_{3n}, \ldots, \widetilde{a}_{n-1n}$ は 0 である. また, $\widetilde{a}_{ij}$ $(i \neq 1,\, j \neq n,\, i<j)$ は, 下三角行列による行列式の値である. その値は対角成分の総積であるが, (i,i) 成分が 0 であるから, $\widetilde{a}_{ij}=0$ $(i \neq 1,\, j \neq n,\, i<j)$. ゆえに, $i<j$ に対して $\widetilde{a}_{ij}=0$ であるから, $\widetilde{A}$ は下三角行列である.

(2) $A = {}^tA$ に対して

A_1 を A から第 i 行と第 j 列を取り除いた行列,
A_2 を A から第 j 行と第 i 列を取り除いた行列

と定める. このとき, $A={}^tA$ より $A_1 = A_2$ である. したがって

$$\widetilde{a}_{ij} = (-1)^{i+j} d_{ij} = (-1)^{i+j}|A_1| = (-1)^{i+j}|A_2| = (-1)^{i+j} d_{ji} = \widetilde{a}_{ji}$$

ゆえに ${}^t\widetilde{A} = \widetilde{A}$. ■

第3章　連立1次方程式

3.1　クラーメルの公式

n 個の未知数 $x_1, \ldots, x_n$ を含む n 個の方程式よりなる連立 1 次方程式

$$\left\{\begin{array}{c} a_{11}x_1 + a_{12}x_2 + \cdots + a_{1n}x_n = b_1 \\ a_{21}x_1 + a_{22}x_2 + \cdots + a_{2n}x_n = b_2 \\ \vdots \\ a_{n1}x_1 + a_{n2}x_2 + \cdots + a_{nn}x_n = b_n \end{array}\right. \tag{3.1}$$

は，次の 3 つの行列

$$A = \begin{pmatrix} a_{11} & a_{12} & \ldots & a_{1n} \\ a_{21} & a_{22} & \ldots & a_{2n} \\ \vdots & \vdots & \ddots & \vdots \\ a_{n1} & a_{n2} & \ldots & a_{nn} \end{pmatrix}, \quad \boldsymbol{x} = \begin{pmatrix} x_1 \\ x_2 \\ \vdots \\ x_n \end{pmatrix}, \quad \boldsymbol{b} = \begin{pmatrix} b_1 \\ b_2 \\ \vdots \\ b_n \end{pmatrix} \tag{3.2}$$

とするとき (行列 A を連立 1 次方程式 (3.1) の**係数行列**という)

$$A\boldsymbol{x} = \boldsymbol{b} \tag{3.3}$$

として表される.

定理 3.1 (クラーメル (Cramer) の公式) 式 (3.1) で与えられる連立 1 次方程式 $A\boldsymbol{x} = \boldsymbol{b}$ は，$|A| \neq 0$ ならば，ただ 1 組の解をもち，その解は次の式で与えられる.

$$x_i = \frac{1}{|A|} \begin{vmatrix} a_{11} & \ldots & a_{1i-1} & b_1 & a_{1i+1} & \ldots & a_{1n} \\ a_{21} & \ldots & a_{2i-1} & b_2 & a_{2i+1} & \ldots & a_{2n} \\ \vdots & \ddots & \vdots & \vdots & \vdots & \ddots & \vdots \\ a_{n1} & \ldots & a_{ni-1} & b_n & a_{ni+1} & \ldots & a_{nn} \end{vmatrix} \qquad (i = 1, 2, \ldots, n)$$

$$\widehat{i}$$

上式の右辺において，その分母は A の行列式 $|A|$ であり，その分子は行列式 $|A|$ の第 i 列を $\boldsymbol{b}$ で置き換えた行列式である.

自明の解 連立 1 次方程式 $A\boldsymbol{x} = \boldsymbol{0}$ は $\boldsymbol{x} = \boldsymbol{0}$ を常に解としてもつ．この $\boldsymbol{x} = \boldsymbol{0}$ を $A\boldsymbol{x} = \boldsymbol{0}$ の**自明な解**という．

定理 3.2 連立 1 次方程式 $A\boldsymbol{x} = \boldsymbol{0}$ が自明な解以外の解をもつための必要十分条件は $|A| = 0$ である．

問題 3.1 次の連立方程式をクラーメルの公式を用いて解け．

(1) $\begin{cases} 2x_1 + \ \ x_2 + 3x_3 = 1 \\ -x_1 + 2x_2 + 5x_3 = -2 \\ 4x_1 - 3x_2 - 2x_3 = 0 \end{cases}$　　(2) $\begin{cases} x_1 + 2x_2 + 4x_3 = 1 \\ 3x_1 + 5x_2 + \ \ x_3 = 4 \\ 4x_1 + \ \ x_2 + 2x_3 = 2 \end{cases}$

【解答】 (1) はじめに，連立方程式の係数行列 A の行列式 $|A|$ を計算する．

$$|A| = \begin{vmatrix} 2 & 1 & 3 \\ -1 & 2 & 5 \\ 4 & -3 & -2 \end{vmatrix} = \begin{vmatrix} 0 & 5 & 13 \\ -1 & 2 & 5 \\ 0 & 5 & 18 \end{vmatrix} = (-1)^{2+1}(-1)\begin{vmatrix} 5 & 13 \\ 5 & 18 \end{vmatrix} = 5(18-13) = 25.$$

これにより，クラーメルの公式を適用する．

$$\begin{aligned} x_1 &= \frac{1}{25}\begin{vmatrix} 1 & 1 & 3 \\ -2 & 2 & 5 \\ 0 & -3 & -2 \end{vmatrix} = \frac{1}{25}\begin{vmatrix} 1 & 1 & 3 \\ 0 & 4 & 11 \\ 0 & -3 & -2 \end{vmatrix} \\ &= \frac{1}{25}\begin{vmatrix} 4 & 11 \\ -3 & -2 \end{vmatrix} = \frac{1}{25}(-8+33) = \frac{25}{25} = 1, \\ x_2 &= \frac{1}{25}\begin{vmatrix} 2 & 1 & 3 \\ -1 & -2 & 5 \\ 4 & 0 & -2 \end{vmatrix} = \frac{1}{25}\begin{vmatrix} 2 & 1 & 3 \\ 3 & 0 & 11 \\ 4 & 0 & -2 \end{vmatrix} \\ &= (-1)\frac{1}{25}\begin{vmatrix} 3 & 11 \\ 4 & -2 \end{vmatrix} = \frac{-1}{25}(-6-44) = \frac{50}{25} = 2, \\ x_3 &= \frac{1}{25}\begin{vmatrix} 2 & 1 & 1 \\ -1 & 2 & -2 \\ 4 & -3 & 0 \end{vmatrix} = \frac{1}{25}\begin{vmatrix} 2 & 1 & 1 \\ 3 & 4 & 0 \\ 4 & -3 & 0 \end{vmatrix} \\ &= \frac{1}{25}\begin{vmatrix} 3 & 4 \\ 4 & -3 \end{vmatrix} = \frac{1}{25}(-9-16) = \frac{-25}{25} = -1. \end{aligned}$$

ゆえに，連立方程式の解は，$x_1 = 1$, $x_2 = 2$, $x_3 = -1$ となる．
(2) 連立方程式の係数行列 A の行列式 $|A|$ を計算する．

$$|A| = \begin{vmatrix} 1 & 2 & 4 \\ 3 & 5 & 1 \\ 4 & 1 & 2 \end{vmatrix} = \begin{vmatrix} 1 & 0 & 0 \\ 3 & -1 & -11 \\ 4 & -7 & -14 \end{vmatrix} = \begin{vmatrix} 1 & 11 \\ 7 & 14 \end{vmatrix} = 14 - 77 = -63.$$

これにより，クラーメルの公式を適用する．

$$x_1 = \frac{1}{-63}\begin{vmatrix} 1 & 2 & 4 \\ 4 & 5 & 1 \\ 2 & 1 & 2 \end{vmatrix} = \frac{1}{-63}\begin{vmatrix} 1 & 0 & 0 \\ 4 & -3 & -15 \\ 2 & -3 & -6 \end{vmatrix}$$

$$= \frac{1}{-63}\begin{vmatrix} -3 & -15 \\ -3 & -6 \end{vmatrix} = \frac{3}{-63}(6-15) = \frac{3}{7},$$

$$x_2 = \frac{1}{-63}\begin{vmatrix} 1 & 1 & 4 \\ 3 & 4 & 1 \\ 4 & 2 & 2 \end{vmatrix} = \frac{1}{-63}\begin{vmatrix} 1 & 0 & 0 \\ 3 & 1 & -15 \\ 4 & -2 & -6 \end{vmatrix}$$

$$= \frac{1}{-63}\begin{vmatrix} 1 & -15 \\ -2 & -6 \end{vmatrix} = \frac{1}{-63}(-6-30) = \frac{4}{7},$$

$$x_3 = \frac{1}{-63}\begin{vmatrix} 1 & 2 & 1 \\ 3 & 5 & 4 \\ 4 & 1 & 2 \end{vmatrix} = \frac{1}{-63}\begin{vmatrix} 1 & 0 & 0 \\ 3 & -1 & 1 \\ 4 & -7 & -2 \end{vmatrix}$$

$$= \frac{1}{-63}\begin{vmatrix} -1 & 1 \\ -7 & -2 \end{vmatrix} = \frac{1}{-63}(2+7) = -\frac{1}{7}$$

ゆえに，連立方程式の解は $x_1 = 3/7$, $x_2 = 4/7$, $x_3 = -1/7$ となる． ■

3.2 消去法

連立 1 次方程式を，より簡単な方程式につぎつぎと変形していく方法は次の操作により行われる．これらの操作を用いた解法が消去法である．

(1) 1 つの方程式に 0 でない数を掛ける．

(2) 2 つの方程式を入れ替える．

(3) ある方程式に，他の方程式の k 倍を加える．

例えば，次の連立方程式を消去法で解けば，解 $x = -1$, $y = 2$, $z = 4$ が求まる．

$$\begin{cases} x - y + z = 1 \\ x - 2y + 3z = 7 \\ 3x + 2y - z = -3 \end{cases}$$

この連立方程式において変数 x, y, z と等号を省略すると，方程式に対応する係数の行列が得られる (この行列 $(A\,|\,\boldsymbol{b})$ を**拡大係数行列**という)．先の操作を行うことにより連立方程式を解くことができる．

$$(A\,|\,\boldsymbol{b}) = \left(\begin{array}{ccc|c} 1 & -1 & 1 & 1 \\ 1 & -2 & 3 & 7 \\ 3 & 2 & -1 & -3 \end{array}\right) \xrightarrow[3\text{行}-1\text{行}\times 3]{2\text{行}-1\text{行}} \left(\begin{array}{ccc|c} 1 & -1 & 1 & 1 \\ 0 & -1 & 2 & 6 \\ 0 & 5 & -4 & -6 \end{array}\right) \xrightarrow{3\text{行}+2\text{行}\times 5}$$

$$\left(\begin{array}{ccc|c} 1 & -1 & 1 & 1 \\ 0 & -1 & 2 & 6 \\ 0 & 0 & 6 & 24 \end{array}\right) \xrightarrow[2\text{ 行 }\times(-1)]{3\text{ 行 }\times 1/6} \left(\begin{array}{ccc|c} 1 & -1 & 1 & 1 \\ 0 & 1 & -2 & -6 \\ 0 & 0 & 1 & 4 \end{array}\right) \xrightarrow[1\text{ 行 }-3\text{ 行}]{2\text{ 行 }+3\text{ 行 }\times 2}$$

$$\left(\begin{array}{ccc|c} 1 & -1 & 0 & -3 \\ 0 & 1 & 0 & 2 \\ 0 & 0 & 1 & 4 \end{array}\right) \xrightarrow{1\text{ 行 }+2\text{ 行}} \left(\begin{array}{ccc|c} 1 & 0 & 0 & -1 \\ 0 & 1 & 0 & 2 \\ 0 & 0 & 1 & 4 \end{array}\right)$$

ここで，最後の行列を連立方程式に戻せば， $x=-1,\ y=2,\ z=4$ として解が求められる．このような解法を**掃出法**という．

例題 3.1 掃出法を用いて次の連立 1 次方程式を解け．

(1) $\begin{cases} x+2y+3z=-2 \\ -x \qquad\; +2z=3 \\ 3x+4y+4z=-7 \end{cases}$　　(2) $\begin{cases} x+2y+3z=-2 \\ -x \qquad\; +2z=3 \\ 3x+4y+4z=1 \end{cases}$

【解答】 (1) 掃出法を用いて，連立方程式を解く．

$$(A\,|\,\boldsymbol{b}) = \left(\begin{array}{ccc|c} 1 & 2 & 3 & -2 \\ -1 & 0 & 2 & 3 \\ 3 & 4 & 4 & -7 \end{array}\right) \xrightarrow[3\text{ 行 }-1\text{ 行 }\times 3]{2\text{ 行 }+1\text{ 行}} \left(\begin{array}{ccc|c} 1 & 2 & 3 & -2 \\ 0 & 2 & 5 & 1 \\ 0 & -2 & -5 & -1 \end{array}\right) \xrightarrow[3\text{ 行 }+2\text{ 行}]{1\text{ 行 }-2\text{ 行}}$$

$$\left(\begin{array}{ccc|c} 1 & 0 & -2 & -3 \\ 0 & 2 & 5 & 1 \\ 0 & 0 & 0 & 0 \end{array}\right) \xrightarrow{2\text{ 行 }\times 1/2} \left(\begin{array}{ccc|c} 1 & 0 & -2 & -3 \\ 0 & 1 & 5/2 & 1/2 \\ 0 & 0 & 0 & 0 \end{array}\right)$$

この最後の行列を対応している方程式として表せば

$$\begin{cases} x \qquad - 2z = -3 \\ \quad y + \dfrac{5}{2}z = \dfrac{1}{2} \\ \qquad\quad 0 = 0 \end{cases} \xrightarrow{z=t\text{ とおく}} \begin{cases} x = 2t-3 \\ y = \dfrac{-5}{2}t + \dfrac{1}{2} \\ z = t \end{cases} \ (t\text{ は任意定数})$$

となる．これは多数の解が存在することを意味する．すなわち解は不定である．
(2) 掃出法を用いて，連立方程式を解く．

$$(A\,|\,\boldsymbol{b}) = \left(\begin{array}{ccc|c} 1 & 2 & 3 & -2 \\ -1 & 0 & 2 & 3 \\ 3 & 4 & 4 & 1 \end{array}\right) \xrightarrow[3\text{ 行 }-1\text{ 行 }\times 3]{2\text{ 行 }+1\text{ 行}} \left(\begin{array}{ccc|c} 1 & 2 & 3 & -2 \\ 0 & 2 & 5 & 1 \\ 0 & -2 & -5 & 7 \end{array}\right) \xrightarrow{3\text{ 行 }+2\text{ 行}} \left(\begin{array}{ccc|c} 1 & 2 & 3 & -2 \\ 0 & 2 & 5 & 1 \\ 0 & 0 & 0 & 8 \end{array}\right)$$

この最後の行列を対応している方程式として表せば

$$\begin{cases} x + 2y + 3z = -2 \\ \quad\;\; 2y + 5z = 1 \\ \qquad\qquad\;\; 0 = 8 \end{cases}$$

となる．これは解が存在しないことを意味する．すなわち解は不能である．　■

3.3 行列の基本変形

行列に次の 3 つの操作を行うことを**行に関する基本変形**という.

(1) 第 i 行に 0 でない数 k を掛ける.

(2) 第 i 行と第 j 行を入れ替える.

(3) 第 i 行に他の第 j 行の k 倍を加える.

また, 行列に次の 3 つの操作を行うことを**列に関する基本変形**という.

(1$'$) 第 i 列に 0 でない数 k を掛ける.

(2$'$) 第 i 列と第 j 列を入れ替える.

(3$'$) 第 i 列に他の第 j 列の k 倍を加える.

基本変形と掃出 (m,n) 型行列 A に対して, (i,j) 成分 a_{ij} が 0 でないとき, 第 i 行に $1/a_{ij}$ を掛けて, 第 k 行 + 第 i 行 $\times(-a_{kj})$ とする. これを, $k \neq j$ なるすべての k に対して行うと A は A' の形に変形される. これを (i,j) 成分を軸として第 j 列を**掃き出す**という. さらに 1 列から順に掃き出しを行い, 列に関する基本変形を行う. すなわち

$$A = \begin{pmatrix} & a_{1j} & \\ & | & \\ — & a_{ij} & — \\ & | & \\ & a_{nj} & \end{pmatrix} {}_{<i} \longrightarrow A' = \begin{pmatrix} & 0 & \\ & | & \\ — & 1 & — \\ & | & \\ & 0 & \end{pmatrix} {}_{<i}$$
$$\qquad\qquad\qquad \widehat{j} \qquad\qquad\qquad\qquad\qquad \widehat{j}$$

$$\longrightarrow A'' = \left(\begin{array}{ccc|ccc} 1 & & & & & \\ & \ddots & & & * & \\ & & 1 & & & \\ \hline 0 & \dots & 0 & 0 & \dots & 0 \\ \vdots & \ddots & \vdots & \vdots & \ddots & \vdots \\ 0 & \dots & 0 & 0 & \dots & 0 \end{array}\right) \begin{array}{l} \left.\vphantom{\begin{array}{c}1\\ \ddots\\ 1\end{array}}\right\}{r} \\ \left.\vphantom{\begin{array}{c}0\\ \vdots\\ 0\end{array}}\right\}{m-r} \end{array} = \begin{pmatrix} E_r & * \\ O & O \end{pmatrix}$$
$$\underbrace{\qquad\qquad}_{r} \quad \underbrace{\qquad\qquad}_{n-r}$$

行と列に関する基本変形を合わせて単に**基本変形** という. 基本変形は次のような正方行列 P を掛けることで得られる.

- 操作 (1) には n 次単位行列 E_n の (i,i) 成分を 0 でない k に変えた $P_i[k]$
- 操作 (2) には E_n の第 i 行と第 j 行を入れ替えた P_{ij}
- 操作 (3) には E_n の (i,j) 成分を k に置き換えた $P_{ij}[k]$

これらの正方行列を左から掛けると行に関する基本変形になり，右から掛けると列に関する基本変形が得られる．

$$P_i[k] = \begin{pmatrix} 1 & & & & & \\ & \ddots & & \vert & & \\ & & 1 & \vert & & \\ & - & - & k & - & - \\ & & & \vert & 1 & \\ & & & \vert & & \ddots \\ & & & & & & 1 \end{pmatrix} \begin{matrix} \\ \\ \\ <i \\ \\ \\ \\ \end{matrix}, \quad \underset{\widehat{i}}{} \qquad P_{ij} = \begin{pmatrix} 1 & & & \vert & & \vert & \\ & \ddots & & \vert & & \vert & \\ & & 1 & \vert & & \vert & \\ - & - & - & 0 & - & 1 & - \\ & & & \vert & 1 & \vert & \\ & & & \vert & \ddots & \vert & \\ & & & \vert & 1 & \vert & \\ - & - & - & 1 & - & 0 & - \\ & & & \vert & & \vert & 1 \\ & & & \vert & & \vert & \ddots \\ & & & \vert & & \vert & & 1 \end{pmatrix} \begin{matrix} \\ \\ \\ <i \\ \\ \\ \\ <j \\ \\ \\ \\ \end{matrix},$$

$$(\text{column markers: } \widehat{i},\ \widehat{j})$$

$$P_{ij}[k] = \begin{pmatrix} 1 & & \vert & & \vert & & \\ & \ddots & \vert & & \vert & & \\ - & - & 1 & - & k & - & - \\ & & \vert & \ddots & \vert & & \\ - & - & 0 & - & 1 & - & - \\ & & \vert & & \vert & \ddots & \\ & & \vert & & \vert & & 1 \end{pmatrix} \begin{matrix} \\ \\ <i \\ \\ <j \\ \\ \\ \end{matrix}$$

$$(\text{column markers: } \widehat{i},\ \widehat{j})$$

これらの行列 $P_i[k]$, P_{ij}, $P_{ij}[k]$ を**基本行列**という．基本行列は正則であり，その逆行列は同じ型の基本行列である．

階数標準形 任意の (m,n) 型行列 A を列について掃き出すことにより A'' の形に変形する．次に，列に関する基本変形 $(3')$ を繰り返して行って第 1 行から順に行について掃き出せば，次の形に変形することができる．この F_r を行列 A の**階数標準形**という．

$$A \xrightarrow{\text{行に関する基本変形}} A'' \xrightarrow{\text{列に関する基本変形}} F_r = \begin{pmatrix} E_r & O \\ O & O \end{pmatrix}$$

定理 3.3 (m,n) 型行列 A に対して，m 次の正則行列 P，n 次の正則行列 Q を適当に選んで

$$PAQ = F_r$$

とすることができる．

階数 行列 A に対して階数標準形 F_r に現れる 1 の数 r は，A のみによって決まり基

本変形の仕方によらない一定の数になることが示される (§4.5 参照). この数 r を行列 A の**階数** (rank) といい, $\operatorname{rank} A$ で表す.

> **問題 3.2** 基本行列 $P_i[k]$, P_{ij}, $P_{ij}[k]$ の各逆行列を求めよ.

【解答】 (i) $P_i[k]$ の逆行列を求める. $P_i[k]$ は対角行列で, 対角行列と対角行列の積はそれぞれに対応している対角線の成分を掛ければよいので

$$P_i[k]P_i[k^{-1}] = \begin{pmatrix} 1 & & & & \text{\huge 0} \\ & \ddots & & & \\ & & k & & \\ & & & \ddots & \\ \text{\huge 0} & & & & 1 \end{pmatrix} \begin{pmatrix} 1 & & & & \text{\huge 0} \\ & \ddots & & & \\ & & 1/k & & \\ & & & \ddots & \\ \text{\huge 0} & & & & 1 \end{pmatrix} = E$$

であり, 同様に $P_i[k^{-1}]P_i[k] = E$ である. ゆえに $P_i[k]^{-1} = P_i[k^{-1}]$.
(ii) 掃出法を用いて, P_{ij} の逆行列を求める.

$$(P_{ij}|E) = \left(\begin{array}{ccccc|ccccc} 1 & & & & & 1 & & & & \text{\huge 0} \\ & \ddots & & & & & \ddots & & & \\ — & 0 & — & 1 & — & — & 1 & — & 0 & — \\ & & \ddots & & & & & \ddots & & \\ — & 1 & — & 0 & — & — & 0 & — & 1 & — \\ & & & \ddots & & & & & \ddots & \\ & & & & 1 & \text{\huge 0} & & & & 1 \\ & \hat{i} & & \hat{j} & & & \hat{i} & & \hat{j} & \end{array}\right) \begin{array}{l} \\ \\ <i \\ \\ <j \\ \\ \\ \\ \end{array} = (*1)$$

ここで, 第 i 行と第 j 行を交換したとき

$$(*1) = \left(\begin{array}{ccccc|ccccc} 1 & & & & & 1 & & & & \text{\huge 0} \\ & \ddots & & & & & \ddots & & & \\ — & 1 & — & 0 & — & — & 0 & — & 1 & — \\ & & \ddots & & & & & \ddots & & \\ — & 0 & — & 1 & — & — & 1 & — & 0 & — \\ & & & \ddots & & & & & \ddots & \\ & & & & 1 & \text{\huge 0} & & & & 1 \\ & \hat{i} & & \hat{j} & & & \hat{i} & & \hat{j} & \end{array}\right) \begin{array}{l} \\ \\ <i \\ \\ <j \\ \\ \\ \\ \end{array} = (E \,|\, P_{ij})$$

ゆえに $P_{ij}^{-1} = P_{ij}$.
(iii) $P_{ij}[k]$ の逆行列を掃出法を用いて求める.

$$
(P_{ij}[k]\,|\,E) = \left(\begin{array}{ccccc|ccccc}
1 & & & & & 1 & & & & \text{\Large 0} \\
 & \ddots & & & & & \ddots & & & \\
\text{—} & 1 & \text{—} & k & \text{—} & \text{—} & 1 & \text{—} & 0 & \text{—} \\
 & & \ddots & & & & & \ddots & & \\
\text{—} & 0 & \text{—} & 1 & \text{—} & \text{—} & 0 & \text{—} & 1 & \text{—} \\
 & & & & \ddots\ 1 & \text{\Large 0} & & & & \ddots\ 1 \\
 & \hat{i} & & \hat{j} & & & \hat{i} & & \hat{j} &
\end{array}\right)
\begin{array}{l} \\ \\ <i \\ \\ <j \\ \\ \\ \end{array}
= (*2)
$$

第 j 行を $-k$ 倍して第 i 行に加える．

$$
(*2) = \left(\begin{array}{ccccc|ccccc}
1 & & & & & 1 & & & & \text{\Large 0} \\
 & \ddots & & & & & \ddots & & & \\
\text{—} & 1 & \text{—} & 0 & \text{—} & \text{—} & 1 & \text{—} & -k & \text{—} \\
 & & \ddots & & & & & \ddots & & \\
\text{—} & 0 & \text{—} & 1 & \text{—} & \text{—} & 1 & \text{—} & 0 & \text{—} \\
 & & & & \ddots\ 1 & \text{\Large 0} & & & & \ddots\ 1 \\
 & \hat{i} & & \hat{j} & & & \hat{i} & & \hat{j} &
\end{array}\right)
\begin{array}{l} \\ \\ <i \\ \\ <j \\ \\ \\ \end{array}
= (E\,|\,P_{ij}[-k])
$$

ゆえに $P_{ij}[k]^{-1} = P_{ij}[-k]$.　■

問題 3.3 次の行列の階数を求めよ．

(1) $\begin{pmatrix} 1 & 1 & 4 & 2 \\ 1 & 0 & 1 & 1 \\ 2 & -1 & -1 & 1 \end{pmatrix}$　　(2) $\begin{pmatrix} 2 & 7 & -2 & 5 \\ 1 & 2 & 0 & 1 \\ 3 & 7 & -1 & 5 \\ 1 & 3 & -1 & 3 \end{pmatrix}$

【解答】 (1) 行に関する基本変形を用いれば，次の階段行列が得られる．

$$
\begin{pmatrix} 1 & 1 & 4 & 2 \\ 1 & 0 & 1 & 1 \\ 2 & -1 & -1 & 1 \end{pmatrix}
\xrightarrow[3\text{行}-1\text{行}\times 2]{2\text{行}-1\text{行}}
\begin{pmatrix} 1 & 1 & 4 & 2 \\ 0 & -1 & -3 & -1 \\ 0 & -3 & -9 & -3 \end{pmatrix}
\xrightarrow{3\text{行}-2\text{行}\times 3}
\begin{pmatrix} 1 & 1 & 4 & 2 \\ 0 & -1 & -3 & -1 \\ 0 & 0 & 0 & 0 \end{pmatrix}
$$

ゆえに

$$
\operatorname{rank}\begin{pmatrix} 1 & 1 & 4 & 2 \\ 1 & 0 & 1 & 1 \\ 2 & -1 & -1 & 1 \end{pmatrix} = \operatorname{rank}\begin{pmatrix} 1 & 1 & 4 & 2 \\ 0 & -1 & -3 & -1 \\ 0 & 0 & 0 & 0 \end{pmatrix} = 2
$$

(2) 行に関する基本変形を用いれば，次の階段行列が得られる．

$$
\begin{pmatrix} 2 & 7 & -2 & 5 \\ 1 & 2 & 0 & 1 \\ 3 & 7 & -1 & 5 \\ 1 & 3 & -1 & 3 \end{pmatrix}
\xrightarrow[3\text{行}-4\text{行}]{1\text{行}-4\text{行}\times 2}
\begin{pmatrix} 0 & 1 & 0 & -1 \\ 1 & 2 & 0 & 1 \\ 2 & 4 & 0 & 2 \\ 1 & 3 & -1 & 3 \end{pmatrix}
\xrightarrow[4\text{行}-2\text{行}]{3\text{行}-2\text{行}\times 2}
\begin{pmatrix} 0 & 1 & 0 & -1 \\ 1 & 2 & 0 & 1 \\ 0 & 0 & 0 & 0 \\ 0 & 1 & -1 & 2 \end{pmatrix}
$$

$$\xrightarrow[3\text{ 行} \leftrightarrow 4\text{ 行}]{1\text{ 行} \leftrightarrow 2\text{ 行}} \begin{pmatrix} 1 & 2 & 0 & 1 \\ 0 & 1 & 0 & -1 \\ 0 & 1 & -1 & 2 \\ 0 & 0 & 0 & 0 \end{pmatrix} \xrightarrow{3\text{ 行} -2\text{ 行}} \begin{pmatrix} 1 & 2 & 0 & 1 \\ 0 & 1 & 0 & -1 \\ 0 & 0 & -1 & 3 \\ 0 & 0 & 0 & 0 \end{pmatrix}$$

ゆえに

$$\operatorname{rank}\begin{pmatrix} 2 & 7 & -2 & 5 \\ 1 & 2 & 0 & 1 \\ 3 & 7 & -1 & 5 \\ 1 & 3 & -1 & 3 \end{pmatrix} = \operatorname{rank}\begin{pmatrix} 1 & 2 & 0 & 1 \\ 0 & 1 & 0 & -1 \\ 0 & 0 & -1 & 3 \\ 0 & 0 & 0 & 0 \end{pmatrix} = 3 \quad \blacksquare$$

3.4 連立 1 次方程式の解法

n 個の未知数 $x_1, x_2, \ldots, x_n$ による m 個の 1 次方程式からなる連立方程式

$$\begin{cases} a_{11}x_1 + a_{12}x_2 + \cdots + a_{1n}x_n = b_1 \\ a_{21}x_1 + a_{22}x_2 + \cdots + a_{2n}x_n = b_2 \\ \qquad\qquad\vdots \\ a_{m1}x_1 + a_{m2}x_2 + \cdots + a_{mn}x_n = b_m \end{cases} \tag{3.4}$$

において，係数がつくる行列を A，未知数のつくる列ベクトルを $\boldsymbol{x}$，右辺の定数のつくる列ベクトルを $\boldsymbol{b}$ とする．

$$A = \begin{pmatrix} a_{11} & a_{12} & \ldots & a_{1n} \\ a_{21} & a_{22} & \ldots & a_{2n} \\ \vdots & \vdots & \ddots & \vdots \\ a_{m1} & a_{m2} & \ldots & a_{mn} \end{pmatrix}, \quad \boldsymbol{x} = \begin{pmatrix} x_1 \\ x_2 \\ \vdots \\ x_n \end{pmatrix}, \quad \boldsymbol{b} = \begin{pmatrix} b_1 \\ b_2 \\ \vdots \\ b_m \end{pmatrix} \tag{3.5}$$

このとき，連立 1 次方程式 (3.4) は

$$A\boldsymbol{x} = \boldsymbol{b} \tag{3.6}$$

として表される．行列 A を連立 1 次方程式 (3.4) の**係数行列**，次の行列 $(A \,|\, \boldsymbol{b})$ を**拡大係数行列**という．

$$(A \,|\, \boldsymbol{b}) = \left(\begin{array}{cccc|c} a_{11} & a_{12} & \ldots & a_{1n} & b_1 \\ a_{21} & a_{22} & \ldots & a_{2n} & b_2 \\ \vdots & \vdots & \ddots & \vdots & \vdots \\ a_{m1} & a_{m2} & \ldots & a_{mn} & b_m \end{array}\right) \tag{3.7}$$

特に，$\boldsymbol{b} = \boldsymbol{0}$ の場合，$A\boldsymbol{x} = \boldsymbol{0}$ を**同次連立 1 次方程式**という．

定理 3.4 式 (3.4) で与えられる n 元連立1次方程式 $A\boldsymbol{x} = \boldsymbol{b}$ が解をもつための必要十分条件は

$$\mathrm{rank}\, A = \mathrm{rank}(A \,|\, \boldsymbol{b})$$

が成り立つことである．さらに

(1) $n = \mathrm{rank}\, A$ ならば，$A\boldsymbol{x} = \boldsymbol{b}$ は唯一の解をもつ．

(2) $n > \mathrm{rank}\, A$ ならば，$A\boldsymbol{x} = \boldsymbol{b}$ は多数の解をもち (すなわち，不定)，その解は $(n - \mathrm{rank}\, A)$ 個の任意定数を用いて表される．

問題 3.4 次の連立1次方程式を解け．

(1) $\begin{cases} x_1 + x_2 + 2x_3 = 6 \\ 3x_1 + 3x_2 - x_3 = 1 \\ 2x_1 + 4x_2 + x_3 = 3 \end{cases}$ (2) $\begin{cases} x + 2y + 3z = 1 \\ x + 3y - z = 2 \\ x + 5y - 9z = 3 \end{cases}$

(3) $\begin{cases} x_1 - x_2 + 2x_3 + 3x_4 = 0 \\ 3x_1 + x_2 - 6x_3 + 3x_4 = 1 \\ 3x_1 + 5x_2 - 18x_3 - 3x_4 = 2 \end{cases}$ (4) $\begin{cases} 2x_1 + 3x_2 - x_3 + 3x_4 = 0 \\ -x_1 + x_2 + 3x_3 - 7x_4 = 0 \\ 5x_1 + 7x_2 - 3x_3 + 8x_4 = 0 \\ 3x_1 + 4x_2 - 2x_3 + 5x_4 = 0 \end{cases}$

【解答】 (1) 掃出法によって，連立方程式を解く．

$$(A \,|\, \boldsymbol{b}) = \left(\begin{array}{ccc|c} 1 & 1 & 2 & 6 \\ 3 & 3 & -1 & 1 \\ 2 & 4 & 1 & 3 \end{array}\right) \xrightarrow[\text{3 行} -1 \text{ 行} \times 2]{\text{2 行} -1 \text{ 行} \times 3} \left(\begin{array}{ccc|c} 1 & 1 & 2 & 6 \\ 0 & 0 & -7 & -17 \\ 0 & 2 & -3 & -9 \end{array}\right) \xrightarrow{\text{2 行} \leftrightarrow \text{3 行}}$$

$$\left(\begin{array}{ccc|c} 1 & 1 & 2 & 6 \\ 0 & 2 & -3 & -9 \\ 0 & 0 & -7 & -17 \end{array}\right) \xrightarrow[\text{3 行} \times \frac{-1}{7}]{\text{2 行} \times \frac{1}{2}} \left(\begin{array}{ccc|c} 1 & 1 & 2 & 6 \\ 0 & 1 & -\frac{3}{2} & -\frac{9}{2} \\ 0 & 0 & 1 & \frac{17}{7} \end{array}\right) \xrightarrow{\text{2 行} +3 \text{ 行} \times \frac{3}{2}}$$

$$\left(\begin{array}{ccc|c} 1 & 1 & 2 & 6 \\ 0 & 1 & 0 & -\frac{6}{7} \\ 0 & 0 & 1 & \frac{17}{7} \end{array}\right) \xrightarrow[\text{1 行} -3 \text{ 行} \times 2]{\text{1 行} -2 \text{ 行}} \left(\begin{array}{ccc|c} 1 & 0 & 0 & 2 \\ 0 & 1 & 0 & -\frac{6}{7} \\ 0 & 0 & 1 & \frac{17}{7} \end{array}\right)$$

ゆえに解 $x_1 = 2,\ x_2 = -6/7,\ x_3 = 17/7$ を得る．

(2) 掃出法によって，連立方程式を解く．

$$(A \,|\, \boldsymbol{b}) = \left(\begin{array}{ccc|c} 1 & 2 & 3 & 1 \\ 1 & 3 & -1 & 2 \\ 1 & 5 & -9 & 3 \end{array}\right) \xrightarrow[\text{3 行} -1 \text{ 行}]{\text{2 行} -1 \text{ 行}} \left(\begin{array}{ccc|c} 1 & 2 & 3 & 1 \\ 0 & 1 & -4 & 1 \\ 0 & 3 & -12 & 2 \end{array}\right) \xrightarrow[\text{3 行} -2 \text{ 行} \times 3]{\text{1 行} -2 \text{ 行} \times 2} \left(\begin{array}{ccc|c} 1 & 0 & 11 & -1 \\ 0 & 1 & -4 & 1 \\ 0 & 0 & 0 & -1 \end{array}\right).$$

最後の行列を連立方程式で表せば，次の式が得られる．

$$\begin{cases} x \qquad + 11z = -1 \\ \qquad y - 4z = 1 \\ \qquad\qquad 0 = -1 \end{cases}$$

これは解が存在しないことを意味する．すなわち，解は不能である．
(3) 掃出法によって，連立方程式を解く．

$$(A\,|\,\boldsymbol{b}) = \left(\begin{array}{cccc|c} 1 & -1 & 2 & 3 & 0 \\ 3 & 1 & -6 & 3 & 1 \\ 3 & 5 & -18 & -3 & 2 \end{array}\right) \xrightarrow[\text{3 行} -1\text{ 行} \times 3]{\text{2 行} -1\text{ 行} \times 3} \left(\begin{array}{cccc|c} 1 & -1 & 2 & 3 & 0 \\ 0 & 4 & -12 & -6 & 1 \\ 0 & 8 & -24 & -12 & 2 \end{array}\right)$$

$$\xrightarrow{\text{2 行} \times \frac{1}{4}} \left(\begin{array}{cccc|c} 1 & -1 & 2 & 3 & 0 \\ 0 & 1 & -3 & -3/2 & 1/4 \\ 0 & 8 & -24 & -12 & 2 \end{array}\right) \xrightarrow[\text{3 行} -2\text{ 行} \times 8]{\text{1 行} +2\text{ 行}} \left(\begin{array}{cccc|c} 1 & 0 & -1 & 3/2 & 1/4 \\ 0 & 1 & -3 & -3/2 & 1/4 \\ 0 & 0 & 0 & 0 & 0 \end{array}\right).$$

最後の行列より，連立方程式 (3) は次の式と同値である．

$$\begin{cases} x_1 \qquad - \ x_3 + 3x_4/2 = 1/4 \\ \qquad x_2 - 3x_3 - 3x_4/2 = 1/4 \end{cases}$$

ここで，$x_3 = s$，$x_4 = t$ (s, t は任意定数) とおけば，解は次の式で与えられる．

$$\begin{cases} x_1 = \ \ s - 3t/2 + 1/4 \\ x_2 = 3s + 3t/2 + 1/4 \\ x_3 = \ \ s \\ x_4 = \qquad\qquad t \end{cases} \qquad (s, t \text{ は任意定数})$$

(4) 掃出法で連立方程式を解く．

$$(A\,|\,\boldsymbol{b}) = \left(\begin{array}{cccc|c} 2 & 3 & -1 & 3 & 0 \\ -1 & 1 & 3 & -7 & 0 \\ 5 & 7 & -3 & 8 & 0 \\ 3 & 4 & -2 & 5 & 0 \end{array}\right) \xrightarrow{\substack{\text{1 行} +2\text{ 行} \times 2 \\ \text{3 行} +2\text{ 行} \times 5 \\ \text{4 行} +2\text{ 行} \times 3}} \left(\begin{array}{cccc|c} 0 & 5 & 5 & -11 & 0 \\ -1 & 1 & 3 & -7 & 0 \\ 0 & 12 & 12 & -27 & 0 \\ 0 & 7 & 7 & -16 & 0 \end{array}\right) \xrightarrow{\text{3 行} \times \frac{1}{3}}$$

$$\left(\begin{array}{cccc|c} 0 & 5 & 5 & -11 & 0 \\ -1 & 1 & 3 & -7 & 0 \\ 0 & 4 & 4 & -9 & 0 \\ 0 & 7 & 7 & -16 & 0 \end{array}\right) \xrightarrow{\text{1 行} -3\text{ 行}} \left(\begin{array}{cccc|c} 0 & 1 & 1 & -2 & 0 \\ -1 & 1 & 3 & -7 & 0 \\ 0 & 4 & 4 & -9 & 0 \\ 0 & 7 & 7 & -16 & 0 \end{array}\right) \xrightarrow{\substack{\text{2 行} -1\text{ 行} \\ \text{3 行} -1\text{ 行} \times 4 \\ \text{4 行} -1\text{ 行} \times 7}}$$

$$\left(\begin{array}{cccc|c} 0 & 1 & 1 & -2 & 0 \\ -1 & 0 & 2 & -5 & 0 \\ 0 & 0 & 0 & -1 & 0 \\ 0 & 0 & 0 & -2 & 0 \end{array}\right) \xrightarrow{\substack{\text{1 行} \leftrightarrow \text{2 行} \\ \text{3 行} \times (-1) \\ \text{4 行} \times \frac{-1}{2}}} \left(\begin{array}{cccc|c} -1 & 0 & 2 & -5 & 0 \\ 0 & 1 & 1 & -2 & 0 \\ 0 & 0 & 0 & 1 & 0 \\ 0 & 0 & 0 & 1 & 0 \end{array}\right) \xrightarrow{\substack{\text{1 行} \times (-1) \\ \text{1 行} -3\text{ 行} \times 5 \\ \text{2 行} -3\text{ 行} \times 2 \\ \text{4 行} -3\text{ 行}}} \left(\begin{array}{cccc|c} 1 & 0 & -2 & 0 & 0 \\ 0 & 1 & 1 & 0 & 0 \\ 0 & 0 & 0 & 1 & 0 \\ 0 & 0 & 0 & 0 & 0 \end{array}\right).$$

最後の行列より，連立方程式 (4) は次の式と同値である．

$$\begin{cases} x_1 \qquad - 2x_3 \qquad = 0 \\ \qquad x_2 + \ x_3 \qquad = 0 \\ \qquad\qquad\qquad x_4 = 0 \end{cases}$$

ここで，$x_3 = t$ (t は任意定数) とおけば，解は次の式で与えられる．

$$\begin{cases} x_1 = 2t \\ x_2 = -t \\ x_3 = t \\ x_4 = 0 \end{cases} \quad (t\text{ は任意定数}) \quad ■$$

> **問題 3.5** 次の行列の逆行列を求めよ．
>
> (1) $A = \begin{pmatrix} 2 & -1 & 1 \\ 1 & 2 & -4 \\ 2 & 0 & 3 \end{pmatrix}$　　(2) $A = \begin{pmatrix} 1 & 1 & -1 & 1 \\ 2 & -1 & 3 & 1 \\ 1 & 1 & 0 & 1 \\ 3 & 2 & 2 & 2 \end{pmatrix}$

【解答】 (1) $|A| = 19\ (\neq 0)$ より，逆行列が存在する．掃出法によって逆行列を求める．

$$(A|E) = \left(\begin{array}{ccc|ccc} 2 & -1 & 1 & 1 & 0 & 0 \\ 1 & 2 & -4 & 0 & 1 & 0 \\ 2 & 0 & 3 & 0 & 0 & 1 \end{array}\right) \xrightarrow{\substack{1\text{行}-2\text{行}\times 2 \\ 3\text{行}-2\text{行}\times 2}} \left(\begin{array}{ccc|ccc} 0 & -5 & 9 & 1 & -2 & 0 \\ 1 & 2 & -4 & 0 & 1 & 0 \\ 0 & -4 & 11 & 0 & -2 & 1 \end{array}\right) \xrightarrow{1\text{行}-3\text{行}}$$

$$\left(\begin{array}{ccc|ccc} 0 & -1 & -2 & 1 & 0 & -1 \\ 1 & 2 & -4 & 0 & 1 & 0 \\ 0 & -4 & 11 & 0 & -2 & 1 \end{array}\right) \xrightarrow{\substack{2\text{行}+1\text{行}\times 2 \\ 3\text{行}-1\text{行}\times 4}} \left(\begin{array}{ccc|ccc} 0 & -1 & -2 & 1 & 0 & -1 \\ 1 & 0 & -8 & 2 & 1 & -2 \\ 0 & 0 & 19 & -4 & -2 & 5 \end{array}\right) \xrightarrow{3\text{行}\times\frac{1}{19}}$$

$$\left(\begin{array}{ccc|ccc} 0 & -1 & -2 & 1 & 0 & -1 \\ 1 & 0 & -8 & 2 & 1 & -2 \\ 0 & 0 & 1 & -\frac{4}{19} & -\frac{2}{19} & \frac{5}{19} \end{array}\right) \xrightarrow{\substack{1\text{行}+3\text{行}\times 2 \\ 2\text{行}+3\text{行}\times 8}} \left(\begin{array}{ccc|ccc} 0 & -1 & 0 & \frac{11}{19} & -\frac{4}{19} & -\frac{9}{19} \\ 1 & 0 & 0 & \frac{6}{19} & \frac{3}{19} & \frac{2}{19} \\ 0 & 0 & 1 & -\frac{4}{19} & -\frac{2}{19} & \frac{5}{19} \end{array}\right)$$

$$\xrightarrow{\substack{1\text{行}\leftrightarrow 2\text{行} \\ 2\text{行}\times(-1)}} \left(\begin{array}{ccc|ccc} 1 & 0 & 0 & \frac{6}{19} & \frac{3}{19} & \frac{2}{19} \\ 0 & 1 & 0 & -\frac{11}{19} & \frac{4}{19} & \frac{9}{19} \\ 0 & 0 & 1 & -\frac{4}{19} & -\frac{2}{19} & \frac{5}{19} \end{array}\right)$$

ゆえに $A^{-1} = \dfrac{1}{19}\begin{pmatrix} 6 & 3 & 2 \\ -11 & 4 & 9 \\ -4 & -2 & 5 \end{pmatrix}$.

(2) $|A| = 2\ (\neq 0)$ より，A の逆行列は存在する．掃出法により逆行列を求める．

$$(A\,|\,E) = \left(\begin{array}{cccc|cccc} 1 & 1 & -1 & 1 & 1 & 0 & 0 & 0 \\ 2 & -1 & 3 & 1 & 0 & 1 & 0 & 0 \\ 1 & 1 & 0 & 1 & 0 & 0 & 1 & 0 \\ 3 & 2 & 2 & 2 & 0 & 0 & 0 & 1 \end{array}\right) \xrightarrow{\substack{2\text{行}-1\text{行}\times 2 \\ 3\text{行}-1\text{行} \\ 4\text{行}-1\text{行}\times 3}} \left(\begin{array}{cccc|cccc} 1 & 1 & -1 & 1 & 1 & 0 & 0 & 0 \\ 0 & -3 & 5 & -1 & -2 & 1 & 0 & 0 \\ 0 & 0 & 1 & 0 & -1 & 0 & 1 & 0 \\ 0 & -1 & 5 & -1 & -3 & 0 & 0 & 1 \end{array}\right)$$

$$\xrightarrow{\substack{1\text{行}+4\text{行} \\ 2\text{行}-4\text{行}\times 3}} \left(\begin{array}{cccc|cccc} 1 & 0 & 4 & 0 & -2 & 0 & 0 & 1 \\ 0 & 0 & -10 & 2 & 7 & 1 & 0 & -3 \\ 0 & 0 & 1 & 0 & -1 & 0 & 1 & 0 \\ 0 & -1 & 5 & -1 & -3 & 0 & 0 & 1 \end{array}\right) \xrightarrow{\substack{1\text{行}-3\text{行}\times 4 \\ 2\text{行}-3\text{行}\times 10 \\ 4\text{行}-3\text{行}\times 5}}$$

$$\left(\begin{array}{cccc|cccc} 1 & 0 & 0 & 0 & 2 & 0 & -4 & 1 \\ 0 & 0 & 0 & 2 & -3 & 1 & 10 & -3 \\ 0 & 0 & 1 & 0 & -1 & 0 & 1 & 0 \\ 0 & -1 & 0 & -1 & 2 & 0 & -5 & 1 \end{array}\right) \xrightarrow{2\text{ 行 }\times\frac{1}{2}} \left(\begin{array}{cccc|cccc} 1 & 0 & 0 & 0 & 2 & 0 & -4 & 1 \\ 0 & 0 & 0 & 1 & -\frac{3}{2} & \frac{1}{2} & 5 & -\frac{3}{2} \\ 0 & 0 & 1 & 0 & -1 & 0 & 1 & 0 \\ 0 & -1 & 0 & -1 & 2 & 0 & -5 & 1 \end{array}\right)$$

$$\xrightarrow{4\text{ 行 }+2\text{ 行}} \left(\begin{array}{cccc|cccc} 1 & 0 & 0 & 0 & 2 & 0 & -4 & 1 \\ 0 & 0 & 0 & 1 & -\frac{3}{2} & \frac{1}{2} & 5 & -\frac{3}{2} \\ 0 & 0 & 1 & 0 & -1 & 0 & 1 & 0 \\ 0 & -1 & 0 & 0 & \frac{1}{2} & \frac{1}{2} & 0 & -\frac{1}{2} \end{array}\right) \xrightarrow[2\text{ 行 }\leftrightarrow 4\text{ 行}]{4\text{ 行 }\times(-1)} \left(\begin{array}{cccc|cccc} 1 & 0 & 0 & 0 & 2 & 0 & -4 & 1 \\ 0 & 1 & 0 & 0 & -\frac{1}{2} & -\frac{1}{2} & 0 & \frac{1}{2} \\ 0 & 0 & 1 & 0 & -1 & 0 & 1 & 0 \\ 0 & 0 & 0 & 1 & -\frac{3}{2} & \frac{1}{2} & 5 & -\frac{3}{2} \end{array}\right)$$

ゆえに $A^{-1} = \frac{1}{2}\begin{pmatrix} 4 & 0 & -8 & 2 \\ -1 & -1 & 0 & 1 \\ -2 & 0 & 2 & 0 \\ -3 & 1 & 10 & -3 \end{pmatrix}$. ■

章末問題 3

問　題 3. A

1. 次の連立 1 次方程式をクラーメルの公式を用いて解け.

(1) $\begin{cases} 3x+2y=1 \\ x-\ y=2 \end{cases}$　　(2) $\begin{cases} x-2y=-1 \\ 4x-5y=2 \end{cases}$

(3) $\begin{cases} x_1-\ x_2+\ x_3=0 \\ 3x_1+2x_2-\ x_3=4 \\ 2x_1+\ x_2-3x_3=5 \end{cases}$　　(4) $\begin{cases} 3x_1+5x_2-\ x_3=12 \\ 2x_1-\ x_2+3x_3=25 \\ x_1+2x_2-\ x_3=0 \end{cases}$

【解答】 (1) 連立方程式の係数行列 A に対する行列式 $|A|$ を計算する.

$$|A| = \begin{vmatrix} 3 & 2 \\ 1 & -1 \end{vmatrix} = -3-2 = -5$$

変数 $x = x_1$, $y = x_2$ として，クラーメルの公式を適用する.

$$x = \frac{1}{-5}\begin{vmatrix} 1 & 2 \\ 2 & -1 \end{vmatrix} = \frac{1}{-5}(-1-4) = 1, \quad y = \frac{1}{-5}\begin{vmatrix} 3 & 1 \\ 1 & 2 \end{vmatrix} = \frac{1}{-5}(6-1) = -1.$$

(2) 係数行列 A に対する行列式 $|A|$ を計算する.

$$|A| = \begin{vmatrix} 1 & -2 \\ 4 & -5 \end{vmatrix} = -5-(-8) = 3$$

変数 $x = x_1$, $y = x_2$ として，クラーメルの公式を適用する.

$$x = \frac{1}{3}\begin{vmatrix} -1 & -2 \\ 2 & -5 \end{vmatrix} = \frac{1}{3}(5+4) = 3, \quad y = \frac{1}{3}\begin{vmatrix} 1 & -1 \\ 4 & 2 \end{vmatrix} = \frac{1}{3}(2+4) = 2.$$

(3) 係数行列 A に対する行列式 $|A|$ を計算する．

$$|A| = \begin{vmatrix} 1 & -1 & 1 \\ 3 & 2 & -1 \\ 2 & 1 & -3 \end{vmatrix} = \begin{vmatrix} 1 & -1 & 1 \\ 0 & 5 & -4 \\ 0 & 3 & -5 \end{vmatrix} = \begin{vmatrix} 5 & -4 \\ 3 & -5 \end{vmatrix} = -25 + 12 = -13$$

これを使って，クラーメルの公式を適用する．

$$x_1 = \frac{1}{-13}\begin{vmatrix} 0 & -1 & 1 \\ 4 & 2 & -1 \\ 5 & 1 & -3 \end{vmatrix} = \frac{1}{-13}\begin{vmatrix} 0 & 0 & 1 \\ 4 & 1 & -1 \\ 5 & -2 & -3 \end{vmatrix}$$
$$= \frac{1}{-13}\begin{vmatrix} 4 & 1 \\ 5 & -2 \end{vmatrix} = \frac{1}{-13}(-8-5) = 1,$$
$$x_2 = \frac{1}{-13}\begin{vmatrix} 1 & 0 & 1 \\ 3 & 4 & -1 \\ 2 & 5 & -3 \end{vmatrix} = \frac{1}{-13}\begin{vmatrix} 1 & 0 & 0 \\ 3 & 4 & -4 \\ 2 & 5 & -5 \end{vmatrix}$$
$$= \frac{1}{-13}\begin{vmatrix} 4 & -4 \\ 5 & -5 \end{vmatrix} = \frac{1}{-13}(-20+20) = 0,$$
$$x_3 = \frac{1}{-13}\begin{vmatrix} 1 & -1 & 0 \\ 3 & 2 & 4 \\ 2 & 1 & 5 \end{vmatrix} = \frac{1}{-13}\begin{vmatrix} 1 & 0 & 0 \\ 3 & 5 & 4 \\ 2 & 3 & 5 \end{vmatrix}$$
$$= \frac{1}{-13}\begin{vmatrix} 5 & 4 \\ 3 & 5 \end{vmatrix} = \frac{1}{-13}(25-12) = -1.$$

(4) 係数行列 A に対する行列式 $|A|$ を計算する．

$$|A| = \begin{vmatrix} 3 & 5 & -1 \\ 2 & -1 & 3 \\ 1 & 2 & -1 \end{vmatrix} = \begin{vmatrix} 2 & 3 & -1 \\ 5 & 5 & 3 \\ 0 & 0 & -1 \end{vmatrix} = (-1)\begin{vmatrix} 2 & 3 \\ 5 & 5 \end{vmatrix} = (-1)(10-15) = 5$$

これを使って，クラーメルの公式を適用する．

$$x_1 = \frac{1}{5}\begin{vmatrix} 12 & 5 & -1 \\ 25 & -1 & 3 \\ 0 & 2 & -1 \end{vmatrix} = \frac{1}{5}\begin{vmatrix} 12 & 3 & -1 \\ 25 & 5 & 3 \\ 0 & 0 & -1 \end{vmatrix}$$
$$= \frac{1}{5}(-1)\begin{vmatrix} 12 & 3 \\ 25 & 5 \end{vmatrix} = \frac{1}{5}(-1)(60-75) = 3,$$
$$x_2 = \frac{1}{5}\begin{vmatrix} 3 & 12 & -1 \\ 2 & 25 & 3 \\ 1 & 0 & -1 \end{vmatrix} = \frac{1}{5}\begin{vmatrix} 2 & 12 & -1 \\ 5 & 25 & 3 \\ 0 & 0 & -1 \end{vmatrix}$$
$$= \frac{1}{5}(-1)\begin{vmatrix} 2 & 12 \\ 5 & 25 \end{vmatrix} = \frac{1}{5}(-1)(50-60) = 2,$$

$$x_3 = \frac{1}{5}\begin{vmatrix} 3 & 5 & 12 \\ 2 & -1 & 25 \\ 1 & 2 & 0 \end{vmatrix} = \frac{1}{5}\begin{vmatrix} 3 & -1 & 12 \\ 2 & -5 & 25 \\ 1 & 0 & 0 \end{vmatrix}$$

$$= \frac{1}{5}\begin{vmatrix} -1 & 12 \\ -5 & 25 \end{vmatrix} = \frac{1}{5}(-25+60) = 7.$$

2. 次の連立 1 次方程式が自明な解以外の解をもつように a の値を定めよ．

(1) $\begin{cases} ax - y = 0 \\ -x + ay = 0 \end{cases}$ (2) $\begin{cases} ax + 2y = 0 \\ 3x + (a+1)y = 0 \end{cases}$

(3) $\begin{cases} ax_1 + x_2 = 0 \\ x_1 + (a-1)x_2 + x_3 = 0 \\ x_2 + ax_3 = 0 \end{cases}$ (4) $\begin{cases} ax_1 - 4x_3 = 0 \\ -3x_1 + (a-1)x_2 + 6x_3 = 0 \\ 2x_1 - ax_3 = 0 \end{cases}$

【解答】 定理 3.2 より，係数行列 A が正方行列である連立 1 次方程式 $A\boldsymbol{x} = \boldsymbol{0}$ が自明な解以外の解をもつための必要十分条件は，$|A| = 0$ である．

(1) 係数行列 A に対する行列式 $|A|$ を計算する．

$$|A| = \begin{vmatrix} a & -1 \\ -1 & a \end{vmatrix} = a^2 - 1 = (a-1)(a+1)$$

このとき，自明な解以外の解をもつことより $a^2 - 1 = 0$ であるから，$a = \pm 1$.

(2) 自明な解以外の解をもつことより $|A| = \begin{vmatrix} a & 2 \\ 3 & a+1 \end{vmatrix} = a(a+1) - 6 = a^2 + a - 6 = (a-2)(a+3) = 0$ であるから，$a = 2,\ -3$.

(3) 係数行列 A に対する行列式 $|A|$ を計算する．

$$|A| = \begin{vmatrix} a & 1 & 0 \\ 1 & a-1 & 1 \\ 0 & 1 & a \end{vmatrix} = \begin{vmatrix} a+1 & a+1 & a+1 \\ 1 & a-1 & 1 \\ 0 & 1 & a \end{vmatrix} = (a+1)\begin{vmatrix} 1 & 1 & 1 \\ 1 & a-1 & 1 \\ 0 & 1 & a \end{vmatrix}$$

$$= (a+1)\begin{vmatrix} 1 & 1 & 1 \\ 0 & a-2 & 0 \\ 0 & 1 & a \end{vmatrix} = (a+1)\begin{vmatrix} a-2 & 0 \\ 1 & a \end{vmatrix} = (a+1)(a-2)a$$

このとき，自明な解以外の解をもつことより $|A| = 0$ であるから，$a = -1, 0, 2$.

(4) 係数行列 A に対する行列式 $|A|$ を計算する．

$$|A| = \begin{vmatrix} a & 0 & -4 \\ -3 & a-1 & 6 \\ 2 & 0 & -a \end{vmatrix} = (a-1)\begin{vmatrix} a & -4 \\ 2 & -a \end{vmatrix} = (a-1)(-a^2+8)$$

このとき，自明な解以外の解をもつことより，$|A| = 0$ であるから $a = 1, \pm 2\sqrt{2}$.

3. 次の連立1次方程式を解け.

(1) $\begin{cases} x_1 - x_2 + 2x_3 = 3 \\ 2x_1 + 2x_2 - 3x_3 = 1 \\ 3x_1 + x_2 - x_3 = 5 \end{cases}$ (2) $\begin{cases} x_1 - x_2 + 2x_3 = 3 \\ 2x_1 + 2x_2 - 3x_3 = 1 \\ 3x_1 + x_2 - x_3 = 4 \end{cases}$

(3) $\begin{cases} x_1 + x_2 + 3x_3 - x_4 = 1 \\ 3x_1 + 2x_2 + x_3 + x_4 = 2 \\ x_1 - x_2 - 2x_3 + 4x_4 = 3 \\ 2x_1 + 3x_2 - x_3 + 3x_4 = 0 \end{cases}$ (4) $\begin{cases} x_1 - 2x_2 + x_4 = 0 \\ -2x_1 + 4x_2 - x_3 + x_4 = 0 \\ x_1 - 2x_2 + x_3 - 2x_4 = 0 \end{cases}$

【解答】 (1) 掃出法を用いて

$$\left(\begin{array}{ccc|c} 1 & -1 & 2 & 3 \\ 2 & 2 & -3 & 1 \\ 3 & 1 & -1 & 5 \end{array}\right) \xrightarrow[3\text{行}-1\text{行}\times 3]{2\text{行}-1\text{行}\times 2} \left(\begin{array}{ccc|c} 1 & -1 & 2 & 3 \\ 0 & 4 & -7 & -5 \\ 0 & 4 & -7 & -4 \end{array}\right) \xrightarrow{3\text{行}-2\text{行}} \left(\begin{array}{ccc|c} 1 & -1 & 2 & 3 \\ 0 & 4 & -7 & -5 \\ 0 & 0 & 0 & 1 \end{array}\right)$$

このとき，最終の行列における3行より，$0 = 1$ となるので矛盾である．ゆえに，この連立1次方程式は解をもたない.

(2) 掃出法を用いて

$$\left(\begin{array}{ccc|c} 1 & -1 & 2 & 3 \\ 2 & 2 & -3 & 1 \\ 3 & 1 & -1 & 4 \end{array}\right) \xrightarrow[3\text{行}-1\text{行}\times 3]{2\text{行}-1\text{行}\times 2} \left(\begin{array}{ccc|c} 1 & -1 & 2 & 3 \\ 0 & 4 & -7 & -5 \\ 0 & 4 & -7 & -5 \end{array}\right) \xrightarrow{3\text{行}-2\text{行}} \left(\begin{array}{ccc|c} 1 & -1 & 2 & 3 \\ 0 & 4 & -7 & -5 \\ 0 & 0 & 0 & 0 \end{array}\right)$$

$$\xrightarrow{2\text{行}\times 1/4} \left(\begin{array}{ccc|c} 1 & -1 & 2 & 3 \\ 0 & 1 & -\frac{7}{4} & -\frac{5}{4} \\ 0 & 0 & 0 & 0 \end{array}\right) \xrightarrow{1\text{行}+2\text{行}} \left(\begin{array}{ccc|c} 1 & 0 & \frac{1}{4} & \frac{7}{4} \\ 0 & 1 & -\frac{7}{4} & -\frac{5}{4} \\ 0 & 0 & 0 & 0 \end{array}\right)$$

このとき，最終の行列より

$$\begin{cases} x_1 \quad + \frac{1}{4}x_3 = \frac{7}{4} \\ \quad x_2 - \frac{7}{4}x_3 = -\frac{5}{4} \end{cases} \xrightarrow{x_3 = t\ \text{とおく}} \begin{cases} x_1 = -\frac{1}{4}t + \frac{7}{4} \\ x_2 = \frac{7}{4}t - \frac{5}{4} \\ x_3 = t \end{cases} \quad (t\ \text{は任意定数}).$$

(3) 掃出法を用いて

$$\left(\begin{array}{cccc|c} 1 & 1 & 3 & -1 & 1 \\ 3 & 2 & 1 & 1 & 2 \\ 1 & -1 & -2 & 4 & 3 \\ 2 & 3 & -1 & 3 & 0 \end{array}\right) \xrightarrow[\substack{3\text{行}-1\text{行} \\ 4\text{行}-1\text{行}\times 2}]{2\text{行}-1\text{行}\times 3} \left(\begin{array}{cccc|c} 1 & 1 & 3 & -1 & 1 \\ 0 & -1 & -8 & 4 & -1 \\ 0 & -2 & -5 & 5 & 2 \\ 0 & 1 & -7 & 5 & -2 \end{array}\right) \xrightarrow[\substack{3\text{行}-2\text{行} \\ 4\text{行}+2\text{行}}]{1\text{行}+2\text{行}}$$

$$\left(\begin{array}{cccc|c} 1 & 0 & -5 & 3 & 0 \\ 0 & -1 & -8 & 4 & -1 \\ 0 & 0 & 11 & -3 & 4 \\ 0 & 0 & -15 & 9 & -3 \end{array}\right) \xrightarrow[4\text{行}\times(-1/3)]{2\text{行}\times(-1)} \left(\begin{array}{cccc|c} 1 & 0 & -5 & 3 & 0 \\ 0 & 1 & 8 & -4 & 1 \\ 0 & 0 & 11 & -3 & 4 \\ 0 & 0 & 5 & -3 & 1 \end{array}\right) \xrightarrow[3\text{行}-4\text{行}\times 2]{1\text{行}+4\text{行}}$$

$$\left(\begin{array}{cccc|c} 1&0&0&0&1\\ 0&1&8&-4&1\\ 0&0&1&3&2\\ 0&0&5&-3&1 \end{array}\right) \xrightarrow[\text{4 行 }-3\text{ 行 }\times 5]{\text{2 行 }-3\text{ 行 }\times 8} \left(\begin{array}{cccc|c} 1&0&0&0&1\\ 0&1&0&-28&-15\\ 0&0&1&3&2\\ 0&0&0&-18&-9 \end{array}\right) \xrightarrow{\text{4 行 }\times(-1/18)}$$

$$\left(\begin{array}{cccc|c} 1&0&0&0&1\\ 0&1&0&-28&-15\\ 0&0&1&3&2\\ 0&0&0&1&\frac{1}{2} \end{array}\right) \xrightarrow[\text{3 行 }-4\text{ 行 }\times 3]{\text{2 行 }+4\text{ 行 }\times 28} \left(\begin{array}{cccc|c} 1&0&0&0&1\\ 0&1&0&0&-1\\ 0&0&1&0&\frac{1}{2}\\ 0&0&0&1&\frac{1}{2} \end{array}\right)$$

ゆえに，$x_1 = 1,\ x_2 = -1,\ x_3 = 1/2,\ x_4 = 1/2.$

(4) 掃出法を用いて

$$\left(\begin{array}{cccc|c} 1&-2&0&1&0\\ -2&4&-1&1&0\\ 1&-2&1&-2&0 \end{array}\right) \xrightarrow[\text{3 行 }-1\text{ 行}]{\text{2 行 }+1\text{ 行 }\times 2} \left(\begin{array}{cccc|c} 1&-2&0&1&0\\ 0&0&-1&3&0\\ 0&0&1&-3&0 \end{array}\right) \xrightarrow{\text{3 行 }+2\text{ 行}}$$

$$\left(\begin{array}{cccc|c} 1&-2&0&1&0\\ 0&0&-1&3&0\\ 0&0&0&0&0 \end{array}\right)$$

このとき，最終の行列より

$$\begin{cases} x_1 - 2x_2 \qquad + \ x_4 = 0 \\ \qquad\quad - x_3 + 3x_4 = 0 \end{cases} \xrightarrow{\begin{cases} x_2 = s \\ x_4 = t \end{cases} \text{とおく}} \begin{cases} x_1 = 2s - t \\ x_2 = s \\ x_3 = 3t \\ x_4 = t \end{cases} \quad (s, t\text{ は任意定数})$$ ■

4. 次の連立 1 次方程式は解をもつかどうかを調べよ．

(1) $\begin{cases} 3x + 2y + 8z = 0 \\ 2x - 2y + 5z = 2 \\ x - 6y + 2z = 1 \end{cases}$　　(2) $\begin{cases} x_1 + 2x_2 \qquad - x_4 = 2 \\ 2x_1 + 2x_2 - 2x_3 - x_4 = 1 \\ -x_1 - x_2 + x_3 + x_4 = -1 \\ 2x_1 + x_2 - 3x_3 - x_4 = 2 \end{cases}$

【解答】 (1) 掃出法を用いて

$$(A\,|\,\boldsymbol{b}) = \left(\begin{array}{ccc|c} 3&2&8&0\\ 2&-2&5&2\\ 1&-6&2&1 \end{array}\right) \xrightarrow[\text{2 行 }-3\text{ 行 }\times 2]{\text{1 行 }-3\text{ 行 }\times 3} \left(\begin{array}{ccc|c} 0&20&2&-3\\ 0&10&1&0\\ 1&-6&2&1 \end{array}\right)$$

$$\xrightarrow{\text{1 行 }-2\text{ 行 }\times 2} \left(\begin{array}{ccc|c} 0&0&0&-3\\ 0&10&1&0\\ 1&-6&2&1 \end{array}\right) \xrightarrow{\text{1 行 }\leftrightarrow\text{3 行}} \left(\begin{array}{ccc|c} 1&-6&2&1\\ 0&10&1&0\\ 0&0&0&-3 \end{array}\right)$$

である．このとき，最終の行列における第 3 行は，$0 = -3$ を表す．これは矛盾であるから，この連立 1 次方程式は解をもたない．または，定理 3.4 より

$$\mathrm{rank}\, A = \mathrm{rank}\begin{pmatrix} 1&-6&2\\ 0&10&1\\ 0&0&0 \end{pmatrix} = 2 < \mathrm{rank}(A\,|\,\boldsymbol{b}) = \mathrm{rank}\left(\begin{array}{ccc|c} 1&-6&2&1\\ 0&10&1&0\\ 0&0&0&-3 \end{array}\right) = 3$$

であるから，解は存在しない．

(2) 掃出法を用いて

$$(A\,|\,\boldsymbol{b}) = \left(\begin{array}{cccc|c} 1 & 2 & 0 & -1 & 2 \\ 2 & 2 & -2 & -1 & 1 \\ -1 & -1 & 1 & 1 & -1 \\ 2 & 1 & -3 & -1 & 2 \end{array}\right) \xrightarrow[\text{4 行 }-1\text{ 行 }\times 2]{\substack{\text{2 行 }-1\text{ 行 }\times 2\\ \text{3 行 }+1\text{ 行}}} \left(\begin{array}{cccc|c} 1 & 2 & 0 & -1 & 2 \\ 0 & -2 & -2 & 1 & -3 \\ 0 & 1 & 1 & 0 & 1 \\ 0 & -3 & -3 & 1 & -2 \end{array}\right)$$

$$\xrightarrow[\text{4 行 }+3\text{ 行 }\times 3]{\substack{\text{1 行 }-3\text{ 行 }\times 2\\ \text{2 行 }+3\text{ 行 }\times 2}} \left(\begin{array}{cccc|c} 1 & 0 & -2 & -1 & 0 \\ 0 & 0 & 0 & 1 & -1 \\ 0 & 1 & 1 & 0 & 1 \\ 0 & 0 & 0 & 1 & 1 \end{array}\right) \xrightarrow{\text{4 行 }-2\text{ 行}} \left(\begin{array}{cccc|c} 1 & 0 & -2 & -1 & 0 \\ 0 & 0 & 0 & 1 & -1 \\ 0 & 1 & 1 & 0 & 1 \\ 0 & 0 & 0 & 0 & 2 \end{array}\right)$$

$$\xrightarrow{\text{2 行 }\leftrightarrow\text{3 行}} \left(\begin{array}{cccc|c} 1 & 0 & -2 & -1 & 0 \\ 0 & 1 & 1 & 0 & 1 \\ 0 & 0 & 0 & 1 & -1 \\ 0 & 0 & 0 & 0 & 2 \end{array}\right)$$

である．このとき，最終の行列における第 4 行は，$0 = 2$ を表す．これは矛盾であるから，この連立 1 次方程式は解をもたない．または，定理 3.4 より

$$\operatorname{rank} A = \operatorname{rank}\begin{pmatrix} 1 & 0 & -2 & -1 \\ 0 & 1 & 1 & 0 \\ 0 & 0 & 0 & 1 \\ 0 & 0 & 0 & 0 \end{pmatrix} = 3 < \operatorname{rank}(A\,|\,\boldsymbol{b}) = \operatorname{rank}\left(\begin{array}{cccc|c} 1 & 0 & -2 & -1 & 0 \\ 0 & 1 & 1 & 0 & 1 \\ 0 & 0 & 0 & 1 & -1 \\ 0 & 0 & 0 & 0 & 2 \end{array}\right) = 4$$

であるから，解は存在しない．　■

5. 次の行列の階数を求めよ．

(1) $\begin{pmatrix} 1 & -1 & 2 \\ -2 & -1 & -2 \\ 4 & -7 & 10 \end{pmatrix}$　(2) $\begin{pmatrix} 1 & 2 \\ 3 & 4 \\ 5 & 6 \end{pmatrix}$　(3) $\begin{pmatrix} 0 & 1 & 0 \\ 1 & 0 & 1 \\ 0 & 1 & 0 \end{pmatrix}$

(4) $\begin{pmatrix} 1 & 2 & 0 & 1 & 2 \\ 2 & 2 & -2 & 1 & 1 \\ 1 & 3 & 1 & 1 & 3 \\ 2 & 1 & -3 & 1 & 2 \end{pmatrix}$　(5) $\begin{pmatrix} 1 & a \\ a & 1 \end{pmatrix}$　(6) $\begin{pmatrix} 1 & 1 & a \\ 1 & a & 1 \\ a & 1 & 1 \end{pmatrix}$

【解答】 (1) $\operatorname{rank} A = 2$. なぜなら

$$A = \begin{pmatrix} 1 & -1 & 2 \\ -2 & -1 & -2 \\ 4 & -7 & 10 \end{pmatrix} \xrightarrow[\text{3 行 }-1\text{ 行 }\times 4]{\text{2 行 }+1\text{ 行 }\times 2} \begin{pmatrix} 1 & -1 & 2 \\ 0 & -3 & 2 \\ 0 & -3 & 2 \end{pmatrix} \xrightarrow{\text{3 行 }+2\text{ 行}} \begin{pmatrix} 1 & -1 & 2 \\ 0 & -3 & 2 \\ 0 & 0 & 0 \end{pmatrix}$$

(2) $\operatorname{rank} A = 2$. なぜなら

$$A = \begin{pmatrix} 1 & 2 \\ 3 & 4 \\ 5 & 6 \end{pmatrix} \xrightarrow[\text{3 行 }-1\text{ 行 }\times 5]{\text{2 行 }-1\text{ 行 }\times 3} \begin{pmatrix} 1 & 2 \\ 0 & -2 \\ 0 & -4 \end{pmatrix} \xrightarrow{\text{3 行 }-2\text{ 行 }\times 2} \begin{pmatrix} 1 & 2 \\ 0 & -2 \\ 0 & 0 \end{pmatrix}$$

(3) $\operatorname{rank} A = 2$. なぜなら

$$A = \begin{pmatrix} 0 & 1 & 0 \\ 1 & 0 & 1 \\ 0 & 1 & 0 \end{pmatrix} \xrightarrow{1\text{行} \leftrightarrow 2\text{行}} \begin{pmatrix} 1 & 0 & 1 \\ 0 & 1 & 0 \\ 0 & 1 & 0 \end{pmatrix} \xrightarrow{3\text{行} -2\text{行}} \begin{pmatrix} 1 & 0 & 1 \\ 0 & 1 & 0 \\ 0 & 0 & 0 \end{pmatrix}$$

(4) $\operatorname{rank} A = 4$. なぜなら

$$A = \begin{pmatrix} 1 & 2 & 0 & 1 & 2 \\ 2 & 2 & -2 & 1 & 1 \\ 1 & 3 & 1 & 1 & 3 \\ 2 & 1 & -3 & 1 & 2 \end{pmatrix} \xrightarrow[\substack{3\text{行} -1\text{行} \\ 4\text{行} -1\text{行} \times 2}]{2\text{行} -1\text{行} \times 2} \begin{pmatrix} 1 & 2 & 0 & 1 & 2 \\ 0 & -2 & -2 & -1 & -3 \\ 0 & 1 & 1 & 0 & 1 \\ 0 & -3 & -3 & -1 & -2 \end{pmatrix}$$

$$\xrightarrow[\substack{3\text{行} +3\text{行} \times 2 \\ 4\text{行} +3\text{行} \times 3}]{1\text{行} -3\text{行} \times 2} \begin{pmatrix} 1 & 0 & -2 & 1 & 0 \\ 0 & 0 & 0 & -1 & -1 \\ 0 & 1 & 1 & 0 & 1 \\ 0 & 0 & 0 & -1 & 1 \end{pmatrix} \xrightarrow[2\text{行} \leftrightarrow 3\text{行}]{2\text{行} \times (-1)} \begin{pmatrix} 1 & 0 & -2 & 1 & 0 \\ 0 & 1 & 1 & 0 & 1 \\ 0 & 0 & 0 & 1 & 1 \\ 0 & 0 & 0 & -1 & 1 \end{pmatrix}$$

$$\xrightarrow{4\text{行} +3\text{行}} \begin{pmatrix} 1 & 0 & -2 & 1 & 0 \\ 0 & 1 & 1 & 0 & 1 \\ 0 & 0 & 0 & 1 & 1 \\ 0 & 0 & 0 & 0 & 2 \end{pmatrix}$$

(5) $A = \begin{pmatrix} 1 & a \\ a & 1 \end{pmatrix}$ とおく．このとき，$|A| = 1 - a^2$ であるから

$$\begin{aligned} &a = \pm 1 \text{ のとき，} |A| = 0 \text{ より } \operatorname{rank} A = 1, \\ &a \neq \pm 1 \text{ のとき，} |A| \neq 0 \text{ より } \operatorname{rank} A = 2 \end{aligned}$$

(6) $A = \begin{pmatrix} 1 & 1 & a \\ 1 & a & 1 \\ a & 1 & 1 \end{pmatrix}$ とおく．$|A|$ での 2 行と 3 行を 1 行に加え，$a+2$ をくくり出せば

$$|A| = \begin{vmatrix} a+2 & a+2 & a+2 \\ 1 & a & 1 \\ a & 1 & 1 \end{vmatrix} = (a+2) \begin{vmatrix} 1 & 1 & 1 \\ 1 & a & 1 \\ a & 1 & 1 \end{vmatrix} = (*1)$$

1 列を 2 列と 3 列から引き，1 行で展開すれば

$$(*1) = (a+2) \begin{vmatrix} 1 & 0 & 0 \\ 1 & a-1 & 0 \\ a & 1-a & 1-a \end{vmatrix} = (a+2)(a-1)(1-a) = -(a-1)^2(a+2)$$

となる．したがって

(i) $a \neq 1, -2$ のとき，$|A| \neq 0$ より，$\operatorname{rank} A = 3$.

(ii) $a=1$ のとき, $A=\begin{pmatrix}1&1&1\\1&1&1\\1&1&1\end{pmatrix}\to\begin{pmatrix}1&1&1\\0&0&0\\0&0&0\end{pmatrix}$ より, $\mathrm{rank}\,A=1$.

(iii) $a=-2$ のとき, $A=\begin{pmatrix}1&1&-2\\1&-2&1\\-2&1&1\end{pmatrix}\to\begin{pmatrix}1&1&-2\\0&-3&3\\0&3&3\end{pmatrix}\to\begin{pmatrix}1&1&-2\\0&-3&3\\0&0&0\end{pmatrix}$

より, $\mathrm{rank}\,A=2$. ■

6. 次の行列の逆行列を求めよ.

(1) $\begin{pmatrix}1&1&0\\0&1&1\\1&2&2\end{pmatrix}$ (2) $\begin{pmatrix}1&0&3\\2&4&1\\1&3&0\end{pmatrix}$ (3) $\begin{pmatrix}1&2&-1&2\\2&2&-1&1\\-1&2&-1&1\\2&1&-1&2\end{pmatrix}$

【解答】 (1) 掃出法を用いる.

$$(A\,|\,E)=\left(\begin{array}{ccc|ccc}1&1&0&1&0&0\\0&1&1&0&1&0\\1&2&2&0&0&1\end{array}\right)\xrightarrow{3\text{ 行 }-1\text{ 行}}\left(\begin{array}{ccc|ccc}1&1&0&1&0&0\\0&1&1&0&1&0\\0&1&2&-1&0&1\end{array}\right)$$

$$\xrightarrow[3\text{ 行 }-2\text{ 行}]{1\text{ 行 }-2\text{ 行}}\left(\begin{array}{ccc|ccc}1&0&-1&1&-1&0\\0&1&1&0&1&0\\0&0&1&-1&-1&1\end{array}\right)\xrightarrow[2\text{ 行 }-3\text{ 行}]{1\text{ 行 }+3\text{ 行}}\left(\begin{array}{ccc|ccc}1&0&0&0&-2&1\\0&1&0&1&2&-1\\0&0&1&-1&-1&1\end{array}\right)$$

となり, $A^{-1}=\begin{pmatrix}0&-2&1\\1&2&-1\\-1&-1&1\end{pmatrix}$.

(2) 掃出法を用いる.

$$(A\,|\,E)=\left(\begin{array}{ccc|ccc}1&0&3&1&0&0\\2&4&1&0&1&0\\1&3&0&0&0&1\end{array}\right)\xrightarrow[3\text{ 行 }-1\text{ 行}]{2\text{ 行 }-1\text{ 行 }\times 2}\left(\begin{array}{ccc|ccc}1&0&3&1&0&0\\0&4&-5&-2&1&0\\0&3&-3&-1&0&1\end{array}\right)$$

$$\xrightarrow{2\text{ 行 }-3\text{ 行}}\left(\begin{array}{ccc|ccc}1&0&3&1&0&0\\0&1&-2&-1&1&-1\\0&3&-3&-1&0&1\end{array}\right)\xrightarrow{3\text{ 行 }-2\text{ 行 }\times 3}\left(\begin{array}{ccc|ccc}1&0&3&1&0&0\\0&1&-2&-1&1&-1\\0&0&3&2&-3&4\end{array}\right)$$

$$\xrightarrow{3\text{ 行 }\times 1/3}\left(\begin{array}{ccc|ccc}1&0&3&1&0&0\\0&1&-2&-1&1&-1\\0&0&1&\frac{2}{3}&-1&\frac{4}{3}\end{array}\right)\xrightarrow[2\text{ 行 }+3\text{ 行 }\times 2]{1\text{ 行 }-3\text{ 行 }\times 3}\left(\begin{array}{ccc|ccc}1&0&0&-1&3&-4\\0&1&0&\frac{1}{3}&-1&\frac{5}{3}\\0&0&1&\frac{2}{3}&-1&\frac{4}{3}\end{array}\right)$$

となり, $A^{-1}=\begin{pmatrix}-1&3&-4\\\frac{1}{3}&-1&\frac{5}{3}\\\frac{2}{3}&-1&\frac{4}{3}\end{pmatrix}=\frac{1}{3}\begin{pmatrix}-3&9&-12\\1&-3&5\\2&-3&4\end{pmatrix}$.

(3) 掃出法を用いる.

$$
(A \mid E) = \left(\begin{array}{cccc|cccc} 1 & 2 & -1 & 2 & 1 & 0 & 0 & 0 \\ 2 & 2 & -1 & 1 & 0 & 1 & 0 & 0 \\ -1 & 2 & -1 & 1 & 0 & 0 & 1 & 0 \\ 2 & 1 & -1 & 2 & 0 & 0 & 0 & 1 \end{array}\right)
\xrightarrow[\substack{3\text{行}+1\text{行} \\ 4\text{行}-1\text{行}\times 2}]{2\text{行}-1\text{行}\times 2}
\left(\begin{array}{cccc|cccc} 1 & 2 & -1 & 2 & 1 & 0 & 0 & 0 \\ 0 & -2 & 1 & -3 & -2 & 1 & 0 & 0 \\ 0 & 4 & -2 & 3 & 1 & 0 & 1 & 0 \\ 0 & -3 & 1 & -2 & -2 & 0 & 0 & 1 \end{array}\right)
$$

$$
\xrightarrow[\substack{3\text{行}+2\text{行}\times 2 \\ 4\text{行}-2\text{行}}]{1\text{行}+2\text{行}}
\left(\begin{array}{cccc|cccc} 1 & 0 & 0 & -1 & -1 & 1 & 0 & 0 \\ 0 & -2 & 1 & -3 & -2 & 1 & 0 & 0 \\ 0 & 0 & 0 & -3 & -3 & 2 & 1 & 0 \\ 0 & -1 & 0 & 1 & 0 & -1 & 0 & 1 \end{array}\right)
\xrightarrow[4\text{行}\times(-1)]{2\text{行}-4\text{行}\times 2}
\left(\begin{array}{cccc|cccc} 1 & 0 & 0 & -1 & -1 & 1 & 0 & 0 \\ 0 & 0 & 1 & -5 & -2 & 3 & 0 & -2 \\ 0 & 0 & 0 & -3 & -3 & 2 & 1 & 0 \\ 0 & 1 & 0 & -1 & 0 & 1 & 0 & -1 \end{array}\right)
$$

$$
\xrightarrow[3\text{行}\leftrightarrow 4\text{行}]{2\text{行}\leftrightarrow 3\text{行}}
\left(\begin{array}{cccc|cccc} 1 & 0 & 0 & -1 & -1 & 1 & 0 & 0 \\ 0 & 1 & 0 & -1 & 0 & 1 & 0 & -1 \\ 0 & 0 & 1 & -5 & -2 & 3 & 0 & -2 \\ 0 & 0 & 0 & -3 & -3 & 2 & 1 & 0 \end{array}\right)
\xrightarrow{4\text{行}\times(-1/3)}
\left(\begin{array}{cccc|cccc} 1 & 0 & 0 & -1 & -1 & 1 & 0 & 0 \\ 0 & 1 & 0 & -1 & 0 & 1 & 0 & -1 \\ 0 & 0 & 1 & -5 & -2 & 3 & 0 & -2 \\ 0 & 0 & 0 & 1 & 1 & -\frac{2}{3} & -\frac{1}{3} & 0 \end{array}\right)
$$

$$
\xrightarrow[\substack{2\text{行}+4\text{行} \\ 3\text{行}+4\text{行}\times 5}]{1\text{行}+4\text{行}}
\left(\begin{array}{cccc|cccc} 1 & 0 & 0 & 0 & 0 & \frac{1}{3} & -\frac{1}{3} & 0 \\ 0 & 1 & 0 & 0 & 1 & \frac{1}{3} & -\frac{1}{3} & -1 \\ 0 & 0 & 1 & 0 & 3 & -\frac{1}{3} & -\frac{5}{3} & -2 \\ 0 & 0 & 0 & 1 & 1 & -\frac{2}{3} & -\frac{1}{3} & 0 \end{array}\right)
$$

となり, $A^{-1} = \frac{1}{3}\begin{pmatrix} 0 & 1 & -1 & 0 \\ 3 & 1 & -1 & -3 \\ 9 & -1 & -5 & -6 \\ 3 & -2 & -1 & 0 \end{pmatrix}$. ■

問　題 3. B

1. n 次正方行列 A に対して, 次の 4 つの命題は同値であることを示せ.

(1) A は正則である.

(2) 任意の n 次列ベクトル $\boldsymbol{b}$ に対して, 連立 1 次方程式 $A\boldsymbol{x} = \boldsymbol{b}$ はただ 1 組の解をもつ.

(3) $\operatorname{rank} A = n$

(4) 適当な基本行列により A は E_n に変形される.

【解答】 (1) $\Longrightarrow$ (2). A が正則であるから A^{-1} が存在する. 任意の n 次元列ベクトル $\boldsymbol{b}$ に対して n 次元列ベクトル $A^{-1}\boldsymbol{b}$ は一意に確定して, これは $A\boldsymbol{x} = \boldsymbol{b}$ の唯一の解である. なぜならば, $\boldsymbol{x} = A^{-1}\boldsymbol{b}$ を $A\boldsymbol{x} = \boldsymbol{b}$ の左辺に代入すれば $A(A^{-1}\boldsymbol{b}) = (AA^{-1})\boldsymbol{b} = E\boldsymbol{b} = \boldsymbol{b}$ となるからである.

(2) $\Longrightarrow$ (3). $A\boldsymbol{x} = \boldsymbol{b}$ はただ1組の解をもち，その解は任意定数を含むことはないので，定理3.4(2) より $n \leqq \operatorname{rank} A$ でなければならない．ゆえに，階数の定義より $n \geqq \operatorname{rank} A$ であるから, $n = \operatorname{rank} A$.

(3) $\Longrightarrow$ (4). 階数の定義より A の左と右から，適当な基本行列の積である行列 P と Q を掛けることにより F_n に変形することができる．ゆえに $PAQ = F_n = E_n$.

(4) $\Longrightarrow$ (1). $PAQ = E_n$ (P と Q は基本行列のいくつかの積)．このとき $A = P^{-1}Q^{-1} = (QP)^{-1}$. 一方, QP は正則だから $(QP)^{-1}$ も正則，ゆえに A も正則である．■

2. xy 平面上において，一直線上にはない3点 $\mathrm{P}_i(a_i, b_i)$ $(i = 1, 2, 3)$ を通る円の方程式は次の式で与えられることを示せ．

$$\begin{vmatrix} x^2 + y^2 & x & y & 1 \\ a_1^2 + b_1^2 & a_1 & b_1 & 1 \\ a_2^2 + b_2^2 & a_2 & b_2 & 1 \\ a_3^2 + b_3^2 & a_3 & b_3 & 1 \end{vmatrix} = 0$$

【解答】 3点 $\mathrm{P}_1(a_1, b_1)$, $\mathrm{P}_2(a_2, b_2)$, $\mathrm{P}_3(a_3, b_3)$ が一直線上にないので

$$\Delta = \begin{vmatrix} a_1 & b_1 & 1 \\ a_2 & b_2 & 1 \\ a_3 & b_3 & 1 \end{vmatrix} \neq 0$$

ここで, $f(x, y) = \begin{vmatrix} x^2 + y^2 & x & y & 1 \\ a_1^2 + b_1^2 & a_1 & b_1 & 1 \\ a_2^2 + b_2^2 & a_2 & b_2 & 1 \\ a_3^2 + b_3^2 & a_3 & b_3 & 1 \end{vmatrix}$ とおいて, この右辺を第1行に関して展開すれば

$$f(x, y) = \Delta(x^2 + y^2) + \alpha x + \beta y + \gamma$$

このとき

$$f(a_1, b_1) = f(a_2, b_2) = f(a_3, b_3) = 0$$

であるから，点 $\mathrm{P}_1, \mathrm{P}_2, \mathrm{P}_3$ は曲線 $f(x, y) = 0$ の上にある．

仮に $\alpha = \beta = \gamma = 0$ であれば，点 $\mathrm{P}_1, \mathrm{P}_2, \mathrm{P}_3$ はすべて原点 $(0, 0)$ に一致することになり矛盾するので，α, β, γ の中には0でないものが存在する．ゆえに

$$f(x, y) = \Delta(x^2 + y^2) + \alpha x + \beta y + \gamma = 0$$

は点 $\mathrm{P}_1, \mathrm{P}_2, \mathrm{P}_3$ を通る円の方程式である．■

3. xy 平面上において，4点 $\mathrm{P}_i(a_i, b_i)$ $(i = 1, 2, 3, 4)$ が同一の円周上にあり，P_i と P_j 間の距離を d_{ij} とする．このとき，次の式が成り立つことを示せ．

$$\begin{vmatrix} 0 & d_{12}^2 & d_{13}^2 & d_{14}^2 \\ d_{21}^2 & 0 & d_{23}^2 & d_{24}^2 \\ d_{31}^2 & d_{32}^2 & 0 & d_{34}^2 \\ d_{41}^2 & d_{42}^2 & d_{43}^2 & 0 \end{vmatrix} = 0$$

【解答】 点 $\mathrm{P}_2, \mathrm{P}_3, \mathrm{P}_4$ を通る円の方程式は，点 P_1 も通ることから

$$\begin{vmatrix} a_1^2+b_1^2 & a_1 & b_1 & 1 \\ a_2^2+b_2^2 & a_2 & b_2 & 1 \\ a_3^2+b_3^2 & a_3 & b_3 & 1 \\ a_4^2+b_4^2 & a_4 & b_4 & 1 \end{vmatrix} = 0$$

が成り立つ．このとき，定理 2.7 より

$$0 = \begin{vmatrix} a_1^2+b_1^2 & a_1 & b_1 & 1 \\ a_2^2+b_2^2 & a_2 & b_2 & 1 \\ a_3^2+b_3^2 & a_3 & b_3 & 1 \\ a_4^2+b_4^2 & a_4 & b_4 & 1 \end{vmatrix} \cdot \begin{vmatrix} 1 & 1 & 1 & 1 \\ -2a_1 & -2a_2 & -2a_3 & -2a_4 \\ -2b_1 & -2b_2 & -2b_3 & -2b_4 \\ a_1^2+b_1^2 & a_2^2+b_2^2 & a_3^2+b_3^2 & a_4^2+b_4^2 \end{vmatrix}$$
$$= \begin{vmatrix} 0 & d_{12}^2 & d_{13}^2 & d_{14}^2 \\ d_{21}^2 & 0 & d_{23}^2 & d_{24}^2 \\ d_{31}^2 & d_{32}^2 & 0 & d_{34}^2 \\ d_{41}^2 & d_{42}^2 & d_{43}^2 & 0 \end{vmatrix} \quad ■$$

4. xyz 空間において，一直線上にはない 3 点 $\mathrm{P}_i(a_i, b_i, c_i)$ $(i = 1, 2, 3)$ を通る平面の方程式は次の式で与えられることを示せ．

$$\begin{vmatrix} x & y & z & 1 \\ a_1 & b_1 & c_1 & 1 \\ a_2 & b_2 & c_2 & 1 \\ a_3 & b_3 & c_3 & 1 \end{vmatrix} = 0$$

【解答】 与式の左辺を第 1 行に関して展開すると

$$\begin{vmatrix} b_1 & c_1 & 1 \\ b_2 & c_2 & 1 \\ b_3 & c_3 & 1 \end{vmatrix} x - \begin{vmatrix} a_1 & c_1 & 1 \\ a_2 & c_2 & 1 \\ a_3 & c_3 & 1 \end{vmatrix} y + \begin{vmatrix} a_1 & b_1 & 1 \\ a_2 & b_2 & 1 \\ a_3 & b_3 & 1 \end{vmatrix} z - \begin{vmatrix} a_1 & b_1 & c_1 \\ a_2 & b_2 & c_2 \\ a_3 & b_3 & c_3 \end{vmatrix} = 0$$

3 点 $\mathrm{P}_1, \mathrm{P}_2, \mathrm{P}_3$ が一直線上になければ，それらの 3 点の xy 平面上へ射影した点，あるいは yz 平面上へ射影した点, あるいは xz 平面上へ射影した点のいずれかは同一直線上にない．例えば，xz 平面上へ射影した点 (a_1, c_1), (a_2, c_2), (a_3, c_3) が同一直線上にないとすれば $\begin{vmatrix} a_1 & c_1 & 1 \\ a_2 & c_2 & 1 \\ a_3 & c_3 & 1 \end{vmatrix} \neq 0$ となる．したがって，上式は平面の方程式である．また，3 点 P_1，P_2，P_3 が，上式が表す平面上の点であることは明白である． ■

5. xyz 空間において，点 $\mathrm{P}_1(a_1, b_1, c_1)$ と直線 $\dfrac{x-a_2}{u} = \dfrac{y-b_2}{v} = \dfrac{z-c_2}{w}$ を含む平面の方程式は次の式で与えられることを示せ．

$$\begin{vmatrix} x-a_1 & y-b_1 & z-c_1 \\ a_2-a_1 & b_2-b_1 & c_2-c_1 \\ u & v & w \end{vmatrix} = 0$$

【解答】 点 (a_2, b_2, c_2) と点 (a_2+u, b_2+v, c_2+w) は与えられた直線上の異なる点である．よって，この2点と点 P_1 を通る平面の方程式を求めればよい．前問より

$$\begin{vmatrix} x & y & z & 1 \\ a_1 & b_1 & c_1 & 1 \\ a_2 & b_2 & c_2 & 1 \\ a_2+u & b_2+v & c_2+w & 1 \end{vmatrix} = 0$$

第4行より第3行を引けば

$$\begin{vmatrix} x & y & z & 1 \\ a_1 & b_1 & c_1 & 1 \\ a_2 & b_2 & c_2 & 1 \\ u & v & w & 0 \end{vmatrix} = 0$$

さらに, 第3行 − 第2行, 第1行 − 第2行より

$$\begin{vmatrix} x-a_1 & y-b_1 & z-c_1 & 0 \\ a_1 & b_1 & c_1 & 1 \\ a_2-a_1 & b_2-b_1 & c_2-c_1 & 0 \\ u & v & w & 0 \end{vmatrix} = 0$$

これをさらに第4列に関して展開する．　■

第4章　ベクトル空間

4.1　ベクトル空間

空間 (または平面上) のベクトルの全体を考えると，ベクトルの和・スカラー倍 (または定数倍) について，(m, n) 型行列の場合と同様に，定理 1.1 の法則 (1) から (8) が成り立つ．以下において，集合 $\mathbf{K}$ は $\mathbf{R}$ (実数全体) または $\mathbf{C}$ (複素数全体) とする．

集合 V において，$\boldsymbol{x}, \boldsymbol{y}, \boldsymbol{z} \in V$ および $k, h \in \mathbf{K}$ に対して

(1) **和**　$\boldsymbol{x} + \boldsymbol{y} \in V$　　(2) **スカラー倍**　$k\boldsymbol{x} \in V$

が定義されて，次の法則が成り立つとする．

(1) $\boldsymbol{x} + \boldsymbol{y} = \boldsymbol{y} + \boldsymbol{x}$　　(2) $(\boldsymbol{x} + \boldsymbol{y}) + \boldsymbol{z} = \boldsymbol{x} + (\boldsymbol{y} + \boldsymbol{z})$
(3) $\mathbf{0}$ が存在し，$\boldsymbol{x} + \mathbf{0} = \mathbf{0} + \boldsymbol{x} = \boldsymbol{x}$
(4) 各 $\boldsymbol{x} \in V$ に対し，$\boldsymbol{x} + \boldsymbol{x}' = \boldsymbol{x}' + \boldsymbol{x} = \mathbf{0}$ となる $\boldsymbol{x}' \in V$ が存在する．
(5) $k(\boldsymbol{x} + \boldsymbol{y}) = k\boldsymbol{x} + k\boldsymbol{y}$　　(6) $(k + h)\boldsymbol{x} = k\boldsymbol{x} + h\boldsymbol{x}$
(7) $(kh)\boldsymbol{x} = k(h\boldsymbol{x})$　　(8) $1\boldsymbol{x} = \boldsymbol{x}$

このとき，V を $\mathbf{K}$ 上の**線形空間**，$\mathbf{K}$ 上の**ベクトル空間**または単に**ベクトル空間**，V の元を**ベクトル**，$\mathbf{K}$ の元を**スカラー**という．また，$\mathbf{K} = \mathbf{R}$ のとき V を**実ベクトル空間**，$\mathbf{K} = \mathbf{C}$ のとき V を**複素ベクトル空間**という．

数ベクトル空間 $\mathbf{K}^n$　$\mathbf{K}$ の数を成分とする $(n, 1)$ 行列 (すなわち n 項列ベクトル) の全体は加法とスカラー倍に関して $\mathbf{K}$ 上のベクトル空間をつくる．これを n 次元**数ベクトル空間**といい，$\mathbf{K}^n$ で表す．すなわち，$\boldsymbol{x}, \boldsymbol{y} \in \mathbf{K}^n$ および $k \in \mathbf{K}$ に対して

$$\boldsymbol{x} = \begin{pmatrix} x_1 \\ x_2 \\ \vdots \\ x_n \end{pmatrix}, \quad \boldsymbol{y} = \begin{pmatrix} y_1 \\ y_2 \\ \vdots \\ y_n \end{pmatrix} \Longrightarrow \boldsymbol{x} + \boldsymbol{y} = \begin{pmatrix} x_1 + y_1 \\ x_2 + y_2 \\ \vdots \\ x_n + y_n \end{pmatrix}, \quad k\boldsymbol{x} = \begin{pmatrix} kx_1 \\ kx_2 \\ \vdots \\ kx_n \end{pmatrix}$$

を定義すれば，これらの演算は先の法則 (1) から (8) を満たす．

単位ベクトル　n 次元数ベクトル空間 $\mathbf{K}^n$ における n 個のベクトル $\boldsymbol{e}_1, \boldsymbol{e}_2, \ldots, \boldsymbol{e}_n$ を

$$\boldsymbol{e}_1 = \begin{pmatrix} 1 \\ 0 \\ \vdots \\ 0 \end{pmatrix}, \quad \boldsymbol{e}_2 = \begin{pmatrix} 0 \\ 1 \\ \vdots \\ 0 \end{pmatrix}, \quad \ldots, \quad \boldsymbol{e}_n = \begin{pmatrix} 0 \\ 0 \\ \vdots \\ 1 \end{pmatrix}$$

により定め，これを**基本ベクトル**という．

数ベクトル空間 $\mathbf{K}_n$ n 項行ベクトルの全体も $\mathbf{K}$ 上のベクトル空間をつくり，これも n 次元**数ベクトル空間**といい，$\mathbf{K}_n$ で表す．

$$\mathbf{K}_n = \{\boldsymbol{x} \mid \boldsymbol{x} = (x_1, x_2, \ldots, x_n),\ x_i \in \mathbf{K}\}$$

定理 4.1 $\mathbf{K}$ 上のベクトル空間 V において，$\mathbf{0}$ は一意的に定まる．また，$\boldsymbol{x}$ に対し法則 (4) を満たす $\boldsymbol{x}'$ は一意的に定まる．

この $\mathbf{0}$ を **零ベクトル**という．また，$\boldsymbol{x}'$ を $-\boldsymbol{x}$ と書き，$\boldsymbol{x}+(-\boldsymbol{y})$ を $\boldsymbol{x}-\boldsymbol{y}$ と書く．

定理 4.2 $\mathbf{K}$ 上のベクトル空間 V において，次のことが成り立つ．

(1) $k\mathbf{0} = \mathbf{0}$　　(2) $0\boldsymbol{x} = \mathbf{0}$
(3) $k\boldsymbol{x}=\mathbf{0}$ ならば $k=0$ または $\boldsymbol{x}=\mathbf{0}$　　(4) $(-1)\boldsymbol{x} = -\boldsymbol{x}$

部分空間 $\mathbf{K}$ 上のベクトル空間 V の空でない部分集合 W が

(1) $\boldsymbol{x}, \boldsymbol{y} \in W$ ならば $\boldsymbol{x}+\boldsymbol{y} \in W$　　(2) $k \in \mathbf{K}$, $\boldsymbol{x} \in W$ ならば $k\boldsymbol{x} \in W$

を満たすとき，W は $\mathbf{K}$ 上のベクトル空間をつくる．この W を V の**線形部分空間**，**部分ベクトル空間**または単に**部分空間**という．

問題 4.1 $\boldsymbol{x} = \boldsymbol{y} + \boldsymbol{z}$ と $\boldsymbol{z} = \boldsymbol{x} - \boldsymbol{y}$ とは同値であることを示せ．

【解答】 (i) $\boldsymbol{x} = \boldsymbol{y} + \boldsymbol{z}$ を仮定して，両辺に $(-\boldsymbol{y})$ を加える．

$$\text{左辺} = \boldsymbol{x} + (-\boldsymbol{y}) = \boldsymbol{x} - \boldsymbol{y},$$

法則 (1),(2)，逆ベクトルと零ベクトルの定義を順次用いて

$$\begin{aligned}\text{右辺} = (\boldsymbol{y}+\boldsymbol{z}) + (-\boldsymbol{y}) &= (\boldsymbol{z}+\boldsymbol{y}) + (-\boldsymbol{y}) \\ &= \boldsymbol{z} + \{\boldsymbol{y} + (-\boldsymbol{y})\} = \boldsymbol{z} + \mathbf{0} = \boldsymbol{z}\end{aligned}$$

である．したがって，$\boldsymbol{z} = \boldsymbol{x} - \boldsymbol{y}$.

(ii) $\boldsymbol{z} = \boldsymbol{x} - \boldsymbol{y}$ を仮定する．

$$\begin{aligned}\boldsymbol{y} + \boldsymbol{z} = (\boldsymbol{x} - \boldsymbol{y}) + \boldsymbol{y} &= \{\boldsymbol{x} + (-\boldsymbol{y})\} + \boldsymbol{y} \\ &= \boldsymbol{x} + \{(-\boldsymbol{y}) + \boldsymbol{y}\} = \boldsymbol{x} + \mathbf{0} = \boldsymbol{x} \quad \blacksquare\end{aligned}$$

> **問題 4.2** W_1, W_2 を V の部分空間とする．次を証明せよ．
> (1) $W_1 \cap W_2 = \{\boldsymbol{x} \mid \boldsymbol{x} \in W_1$ かつ $\boldsymbol{x} \in W_2\}$ は V の部分空間である．
> (2) $W_1 + W_2 = \{\ \boldsymbol{x} \mid \boldsymbol{x} = \boldsymbol{x}_1 + \boldsymbol{x}_2,\ \boldsymbol{x}_i \in W_i\ \}$ は V の部分空間である．

【解答】 (1) 任意のベクトル $\boldsymbol{x}, \boldsymbol{y}$ $(\boldsymbol{x}, \boldsymbol{y} \in W_1 \cap W_2)$ に対して

$$\boldsymbol{x}, \boldsymbol{y} \in W_1 \text{ であり，} W_1 \text{ は } V \text{ の部分空間であるから } \boldsymbol{x} + \boldsymbol{y} \in W_1.$$

同様に $\boldsymbol{x} + \boldsymbol{y} \in W_2$ であるから，$\boldsymbol{x} + \boldsymbol{y} \in W_1 \cap W_2$.

任意のスカラー $k \in K$ とベクトル $\boldsymbol{x} \in W_1 \cap W_2$ に対して

$$k \in K, \boldsymbol{x} \in W_1 \text{ であり，} W_1 \text{ は } V \text{ の部分空間であるから } k\boldsymbol{x} \in W_1.$$

同様に $k\boldsymbol{x} \in W_2$ であるから，$k\boldsymbol{x} \in W_1 \cap W_2$.

以上より，$W_1 \cap W_2$ は V の部分空間である．

(2) 任意のベクトル $\boldsymbol{x}, \boldsymbol{y}$ $(\boldsymbol{x}, \boldsymbol{y} \in W_1 + W_2)$ に対して，$W_1 + W_2$ の定義より

$$\boldsymbol{x} = \boldsymbol{x}_1 + \boldsymbol{x}_2 \quad (\boldsymbol{x}_1 \in W_1, \boldsymbol{x}_2 \in W_2), \qquad \boldsymbol{y} = \boldsymbol{y}_1 + \boldsymbol{y}_2 \quad (\boldsymbol{y}_1 \in W_1, \boldsymbol{y}_2 \in W_2)$$

と表される．このとき

$$\boldsymbol{x} + \boldsymbol{y} = (\boldsymbol{x}_1 + \boldsymbol{x}_2) + (\boldsymbol{y}_1 + \boldsymbol{y}_2) = (\boldsymbol{x}_1 + \boldsymbol{y}_1) + (\boldsymbol{x}_2 + \boldsymbol{y}_2).$$

W_1 と W_2 が V の部分空間であることより，$\boldsymbol{x}_1 + \boldsymbol{y}_1 \in W_1$，$\boldsymbol{x}_2 + \boldsymbol{y}_2 \in W_2$. したがって，$\boldsymbol{x} + \boldsymbol{y} \in W_1 + W_2$.

任意のスカラー $k \in K$ とベクトル $\boldsymbol{x} \in W_1 + W_2$ に対して，$\boldsymbol{x} = \boldsymbol{x}_1 + \boldsymbol{y}_1$ $(\boldsymbol{x}_1 \in W_1, \boldsymbol{x}_2 \in W_2)$ だから

$$k\boldsymbol{x} = k(\boldsymbol{x}_1 + \boldsymbol{x}_2) = k\boldsymbol{x}_1 + k\boldsymbol{x}_2$$

と表される．W_1 と W_2 が V の部分空間であることより，$k\boldsymbol{x}_1 \in W_1$，$k\boldsymbol{x}_2 \in W_2$. したがって

$$k\boldsymbol{x} = k\boldsymbol{x}_1 + k\boldsymbol{x}_2 \in W_1 + W_2.$$

以上より，$W_1 + W_2$ は V の部分空間である．　■

4.2　1 次独立，1 次従属

V を $\mathbf{K}$ 上のベクトル空間とし，$\boldsymbol{x}_1, \boldsymbol{x}_2, \ldots, \boldsymbol{x}_m$ を V のベクトルとする．

$$k_1\boldsymbol{x}_1 + k_2\boldsymbol{x}_2 + \cdots + k_m\boldsymbol{x}_m \qquad (k_i \in \mathbf{K})$$

の形の元を $\boldsymbol{x}_1, \boldsymbol{x}_2, \ldots, \boldsymbol{x}_m$ の **1 次結合**という．また

$$k_1\boldsymbol{x}_1 + k_2\boldsymbol{x}_2 + \cdots + k_m\boldsymbol{x}_m = \mathbf{0} \tag{4.1}$$

となるとき，これを $\boldsymbol{x}_1, \boldsymbol{x}_2, \ldots, \boldsymbol{x}_m$ の **1 次関係式**または **1 次関係**という．$k_1 = k_2 = \cdots = k_m = 0$ ならば式 (4.1) は常に成り立つ．これを**自明な 1 次関係**という．

$\boldsymbol{x}_1, \boldsymbol{x}_2, \ldots, \boldsymbol{x}_m$ の 1 次関係式について自明な 1 次関係しかない場合，$\boldsymbol{x}_1, \boldsymbol{x}_2, \ldots, \boldsymbol{x}_m$ は **1 次独立**であるといい，それ以外の場合，**1 次従属**であるという．すなわち

(1) $\boldsymbol{x}_1, \boldsymbol{x}_2, \ldots, \boldsymbol{x}_m$ が1次独立であるとは，式 (4.1) が成り立つのが $k_1 = k_2 = \cdots = k_m = 0$ のときに限る場合である．

(2) $\boldsymbol{x}_1, \boldsymbol{x}_2, \ldots, \boldsymbol{x}_m$ が1次従属であるとは，$k_1, k_2, \ldots, k_m$ のなかに0でないものがあって，式 (4.1) が成り立つ場合である．

定理 4.3 n 次行列 $A = (a_{ij})$ の列ベクトルを $\boldsymbol{a}_1, \boldsymbol{a}_2, \ldots, \boldsymbol{a}_n$ とすると

$$\boldsymbol{a}_1, \boldsymbol{a}_2, \ldots, \boldsymbol{a}_n \text{ が1次独立である} \iff |A| \neq 0$$
$$\boldsymbol{a}_1, \boldsymbol{a}_2, \ldots, \boldsymbol{a}_n \text{ が1次従属である} \iff |A| = 0$$

行ベクトルについても同様なことが成り立つ．

定理 4.4 $\boldsymbol{x}_1, \boldsymbol{x}_2, \ldots, \boldsymbol{x}_m$ が1次独立であり，$\boldsymbol{x}_1, \boldsymbol{x}_2, \ldots, \boldsymbol{x}_m, \boldsymbol{x}$ が1次従属ならば，$\boldsymbol{x}$ は $\boldsymbol{x}_1, \boldsymbol{x}_2, \ldots, \boldsymbol{x}_m$ の1次結合

$$\boldsymbol{x} = k_1\boldsymbol{x}_1 + k_2\boldsymbol{x}_2 + \cdots + k_m\boldsymbol{x}_m$$

として表され，係数 $k_1, k_2, \ldots, k_m$ は一意的に定まる．

ベクトルで生成される部分空間 ベクトル空間 V の m 個のベクトル $\boldsymbol{x}_1, \boldsymbol{x}_2, \ldots, \boldsymbol{x}_m$ に対して

$$W = \{\boldsymbol{x} \mid \boldsymbol{x} = k_1\boldsymbol{x}_1 + k_2\boldsymbol{x}_2 + \cdots + k_m\boldsymbol{x}_m,\ k_i \in \mathbf{K}\}$$

とおくと，これは V の部分空間になる．W を**ベクトル** $\boldsymbol{x}_1, \boldsymbol{x}_2, \ldots, \boldsymbol{x}_m$ **で生成された部分空間**といい，次のように表す．

$$W = [\boldsymbol{x}_1, \boldsymbol{x}_2, \ldots, \boldsymbol{x}_m]$$

定理 4.5 $\mathbf{K}$ 上のベクトル空間 V において，$\boldsymbol{b}_1, \boldsymbol{b}_2, \ldots, \boldsymbol{b}_m$ が $\boldsymbol{a}_1, \boldsymbol{a}_2, \ldots, \boldsymbol{a}_n$ の1次結合であり，かつ $\boldsymbol{b}_1, \boldsymbol{b}_2, \ldots, \boldsymbol{b}_m$ が1次独立ならば，$m \leq n$ である．

定理 4.6 $\mathbf{K}$ 上のベクトル空間 V において，$\boldsymbol{a}_1, \boldsymbol{a}_2, \ldots, \boldsymbol{a}_n$ と $\boldsymbol{b}_1, \boldsymbol{b}_2, \ldots, \boldsymbol{b}_m$ はともに1次独立であり

$$[\boldsymbol{a}_1, \boldsymbol{a}_2, \ldots, \boldsymbol{a}_n] = [\boldsymbol{b}_1, \boldsymbol{b}_2, \ldots, \boldsymbol{b}_m]$$

であれば，$m = n$ である．

問題 4.3 次のベクトルは1次独立か1次従属か調べよ．

(1) $\begin{pmatrix} 1 \\ 1 \\ 0 \end{pmatrix}, \begin{pmatrix} 1 \\ 0 \\ 1 \end{pmatrix}, \begin{pmatrix} 0 \\ 1 \\ 1 \end{pmatrix}$ (2) $\begin{pmatrix} 2 \\ 8 \\ 5 \end{pmatrix}, \begin{pmatrix} 6 \\ 5 \\ 3 \end{pmatrix}, \begin{pmatrix} 10 \\ 2 \\ 1 \end{pmatrix}$

(3) $\begin{pmatrix} 3 \\ 7 \\ 3 \\ 2 \end{pmatrix}, \begin{pmatrix} 2 \\ -4 \\ -1 \\ 4 \end{pmatrix}, \begin{pmatrix} 2 \\ 5 \\ 6 \\ 3 \end{pmatrix}$ (4) $\begin{pmatrix} 2 \\ -5 \\ 2 \\ 4 \end{pmatrix}, \begin{pmatrix} 1 \\ -1 \\ 1 \\ 2 \end{pmatrix}, \begin{pmatrix} 5 \\ 2 \\ -1 \\ 7 \end{pmatrix}, \begin{pmatrix} 4 \\ 1 \\ 4 \\ 8 \end{pmatrix}$

【解答】 (1) 定理 4.3 を使う．

$$\begin{vmatrix} 1 & 1 & 0 \\ 1 & 0 & 1 \\ 0 & 1 & 1 \end{vmatrix} = \begin{vmatrix} 1 & 0 & 0 \\ 1 & -1 & 1 \\ 0 & 1 & 1 \end{vmatrix} = \begin{vmatrix} -1 & 1 \\ 1 & 1 \end{vmatrix} = -2 \ (\neq 0)$$

であるから，1次独立である．

(2) 定理 4.3 を使う．

$$\begin{vmatrix} 2 & 6 & 10 \\ 8 & 5 & 2 \\ 5 & 3 & 1 \end{vmatrix} = \begin{vmatrix} -48 & -24 & 10 \\ -2 & -1 & 2 \\ 0 & 0 & 1 \end{vmatrix} = \begin{vmatrix} -48 & -24 \\ -2 & -1 \end{vmatrix} = (-24)(-1)\begin{vmatrix} 2 & 1 \\ 2 & 1 \end{vmatrix} = 0$$

であるから，1次従属である．

(3) 与えられた3個の4次元数ベクトルを左から順に $\boldsymbol{c}_1, \boldsymbol{c}_2, \boldsymbol{c}_3$ と表す．さらに

$$\boldsymbol{c}_1' = \begin{pmatrix} 3 \\ 7 \\ 3 \end{pmatrix}, \quad \boldsymbol{c}_2' = \begin{pmatrix} 2 \\ -4 \\ -1 \end{pmatrix}, \quad \boldsymbol{c}_3' = \begin{pmatrix} 2 \\ 5 \\ 6 \end{pmatrix}$$

とおく．このとき

$$|\boldsymbol{c}_1' \ \boldsymbol{c}_2' \ \boldsymbol{c}_3'| = \begin{vmatrix} 3 & 2 & 2 \\ 7 & -4 & 5 \\ 3 & -1 & 6 \end{vmatrix} = \begin{vmatrix} 9 & 0 & 14 \\ -5 & 0 & -19 \\ 3 & -1 & 6 \end{vmatrix} = \begin{vmatrix} 9 & 14 \\ -5 & -19 \end{vmatrix} = -101 \ (\neq 0)$$

であるから，$\boldsymbol{c}_1', \boldsymbol{c}_2', \boldsymbol{c}_3'$ は1次独立である．

ここで，$k_1\boldsymbol{c}_1 + k_2\boldsymbol{c}_2 + k_3\boldsymbol{c}_3 = \boldsymbol{0}$ と仮定すれば $k_1\boldsymbol{c}_1' + k_2\boldsymbol{c}_2' + k_3\boldsymbol{c}_3' = \boldsymbol{0}$. また，$\boldsymbol{c}_1', \boldsymbol{c}_2', \boldsymbol{c}_3'$ が1次独立であるから $k_1 = k_2 = k_3 = 0$. ゆえに，$\boldsymbol{c}_1, \boldsymbol{c}_2, \boldsymbol{c}_3$ は1次独立である．

(4) 定理 4.3 を使う．

$$\begin{vmatrix} 2 & 1 & 5 & 4 \\ -5 & -1 & 2 & 1 \\ 2 & 1 & -1 & 4 \\ 4 & 2 & 7 & 8 \end{vmatrix} = \begin{vmatrix} 2 & 1 & 5 & 4 \\ -3 & 0 & 7 & 5 \\ 0 & 0 & -6 & 0 \\ 0 & 0 & -3 & 0 \end{vmatrix} = -\begin{vmatrix} -3 & 7 & 5 \\ 0 & -6 & 0 \\ 0 & -3 & 0 \end{vmatrix} = 0$$

であるから，1 次従属である．　■

> **問題 4.4** $\boldsymbol{a}_1, \boldsymbol{a}_2, \boldsymbol{a}_3$ が 1 次独立であるとき，
> (1) $\boldsymbol{a}_1$，$\boldsymbol{a}_1+\boldsymbol{a}_2$，$\boldsymbol{a}_1+\boldsymbol{a}_2+\boldsymbol{a}_3$ は 1 次独立であることを示せ．
> (2) $\boldsymbol{a}_1+\boldsymbol{a}_2+\boldsymbol{a}_3$，$\boldsymbol{a}_2+\boldsymbol{a}_3$，$\boldsymbol{a}_1+\boldsymbol{a}_3$ は 1 次独立であるかないかを示せ．

【解答】 (1) $\boldsymbol{a}_1, \boldsymbol{a}_1+\boldsymbol{a}_2, \boldsymbol{a}_1+\boldsymbol{a}_2+\boldsymbol{a}_3$ に関する 1 次関係式を考える．

$$k_1\boldsymbol{a}_1 + k_2(\boldsymbol{a}_1+\boldsymbol{a}_2) + k_3(\boldsymbol{a}_1+\boldsymbol{a}_2+\boldsymbol{a}_3) = \boldsymbol{0}$$

と仮定する．この式を変形して

$$(k_1+k_2+k_3)\boldsymbol{a}_1 + (k_2+k_3)\boldsymbol{a}_2 + k_3\boldsymbol{a}_3 = \boldsymbol{0}.$$

このとき，$\boldsymbol{a}_1, \boldsymbol{a}_2, \boldsymbol{a}_3$ は 1 次独立であるから

$$\begin{cases} k_1+k_2+k_3 = 0 \\ \quad\ \ k_2+k_3 = 0 \\ \qquad\quad\ k_3 = 0 \end{cases}$$

である．これを解いて $k_1=k_2=k_3=0$. ゆえに $\boldsymbol{a}_1, \boldsymbol{a}_1+\boldsymbol{a}_2, \boldsymbol{a}_1+\boldsymbol{a}_2+\boldsymbol{a}_3$ は 1 次独立である．

(2) $\boldsymbol{a}_1+\boldsymbol{a}_2+\boldsymbol{a}_3, \boldsymbol{a}_2+\boldsymbol{a}_3, \boldsymbol{a}_1+\boldsymbol{a}_3$ に関する 1 次関係式を考える．

$$k_1(\boldsymbol{a}_1+\boldsymbol{a}_2+\boldsymbol{a}_3) + k_2(\boldsymbol{a}_2+\boldsymbol{a}_3) + k_3(\boldsymbol{a}_1+\boldsymbol{a}_3) = \boldsymbol{0}$$

と仮定する．この式を変形して

$$(k_1+k_3)\boldsymbol{a}_1 + (k_1+k_2)\boldsymbol{a}_2 + (k_1+k_2+k_3)\boldsymbol{a}_3 = \boldsymbol{0}.$$

このとき，$\boldsymbol{a}_1, \boldsymbol{a}_2, \boldsymbol{a}_3$ は 1 次独立であるから

$$\begin{cases} \quad\ \ k_1+k_3 = 0 \\ \quad\ \ k_1+k_2 = 0 \\ k_1+k_2+k_3 = 0 \end{cases}$$

である．これを解いて $k_1=k_2=k_3=0$. ゆえに $\boldsymbol{a}_1+\boldsymbol{a}_2+\boldsymbol{a}_3, \boldsymbol{a}_2+\boldsymbol{a}_3, \boldsymbol{a}_1+\boldsymbol{a}_3$ は 1 次独立である．　■

> **問題 4.5** $W_1 = [\boldsymbol{x}_1, \boldsymbol{x}_2, \ldots, \boldsymbol{x}_m]$，$W_2 = [\boldsymbol{y}_1, \boldsymbol{y}_2, \ldots, \boldsymbol{y}_n]$ に対して，次の式が成り立つことを示せ (問題 4.2 参照).
>
> $$W_1 + W_2 = [\boldsymbol{x}_1, \boldsymbol{x}_2, \ldots, \boldsymbol{x}_m, \boldsymbol{y}_1, \boldsymbol{y}_2, \ldots, \boldsymbol{y}_n]$$

【解答】 $[\boldsymbol{x}_1, \boldsymbol{x}_2, \ldots, \boldsymbol{x}_m, \boldsymbol{y}_1, \boldsymbol{y}_2, \ldots, \boldsymbol{y}_n]$ は $\boldsymbol{x}_1, \boldsymbol{x}_2, \ldots, \boldsymbol{x}_m;\ \boldsymbol{y}_1, \boldsymbol{y}_2, \ldots, \boldsymbol{y}_n$ によって生成されるベクトル空間であるから，その任意のベクトル $\boldsymbol{z}$ は

$$\boldsymbol{z} = a_1\boldsymbol{x}_1 + a_2\boldsymbol{x}_2 + \cdots + a_m\boldsymbol{x}_m + b_1\boldsymbol{y}_1 + b_2\boldsymbol{y}_2 + \cdots + b_n\boldsymbol{y}_n$$
$$(a_i,\, b_j \in K\ (i=1,2,\ldots,m;\ j=1,2,\ldots,n))$$

と表される．W_1 と W_2 は部分空間であるから，$\boldsymbol{x} = a_1\boldsymbol{x}_1 + a_2\boldsymbol{x}_2 + \cdots + a_m\boldsymbol{x}_m \in W_1$ および $\boldsymbol{y} = b_1\boldsymbol{y}_1 + b_2\boldsymbol{y}_2 + \cdots + b_n\boldsymbol{y}_n \in W_2$. したがって，$\boldsymbol{z} = \boldsymbol{x} + \boldsymbol{y} \in W_1 + W_2$ である．ゆえに，$[\boldsymbol{x}_1, \boldsymbol{x}_2, \ldots, \boldsymbol{x}_m, \boldsymbol{y}_1, \boldsymbol{y}_2, \ldots, \boldsymbol{y}_n] \subset W_1 + W_2$.

$W_1 + W_2$ の任意のベクトル $\boldsymbol{z}$ は，$\boldsymbol{z} = \boldsymbol{x} + \boldsymbol{y}$ ($\boldsymbol{x} \in W_1$, $\boldsymbol{y} \in W_2$) と表される．一方，$W_1 = [\boldsymbol{x}_1, \boldsymbol{x}_2, \ldots, \boldsymbol{x}_m]$, $W_2 = [\boldsymbol{y}_1, \boldsymbol{x}_2, \ldots, \boldsymbol{y}_n]$ であるから $\boldsymbol{x} = a_1\boldsymbol{x}_1 + a_2\boldsymbol{x}_2 + \cdots + a_m\boldsymbol{x}_m \in W_1$ および $\boldsymbol{y} = b_1\boldsymbol{y}_1 + b_2\boldsymbol{y}_2 + \cdots + b_n\boldsymbol{y}_n \in W_2$. したがって

$$\begin{aligned}\boldsymbol{z} = \boldsymbol{x} + \boldsymbol{y} &= a_1\boldsymbol{x}_1 + a_2\boldsymbol{x}_2 + \cdots + a_m\boldsymbol{x}_m + b_1\boldsymbol{y}_1 + b_2\boldsymbol{y}_2 + \cdots + b_n\boldsymbol{y}_n \\ &\in [\boldsymbol{x}_1, \boldsymbol{x}_2, \ldots, \boldsymbol{x}_m, \boldsymbol{y}_1, \boldsymbol{y}_2, \ldots, \boldsymbol{y}_n]\end{aligned}$$

が成り立つから，$W_1 + W_2 \subset [\boldsymbol{x}_1, \boldsymbol{x}_2, \ldots, \boldsymbol{x}_m, \boldsymbol{y}_1, \boldsymbol{y}_2, \ldots, \boldsymbol{y}_n]$.

以上より $W_1 + W_2 = [\boldsymbol{x}_1, \boldsymbol{x}_2, \ldots, \boldsymbol{x}_m, \boldsymbol{y}_1, \boldsymbol{y}_2, \ldots, \boldsymbol{y}_n]$. ■

4.3 基と次元

K 上のベクトル空間 V $(\neq \{\boldsymbol{0}\})$ に r 個のベクトル $\boldsymbol{a}_1, \boldsymbol{a}_2, \ldots, \boldsymbol{a}_r$ が存在して，次の 2 条件を満たしているとする．

(1) $\boldsymbol{a}_1, \boldsymbol{a}_2, \ldots, \boldsymbol{a}_r$ は 1 次独立である．

(2) $V = [\boldsymbol{a}_1, \boldsymbol{a}_2, \ldots, \boldsymbol{a}_r]$ である．すなわち，V の任意のベクトルは $\boldsymbol{a}_1$, $\boldsymbol{a}_2$, $\ldots$, $\boldsymbol{a}_r$ の 1 次結合として表せる．

このとき，順序を考えた組として $\{\boldsymbol{a}_1, \boldsymbol{a}_2, \ldots, \boldsymbol{a}_r\}$ を V の**基底**または単に**基**という．

定理 4.6 より，V の任意の基に属するベクトルの個数 r は一定である．これを V の**次元**といい，$\dim V = r$ で表す．ただし，$V = \{\boldsymbol{0}\}$ のときは $\dim V = 0$ とする．このような有限個のベクトルからなる基が存在するベクトル空間を**有限次元**ベクトル空間といい，有限次元でないときは**無限次元**ベクトル空間という．

$\{\boldsymbol{a}_1, \boldsymbol{a}_2, \ldots, \boldsymbol{a}_n\}$ を V の 1 組の基とすると，任意のベクトル $\boldsymbol{x}$ は

$$\boldsymbol{x} = x_1\boldsymbol{a}_1 + x_2\boldsymbol{a}_2 + \cdots + x_n\boldsymbol{a}_n = (\boldsymbol{a}_1\ \boldsymbol{a}_2\ \ldots\ \boldsymbol{a}_n)\begin{pmatrix} x_1 \\ x_2 \\ \vdots \\ x_n \end{pmatrix}$$

と表される．このとき，定理 4.4 より各係数 $x_1, x_2, \ldots, x_n$ は一意的に定まる．これを基 $\{\boldsymbol{a}_1, \boldsymbol{a}_2, \ldots, \boldsymbol{a}_n\}$ に関する $\boldsymbol{x}$ の**成分**という．

定理 4.7 ベクトル空間 V において，次の (1), (2), (3) は同値である．

(1) $\dim V = r$

(2) r 個の 1 次独立なベクトルが存在し，$(r+1)$ 個 (または以上) のベクトルはすべて 1 次従属である．

(3) V の中から選びうる 1 次独立なベクトルの最大個数は r である．

定理 4.8 $V = [\boldsymbol{a}_1, \boldsymbol{a}_2, \ldots, \boldsymbol{a}_m]$ のとき，$\boldsymbol{a}_1, \boldsymbol{a}_2, \ldots, \boldsymbol{a}_m$ の中から選びうる 1 次独立なベクトルの最大個数は V の次元に等しい．

標準基 数ベクトル空間 $\mathbf{K}^n$ において，$\left\{\boldsymbol{e}_1 = \begin{pmatrix} 1 \\ 0 \\ \vdots \\ 0 \end{pmatrix}, \boldsymbol{e}_2 = \begin{pmatrix} 0 \\ 1 \\ \vdots \\ 0 \end{pmatrix}, \ldots, \boldsymbol{e}_n = \begin{pmatrix} 0 \\ 0 \\ \vdots \\ 1 \end{pmatrix}\right\}$ は 1 組の基である．これを $\mathbf{K}^n$ の**標準基**という．$\dim \mathbf{K}^n = n$ である．

定理 4.9 n 次元ベクトル空間 V の 1 次独立なベクトルの組 $\boldsymbol{u}_1, \boldsymbol{u}_2, \ldots, \boldsymbol{u}_r$ について

(1) $r = n$ ならば，$\boldsymbol{u}_1, \boldsymbol{u}_2, \ldots, \boldsymbol{u}_r$ は V の基である．

(2) $r < n$ ならば，$\boldsymbol{u}_1, \boldsymbol{u}_2, \ldots, \boldsymbol{u}_r$ を含む V の基が存在する．すなわち，これらに $(n-r)$ 個のベクトル $\boldsymbol{u}_{r+1}, \ldots, \boldsymbol{u}_n$ をつけ加えて，V の基 $\{\boldsymbol{u}_1, \boldsymbol{u}_2, \ldots, \boldsymbol{u}_r, \boldsymbol{u}_{r+1}, \ldots, \boldsymbol{u}_n\}$ をつくることができる．

問題 4.6 $\mathbf{R}^3$ のベクトル $\boldsymbol{a}_1 = \begin{pmatrix} 0 \\ 1 \\ 0 \end{pmatrix}$，$\boldsymbol{a}_2 = \begin{pmatrix} 1 \\ 0 \\ 1 \end{pmatrix}$，$\boldsymbol{a}_3 = \begin{pmatrix} 1 \\ 0 \\ -1 \end{pmatrix}$ について，$\{\boldsymbol{a}_1, \boldsymbol{a}_2, \boldsymbol{a}_3\}$ が $\mathbf{R}^3$ の基であることを示せ．また，次のベクトルを基 $\{\boldsymbol{a}_1, \boldsymbol{a}_2, \boldsymbol{a}_3\}$ の 1 次結合として表せ．

(1) $\boldsymbol{b} = \begin{pmatrix} 1 \\ 3 \\ 3 \end{pmatrix}$　　(2) $\boldsymbol{c} = \begin{pmatrix} 1 \\ 1 \\ 1 \end{pmatrix}$　　(3) $\boldsymbol{x} = \begin{pmatrix} x_1 \\ x_2 \\ x_3 \end{pmatrix}$

【解答】

$$|\boldsymbol{a}_1\ \boldsymbol{a}_2\ \boldsymbol{a}_3| = \begin{vmatrix} 0 & 1 & 1 \\ 1 & 0 & 0 \\ 0 & 1 & -1 \end{vmatrix} = 0 + 0 + 1 - 0 - (-1) - 0 = 2\ (\neq 0)$$

であるから，定理 4.3 より，$\boldsymbol{a}_1, \boldsymbol{a}_2, \boldsymbol{a}_3$ は 1 次独立である．また，$\mathbf{R}^3$ は 3 次元であるから，定理 4.9(1) より，$\{\boldsymbol{a}_1, \boldsymbol{a}_2, \boldsymbol{a}_3\}$ は $\mathbf{R}^3$ の基であることがわかる．

(1) 基 $\{\boldsymbol{a}_1, \boldsymbol{a}_2, \boldsymbol{a}_3\}$ に関する $\boldsymbol{b}$ の成分を p, q, r とする．このとき

$$p\boldsymbol{a}_1 + q\boldsymbol{a}_2 + r\boldsymbol{a}_3 = \boldsymbol{b} \iff p\begin{pmatrix} 0 \\ 1 \\ 0 \end{pmatrix} + q\begin{pmatrix} 1 \\ 0 \\ 1 \end{pmatrix} + r\begin{pmatrix} 1 \\ 0 \\ -1 \end{pmatrix} = \begin{pmatrix} 1 \\ 3 \\ 3 \end{pmatrix}$$

$$\iff \begin{cases} \quad q + r = 1 \\ p \qquad\quad = 3 \\ \quad q - r = 3 \end{cases}$$

この連立方程式を解いて，$p=3,\ q=2,\ r=-1$ であるから，$\boldsymbol{b}=3\boldsymbol{a}_1+2\boldsymbol{a}_2-\boldsymbol{a}_3$.
(2) 基 $\{\boldsymbol{a}_1,\boldsymbol{a}_2,\boldsymbol{a}_3\}$ に関する $\boldsymbol{c}$ の成分を u,v,w とする．このとき

$$u\boldsymbol{a}_1+v\boldsymbol{a}_2+w\boldsymbol{a}_3=\boldsymbol{c} \iff u\begin{pmatrix}0\\1\\0\end{pmatrix}+v\begin{pmatrix}1\\0\\1\end{pmatrix}+w\begin{pmatrix}1\\0\\-1\end{pmatrix}=\begin{pmatrix}1\\1\\1\end{pmatrix}$$

$$\iff \begin{cases} \quad v+w=1 \\ u \qquad\quad =1 \\ \quad v-w=1 \end{cases}$$

この連立方程式を解いて，$u=1,\ v=1,\ w=0$ であるから，$\boldsymbol{c}=\boldsymbol{a}_1+\boldsymbol{a}_2$.
(3) 基 $\{\boldsymbol{a}_1,\boldsymbol{a}_2,\boldsymbol{a}_3\}$ に関する $\boldsymbol{x}$ の成分を α,β,γ とする．このとき

$$\alpha\boldsymbol{a}_1+\beta\boldsymbol{a}_2+\gamma\boldsymbol{a}_3=\boldsymbol{x} \iff \alpha\begin{pmatrix}0\\1\\0\end{pmatrix}+\beta\begin{pmatrix}1\\0\\1\end{pmatrix}+\gamma\begin{pmatrix}1\\0\\-1\end{pmatrix}=\begin{pmatrix}x_1\\x_2\\x_3\end{pmatrix}$$

$$\iff \begin{cases} \quad \beta+\gamma=x_1 \\ \alpha \qquad\quad =x_2 \\ \quad \beta-\gamma=x_3 \end{cases}$$

この連立方程式を解いて，$\alpha=x_2,\ \beta=(x_1+x_3)/2,\ \gamma=(x_1-x_3)/2$ である．ゆえに

$$\boldsymbol{x}=x_2\boldsymbol{a}_1+\frac{1}{2}(x_1+x_3)\boldsymbol{a}_2+\frac{1}{2}(x_1-x_3)\boldsymbol{a}_3. \quad \blacksquare$$

問題 4.7 次の問いに答えよ．

(1) $\mathbf{R}^3$ の基 $\left\{\begin{pmatrix}1\\0\\3\end{pmatrix},\begin{pmatrix}2\\1\\1\end{pmatrix},\begin{pmatrix}1\\3\\0\end{pmatrix}\right\}$ に関する $\boldsymbol{x}=\begin{pmatrix}\sqrt{3}\\5\\-1+\sqrt{3}\end{pmatrix}$ の成分を求めよ．

(2) $\mathbf{C}^3$ の基 $\left\{\begin{pmatrix}1\\0\\1\end{pmatrix},\begin{pmatrix}i\\-i\\0\end{pmatrix},\begin{pmatrix}0\\i\\2i\end{pmatrix}\right\}$ に関する $\boldsymbol{y}=\begin{pmatrix}3+2i\\2-i\\1+2i\end{pmatrix}$ の成分を求めよ．

【解答】 (1) 与えられた基を左から順に $\boldsymbol{a}_1,\boldsymbol{a}_2,\boldsymbol{a}_3$ として，$\boldsymbol{x}=\alpha\boldsymbol{a}_1+\beta\boldsymbol{a}_2+\gamma\boldsymbol{a}_3$ となる α,β,γ を求めればよい．したがって

$$\alpha\boldsymbol{a}_1+\beta\boldsymbol{a}_2+\gamma\boldsymbol{a}_3=\boldsymbol{x} \iff \alpha\begin{pmatrix}1\\0\\3\end{pmatrix}+\beta\begin{pmatrix}2\\1\\1\end{pmatrix}+\gamma\begin{pmatrix}1\\3\\0\end{pmatrix}=\begin{pmatrix}\sqrt{3}\\5\\-1+\sqrt{3}\end{pmatrix}$$

$$\iff \begin{cases} \alpha+2\beta+\gamma=\sqrt{3} \\ \qquad \beta+3\gamma=5 \\ 3\alpha+\beta \qquad =-1+\sqrt{3} \end{cases}$$

この連立方程式を解くと，$\alpha = \sqrt{3}/6, \beta = (-2+\sqrt{3})/2, \gamma = 2 - \sqrt{3}/6$. ゆえに

$$\begin{pmatrix} \sqrt{3} \\ 5 \\ -1+\sqrt{3} \end{pmatrix} = \frac{\sqrt{3}}{6}\begin{pmatrix} 1 \\ 0 \\ 3 \end{pmatrix} + (-1+\frac{\sqrt{3}}{2})\begin{pmatrix} 2 \\ 1 \\ 1 \end{pmatrix} + (2-\frac{\sqrt{3}}{6})\begin{pmatrix} 1 \\ 3 \\ 0 \end{pmatrix}.$$

(2) 与えられた基を左から順に $\boldsymbol{b}_1, \boldsymbol{b}_2, \boldsymbol{b}_3$ と表し，$\boldsymbol{y} = \alpha\boldsymbol{b}_1 + \beta\boldsymbol{b}_2 + \gamma\boldsymbol{b}_3$ となる複素数 α, β, γ を求めればよい．したがって

$$\alpha\boldsymbol{b}_1 + \beta\boldsymbol{b}_2 + \gamma\boldsymbol{b}_3 = \boldsymbol{y} \iff \alpha\begin{pmatrix} 1 \\ 0 \\ 1 \end{pmatrix} + \beta\begin{pmatrix} i \\ -i \\ 0 \end{pmatrix} + \gamma\begin{pmatrix} 0 \\ i \\ 2i \end{pmatrix} = \begin{pmatrix} 3+2i \\ 2-i \\ 1+2i \end{pmatrix}$$

$$\iff \begin{cases} \alpha + i\beta = 3+2i \\ - i\beta + i\gamma = 2-i \\ \alpha + 2i\gamma = 1+2i \end{cases}$$

この連立方程式を解いて，$\alpha = 9, \beta = 2+6i, \gamma = 1+4i$. したがって

$$\begin{pmatrix} 3+2i \\ 2-i \\ 1+2i \end{pmatrix} = 9\begin{pmatrix} 1 \\ 0 \\ 1 \end{pmatrix} + (2+6i)\begin{pmatrix} i \\ -i \\ 0 \end{pmatrix} + (1+4i)\begin{pmatrix} 0 \\ i \\ 2i \end{pmatrix} \quad \blacksquare$$

4.4 基の変換

V を $\mathbf{K}$ 上の n 次元ベクトル空間とする．V の 2 組の基 $\{\boldsymbol{a}_1, \boldsymbol{a}_2, \ldots, \boldsymbol{a}_n\}, \{\boldsymbol{b}_1, \boldsymbol{b}_2, \ldots, \boldsymbol{b}_n\}$ に関するベクトル $\boldsymbol{x}$ の成分をそれぞれ $x_1, x_2, \ldots, x_n$ と $y_1, y_2, \ldots, y_n$ とする．

$$\boldsymbol{x} = x_1\boldsymbol{a}_1 + x_2\boldsymbol{a}_2 + \cdots + x_n\boldsymbol{a}_n = y_1\boldsymbol{b}_1 + y_2\boldsymbol{b}_2 + \cdots + y_n\boldsymbol{b}_n.$$

ここで，n 個のベクトル $\boldsymbol{b}_1, \boldsymbol{b}_2, \ldots, \boldsymbol{b}_n$ を $\boldsymbol{a}_1, \boldsymbol{a}_2, \ldots, \boldsymbol{a}_n$ の 1 次結合として表わす．

$$\begin{aligned} \boldsymbol{b}_1 &= p_{11}\boldsymbol{a}_1 + p_{21}\boldsymbol{a}_2 + \cdots + p_{n1}\boldsymbol{a}_n \\ \boldsymbol{b}_2 &= p_{12}\boldsymbol{a}_1 + p_{22}\boldsymbol{a}_2 + \cdots + p_{n2}\boldsymbol{a}_n \\ &\vdots \\ \boldsymbol{b}_n &= p_{1n}\boldsymbol{a}_1 + p_{2n}\boldsymbol{a}_2 + \cdots + p_{nn}\boldsymbol{a}_n \end{aligned} \tag{4.2}$$

また，式 (4.2) を行列 $P = (p_{ij})$ を用いて (添字の順序に注意！)

$$(\boldsymbol{b}_1\ \boldsymbol{b}_2\ \ldots\ \boldsymbol{b}_n) = (\boldsymbol{a}_1\ \boldsymbol{a}_2\ \ldots\ \boldsymbol{a}_n)\begin{pmatrix} p_{11} & p_{12} & \cdots & p_{1n} \\ p_{21} & p_{22} & \cdots & p_{2n} \\ \vdots & \vdots & \ddots & \vdots \\ p_{n1} & p_{n2} & \cdots & p_{nn} \end{pmatrix} = (\boldsymbol{a}_1\ \boldsymbol{a}_2\ \ldots\ \boldsymbol{a}_n)P \tag{4.3}$$

と表すことにする．この P を基 $\{\boldsymbol{a}_1, \boldsymbol{a}_2, \ldots, \boldsymbol{a}_n\}$ から基 $\{\boldsymbol{b}_1, \boldsymbol{b}_2, \ldots, \boldsymbol{b}_n\}$ への**基変換行列**という．

定理 4.10 $\{\boldsymbol{a}_1, \boldsymbol{a}_2, \ldots, \boldsymbol{a}_n\}$ を V の基，$P = (p_{ij})$ を n 次行列として $(\boldsymbol{b}_1\ \boldsymbol{b}_2\ \ldots\ \boldsymbol{b}_n) = (\boldsymbol{a}_1\ \boldsymbol{a}_2\ \ldots\ \boldsymbol{a}_n)P$ と表されているとする．このとき

$$\{\boldsymbol{b}_1, \boldsymbol{b}_2, \ldots, \boldsymbol{b}_n\} \text{ が } V \text{ の基である} \iff |P| \neq 0$$

定理 4.11 2 組の基 $\{\boldsymbol{a}_1, \boldsymbol{a}_2, \ldots, \boldsymbol{a}_n\}$，$\{\boldsymbol{b}_1, \boldsymbol{b}_2, \ldots, \boldsymbol{b}_n\}$ に関する $\boldsymbol{x}$ の成分をそれぞれ $x_1, x_2, \ldots, x_n$ と $y_1, y_2, \ldots, y_n$ とすれば

$$\begin{pmatrix} x_1 \\ x_2 \\ \vdots \\ x_n \end{pmatrix} = P \begin{pmatrix} y_1 \\ y_2 \\ \vdots \\ y_n \end{pmatrix}$$

である．ただし，$(\boldsymbol{b}_1\ \boldsymbol{b}_2\ \ldots\ \boldsymbol{b}_n) = (\boldsymbol{a}_1\ \boldsymbol{a}_2\ \ldots\ \boldsymbol{a}_n)P$ とする．

問題 4.8 $\mathbf{R}^3$ の基 $\left\{\begin{pmatrix}1\\0\\3\end{pmatrix}, \begin{pmatrix}2\\1\\1\end{pmatrix}, \begin{pmatrix}1\\3\\0\end{pmatrix}\right\}$ から基 $\left\{\begin{pmatrix}1\\0\\1\end{pmatrix}, \begin{pmatrix}1\\-1\\0\end{pmatrix}, \begin{pmatrix}0\\1\\2\end{pmatrix}\right\}$ に変換する基変換行列 P を求めよ．

【解答】 それぞれの基を左から順に $\{\boldsymbol{a}_1, \boldsymbol{a}_2, \boldsymbol{a}_3\}$ および $\{\boldsymbol{b}_1, \boldsymbol{b}_2, \boldsymbol{b}_3\}$ と表して，次の 1 次結合式を考える (添字の順序に注意).

$$\begin{cases} \boldsymbol{b}_1 = p_{11}\boldsymbol{a}_1 + p_{21}\boldsymbol{a}_2 + p_{31}\boldsymbol{a}_3 \\ \boldsymbol{b}_2 = p_{12}\boldsymbol{a}_1 + p_{22}\boldsymbol{a}_2 + p_{32}\boldsymbol{a}_3 \\ \boldsymbol{b}_3 = p_{13}\boldsymbol{a}_1 + p_{23}\boldsymbol{a}_2 + p_{33}\boldsymbol{a}_3 \end{cases} \iff (\boldsymbol{b}_1\ \boldsymbol{b}_2\ \boldsymbol{b}_3) = (\boldsymbol{a}_1\ \boldsymbol{a}_2\ \boldsymbol{a}_3)\begin{pmatrix} p_{11} & p_{12} & p_{13} \\ p_{21} & p_{22} & p_{23} \\ p_{31} & p_{32} & p_{33} \end{pmatrix}$$
$$= (\boldsymbol{a}_1\ \boldsymbol{a}_2\ \boldsymbol{a}_3)P$$

このとき，$\{\boldsymbol{a}_1, \boldsymbol{a}_2, \boldsymbol{a}_3\}$ は基であるから，行列 $A = (\boldsymbol{a}_1\ \boldsymbol{a}_2\ \boldsymbol{a}_3)$ は正則である．したがって，A の逆行列 A^{-1} が存在して

$$P = A^{-1}(\boldsymbol{b}_1\ \boldsymbol{b}_2\ \boldsymbol{b}_3)$$

が成り立つ．ここで，掃出法を用いて A^{-1} を求める．

$$(A\,|\,E) = \left(\begin{array}{ccc|ccc} 1 & 2 & 1 & 1 & 0 & 0 \\ 0 & 1 & 3 & 0 & 1 & 0 \\ 3 & 1 & 0 & 0 & 0 & 1 \end{array}\right) \to \left(\begin{array}{ccc|ccc} 1 & 2 & 1 & 1 & 0 & 0 \\ 0 & 1 & 3 & 0 & 1 & 0 \\ 0 & -5 & -3 & -3 & 0 & 1 \end{array}\right) \to \left(\begin{array}{ccc|ccc} 1 & 0 & -5 & 1 & -2 & 0 \\ 0 & 1 & 3 & 0 & 1 & 0 \\ 0 & 0 & 12 & -3 & 5 & 1 \end{array}\right)$$

$$\to \left(\begin{array}{ccc|ccc} 1 & 0 & -5 & 1 & -2 & 0 \\ 0 & 1 & 3 & 0 & 1 & 0 \\ 0 & 0 & 1 & -\frac{1}{4} & \frac{5}{12} & \frac{1}{12} \end{array}\right) \to \left(\begin{array}{ccc|ccc} 1 & 0 & 0 & -\frac{1}{4} & \frac{1}{12} & \frac{5}{12} \\ 0 & 1 & 0 & \frac{3}{4} & -\frac{1}{4} & -\frac{1}{4} \\ 0 & 0 & 1 & -\frac{1}{4} & \frac{5}{12} & \frac{1}{12} \end{array}\right).$$

よって，$A^{-1} = \begin{pmatrix} -\frac{1}{4} & \frac{1}{12} & \frac{5}{12} \\ \frac{3}{4} & -\frac{1}{4} & -\frac{1}{4} \\ -\frac{1}{4} & \frac{5}{12} & \frac{1}{12} \end{pmatrix} = \frac{1}{12}\begin{pmatrix} -3 & 1 & 5 \\ 9 & -3 & -3 \\ -3 & 5 & 1 \end{pmatrix}$. これを先の関係式に代入して

$$P = \frac{1}{12}\begin{pmatrix} -3 & 1 & 5 \\ 9 & -3 & -3 \\ -3 & 5 & 1 \end{pmatrix}\begin{pmatrix} 1 & 1 & 0 \\ 0 & -1 & 1 \\ 1 & 0 & 2 \end{pmatrix} = \frac{1}{12}\begin{pmatrix} 2 & -4 & 11 \\ 6 & 12 & -9 \\ -2 & -8 & 7 \end{pmatrix} \quad \blacksquare$$

【検算】 次の関係式が成り立つことがわかる.

$$(\boldsymbol{a}_1\ \boldsymbol{a}_2\ \boldsymbol{a}_3)P = \begin{pmatrix} 1 & 2 & 1 \\ 0 & 1 & 3 \\ 3 & 1 & 0 \end{pmatrix}\left\{\frac{1}{12}\begin{pmatrix} 2 & -4 & 11 \\ 6 & 12 & -9 \\ -2 & -8 & 7 \end{pmatrix}\right\} = \begin{pmatrix} 1 & 1 & 0 \\ 0 & -1 & 1 \\ 1 & 0 & 2 \end{pmatrix}$$

4.5 行列の階数

(m,n) 型行列 A の $r\,(\leqq m)$ 個の行と $r\,(\leqq n)$ 個の列から得られる小行列

$$A\begin{pmatrix} i_1 & i_2 & \dots & i_r \\ j_1 & j_2 & \dots & j_r \end{pmatrix} = \begin{pmatrix} a_{i_1j_1} & a_{i_1j_2} & \dots & a_{i_1j_r} \\ a_{i_2j_1} & a_{i_2j_2} & \dots & a_{i_2j_r} \\ \vdots & \vdots & \ddots & \vdots \\ a_{i_rj_1} & a_{i_rj_2} & \dots & a_{i_rj_r} \end{pmatrix}$$

の行列式 $\det A\begin{pmatrix} i_1 & i_2 & \dots & i_r \\ j_1 & j_2 & \dots & j_r \end{pmatrix}$ を A の r 次の**小行列式**という.

定理 4.12 (m,n) 型行列 A に対して，次の数 s, t および r は一致する.

(1) s は A の行ベクトルで生成されるベクトル空間の次元.

(2) t は A の列ベクトルで生成されるベクトル空間の次元.

(3) A の r 次の小行列式のうちに 0 でないものが存在して，$(r+1)$ 次の小行列式は (存在すれば) すべて 0 であるような正の整数 r. ただし，A が零行列のとき $r=0$ とする.

行列 A に対して，定理 4.12 における $s\ (s=t=r)$ を A の**階数**といい，$s = \operatorname{rank} A$ で表す. 明らかに

$$\operatorname{rank} A = \operatorname{rank}({}^tA).$$

定理 4.13 行列の積 AB の階数に関して

$$\mathrm{rank}(AB) \leqq \mathrm{rank}\, A, \qquad \mathrm{rank}(AB) \leqq \mathrm{rank}\, B.$$

定理 4.14 A を (m,n) 型行列，B と C をそれぞれ m 次と n 次の正則行列とする．このとき

$$\mathrm{rank}(BAC) = \mathrm{rank}\, A\,.$$

定理 4.15 (m,n) 型行列 A の階数標準形 F_r の 1 の数 r は $\mathrm{rank}\, A$ に等しい．すなわち，行列 A の階数標準形 F_r の r は，A のみによって一意的に定まり，基本変形の仕方によらない (§3.3 参照).

問題 4.9 次のベクトル空間の次元と 1 組の基を求めよ．

(1) $\begin{pmatrix} 2 \\ 8 \\ 5 \end{pmatrix}, \begin{pmatrix} 6 \\ 5 \\ 3 \end{pmatrix}, \begin{pmatrix} 10 \\ 2 \\ 1 \end{pmatrix}$ により生成される $\mathbf{R}^3$ の部分空間.

(2) $(1,-2,1,3)$, $(4,-1,2,6)$, $(5,4,1,3)$, $(-1,1,-1,1)$ により生成される $\mathbf{R}_4$ の部分空間.

【解答】 (1) 与えられた 3 個の 3 次元ベクトルを左から順に $\boldsymbol{a}_1, \boldsymbol{a}_2, \boldsymbol{a}_3$ で表す.

$$|A| = |\boldsymbol{a}_1\ \boldsymbol{a}_2\ \boldsymbol{a}_3| = \begin{vmatrix} 2 & 6 & 10 \\ 8 & 5 & 2 \\ 5 & 3 & 1 \end{vmatrix} = \begin{vmatrix} 2 & 0 & 0 \\ 8 & -19 & -38 \\ 5 & -12 & -24 \end{vmatrix} = 2(-19)(-12)\begin{vmatrix} 1 & 2 \\ 1 & 2 \end{vmatrix} = 0$$

より，$\boldsymbol{a}_1\ \boldsymbol{a}_2\ \boldsymbol{a}_3$ は 1 次従属である．また

$$\begin{vmatrix} 2 & 6 \\ 8 & 5 \end{vmatrix} = 10 - 48 = -38\ (\neq 0)$$

であるから，定理 4.12 により，$\boldsymbol{a}_1\ \boldsymbol{a}_2$ は 1 次独立である．ゆえに，部分空間 $[\boldsymbol{a}_1,\ \boldsymbol{a}_2,\ \boldsymbol{a}_3]$ の次元は

$$\dim[\boldsymbol{a}_1,\ \boldsymbol{a}_2,\ \boldsymbol{a}_3] = \mathrm{rank}(\boldsymbol{a}_1\ \boldsymbol{a}_2\ \boldsymbol{a}_3) = 2$$

であり，その 1 組の基として $\{\boldsymbol{a}_1\ \boldsymbol{a}_2\}$ を選べることができる.

【別解】 掃出法を用いて

$$(\boldsymbol{a}_1\ \boldsymbol{a}_2\ \boldsymbol{a}_3) \to \begin{pmatrix} 1 & 3 & 5 \\ 8 & 5 & 2 \\ 5 & 3 & 1 \end{pmatrix} \to \begin{pmatrix} 1 & 3 & 5 \\ 0 & -19 & -38 \\ 0 & -12 & -24 \end{pmatrix} \to \begin{pmatrix} 1 & 3 & 5 \\ 0 & 1 & 2 \\ 0 & 1 & 2 \end{pmatrix} \to \begin{pmatrix} 1 & 3 & 5 \\ 0 & 1 & 2 \\ 0 & 0 & 0 \end{pmatrix}$$

より，$\dim[\boldsymbol{a}_1, \boldsymbol{a}_2, \boldsymbol{a}_3] = \mathrm{rank}(\boldsymbol{a}_1\ \boldsymbol{a}_2\ \boldsymbol{a}_3) = 2$. また，$\boldsymbol{a}_1, \boldsymbol{a}_2$ は1次独立だから，$\{\boldsymbol{a}_1, \boldsymbol{a}_2\}$ は $[\boldsymbol{a}_1, \boldsymbol{a}_2, \boldsymbol{a}_3]$ の1組の基である．
(2) 与えられた4個の4次のベクトルを左から順に $\boldsymbol{a}_1, \boldsymbol{a}_2, \boldsymbol{a}_3, \boldsymbol{a}_4$ と表し，これらを行ベクトルとする行列を A とする．このとき

$$A = \begin{pmatrix} \boldsymbol{a}_1 \\ \boldsymbol{a}_2 \\ \boldsymbol{a}_3 \\ \boldsymbol{a}_4 \end{pmatrix} = \begin{pmatrix} 1 & -2 & 1 & 3 \\ 4 & -1 & 2 & 6 \\ 5 & 4 & 1 & 3 \\ -1 & 1 & -1 & 1 \end{pmatrix} \to \begin{pmatrix} 1 & -2 & 1 & 3 \\ 0 & 7 & -2 & -6 \\ 0 & 14 & -4 & -12 \\ 0 & -1 & 0 & 4 \end{pmatrix} \to \begin{pmatrix} 1 & -2 & 1 & 3 \\ 0 & 7 & -2 & -6 \\ 0 & 7 & -2 & -6 \\ 0 & 1 & 0 & -4 \end{pmatrix}$$

$$\to \begin{pmatrix} 1 & -2 & 1 & 3 \\ 0 & 7 & -2 & -6 \\ 0 & 0 & 0 & 0 \\ 0 & 1 & 0 & -4 \end{pmatrix} \to \begin{pmatrix} 1 & 0 & 1 & -5 \\ 0 & 0 & -2 & 22 \\ 0 & 0 & 0 & 0 \\ 0 & 1 & 0 & -4 \end{pmatrix} \to \begin{pmatrix} 1 & 0 & 1 & -5 \\ 0 & 1 & 0 & -4 \\ 0 & 0 & 1 & -11 \\ 0 & 0 & 0 & 0 \end{pmatrix}.$$

ゆえに，空間 $[\boldsymbol{a}_1,\ \boldsymbol{a}_2,\ \boldsymbol{a}_3,\ \boldsymbol{a}_4]$ について，その次元は $\dim[\boldsymbol{a}_1,\ \boldsymbol{a}_2,\ \boldsymbol{a}_3,\ \boldsymbol{a}_4] = \mathrm{rank}\,A = 3$ である．また，上の変形により $\boldsymbol{a}_1\ \boldsymbol{a}_2\ \boldsymbol{a}_4$ は1次独立であるから，$\{\boldsymbol{a}_1\ \boldsymbol{a}_2\ \boldsymbol{a}_4\}$ が $[\boldsymbol{a}_1\ \boldsymbol{a}_2\ \boldsymbol{a}_3\ \boldsymbol{a}_4]$ の1組の基を与える． ■

章末問題 4

問　題 4. A

1. 次のベクトルは，1次独立か1次従属か調べよ (x は実数).

(1) $\begin{pmatrix} 1 \\ 2 \end{pmatrix}, \begin{pmatrix} 3 \\ 4 \end{pmatrix}$　　(2) $(1,1,2),\ (1,2,1),\ (2,1,5)$

(3) $\begin{pmatrix} 1 \\ 2 \\ 0 \end{pmatrix}, \begin{pmatrix} 0 \\ 1 \\ 2 \end{pmatrix}, \begin{pmatrix} 2 \\ 0 \\ x \end{pmatrix}$　　(4) $\begin{pmatrix} 0 \\ 7 \\ 9 \\ -2 \end{pmatrix}, \begin{pmatrix} 1 \\ 3 \\ 3 \\ 2 \end{pmatrix}, \begin{pmatrix} 2 \\ 13 \\ 21 \\ 3 \end{pmatrix}$

【解答】 (1) 定理 4.3 を使う．

$$\begin{vmatrix} 1 & 3 \\ 2 & 4 \end{vmatrix} = 4 - 6 = -2\ (\neq 0)$$

であるから，1次独立である．
(2) 定理 4.3 を使う．

$$\begin{vmatrix} 1 & 1 & 2 \\ 1 & 2 & 1 \\ 2 & 1 & 5 \end{vmatrix} = \begin{vmatrix} 1 & 0 & 0 \\ 1 & 1 & -1 \\ 2 & -1 & 1 \end{vmatrix} = \begin{vmatrix} 1 & -1 \\ -1 & 1 \end{vmatrix} = 1 - 1 = 0$$

であるから，1次従属である．

(3) 定理 4.3 を用いて

$$\begin{vmatrix} 1 & 0 & 2 \\ 2 & 1 & 0 \\ 0 & 2 & x \end{vmatrix} = \begin{vmatrix} 1 & 0 & 0 \\ 2 & 1 & -4 \\ 0 & 2 & x \end{vmatrix} = \begin{vmatrix} 1 & -4 \\ 2 & x \end{vmatrix} = x + 8.$$

したがって，$x = -8$ のとき 1 次従属であり，$x \neq -8$ のとき 1 次独立である．
(4) 与えられたベクトルを列ベクトルとする行列を A とおく．このとき

$$A = \begin{pmatrix} 0 & 1 & 2 \\ 7 & 3 & 13 \\ 9 & 3 & 21 \\ -2 & 2 & 3 \end{pmatrix} \to \begin{pmatrix} 0 & 1 & 2 \\ 1 & 9 & 22 \\ 9 & 3 & 21 \\ -2 & 2 & 3 \end{pmatrix} \to \begin{pmatrix} 0 & 1 & 2 \\ 1 & 9 & 22 \\ 0 & -78 & -177 \\ 0 & 20 & 47 \end{pmatrix}$$

$$\to \begin{pmatrix} 1 & 9 & 22 \\ 0 & 1 & 2 \\ 0 & -78 & -177 \\ 0 & 20 & 47 \end{pmatrix} \to \begin{pmatrix} 1 & 9 & 22 \\ 0 & 1 & 2 \\ 0 & 0 & -21 \\ 0 & 0 & 7 \end{pmatrix} \to \begin{pmatrix} 1 & 9 & 22 \\ 0 & 1 & 2 \\ 0 & 0 & 0 \\ 0 & 0 & 7 \end{pmatrix} \to \begin{pmatrix} 1 & 9 & 22 \\ 0 & 1 & 2 \\ 0 & 0 & 1 \\ 0 & 0 & 0 \end{pmatrix}.$$

これより，$\operatorname{rank} A = 3$ であるから，与えられた 3 つのベクトルで生成されたベクトル空間の次元は，定理 4.11 により，3 である．ゆえに 1 次独立である． ■

2. ベクトル $\boldsymbol{a}_1, \boldsymbol{a}_2, \boldsymbol{a}_3$ が 1 次独立とする．このとき，次のベクトルは 1 次独立か 1 次従属か調べよ (x は実数).

(1) $4\boldsymbol{a}_1 + 2\boldsymbol{a}_2 + \boldsymbol{a}_3,\ -\boldsymbol{a}_1 - 5\boldsymbol{a}_2 + \boldsymbol{a}_3,\ 2\boldsymbol{a}_1 + 2\boldsymbol{a}_2 + \boldsymbol{a}_3$

(2) $\boldsymbol{a}_1 + 5\boldsymbol{a}_2 + 4\boldsymbol{a}_3,\ -\boldsymbol{a}_1 + 2\boldsymbol{a}_2 + \boldsymbol{a}_3,\ \boldsymbol{a}_1 + 3\boldsymbol{a}_2 - 6\boldsymbol{a}_3$

(3) $\boldsymbol{a}_1 + \boldsymbol{a}_2,\ \boldsymbol{a}_2 + \boldsymbol{a}_3,\ x\boldsymbol{a}_1 + \boldsymbol{a}_3$

【解答】 (1) 与えられたベクトルに関する 1 次関係式を考える．

$$\alpha(4\boldsymbol{a}_1 + 2\boldsymbol{a}_2 + \boldsymbol{a}_3) + \beta(-\boldsymbol{a}_1 - 5\boldsymbol{a}_2 + \boldsymbol{a}_3) + \gamma(2\boldsymbol{a}_1 + 2\boldsymbol{a}_2 + \boldsymbol{a}_3) = \boldsymbol{0}$$

と仮定する．整理すると

$$(4\alpha - \beta + 2\gamma)\boldsymbol{a}_1 + (2\alpha - 5\beta + 2\gamma)\boldsymbol{a}_2 + (\alpha + \beta + \gamma)\boldsymbol{a}_3 = \boldsymbol{0}.$$

このとき，$\boldsymbol{a}_1, \boldsymbol{a}_2, \boldsymbol{a}_3$ は 1 次独立であるから

$$\begin{cases} 4\alpha - \beta + 2\gamma = 0 \\ 2\alpha - 5\beta + 2\gamma = 0 \\ \alpha + \beta + \gamma = 0 \end{cases} \quad \text{すなわち} \quad \begin{pmatrix} 4 & -1 & 2 \\ 2 & -5 & 2 \\ 1 & 1 & 1 \end{pmatrix}\begin{pmatrix} \alpha \\ \beta \\ \gamma \end{pmatrix} = \begin{pmatrix} 0 \\ 0 \\ 0 \end{pmatrix}$$

である．また

$$\begin{vmatrix} 4 & -1 & 2 \\ 2 & -5 & 2 \\ 1 & 1 & 1 \end{vmatrix} = \begin{vmatrix} 4 & -5 & -2 \\ 2 & -7 & 0 \\ 1 & 0 & 0 \end{vmatrix} = \begin{vmatrix} -5 & -2 \\ -7 & 0 \end{vmatrix} = 0 - 14 = -14\ (\neq 0)$$

であるから，クラーメルの公式を用いて $\alpha=\beta=\gamma=0$. ゆえに 1 次独立である.
(2) 与えられたベクトルに関する 1 次関係式を考える.

$$\alpha(\boldsymbol{a}_1+5\boldsymbol{a}_2+4\boldsymbol{a}_3)+\beta(-\boldsymbol{a}_1+2\boldsymbol{a}_2+\boldsymbol{a}_3)+\gamma(\boldsymbol{a}_1+3\boldsymbol{a}_2-6\boldsymbol{a}_3)=\boldsymbol{0}$$

と仮定する．整理すると

$$(\alpha-\beta+\gamma)\boldsymbol{a}_1+(5\alpha+2\beta+3\gamma)\boldsymbol{a}_2+(4\alpha+\beta-6\gamma)\boldsymbol{a}_3=\boldsymbol{0}.$$

このとき，$\boldsymbol{a}_1,\boldsymbol{a}_2,\boldsymbol{a}_3$ は 1 次独立であるから

$$\begin{cases}\alpha-\beta+\gamma=0\\ 5\alpha+2\beta+3\gamma=0\\ 4\alpha+\beta-6\gamma=0\end{cases}\quad \text{すなわち}\quad \begin{pmatrix}1&-1&1\\5&2&3\\4&1&-6\end{pmatrix}\begin{pmatrix}\alpha\\\beta\\\gamma\end{pmatrix}=\begin{pmatrix}0\\0\\0\end{pmatrix}$$

である．また $\begin{vmatrix}1&-1&1\\5&2&3\\4&1&-6\end{vmatrix}=-60\ (\neq 0)$ であるから，クラーメルの公式を用いて $\alpha=\beta=\gamma=0$. ゆえに 1 次独立である.
(3) 与えられたベクトルに関する 1 次関係式を考える.

$$\alpha(\boldsymbol{a}_1+\boldsymbol{a}_2)+\beta(\boldsymbol{a}_2+\boldsymbol{a}_3)+\gamma(x\boldsymbol{a}_1+\boldsymbol{a}_3)=\boldsymbol{0}$$

と仮定する．整理すると

$$(\alpha+x\gamma)\boldsymbol{a}_1+(\alpha+\beta)\boldsymbol{a}_2+(\beta+\gamma)\boldsymbol{a}_3=\boldsymbol{0}.$$

このとき，$\boldsymbol{a}_1,\boldsymbol{a}_2,\boldsymbol{a}_3$ は 1 次独立であるから

$$\begin{cases}\alpha+x\gamma=0\\ \alpha+\beta=0\\ \beta+\gamma=0\end{cases}\quad \text{すなわち}\quad \begin{pmatrix}1&0&x\\1&1&0\\0&1&1\end{pmatrix}\begin{pmatrix}\alpha\\\beta\\\gamma\end{pmatrix}=\begin{pmatrix}0\\0\\0\end{pmatrix}$$

である．また $\begin{vmatrix}1&0&x\\1&1&0\\0&1&1\end{vmatrix}=1+x$ であるから，定理 3.2 とクラーメルの公式により
(i) $x\neq-1$ のとき，先の連立方程式は自明な解 $\alpha=\beta=\gamma=0$ だけもつ．したがって，与えられたベクトルは 1 次独立である.
(ii) $x=-1$ のとき，先の連立方程式は自明な解以外の解をもつ．したがって，与えられたベクトルは 1 次従属である.　■

3. 次のベクトルで生成される部分空間の次元を求めよ.

(1) $\left[\begin{pmatrix}4\\-3\\2\end{pmatrix},\begin{pmatrix}3\\-1\\4\end{pmatrix},\begin{pmatrix}0\\1\\2\end{pmatrix}\right]$　　(2) $\left[\begin{pmatrix}1\\3\\2\\4\end{pmatrix},\begin{pmatrix}3\\7\\1\\9\end{pmatrix},\begin{pmatrix}1\\1\\3\\1\end{pmatrix}\right]$

【解答】 (1) 与えられたベクトルを左から順に $\boldsymbol{a}_1, \boldsymbol{a}_2, \boldsymbol{a}_3$ とする．行列 $A = (\boldsymbol{a}_1\ \boldsymbol{a}_2\ \boldsymbol{a}_3)$ を掃き出す．

$$A = \begin{pmatrix} 4 & 3 & 0 \\ -3 & -1 & 1 \\ 2 & 4 & 2 \end{pmatrix} \to \begin{pmatrix} 4 & 3 & 0 \\ -3 & -1 & 1 \\ 8 & 6 & 0 \end{pmatrix} \to \begin{pmatrix} 4 & 3 & 0 \\ -4 & -1 & 1 \\ 0 & 0 & 0 \end{pmatrix} \to \begin{pmatrix} 4 & 3 & 0 \\ 0 & 2 & 1 \\ 0 & 0 & 0 \end{pmatrix}$$

より，$\dim[\boldsymbol{a}_1,\ \boldsymbol{a}_2,\ \boldsymbol{a}_3] = \operatorname{rank} A = 2$. ゆえに，部分空間の次元は 2 である．

(2) 与えられたベクトルを左から順に $\boldsymbol{b}_1,\ \boldsymbol{b}_2,\ \boldsymbol{b}_3$ とする．行列 $B = (\boldsymbol{b}_1\ \boldsymbol{b}_2\ \boldsymbol{b}_3)$ の転置行列を掃き出す．

$${}^tB = \begin{pmatrix} 1 & 3 & 2 & 4 \\ 3 & 7 & 1 & 9 \\ 1 & 1 & 3 & 1 \end{pmatrix} \to \begin{pmatrix} 1 & 3 & 2 & 4 \\ 0 & -2 & -5 & -3 \\ 0 & -2 & 1 & -3 \end{pmatrix} \to \begin{pmatrix} 1 & 3 & 2 & 4 \\ 0 & 2 & 5 & 3 \\ 0 & 0 & 6 & 0 \end{pmatrix}$$

より $\dim[\boldsymbol{b}_1, \boldsymbol{b}_2, \boldsymbol{b}_3] = \operatorname{rank} B = \operatorname{rank} {}^tB = 3$. ゆえに，部分空間の次元は 3 である． ■

4. $\mathbf{R}^4$ の部分空間 $W = \left\{ \begin{pmatrix} x_1 \\ x_2 \\ x_3 \\ x_4 \end{pmatrix} \middle| \ x_1 - 2x_2 + 4x_3 - 2x_4 = 0 \right\}$ について

(1) $\boldsymbol{a}_1 = \begin{pmatrix} 2 \\ 0 \\ 0 \\ 1 \end{pmatrix}, \boldsymbol{a}_2 = \begin{pmatrix} 0 \\ 1 \\ 0 \\ -1 \end{pmatrix}, \boldsymbol{a}_3 = \begin{pmatrix} 0 \\ 0 \\ 1 \\ 2 \end{pmatrix}$ は W に属することを示せ．

(2) $\boldsymbol{a}_1, \boldsymbol{a}_2, \boldsymbol{a}_3$ が 1 次独立であることを示せ．

(3) $W = [\boldsymbol{a}_1, \boldsymbol{a}_2, \boldsymbol{a}_3]$ であることを示し，$\dim W = 3$ を示せ．

【解答】 (1) 各ベクトルの成分を条件式 $x_1 - 2x_2 + 4x_3 - 2x_4 = 0$ に代入する．

$$\begin{aligned} &2 - 2 \cdot 0 + 4 \cdot 0 - 2 \cdot 1 = 0 && \text{より} \quad \boldsymbol{a}_1 \in W, \\ &0 - 2 \cdot 1 + 4 \cdot 0 - 2 \cdot (-1) = 0 && \text{より} \quad \boldsymbol{a}_2 \in W, \\ &0 - 2 \cdot 0 + 4 \cdot 1 - 2 \cdot 2 = 0 && \text{より} \quad \boldsymbol{a}_3 \in W. \end{aligned}$$

(2) $k_1\boldsymbol{a}_1 + k_2\boldsymbol{a}_2 + k_3\boldsymbol{a}_3 = \boldsymbol{0}$ と仮定する．このとき

$$k_1 \begin{pmatrix} 2 \\ 0 \\ 0 \\ 1 \end{pmatrix} + k_2 \begin{pmatrix} 0 \\ 1 \\ 0 \\ -1 \end{pmatrix} + k_3 \begin{pmatrix} 0 \\ 0 \\ 1 \\ 2 \end{pmatrix} = \begin{pmatrix} 0 \\ 0 \\ 0 \\ 0 \end{pmatrix} \quad \text{すなわち} \quad \left\{ \begin{aligned} 2k_1 &= 0 \\ k_2 &= 0 \\ k_3 &= 0 \\ k_1 - k_2 + 2k_3 &= 0 \end{aligned} \right.$$

これより $k_1 = k_2 = k_3 = 0$. ゆえに $\boldsymbol{a}_1, \boldsymbol{a}_2, \boldsymbol{a}_3$ は 1 次独立である．

(3) (1) により，$W \supset [\boldsymbol{a}_1, \boldsymbol{a}_2, \boldsymbol{a}_3]$ である．任意のベクトル $\boldsymbol{x} \in W$ に対して，条件式より，$x_1 = 2x_2 - 4x_3 + 2x_4$ として

$$\boldsymbol{x} = \begin{pmatrix} x_1 \\ x_2 \\ x_3 \\ x_4 \end{pmatrix} = \begin{pmatrix} 2x_2 - 4x_3 + 2x_4 \\ x_2 \\ x_3 \\ x_4 \end{pmatrix} = x_2 \begin{pmatrix} 2 \\ 1 \\ 0 \\ 0 \end{pmatrix} + x_3 \begin{pmatrix} -4 \\ 0 \\ 1 \\ 0 \end{pmatrix} + x_4 \begin{pmatrix} 2 \\ 0 \\ 0 \\ 1 \end{pmatrix}.$$

ここで，$\boldsymbol{b}_1 = \begin{pmatrix} 2 \\ 1 \\ 0 \\ 0 \end{pmatrix}, \boldsymbol{b}_2 = \begin{pmatrix} -4 \\ 0 \\ 1 \\ 0 \end{pmatrix}, \boldsymbol{b}_3 = \begin{pmatrix} 2 \\ 0 \\ 0 \\ 1 \end{pmatrix}$ とおく．このとき，$W \subset [\boldsymbol{b}_1, \boldsymbol{b}_2, \boldsymbol{b}_3]$ であり

$$\boldsymbol{b}_1 = \boldsymbol{a}_1 + \boldsymbol{a}_2, \quad \boldsymbol{b}_2 = -2\boldsymbol{a}_1 + \boldsymbol{a}_3, \quad \boldsymbol{b}_3 = \boldsymbol{a}_1$$

であるから $\boldsymbol{x} \in [\boldsymbol{b}_1, \boldsymbol{b}_2, \boldsymbol{b}_3] \subset [\boldsymbol{a}_1, \boldsymbol{a}_2, \boldsymbol{a}_3]$. すなわち

$$W \subset [\boldsymbol{b}_1, \boldsymbol{b}_2, \boldsymbol{b}_3] \subset [\boldsymbol{a}_1, \boldsymbol{a}_2, \boldsymbol{a}_3].$$

以上より $W = [\boldsymbol{a}_1, \boldsymbol{a}_2, \boldsymbol{a}_3]$.
また W の次元 $\dim W$ について

$$\dim W = \dim[\boldsymbol{a}_1, \boldsymbol{a}_2, \boldsymbol{a}_3] = \operatorname{rank} \begin{pmatrix} 2 & 0 & 0 \\ 0 & 1 & 0 \\ 0 & 0 & 1 \\ 1 & -1 & 2 \end{pmatrix} = \operatorname{rank} \begin{pmatrix} 2 & 0 & 0 \\ 0 & 1 & 0 \\ 0 & 0 & 1 \\ 0 & 0 & 0 \end{pmatrix} = 3. \quad \blacksquare$$

5. 次の部分集合は $\mathbf{R}^3 = \left\{ \begin{pmatrix} x_1 \\ x_2 \\ x_3 \end{pmatrix} \mid x_1, x_2, x_3 \in \mathbf{R} \right\}$ の部分空間であるか調べよ．部分空間のときは，次元と基を求めよ．

(1) $\left\{ \begin{pmatrix} x_1 \\ x_2 \\ x_3 \end{pmatrix} \mid x_1 - 2x_2 = 0 \right\}$　　(2) $\left\{ \begin{pmatrix} x_1 \\ x_2 \\ x_3 \end{pmatrix} \mid x_1 - x_2 + x_3 = 1 \right\}$

(3) $\left\{ \begin{pmatrix} x_1 \\ x_2 \\ x_3 \end{pmatrix} \mid x_1 = 2x_2 - x_3 \right\}$　　(4) $\left\{ \begin{pmatrix} x_1 \\ x_2 \\ x_3 \end{pmatrix} \mid \begin{array}{l} x_1 + x_2 - x_3 = 0 \\ x_1 - 2x_2 + x_3 = 0 \end{array} \right\}$

【解答】 (1) $V_1 = \left\{ \begin{pmatrix} x_1 \\ x_2 \\ x_3 \end{pmatrix} \mid x_1 - 2x_2 = 0 \right\}$ とする．

$\boldsymbol{x}, \boldsymbol{y} \in V_1$ とすると $x_1 - 2x_2 = 0, y_1 - 2y_2 = 0$ を満たす．このとき $\boldsymbol{x} + \boldsymbol{y} = \begin{pmatrix} x_1 + y_1 \\ x_2 + y_2 \\ x_3 + y_3 \end{pmatrix}$ であり

$$(x_1 + y_1) - 2(x_2 + y_2) = (x_1 - 2x_2) + (y_1 - 2y_2) = 0 + 0 = 0.$$

ゆえに $\boldsymbol{x}+\boldsymbol{y} \in V_1$.

$k \in K, \boldsymbol{x} \in V_1$ とすると $x_1 - 2x_2 = 0$ を満たす．このとき $k\boldsymbol{x} = \begin{pmatrix} kx_1 \\ kx_2 \\ kx_3 \end{pmatrix}$ であり

$$kx_1 - 2(kx_2) = k(x_1 - 2x_2) = k \cdot 0 = 0.$$

ゆえに $k\boldsymbol{x} \in V_1$.

したがって，V_1 は $\mathbf{R}^3$ の部分空間である．

任意のベクトル $\boldsymbol{x} \in V_1$ に対して，$x_1 - 2x_2 = 0$ なる関係があるから

$$\boldsymbol{x} = \begin{pmatrix} 2x_2 \\ x_2 \\ x_3 \end{pmatrix} = x_2 \begin{pmatrix} 2 \\ 1 \\ 0 \end{pmatrix} + x_3 \begin{pmatrix} 0 \\ 0 \\ 1 \end{pmatrix} \quad \text{より} \quad V_1 \subset [\begin{pmatrix} 2 \\ 1 \\ 0 \end{pmatrix}, \begin{pmatrix} 0 \\ 0 \\ 1 \end{pmatrix}].$$

逆に，$[\begin{pmatrix} 2 \\ 1 \\ 0 \end{pmatrix}, \begin{pmatrix} 0 \\ 0 \\ 1 \end{pmatrix}]$ の任意のベクトル $\boldsymbol{w} = p\begin{pmatrix} 2 \\ 1 \\ 0 \end{pmatrix} + q\begin{pmatrix} 0 \\ 0 \\ 1 \end{pmatrix} = \begin{pmatrix} 2p \\ p \\ q \end{pmatrix}$ $(p, q$ は任意定数) に対して $2p - 2 \cdot p = 0$ だから $\boldsymbol{w} \in V_1$. ゆえに，$[\begin{pmatrix} 2 \\ 1 \\ 0 \end{pmatrix}, \begin{pmatrix} 0 \\ 0 \\ 1 \end{pmatrix}] \subset V_1$.

以上より，$V_1 = [\begin{pmatrix} 2 \\ 1 \\ 0 \end{pmatrix}, \begin{pmatrix} 0 \\ 0 \\ 1 \end{pmatrix}]$.

最後に，行列 $\begin{pmatrix} 2 & 0 \\ 1 & 0 \\ 0 & 1 \end{pmatrix}$ の階数は 2 になるので，$\begin{pmatrix} 2 \\ 1 \\ 0 \end{pmatrix}, \begin{pmatrix} 0 \\ 0 \\ 1 \end{pmatrix}$ は 1 次独立であり，V_1 の 1 組の基である．したがって，$\dim V_1 = 2$.

(2) $V_2 = \{\begin{pmatrix} x_1 \\ x_2 \\ x_3 \end{pmatrix} \mid x_1 - x_2 + x_3 = 1\}$ とする．

任意のベクトル $\boldsymbol{x}, \boldsymbol{y} \in V_2$ に対して，$x_1 - x_2 + x_3 = 1, y_1 - y_2 + y_3 = 1$ が成り立つ．このとき $\boldsymbol{x}+\boldsymbol{y} = \begin{pmatrix} x_1 + y_1 \\ x_2 + y_2 \\ x_3 + y_3 \end{pmatrix}$ であり

$$\begin{aligned}(x_1 + y_1) - (x_2 + y_2) + (x_3 + y_3) &= (x_1 - x_2 + x_3) + (y_1 - y_2 + y_3) \\ &= 1 + 1 = 2\end{aligned}$$

であるから，$\boldsymbol{x}+\boldsymbol{y} \notin V_2$. ゆえに，集合 V_2 は $\mathbf{R}^3$ の部分空間ではない．

(3) $V_3 = \{\begin{pmatrix} x_1 \\ x_2 \\ x_3 \end{pmatrix} \mid x_1 = 2x_2 - x_3\}$ とする．

$k \in K$, $\boldsymbol{x}, \boldsymbol{y} \in V_3$ とすると，$x_1 - 2x_2 + x_3 = 0$, $y_1 - 2y_2 + y_3 = 0$ を満たす．このとき

$$\begin{aligned}(x_1 + y_1) - 2(x_2 + y_2) + (x_3 + y_3) = 0 \text{ より } \boldsymbol{x} + \boldsymbol{y} \in V_3, \\ kx_1 - 2kx_2 + kx_3 = 0 \text{ より } k\boldsymbol{x} \in V_3\end{aligned}$$

が成り立つから，V_3 は $\mathbf{R}^3$ の部分空間である．

条件式より $x_3 = -x_1 + 2x_2$ であるから，V_3 の任意のベクトルは

$$\boldsymbol{x} = \begin{pmatrix} x_1 \\ x_2 \\ x_3 \end{pmatrix} = \begin{pmatrix} x_1 \\ x_2 \\ -x_1 + 2x_2 \end{pmatrix} = x_1 \begin{pmatrix} 1 \\ 0 \\ -1 \end{pmatrix} + x_2 \begin{pmatrix} 0 \\ 1 \\ 2 \end{pmatrix}$$

と表されるから，$V_3 \subset [\begin{pmatrix} 1 \\ 0 \\ -1 \end{pmatrix}, \begin{pmatrix} 0 \\ 1 \\ 2 \end{pmatrix}]$．また，$\begin{pmatrix} 1 \\ 0 \\ -1 \end{pmatrix}$ と $\begin{pmatrix} 0 \\ 1 \\ 2 \end{pmatrix}$ は，条件式 $x_1 - 2x_2 + x_3 = 0$ を満たすから，V_3 のベクトルであることがわかる．V_3 は部分空間であるから，$V_3 \supset [\begin{pmatrix} 1 \\ 0 \\ -1 \end{pmatrix}, \begin{pmatrix} 0 \\ 1 \\ 2 \end{pmatrix}]$．以上より，$V_3 = [\begin{pmatrix} 1 \\ 0 \\ -1 \end{pmatrix} \begin{pmatrix} 0 \\ 1 \\ 2 \end{pmatrix}]$．

行列 $\begin{pmatrix} 1 & 0 \\ 0 & 1 \\ -1 & 2 \end{pmatrix}$ の階数は 2 になるので，$\begin{pmatrix} 1 \\ 0 \\ -1 \end{pmatrix}, \begin{pmatrix} 0 \\ 1 \\ 2 \end{pmatrix}$ は 1 次独立であり，$\{\begin{pmatrix} 1 \\ 0 \\ -1 \end{pmatrix}, \begin{pmatrix} 0 \\ 1 \\ 2 \end{pmatrix}\}$ は 1 組の基である．したがって，$\dim V_3 = 2$.

(4) $V_4 = \left\{ \begin{pmatrix} x_1 \\ x_2 \\ x_3 \end{pmatrix} \;\middle|\; \begin{matrix} x_1 + x_2 - x_3 = 0 \\ x_1 - 2x_2 + x_3 = 0 \end{matrix} \right\}$ とする．

条件式の連立方程式を解く．

$$\left(\begin{array}{ccc|c} 1 & 1 & -1 & 0 \\ 1 & -2 & 1 & 0 \end{array}\right) \to \left(\begin{array}{ccc|c} 1 & 1 & -1 & 0 \\ 0 & -3 & 2 & 0 \end{array}\right) \to \left(\begin{array}{ccc|c} 1 & 1 & -1 & 0 \\ 0 & 1 & -\frac{2}{3} & 0 \end{array}\right) \to \left(\begin{array}{ccc|c} 1 & 0 & -\frac{1}{3} & 0 \\ 0 & 1 & -\frac{2}{3} & 0 \end{array}\right)$$

であるから

$$\begin{cases} x_1 + x_2 - x_3 = 0 \\ x_1 - 2x_2 + x_3 = 0 \end{cases} \iff \begin{cases} 3x_1 - x_3 = 0 \\ 3x_2 - 2x_3 = 0 \end{cases}$$

任意のベクトル $\boldsymbol{x}, \boldsymbol{y} \in V_4$ は

$$\begin{cases} 3x_1 - x_3 = 0 \\ 3x_2 - 2x_3 = 0 \end{cases} \text{ かつ } \begin{cases} 3y_1 - y_3 = 0 \\ 3y_2 - 2y_3 = 0 \end{cases}$$

を満たす．このとき

$$\left.\begin{aligned} 3(x_1+y_1)-(x_3+y_3)=(3x_1-x_3)+(3y_1-y_3)=0 \\ 3(x_2+y_2)-2(x_3+y_3)=(3x_2-2x_3)+(3y_2-2y_3)=0 \end{aligned}\right\} \text{ より } \boldsymbol{x}+\boldsymbol{y}\in V_4$$

が成り立つ．さらに，任意のスカラー $k\in\mathbf{K}$ に対して

$$\left.\begin{aligned} 3kx_1-kx_3=k(3x_1-x_3)=0 \\ 3kx_2-2kx_3=k(3x_2-2x_3)=0 \end{aligned}\right\} \text{ より } k\boldsymbol{x}\in V_4$$

が成り立つ．したがって V_4 は $\mathbf{R}^3$ の部分空間である．

$\boldsymbol{x}\in V_4$ とすると，$x_1=x_3/3,\ x_2=2x_3/3$ より

$$\boldsymbol{x}=\begin{pmatrix}x_1\\x_2\\x_3\end{pmatrix}=\begin{pmatrix}x_3/3\\2x_3/3\\x_3\end{pmatrix}=\frac{1}{3}x_3\begin{pmatrix}1\\2\\3\end{pmatrix}$$

が成り立つ．ゆえに，$V_4=[\begin{pmatrix}1\\2\\3\end{pmatrix}]$ であり，V_4 は $\{\begin{pmatrix}1\\2\\3\end{pmatrix}\}$ を基とする $\mathbf{R}^3$ の 1 次元部分空間である． ■

6. $\mathbf{R}^3$ の 2 つの基 $\{\boldsymbol{a}_1,\boldsymbol{a}_2,\boldsymbol{a}_3\}$, $\{\boldsymbol{b}_1,\boldsymbol{b}_2,\boldsymbol{b}_3\}$ について

$$\boldsymbol{a}_1=\begin{pmatrix}1\\1\\0\end{pmatrix},\ \boldsymbol{a}_2=\begin{pmatrix}1\\0\\1\end{pmatrix},\ \boldsymbol{a}_3=\begin{pmatrix}0\\1\\1\end{pmatrix},\quad \boldsymbol{b}_1=\begin{pmatrix}1\\3\\1\end{pmatrix},\ \boldsymbol{b}_2=\begin{pmatrix}0\\1\\2\end{pmatrix},\ \boldsymbol{b}_3=\begin{pmatrix}1\\2\\1\end{pmatrix}$$

であるとする．

(1) $\begin{pmatrix}1\\2\\3\end{pmatrix}=\alpha_1\boldsymbol{a}_1+\alpha_2\boldsymbol{a}_2+\alpha_3\boldsymbol{a}_3=\beta_1\boldsymbol{b}_1+\beta_2\boldsymbol{b}_2+\beta_3\boldsymbol{b}_3$ の係数 α_i,β_i $(i=1,2,3)$ を求めよ．

(2) $\{\boldsymbol{a}_1,\boldsymbol{a}_2,\boldsymbol{a}_3\}$ から $\{\boldsymbol{b}_1,\boldsymbol{b}_2,\boldsymbol{b}_3\}$ への基変換行列 P を求め，$\begin{pmatrix}\alpha_1\\\alpha_2\\\alpha_3\end{pmatrix}=P\begin{pmatrix}\beta_1\\\beta_2\\\beta_3\end{pmatrix}$ を確かめよ．

【解答】 (1) (i) 基 $\{\boldsymbol{a}_1,\boldsymbol{a}_2,\boldsymbol{a}_3\}$ について

$$\begin{pmatrix}1\\2\\3\end{pmatrix}=(\boldsymbol{a}_1\ \boldsymbol{a}_2\ \boldsymbol{a}_2)\begin{pmatrix}\alpha_1\\\alpha_2\\\alpha_3\end{pmatrix}=\begin{pmatrix}1&1&0\\1&0&1\\0&1&1\end{pmatrix}\begin{pmatrix}\alpha_1\\\alpha_2\\\alpha_3\end{pmatrix}=A\begin{pmatrix}\alpha_1\\\alpha_2\\\alpha_3\end{pmatrix}$$

と表される．ここで，掃出法を用いて

$$(A\,|\,E)=\left(\begin{array}{ccc|ccc}1&1&0&1&0&0\\1&0&1&0&1&0\\0&1&1&0&0&1\end{array}\right)\to\left(\begin{array}{ccc|ccc}1&1&0&1&0&0\\0&-1&1&-1&1&0\\0&1&1&0&0&1\end{array}\right)\to\left(\begin{array}{ccc|ccc}1&0&1&0&1&0\\0&-1&1&-1&1&0\\0&0&2&-1&1&1\end{array}\right)$$

$$\to\left(\begin{array}{ccc|ccc}1&0&1&0&1&0\\0&1&-1&1&-1&0\\0&0&1&-\frac{1}{2}&\frac{1}{2}&\frac{1}{2}\end{array}\right)\to\left(\begin{array}{ccc|ccc}1&0&0&\frac{1}{2}&\frac{1}{2}&-\frac{1}{2}\\0&1&0&\frac{1}{2}&-\frac{1}{2}&\frac{1}{2}\\0&0&1&-\frac{1}{2}&\frac{1}{2}&\frac{1}{2}\end{array}\right)$$

より $A^{-1}=\frac{1}{2}\begin{pmatrix}1&1&-1\\1&-1&1\\-1&1&1\end{pmatrix}$ となる．したがって

$$\begin{pmatrix}\alpha_1\\\alpha_2\\\alpha_3\end{pmatrix}=A^{-1}\begin{pmatrix}1\\2\\3\end{pmatrix}=\frac{1}{2}\begin{pmatrix}1&1&-1\\1&-1&1\\-1&1&1\end{pmatrix}\begin{pmatrix}1\\2\\3\end{pmatrix}=\frac{1}{2}\begin{pmatrix}0\\2\\4\end{pmatrix}=\begin{pmatrix}0\\1\\2\end{pmatrix}.$$

ゆえに

$$\begin{pmatrix}1\\2\\3\end{pmatrix}=\boldsymbol{a}_2+2\boldsymbol{a}_3.$$

(ii) 基 $\{\boldsymbol{b}_1,\boldsymbol{b}_2,\boldsymbol{b}_3\}$ について

$$\begin{pmatrix}1\\2\\3\end{pmatrix}=(\boldsymbol{b}_1\ \boldsymbol{b}_2\ \boldsymbol{b}_3)\begin{pmatrix}\beta_1\\\beta_2\\\beta_3\end{pmatrix}=\begin{pmatrix}1&0&1\\3&1&2\\1&2&1\end{pmatrix}\begin{pmatrix}\beta_1\\\beta_2\\\beta_3\end{pmatrix}=B\begin{pmatrix}\beta_1\\\beta_2\\\beta_3\end{pmatrix}$$

である．ここで，掃出法を用いて

$$(B\,|\,E)=\left(\begin{array}{ccc|ccc}1&0&1&1&0&0\\3&1&2&0&1&0\\1&2&1&0&0&1\end{array}\right)\to\left(\begin{array}{ccc|ccc}1&0&1&1&0&0\\0&1&-1&-3&1&0\\0&2&0&-1&0&1\end{array}\right)\to\left(\begin{array}{ccc|ccc}1&0&1&1&0&0\\0&1&-1&-3&1&0\\0&0&2&5&-2&1\end{array}\right)$$

$$\to\left(\begin{array}{ccc|ccc}1&0&1&1&0&0\\0&1&-1&-3&1&0\\0&0&1&\frac{5}{2}&-1&\frac{1}{2}\end{array}\right)\to\left(\begin{array}{ccc|ccc}1&0&0&-\frac{3}{2}&1&-\frac{1}{2}\\0&1&0&-\frac{1}{2}&0&\frac{1}{2}\\0&0&1&\frac{5}{2}&-1&\frac{1}{2}\end{array}\right)$$

より $B^{-1}=\frac{1}{2}\begin{pmatrix}-3&2&-1\\-1&0&1\\5&-2&1\end{pmatrix}$ となる．したがって

$$\begin{pmatrix}\beta_1\\\beta_2\\\beta_3\end{pmatrix}=B^{-1}\begin{pmatrix}1\\2\\3\end{pmatrix}=\frac{1}{2}\begin{pmatrix}-3&2&-1\\-1&0&1\\5&-2&1\end{pmatrix}\begin{pmatrix}1\\2\\3\end{pmatrix}=\begin{pmatrix}-1\\1\\2\end{pmatrix}.$$

ゆえに

$$\begin{pmatrix} 1 \\ 2 \\ 3 \end{pmatrix} = -\boldsymbol{b}_1 + \boldsymbol{b}_2 + 2\boldsymbol{a}_3.$$

(2) (i) 基変換行列 P は $B = AP$ を満たす．したがって

$$P = A^{-1}B = \frac{1}{2}\begin{pmatrix} 1 & 1 & -1 \\ 1 & -1 & 1 \\ -1 & 1 & 1 \end{pmatrix}\begin{pmatrix} 1 & 0 & 1 \\ 3 & 1 & 2 \\ 1 & 2 & 1 \end{pmatrix} = \frac{1}{2}\begin{pmatrix} 3 & -1 & 2 \\ -1 & 1 & 0 \\ 3 & 3 & 2 \end{pmatrix}.$$

(ii) 係数の関係について

$$P\begin{pmatrix} \beta_1 \\ \beta_2 \\ \beta_3 \end{pmatrix} = \frac{1}{2}\begin{pmatrix} 3 & -1 & 2 \\ -1 & 1 & 0 \\ 3 & 3 & 2 \end{pmatrix}\begin{pmatrix} -1 \\ 1 \\ 2 \end{pmatrix} = \begin{pmatrix} 0 \\ 1 \\ 2 \end{pmatrix} = \begin{pmatrix} \alpha_1 \\ \alpha_2 \\ \alpha_3 \end{pmatrix}. \quad \blacksquare$$

問　題 4. B

1. 次の $\mathbf{R}^3$ の部分空間 W_1, W_2 について

$$W_1 = \{\begin{pmatrix} x_1 \\ x_2 \\ x_3 \end{pmatrix} \mid x_1 + x_2 - x_3 = 0\},\ W_2 = \{\begin{pmatrix} x_1 \\ x_2 \\ x_3 \end{pmatrix} \mid x_1 - 2x_2 + x_3 = 0\}$$

(1) $T = W_1 \cap W_2$ の次元を求めよ．　(2) $S = W_1 + W_2$ の次元を求めよ．
(3) $\dim S = \dim W_1 + \dim W_2 - \dim T$ を示せ．

【解答】 (1) $\begin{pmatrix} x_1 \\ x_2 \\ x_3 \end{pmatrix} \in T$ とする．このとき x_1, x_2, x_3 は方程式

$$\begin{cases} x_1 + x_2 - x_3 = 0 \\ x_1 - 2x_2 + x_3 = 0 \end{cases}$$

の解である．この係数行列を変形して

$$\begin{pmatrix} 1 & 1 & -1 \\ 1 & -2 & 1 \end{pmatrix} \longrightarrow \begin{pmatrix} 1 & 1 & -1 \\ 0 & -3 & 2 \end{pmatrix} \longrightarrow \begin{pmatrix} 1 & 1 & -1 \\ 0 & 1 & -\frac{2}{3} \end{pmatrix} \longrightarrow \begin{pmatrix} 1 & 0 & -\frac{1}{3} \\ 0 & 1 & -\frac{2}{3} \end{pmatrix}.$$

したがって，$x_1 - x_3/3 = 0$, $x_2 - 2x_3/3 = 0$ であるから，$x_3 = t' = 3t$ とおくと

$$\begin{pmatrix} x_1 \\ x_2 \\ x_3 \end{pmatrix} = \begin{pmatrix} \frac{1}{3}t' \\ \frac{2}{3}t' \\ t' \end{pmatrix} = t\begin{pmatrix} 1 \\ 2 \\ 3 \end{pmatrix} \quad (t \text{ は任意定数}), \qquad T = [\begin{pmatrix} 1 \\ 2 \\ 3 \end{pmatrix}].$$

ゆえに $\dim T = 1$ (問題 4.A.5 参照).
(2) W_1, W_2 の基を求める．問題 4.A.5 を参照して

$$W_1 = [\begin{pmatrix} -1 \\ 1 \\ 0 \end{pmatrix}, \begin{pmatrix} 1 \\ 0 \\ 1 \end{pmatrix}], \quad W_2 = [\begin{pmatrix} 2 \\ 1 \\ 0 \end{pmatrix}, \begin{pmatrix} -1 \\ 0 \\ 1 \end{pmatrix}].$$

これより $S = [\begin{pmatrix} -1 \\ 1 \\ 0 \end{pmatrix}, \begin{pmatrix} 1 \\ 0 \\ 1 \end{pmatrix}, \begin{pmatrix} 2 \\ 1 \\ 0 \end{pmatrix}, \begin{pmatrix} -1 \\ 0 \\ 1 \end{pmatrix}]$. ゆえに $A = \begin{pmatrix} -1 & 1 & 2 & -1 \\ 1 & 0 & 1 & 0 \\ 0 & 1 & 0 & 1 \end{pmatrix}$ の階数から, $\dim S = \operatorname{rank} A = 3$.
(3) $\dim W_1 = 2$, $\dim W_2 = 2$, $\dim T = 1$, $\dim S = 3$ だから

$$\dim S = \dim W_1 + \dim W_2 - \dim T. \quad \blacksquare$$

【補足】 一般に n 次元ベクトル空間 V の部分空間 W_1, W_2 について, $T = W_1 \cap W_2$, $S = W_1 + W_2$ とおくと

$$\dim S = \dim W_1 + \dim W_2 - \dim T$$

が成り立つ．
【解答】 $\dim W_1 = l$, $\dim W_2 = m$, $\dim T = t$ として, T の 1 組の基を $X = \{\boldsymbol{a}_1, \ldots, \boldsymbol{a}_t\}$ とする．基 X を含む W_1 の基を $\{\boldsymbol{a}_1, \ldots, \boldsymbol{a}_t; \boldsymbol{b}_{t+1}, \ldots, \boldsymbol{b}_l\}$, 基 X を含む W_2 の基を $\{\boldsymbol{a}_1, \ldots, \boldsymbol{a}_t; \boldsymbol{c}_{t+1}, \ldots, \boldsymbol{c}_m\}$ とすると

$$S = [\boldsymbol{a}_1, \ldots, \boldsymbol{a}_t, \boldsymbol{b}_{t+1}, \ldots, \boldsymbol{b}_l, \boldsymbol{c}_{t+1}, \ldots, \boldsymbol{c}_m].$$

ここで

$$\begin{aligned} \boldsymbol{0} = {} & \alpha_1 \boldsymbol{a}_1 + \cdots + \alpha_t \boldsymbol{a}_t + \beta_{t+1} \boldsymbol{b}_{t+1} + \cdots + \beta_l \boldsymbol{b}_l \\ & + \gamma_{t+1} \boldsymbol{c}_{t+1} + \cdots + \gamma_m \boldsymbol{c}_m \end{aligned}$$

と仮定する．このとき

$$\begin{aligned} \boldsymbol{x} &= \alpha_1 \boldsymbol{a}_1 + \cdots + \alpha_t \boldsymbol{a}_t + \beta_{t+1} \boldsymbol{b}_{t+1} + \cdots + \beta_l \boldsymbol{b}_l \\ &= -(\gamma_{t+1} \boldsymbol{c}_{t+1} + \cdots + \gamma_m \boldsymbol{c}_m) \end{aligned}$$

とおくと，$\boldsymbol{x} \in W_1$ かつ $\boldsymbol{x} \in W_2$ であるから $\boldsymbol{x} \in W_1 \cap W_2$. したがって

$$\boldsymbol{x} = -(\gamma_{t+1} \boldsymbol{c}_{t+1} + \cdots + \gamma_m \boldsymbol{c}_m) = \alpha'_1 \boldsymbol{a}_1 + \cdots + \alpha'_t \boldsymbol{a}_t$$

と表せる．上式を変形して

$$\alpha'_1 \boldsymbol{a}_1 + \cdots + \alpha'_t \boldsymbol{a}_t + \gamma_{t+1} \boldsymbol{c}_{t+1} + \cdots + \gamma_m \boldsymbol{c}_m = \boldsymbol{0}.$$

ここで，$\boldsymbol{a}_1, \ldots, \boldsymbol{a}_t; \boldsymbol{c}_{t+1}, \ldots, \boldsymbol{c}_m$ は 1 次独立であるから

$$\alpha'_1 = \cdots = \alpha'_t = 0, \quad \gamma_{t+1} = \cdots = \gamma_m = 0.$$

よって，$\gamma_i = 0\ (i = t+1, \ldots, m)$ だから

$$\boldsymbol{x} = \alpha_1 \boldsymbol{a}_1 + \cdots + \alpha_t \boldsymbol{a}_t + \beta_{t+1} \boldsymbol{b}_{t+1} + \cdots + \beta_l \boldsymbol{b}_l = \boldsymbol{0}.$$

さらに，$\boldsymbol{a}_1, \ldots, \boldsymbol{a}_t; \boldsymbol{b}_{t+1}, \ldots, \boldsymbol{b}_l$ は 1 次独立であるから

$$\alpha_1 = \cdots = \alpha_t = 0, \quad \beta_{t+1} = \cdots = \beta_l = 0$$

以上により，$\boldsymbol{a}_1, \ldots, \boldsymbol{a}_t; \boldsymbol{b}_{t+1}, \ldots, \boldsymbol{b}_l; \boldsymbol{c}_{t+1}, \ldots, \boldsymbol{c}_m$ は 1 次独立であり，S の基である．ゆえに

$$\begin{aligned} \dim S &= t + (l-t) + (m-t) = l + m - t \\ &= \dim W_1 + \dim W_2 - \dim T \quad \blacksquare \end{aligned}$$

2. A, B を n 次正方行列とする．このとき，次が成り立つことを示せ．

(1) $\mathrm{rank}(A+B) \leqq \mathrm{rank}\, A + \mathrm{rank}\, B$

(2) $AB = O$ のとき，$\mathrm{rank}\, A + \mathrm{rank}\, B \leqq n$

(3) $A + B = E,\ AB = O$ のとき，$\mathrm{rank}\, A + \mathrm{rank}\, B = n$

【解答】 A の列ベクトル $\boldsymbol{a}_1, \ldots, \boldsymbol{a}_n$ で生成されるベクトル空間を V, B の列ベクトル $\boldsymbol{b}_1, \ldots, \boldsymbol{b}_n$ で生成されるベクトル空間を W とする．つまり

$$V = [\boldsymbol{a}_1, \ldots, \boldsymbol{a}_n], \qquad W = [\boldsymbol{b}_1, \ldots, \boldsymbol{b}_n].$$

また $\{\boldsymbol{c}_1, \ldots, \boldsymbol{c}_l\}$, $\{\boldsymbol{d}_1, \ldots, \boldsymbol{d}_m\}$ をそれぞれ V, W の 1 組の基とする (ここで, $\dim V = l,\ \dim W = m$).

(1) $A + B$ の列ベクトルは $\boldsymbol{a}_1 + \boldsymbol{b}_1, \ldots, \boldsymbol{a}_n + \boldsymbol{b}_n$ であり

$$[\boldsymbol{a}_1 + \boldsymbol{b}_1, \ldots, \boldsymbol{a}_n + \boldsymbol{b}_n] \subseteq V + W = [\boldsymbol{c}_1, \ldots, \boldsymbol{c}_l, \boldsymbol{d}_1, \ldots, \boldsymbol{d}_m]$$

ゆえに $\mathrm{rank}(A+B) \leqq l + m = \mathrm{rank}\, A + \mathrm{rank}\, B$.

(2) $U = \{\boldsymbol{x} \mid A\boldsymbol{x} = \boldsymbol{0}\}$ とすると $\dim U = n - \mathrm{rank}\, A$. 一方 $O = AB = A(\boldsymbol{b}_1\ \ldots\ \boldsymbol{b}_n)$ より $\boldsymbol{b}_1, \ldots, \boldsymbol{b}_n$ は U に属す．よって $W \subseteq U$. したがって

$$\mathrm{rank}\, B = \dim W \leqq \dim U = n - \mathrm{rank}\, A$$

ゆえに $\mathrm{rank}\, A + \mathrm{rank}\, B \leqq n$.

(3) $AB = O$ であるから，(2) より $\mathrm{rank}\, A + \mathrm{rank}\, B \leqq n$. 一方 $A + B = E$ であるから (1) を用いて

$$n = \mathrm{rank}\, E = \mathrm{rank}(A+B) \leqq \mathrm{rank}\, A + \mathrm{rank}\, B$$

ゆえに $\mathrm{rank}\, A + \mathrm{rank}\, B = n$.

3. n 次正方行列 A の余因子行列 $\widetilde{A}$ に対して，次が成り立つことを示せ．

(1) $\mathrm{rank}\, A = n$ のとき，$\mathrm{rank}\, \widetilde{A} = n$　　(2) $\mathrm{rank}\, A = n-1$ のとき，$\mathrm{rank}\, \widetilde{A} = 1$
(3) $\mathrm{rank}\, A < n-1$ のとき，$\mathrm{rank}\, \widetilde{A} = 0$

【解答】 $A\widetilde{A} = |A| \cdot E_n$ より

$$|A| \cdot |\widetilde{A}| = |A\widetilde{A}| = ||A| \cdot E_n| = |A|^n \cdot |E_n| = |A|^n$$

(1) $\mathrm{rank}\, A = n$ のとき $|A| \neq 0$ であるから

$$|\widetilde{A}| = |A|^{n-1} \neq 0.$$

ゆえに $\mathrm{rank}\, \widetilde{A} = n$.
(2) $\mathrm{rank}\, A = n-1$ のとき $|A| = 0$ であるから

$$A\widetilde{A} = |A| \cdot E = 0$$

前問 2,(2) より，$\mathrm{rank}\, A + \mathrm{rank}\, \widetilde{A} \leqq n$ だから，$\mathrm{rank}\, \widetilde{A} \leqq 1$ である．もしも $\mathrm{rank}\, \widetilde{A} = 0$ ならば $\widetilde{A} = O$ となり，$\mathrm{rank}\, A = n-1 > 0$ に反する．ゆえに $\mathrm{rank}\, \widetilde{A} = 1$.
(3) $\mathrm{rank}\, A < n-1$ のとき, A の $(n-1)$ 次小行列はすべて 0 であるから，A の余因子行列の成分はすべて 0 となる．ゆえに $\mathrm{rank}\, \widetilde{A} = 0$.

第5章　線形写像

5.1　線形写像

2つの集合 U, V に対して，U の各元に V の1つの元を対応させる規則 f を U から V への**写像** (mapping) といい

$$f\colon U \longrightarrow V$$

と表す．このとき，U の元 x が写像 f によって V の元 y に対応するならば，y を f による x の**像**といい

$$f\colon x \longmapsto y \qquad \text{または} \qquad f(x) = y$$

と表す．また，U の部分集合 U_1 に対して

$$V_1 = \{y_1 \mid y_1 \in V,\ y_1 = f(x_1),\ x_1 \in U_1\}$$

を U_1 の f による**像**といい，$V_1 = f(U_1)$ で表す．さらに，V_2 を V の部分集合とするとき

$$U_2 = \{x_2 \mid x_2 \in U,\ y_2 = f(x_2),\ y_2 \in V_2\}$$

を V_2 の f による**原像**といい，$U_2 = f^{-1}(V_2)$ で表す．

全単射　$f(U) = V$ のとき，すなわち，V の任意の元 y に対して $y = f(x)$ となる元 x が U に少なくとも1つ存在するとき，$f\colon U \longrightarrow V$ を**上への写像**または**全射**という．また，$x_1 \neq x_2$ ならば $f(x_1) \neq f(x_2)$ となるとき，$f\colon U \longrightarrow V$ を**1対1写像**または**単射**という．特に，$f\colon U \longrightarrow V$ が上への1対1写像であるとき，$f\colon U \longrightarrow V$ を**全単射**であるという．

写像 $f\colon U \longrightarrow U,\ f(x) = x$ を**恒等写像**といい，1_U で表す．

合成写像，逆写像　2つの写像 $f\colon U \longrightarrow V,\ f(x) = y$ と $g\colon V \longrightarrow W,\ g(y) = w$ に対して，写像 $h\colon U \longrightarrow W,\ h(x) = z$ を f と g の**合成写像**といい，$g \circ f$ で表す．

$$g \circ f\colon U \longrightarrow W, \quad (g \circ f)(x) = g(f(x)) = z$$

全単射 $f\colon U \longrightarrow V,\ f(x) = y$ に対して，写像 $g\colon V \longrightarrow U,\ g(y) = x$ を f の**逆写像**といい，f^{-1} で表す．

$$f^{-1}\colon V \longrightarrow U, \quad f^{-1}(y) = x$$

このとき，$f^{-1}\circ f$ および $f\circ f^{-1}$ は恒等写像である．すなわち

$$(f^{-1}\circ f)(x)=x \quad (x\in U), \qquad (f\circ f^{-1})(y)=y \quad (y\in V).$$

線形写像 U,V を $\mathbf{K}$ 上のベクトル空間とする．U の各ベクトルに対して V のベクトルを対応させる写像

$$f\colon U\longrightarrow V, \quad f(\boldsymbol{x})=\boldsymbol{y}$$

を考える．この写像 f が，任意のベクトル $\boldsymbol{x}_1,\boldsymbol{x}_2\in U$ とスカラー $k\in\mathbf{K}$ に対して

(1) $f(\boldsymbol{x}_1+\boldsymbol{x}_2)=f(\boldsymbol{x}_1)+f(\boldsymbol{x}_2)$ (2) $f(k\boldsymbol{x})=kf(\boldsymbol{x})$

を満たすとき，f を U から V への**線形写像** (Linear map) または**1次写像**という．特に，U から U 自身への線形写像 $f\colon U\longrightarrow U$ を U の**線形変換**または**1次変換**という．
【補足】 線形写像 $f\colon U\longrightarrow V$ に対して

(1) $f(\mathbf{0}_U)=\mathbf{0}_V$ (2) $f(-\boldsymbol{x})=-f(\boldsymbol{x})$
(3) $f(k_1\boldsymbol{x}_1+k_2\boldsymbol{x}_2+\cdots+k_n\boldsymbol{x}_n)=k_1f(\boldsymbol{x}_1)+k_2f(\boldsymbol{x}_2)+\cdots+k_nf(\boldsymbol{x}_n)$

が成り立つ．ここで，$\mathbf{0}_U,\mathbf{0}_V$ はそれぞれ U,V の零ベクトルであり，$\boldsymbol{x}\in U$，$k_i\in\mathbf{K}$，$\boldsymbol{x}_i\in U$．

例 5.1 (1) 写像 $f\colon\mathbf{K}^3\longrightarrow\mathbf{K}^2$，$f(\begin{pmatrix}x_1\\x_2\\x_3\end{pmatrix})=\begin{pmatrix}3x_1+x_2-2x_3\\-6x_1-2x_2+4x_3\end{pmatrix}$ は $\mathbf{K}^3$ から $\mathbf{K}^2$ への線形写像である．

(2) 写像 $f\colon\mathbf{K}^2\longrightarrow\mathbf{K}^2$，$f(\begin{pmatrix}x_1\\x_2\end{pmatrix})=\begin{pmatrix}x_2\\x_1\end{pmatrix}$ は $\mathbf{K}^2$ の線形変換である．

線形写像 f_A 任意の (m,n) 型行列 A と数ベクトル空間 $\mathbf{K}^n,\mathbf{K}^m$ に対して，写像 f_A を次のように定義すれば，f_A は $\mathbf{K}^n$ から $\mathbf{K}^m$ への線形写像である．

$$f_A\colon\mathbf{K}^n\longrightarrow\mathbf{K}^m, \ f_A(\boldsymbol{x})=A\boldsymbol{x}$$

像と核 線形写像 $f\colon U\longrightarrow V$ に対して U 全体の像 $f(U)$ を f の**像** (Image) といい，$\mathrm{Im}\,f$ と表す．

$$\mathrm{Im}\,f=\{\boldsymbol{y}\mid\boldsymbol{y}\in V,\ \boldsymbol{y}=f(\boldsymbol{x}),\ \boldsymbol{x}\in U\}$$

さらに，$\{\mathbf{0}_V\}$ の原像 $f^{-1}(\{\mathbf{0}_V\})$ を f の**核** (Kernel) といい，$\mathrm{Ker}\,f$ と表す．

$$\mathrm{Ker}\,f=\{\boldsymbol{x}\mid\boldsymbol{x}\in U,\ f(\boldsymbol{x})=\mathbf{0}_V\}$$

明らかに，$f(\mathbf{0}_U)=\mathbf{0}_V$ より $\mathbf{0}_U\in\mathrm{Ker}\,f$ である．

定理 5.1 線形写像 $f: U \longrightarrow V$ に対して，次の性質が成り立つ．
(1) f の像 $\operatorname{Im} f$ は V の部分空間である．
(2) f の核 $\operatorname{Ker} f$ は U の部分空間である．

定理 5.2 線形写像 $f: U \longrightarrow V$ に対して，次のことが成り立つ．
(1) $\operatorname{Im} f = V \iff f$ は上への写像である
(2) $\operatorname{Ker} f = \{\mathbf{0}_U\} \iff f$ は 1 対 1 写像である

同型写像 ベクトル空間 U から V への線形写像 $f: U \longrightarrow V$ が上への 1 対 1 写像 (全単射) であるとき，f を**同型写像**という．

定理 5.3 U は $\mathbf{K}$ 上のベクトル空間，$S = \{\boldsymbol{a}_1, \boldsymbol{a}_2, \ldots, \boldsymbol{a}_n\}$ は U の基とする．U の任意のベクトル $\boldsymbol{x}$ が基 S に関して

$$\boldsymbol{x} = x_1\boldsymbol{a}_1 + x_2\boldsymbol{a}_2 + \cdots + x_n\boldsymbol{a}_n = (\boldsymbol{a}_1\ \boldsymbol{a}_2\ \ldots\ \boldsymbol{a}_n)\begin{pmatrix} x_1 \\ x_2 \\ \vdots \\ x_n \end{pmatrix}$$

とする．このとき，次の写像は U から $\mathbf{K}^n$ への同型写像である．

$$U \longrightarrow \mathbf{K}^n, \quad \boldsymbol{x} \longmapsto \begin{pmatrix} x_1 \\ x_2 \\ \vdots \\ x_n \end{pmatrix}$$

線形写像の和，スカラー倍 U, V は $\mathbf{K}$ 上のベクトル空間とする．2 つの線形写像 $f: U \longrightarrow V$, $g: U \longrightarrow V$ とスカラー $k \in \mathbf{K}$ に対して，**線形写像の和**および**線形写像のスカラー倍**を
(1) **和** $(f+g)(\boldsymbol{x}) = f(\boldsymbol{x}) + g(\boldsymbol{x}) \qquad (\boldsymbol{x} \in U)$
(2) **スカラー倍** $(kf)(\boldsymbol{x}) = k(f(\boldsymbol{x})) \qquad (\boldsymbol{x} \in U)$
として定める．このとき，和 $f+g$ とスカラー倍 kf は線形写像である．

線形写像の逆写像 $\mathbf{K}$ 上のベクトル空間 U, V, W に対して

$$f: U \longrightarrow V,\ f(\boldsymbol{x}) = \boldsymbol{y} \quad \text{および} \quad g: V \longrightarrow W,\ g(\boldsymbol{y}) = \boldsymbol{z}$$

がともに線形写像とする．このとき，次のように**線形写像の合成写像**が定まる．

$$g \circ f : U \longrightarrow W,\ (g \circ f)(\boldsymbol{x}) = \boldsymbol{z}$$

定理 5.4 2 つの線形写像 $f : U \longrightarrow V$ と $g : V \longrightarrow W$ の合成写像 $g \circ f : U \longrightarrow W$ は線形写像である．

定理 5.5 線形写像 $f : U \longrightarrow V$ が同型写像であるとき，その逆写像 $f^{-1} : V \longrightarrow U$ は同型写像である．

問題 5.1 線形写像 $f : U \longrightarrow V$ に対して，次の性質を示せ (補足 (p.98))．

(1) $f(\boldsymbol{0}_U) = \boldsymbol{0}_V$　　(2) $f(-\boldsymbol{x}) = -f(\boldsymbol{x})$

【解答】 (1) 零ベクトル $\boldsymbol{0}_U$ の定義式と法則 (3)(p.71) 式の $\boldsymbol{x}$ を $\boldsymbol{0}$ とおいて

$$\boldsymbol{0}_U = \boldsymbol{0}_U + \boldsymbol{0}_U$$

この式の両辺に線形写像 f を作用させる．

$$f(\boldsymbol{0}_U) = f(\boldsymbol{0}_U + \boldsymbol{0}_U) = f(\boldsymbol{0}_U) + f(\boldsymbol{0}_U)$$

$f(\boldsymbol{0}_U)$ はベクトル空間 V のベクトルであるから，ベクトル $-f(\boldsymbol{0}_U)$ が存在する．上式の両辺に $-f(\boldsymbol{0}_U)$ を加える．

$$\begin{aligned}
\text{左辺} &= f(\boldsymbol{0}_U) + \{-f(\boldsymbol{0}_U)\} = \boldsymbol{0}_V, \\
\text{右辺} &= \{f(\boldsymbol{0}_U) + f(\boldsymbol{0}_U)\} + \{-f(\boldsymbol{0}_U)\} = f(\boldsymbol{0}_U) + [f(\boldsymbol{0}_U) + \{-f(\boldsymbol{0}_U)\}] \\
&= f(\boldsymbol{0}_U) + \boldsymbol{0}_V = f(\boldsymbol{0}_U)
\end{aligned}$$

ゆえに，$f(\boldsymbol{0}_U) = \boldsymbol{0}_V$．
(2) U の任意のベクトル $\boldsymbol{x}$ に対して

$$\boldsymbol{x} + (-\boldsymbol{x}) = \boldsymbol{0}_U.$$

この両辺に線形写像 f を作用させて

$$\begin{aligned}
\text{左辺} &= f(\boldsymbol{x} + (-\boldsymbol{x})) = f(\boldsymbol{x}) + f(-\boldsymbol{x}), \\
\text{右辺} &= f(\boldsymbol{0}_U) = \boldsymbol{0}_V
\end{aligned}$$

すなわち $f(\boldsymbol{x}) + f(-\boldsymbol{x}) = \boldsymbol{0}_V$．ゆえに，負のベクトルの定義より，$-f(\boldsymbol{x}) = f(-\boldsymbol{x})$．
■

問題 5.2 線形写像 $f : U \longrightarrow V$ に対して，$\mathrm{Im}\, f$ は V の部分空間であることを証明せよ (定理 5.1(1))．

【解答】 $\mathbf{0}_V = f(\mathbf{0}_U) \in \mathrm{Im}\, f$ だから $\mathrm{Im}\, f \neq \emptyset$ である．ここで，ベクトル $\boldsymbol{a}', \boldsymbol{b}' \in \mathrm{Im}\, f$ とすれば，U のあるベクトル $\boldsymbol{a}, \boldsymbol{b}$ が存在して，$\boldsymbol{a}' = f(\boldsymbol{a})$, $\boldsymbol{b}' = f(\boldsymbol{b})$ と表される．f は線形写像であり，$\boldsymbol{a} + \boldsymbol{b} \in U$ かつ $k\boldsymbol{a} \in U$ $(k \in K)$ であるから

$$\boldsymbol{a}' + \boldsymbol{b}' = f(\boldsymbol{a}) + f(\boldsymbol{b}) = f(\boldsymbol{a} + \boldsymbol{b}) \in \mathrm{Im}\, f, \quad k\boldsymbol{a}' = kf(\boldsymbol{a}) = f(k\boldsymbol{a}) \in \mathrm{Im}\, f$$

である．ゆえに $\mathrm{Im}\, f$ は V の部分空間である． ■

【補足】 定理 5.1(2) の証明： 問題 5.1(1) により

$$f(\mathbf{0}_U) = \mathbf{0}_V \implies \mathbf{0}_U \in \mathrm{Ker}\, f \implies \mathrm{Ker}\, f \neq \emptyset$$

すなわち $\mathrm{Ker}\, f$ は空集合でない．任意のベクトル $\boldsymbol{a}, \boldsymbol{b} \in \mathrm{Ker}\, f$ に対して，$f(\boldsymbol{a}) = f(\boldsymbol{b}) = \mathbf{0}_V$ であり

$$f(\boldsymbol{a} + \boldsymbol{b}) = f(\boldsymbol{a}) + f(\boldsymbol{b}) = \mathbf{0}_V + \mathbf{0}_V = \mathbf{0}_V$$

であるから，$\boldsymbol{a} + \boldsymbol{b} \in \mathrm{Ker}\, f$. 任意の $k \in K$, $\boldsymbol{a} \in \mathrm{Ker}\, f$ に対して，$f(\boldsymbol{a}) = \mathbf{0}_V$ であり

$$f(k\boldsymbol{a}) = kf(\boldsymbol{a}) = k\mathbf{0}_V = \mathbf{0}_V$$

であるから，$k\boldsymbol{a} \in \mathrm{Ker}\, f$. ゆえに，$\mathrm{Ker}\, f$ は U の部分空間である． ■

問題 5.3 定理 5.2(1), (2) を証明せよ．

【解答】 (1) ($\Longrightarrow$): $\boldsymbol{x}' \in V$ とすると．仮定 $V = \mathrm{Im}\, f = f(U)$ より，$\boldsymbol{x}' = f(\boldsymbol{x})$ を満たすベクトル $\boldsymbol{x} \in U$ が存在する．ゆえに，f は上への写像である．
($\Longleftarrow$): $\mathrm{Im}\, f = f(U) \subset V$ であるから，$V \subset \mathrm{Im}\, f$ を示せば十分である．$\boldsymbol{x}' \in V$ とすると，f は上への写像であるから，$f(\boldsymbol{x}) = \boldsymbol{x}'$ を満たすベクトル $\boldsymbol{x} \in U$ が存在する．すなわち $V \subset \mathrm{Im}\, f$. ゆえに $\mathrm{Im}\, f = V$.
(2) ($\Longrightarrow$): $f(\boldsymbol{x}) = f(\boldsymbol{y})$ と仮定する．このとき，移項して，f の線形性により

$$\mathbf{0}_V = f(\boldsymbol{x}) - f(\boldsymbol{y}) = f(\boldsymbol{x} - \boldsymbol{y}) \quad \text{だから} \quad \boldsymbol{x} - \boldsymbol{y} \in \mathrm{Ker}\, f.$$

仮定 $\mathrm{Ker}\, f = \{\mathbf{0}_U\}$ より $\boldsymbol{x} - \boldsymbol{y} = \mathbf{0}_V$, すなわち $\boldsymbol{x} = \boldsymbol{y}$. ゆえに f は 1 対 1 写像である．
($\Longleftarrow$): $f(\mathbf{0}_U) = \mathbf{0}_V$ より $\mathbf{0}_U \in \mathrm{Ker}\, f$ であるから，$\{\mathbf{0}_U\} \subset \mathrm{Ker}\, f$. 任意のベクトル $\boldsymbol{x} \in \mathrm{Ker}\, f$ に対して，$f(\boldsymbol{x}) = \mathbf{0}_V$ である．一方，補足 (1)(p.98) により

$$f(\boldsymbol{x}) = \mathbf{0}_V = f(\mathbf{0}_U).$$

f は 1 対 1 であるから，$\boldsymbol{x} = \mathbf{0}_U$. したがって，$\mathrm{Ker}\, f \subset \{\mathbf{0}_U\}$. ゆえに $\mathrm{Ker}\, f = \{\mathbf{0}_U\}$ が成り立つ． ■

問題 5.4 定理 5.4 が成り立つことを示せ．

【解答】 (i) $\boldsymbol{x}_1, \boldsymbol{x}_2 \in U$ とする．線形性と合成写像の定義により

$$\begin{aligned}(g \circ f)(\boldsymbol{x}_1 + \boldsymbol{x}_2) &= g(f(\boldsymbol{x}_1 + \boldsymbol{x}_2)) = g(f(\boldsymbol{x}_1) + f(\boldsymbol{x}_2)) = g(f(\boldsymbol{x}_1)) + g(f(\boldsymbol{x}_2)) \\ &= (g \circ f)(\boldsymbol{x}_1) + (g \circ f)(\boldsymbol{x}_2).\end{aligned}$$

(ii) $\boldsymbol{x} \in U$, $k \in K$ とする．線形性と合成写像の定義により

$$(g \circ f)(k\boldsymbol{x}) = g(f(k\boldsymbol{x})) = g(kf(\boldsymbol{x})) = kg(f(\boldsymbol{x})) = k(g \circ f)(\boldsymbol{x}).$$

(i),(ii) により，合成写像 $g \circ f$ は線形写像である． ■

5.2　線形写像の表現行列

U,V は $\mathbf{K}$ 上のベクトル空間であり，$\dim U = n, \dim V = m$ とし，$S = \{\boldsymbol{u}_1, \boldsymbol{u}_2, \ldots, \boldsymbol{u}_n\}$, $T = \{\boldsymbol{v}_1, \boldsymbol{v}_2, \ldots, \boldsymbol{v}_m\}$ はそれぞれ U,V の基とする．

線形写像 $f\colon U \longrightarrow V$ は $f(\boldsymbol{u}_1), f(\boldsymbol{u}_2), \ldots, f(\boldsymbol{u}_n)$ によって定まる．さらに $f(\boldsymbol{u}_1)$, $f(\boldsymbol{u}_2)$, …, $f(\boldsymbol{u}_n)$ は $\boldsymbol{v}_1, \boldsymbol{v}_2, \ldots, \boldsymbol{v}_m$ の1次結合として

$$\begin{aligned} f(\boldsymbol{u}_1) &= a_{11}\boldsymbol{v}_1 + a_{21}\boldsymbol{v}_2 + \cdots + a_{m1}\boldsymbol{v}_m \\ f(\boldsymbol{u}_2) &= a_{12}\boldsymbol{v}_1 + a_{22}\boldsymbol{v}_2 + \cdots + a_{m2}\boldsymbol{v}_m \\ &\vdots \\ f(\boldsymbol{u}_n) &= a_{1n}\boldsymbol{v}_1 + a_{2n}\boldsymbol{v}_2 + \cdots + a_{mn}\boldsymbol{v}_m \end{aligned}$$

のように一意的に表せる．すなわち (添字の順番に注意！)

$$A = \begin{pmatrix} a_{11} & a_{12} & \ldots & a_{1n} \\ a_{21} & a_{22} & \ldots & a_{2n} \\ \vdots & \vdots & \ddots & \vdots \\ a_{m1} & a_{m2} & \ldots & a_{mn} \end{pmatrix}$$

とすれば

$$(f(\boldsymbol{u}_1)\ f(\boldsymbol{u}_2)\ \ldots\ f(\boldsymbol{u}_n)) = (\boldsymbol{v}_1\ \boldsymbol{v}_2\ \ldots \boldsymbol{v}_m)A.$$

この (m,n) 型行列 A を基 S,T に関する線形写像 f の**表現行列**という．特に，$U = V, S = T$ のときは，基 S に関する線形変換 f の**表現行列**という．

いま，U の任意のベクトル $\boldsymbol{x}$ に対して，基 S,T に関する成分表現が

$$\boldsymbol{x} = \sum_{i=1}^{n} x_i\boldsymbol{u}_i, \quad f(\boldsymbol{x}) = \sum_{i=1}^{m} y_i\boldsymbol{v}_i = (\boldsymbol{v}_1\ \boldsymbol{v}_2\ \ldots \boldsymbol{v}_m)\begin{pmatrix} y_1 \\ y_2 \\ \vdots \\ y_m \end{pmatrix}$$

とする．このとき，$f\colon U \longrightarrow V$ が線形写像であるから

$$\begin{aligned} f(\boldsymbol{x}) &= \sum_{i=1}^{n} x_i f(\boldsymbol{u}_i) \\ &= (f(\boldsymbol{u}_1)\ f(\boldsymbol{u}_2)\ \ldots\ f(\boldsymbol{u}_n))\begin{pmatrix} x_1 \\ x_2 \\ \vdots \\ x_n \end{pmatrix} = (\boldsymbol{v}_1\ \boldsymbol{v}_2\ \ldots \boldsymbol{v}_m)A\begin{pmatrix} x_1 \\ x_2 \\ \vdots \\ x_n \end{pmatrix}. \end{aligned}$$

したがって，基 S,T に関する f の表現行列 A を用いれば

$$\begin{pmatrix} y_1 \\ y_2 \\ \vdots \\ y_n \end{pmatrix} = A\begin{pmatrix} x_1 \\ x_2 \\ \vdots \\ x_n \end{pmatrix} \tag{5.1}$$

逆に，任意の (m,n) 型行列 A に対して，写像 $f\colon U \longrightarrow V$ を

$$f\colon \boldsymbol{x} = x_1\boldsymbol{u}_1 + x_2\boldsymbol{u}_2 + \cdots + x_n\boldsymbol{u}_n \longmapsto \boldsymbol{y} = y_1\boldsymbol{v}_1 + y_2\boldsymbol{v}_2 + \cdots + y_m\boldsymbol{v}_m$$

により定めれば，f は U から V への線形写像である．ただし，$y_1, y_2, \ldots, y_m$ は式 (5.1) により $x_1, x_2, \ldots, x_n$ から得られるものである．このとき，基 S, T に関する f の表現行列は A に一致する．

線形写像 $f_A\colon \mathbf{K}^n \longrightarrow \mathbf{K}^m$，$f_A(\boldsymbol{x}) = A\boldsymbol{x}$ において $\mathbf{K}^n$ における標準基を S, $\mathbf{K}^m$ における標準基を T とするとき，基 S, T に関する線形写像 f_A の表現行列は A である．

定理 5.6 U, V, W を $\mathbf{K}$ 上のベクトル空間，S, T, R をそれぞれの基とする．A は基 S, T に関する $f\colon U \longrightarrow V$ の表現行列であり，B は基 T, R に関する $g\colon V \longrightarrow W$ の表現行列であるとする．このとき，基 S, R に関する合成写像 $g \circ f\colon U \longrightarrow W$ の表現行列は BA である．

定理 5.7 S を $\mathbf{K}$ 上のベクトル空間 U の基とする．A を基 S に関する線形変換 $f\colon U \longrightarrow U$ の表現行列とする．このとき

$$f \text{ が同型写像である} \iff A \text{ が正則行列である}$$

さらに基 S に関する逆写像 f^{-1} の表現行列は A の逆行列 A^{-1} である．

問題 5.5 例 5.1(2) の線形変換 $f(\begin{pmatrix} x_1 \\ x_2 \end{pmatrix}) = \begin{pmatrix} x_2 \\ x_1 \end{pmatrix}$ について，$\mathbf{R}^2$ の標準基 $\{\boldsymbol{e}_1,\ \boldsymbol{e}_2\}$ に関する表現行列を求めよ．

【解答】 $\boldsymbol{e}_1$，$\boldsymbol{e}_2$ の像について

$$\begin{aligned} f(\boldsymbol{e}_1) &= f(\begin{pmatrix} 1 \\ 0 \end{pmatrix}) = \begin{pmatrix} 0 \\ 1 \end{pmatrix} = 0\begin{pmatrix} 1 \\ 0 \end{pmatrix} + 1\begin{pmatrix} 0 \\ 1 \end{pmatrix} \\ &= 0\boldsymbol{e}_1 + 1\boldsymbol{e}_2 = (\boldsymbol{e}_1\ \boldsymbol{e}_2)\begin{pmatrix} 0 \\ 1 \end{pmatrix}, \\ f(\boldsymbol{e}_2) &= f(\begin{pmatrix} 0 \\ 1 \end{pmatrix}) = \begin{pmatrix} 1 \\ 0 \end{pmatrix} = 1\begin{pmatrix} 1 \\ 0 \end{pmatrix} + 0\begin{pmatrix} 0 \\ 1 \end{pmatrix} \\ &= 1\boldsymbol{e}_1 + 0\boldsymbol{e}_2 = (\boldsymbol{e}_1\ \boldsymbol{e}_2)\begin{pmatrix} 1 \\ 0 \end{pmatrix} \end{aligned}$$

である．ゆえに，$\{\boldsymbol{e}_1, \boldsymbol{e}_2\}$ に関する表現行列は $\begin{pmatrix} 0 & 1 \\ 1 & 0 \end{pmatrix}$ となる． ■

問題 5.6 $\mathbf{R}_3$ における $\boldsymbol{u}_1=(1,0,1)$, $\boldsymbol{u}_2=(1,1,0)$, $\boldsymbol{u}_3=(1,1,1)$ に対して，f は $\mathbf{R}_3$ の線形変換であり

$$f(\boldsymbol{u}_1)=\boldsymbol{u}_2+\boldsymbol{u}_3,\quad f(\boldsymbol{u}_2)=\boldsymbol{u}_3+\boldsymbol{u}_1,\quad f(\boldsymbol{u}_3)=\boldsymbol{u}_1+\boldsymbol{u}_2$$

とする．このとき

(1) $\{\boldsymbol{u}_1,\boldsymbol{u}_2,\boldsymbol{u}_3\}$ は $\mathbf{R}_3$ の基であることを示せ．

(2) $\boldsymbol{u}=(1,2,3)$ と $f(\boldsymbol{u})$ を $\boldsymbol{u}_1,\boldsymbol{u}_2,\boldsymbol{u}_3$ の 1 次結合として表せ．

(3) 基 $\{\boldsymbol{u}_1,\boldsymbol{u}_2,\boldsymbol{u}_3\}$ に関する f の表現行列を求めよ．

【解答】 (1)

$$\det(\begin{pmatrix}\boldsymbol{u}_1\\ \boldsymbol{u}_2\\ \boldsymbol{u}_3\end{pmatrix})=\begin{vmatrix}1&0&1\\1&1&0\\1&1&1\end{vmatrix}=\begin{vmatrix}1&0&0\\1&1&-1\\1&1&0\end{vmatrix}=\begin{vmatrix}1&-1\\1&0\end{vmatrix}=1\ (\neq 0)$$

であるから，$\boldsymbol{u}_1,\boldsymbol{u}_2,\boldsymbol{u}_3$ は 1 次独立である．また，$\dim\mathbf{R}_3=3$ と定理 4.9 より，$\mathbf{R}_3=[\boldsymbol{u}_1,\boldsymbol{u}_2,\boldsymbol{u}_3]$ となるので，$\{\boldsymbol{u}_1,\boldsymbol{u}_2,\boldsymbol{u}_3\}$ は $\mathbf{R}_3$ の基である．

(2) $\boldsymbol{u}=a\boldsymbol{u}_1+b\boldsymbol{u}_2+c\boldsymbol{u}_3$ とすれば

$$\begin{aligned}\boldsymbol{u}=(1,2,3)&=a(1,0,1)+b(1,1,0)+c(1,1,1)\\&=(a+b+c,b+c,a+c).\end{aligned}$$

これより

$$\begin{cases}1=a+b+c\\2=\quad\ b+c\\3=a\quad\ +c\end{cases}$$

これを解いて，解 $a=-1$, $b=-2$, $c=4$ である．すなわち，$\boldsymbol{u}=-\boldsymbol{u}_1-2\boldsymbol{u}_2+4\boldsymbol{u}_3$.
線形写像 f を作用させると，条件式より

$$\begin{aligned}f(\boldsymbol{u})&=f(-\boldsymbol{u}_1-2\boldsymbol{u}_2+4\boldsymbol{u}_3)=-f(\boldsymbol{u}_1)-2f(\boldsymbol{u}_2)+4f(\boldsymbol{u}_3)\\&=-(\boldsymbol{u}_2+\boldsymbol{u}_3)-2(\boldsymbol{u}_3+\boldsymbol{u}_1)+4(\boldsymbol{u}_1+\boldsymbol{u}_2)=2\boldsymbol{u}_1+3\boldsymbol{u}_2-3\boldsymbol{u}_3.\end{aligned}$$

(3) 条件式より

$$f(\boldsymbol{u}_1)=\boldsymbol{u}_2+\boldsymbol{u}_3=(\boldsymbol{u}_1\ \boldsymbol{u}_2\ \boldsymbol{u}_3)\begin{pmatrix}0\\1\\1\end{pmatrix},\ f(\boldsymbol{u}_2)=\boldsymbol{u}_1+\boldsymbol{u}_3=(\boldsymbol{u}_1\ \boldsymbol{u}_2\ \boldsymbol{u}_3)\begin{pmatrix}1\\0\\1\end{pmatrix},$$

$$f(\boldsymbol{u}_3)=\boldsymbol{u}_1+\boldsymbol{u}_2=(\boldsymbol{u}_1\ \boldsymbol{u}_2\ \boldsymbol{u}_3)\begin{pmatrix}1\\1\\0\end{pmatrix}.$$

これより

$$(f(\boldsymbol{u}_1)\ f(\boldsymbol{u}_2)\ f(\boldsymbol{u}_3))=(\boldsymbol{u}_1\ \boldsymbol{u}_2\ \boldsymbol{u}_3)\begin{pmatrix}0&1&1\\1&0&1\\1&1&0\end{pmatrix}.$$

したがって，基 $\{\boldsymbol{u}_1, \boldsymbol{u}_2, \boldsymbol{u}_3\}$ に関する f の表現行列は $\begin{pmatrix} 0 & 1 & 1 \\ 1 & 0 & 1 \\ 1 & 1 & 0 \end{pmatrix}$ である． ■

【別解】 前問 (2) は，(3) で求められた表現行列 (A とする) を使えば，次のようにも求められる．

$$\boldsymbol{u} = (\boldsymbol{u}_1\ \boldsymbol{u}_2\ \boldsymbol{u}_3)\begin{pmatrix} a \\ b \\ c \end{pmatrix}, \quad f(\boldsymbol{u}) = (f(\boldsymbol{u}_1)\ f(\boldsymbol{u}_2)\ f(\boldsymbol{u}_3))\begin{pmatrix} a \\ b \\ c \end{pmatrix} = (\boldsymbol{u}_1\ \boldsymbol{u}_2\ \boldsymbol{u}_3)A\begin{pmatrix} a \\ b \\ c \end{pmatrix}$$

$$= (\boldsymbol{u}_1\ \boldsymbol{u}_2\ \boldsymbol{u}_3)\begin{pmatrix} 0 & 1 & 1 \\ 1 & 0 & 1 \\ 1 & 1 & 0 \end{pmatrix}\begin{pmatrix} -1 \\ -2 \\ 4 \end{pmatrix} = (\boldsymbol{u}_1\ \boldsymbol{u}_2\ \boldsymbol{u}_3)\begin{pmatrix} 2 \\ 3 \\ -3 \end{pmatrix}$$

$$= 2\boldsymbol{u}_1 + 3\boldsymbol{u}_2 - 3\boldsymbol{u}_3.$$

5.3 基変換行列と表現行列

U, V は $\mathbf{K}$ 上のベクトル空間であり，$\dim U = n$, $\dim V = m$ とする．

$$S = \{\boldsymbol{u}_1, \boldsymbol{u}_2, \ldots, \boldsymbol{u}_n\}, \quad S' = \{\boldsymbol{u}'_1, \boldsymbol{u}'_2, \ldots, \boldsymbol{u}'_n\}$$

を U の 2 組の基とすれば

$$(\boldsymbol{u}'_1\ \boldsymbol{u}'_2\ \ldots\ \boldsymbol{u}'_n) = (\boldsymbol{u}_1\ \boldsymbol{u}_2\ \ldots\ \boldsymbol{u}_n)P \tag{5.2}$$

を満たす基変換行列 P が存在する．同じく

$$T = \{\boldsymbol{v}_1, \boldsymbol{v}_2, \ldots, \boldsymbol{v}_m\}, \quad T' = \{\boldsymbol{v}'_1, \boldsymbol{v}'_2, \ldots, \boldsymbol{v}'_m\}$$

を V の 2 組の基とすれば

$$(\boldsymbol{v}'_1\ \boldsymbol{v}'_2\ \ldots\ \boldsymbol{v}'_m) = (\boldsymbol{v}_1\ \boldsymbol{v}_2\ \ldots\ \boldsymbol{v}_m)Q \tag{5.3}$$

を満たす基変換行列 Q が存在する．これらの基変換行列 P, Q は正則行列である (§4.4 参照)．

定理 5.8 U, V を $\mathbf{K}$ 上のベクトル空間，S, S' を U の 2 つの基，T, T' を V の 2 つの基とする．基 S, T に関する線形写像 $f: U \longrightarrow V$ の表現行列を A とすれば，基 S', T' に関する線形写像 f の表現行列は $Q^{-1}AP$ である．ここで，P は基 S から基 S' への基変換行列，Q は基 T から基 T' への基変換行列である．

定理 5.9 U は $\mathbf{K}$ 上のベクトル空間，S, S' を U の 2 つの基とする．基 S に関する線形変換 $f: U \longrightarrow U$ の表現行列を A とすれば，基 S' に関する線形変換 f の表現行列は $P^{-1}AP$ である．ここで，P は基 S から基 S' への基変換行列である．

問題 5.7 標準基 $\{\boldsymbol{e}_1, \boldsymbol{e}_2\}$ に関する線形変換 $f: \mathbf{R}^2 \longrightarrow \mathbf{R}^2$ の表現行列が $\begin{pmatrix} 2 & -3 \\ 5 & 4 \end{pmatrix}$ のとき，基 $\left\{\begin{pmatrix} 1 \\ 3 \end{pmatrix}, \begin{pmatrix} 1 \\ 2 \end{pmatrix}\right\}$ に関する f の表現行列を求めよ．

【解答】 $A = \begin{pmatrix} 2 & -3 \\ 5 & 4 \end{pmatrix}$, $\boldsymbol{u}_1 = \begin{pmatrix} 1 \\ 3 \end{pmatrix}$, $\boldsymbol{u}_2 = \begin{pmatrix} 1 \\ 2 \end{pmatrix}$ とおく．$\{\boldsymbol{e}_1, \boldsymbol{e}_2\}$ から $\{\boldsymbol{u}_1, \boldsymbol{u}_2\}$ への基変換行列を P とすれば，定理 5.9 より，基 $\{\boldsymbol{u}_1, \boldsymbol{u}_2\}$ に関する f の表現行列は $P^{-1}AP$ である．

基変換行列 P は関係式 $(\boldsymbol{u}_1\ \boldsymbol{u}_2) = (\boldsymbol{e}_1\ \boldsymbol{e}_2)P$ を満たすから

$$P = (\boldsymbol{e}_1\ \boldsymbol{e}_2)^{-1}(\boldsymbol{u}_1\ \boldsymbol{u}_2) = \begin{pmatrix} 1 & 0 \\ 0 & 1 \end{pmatrix}^{-1}\begin{pmatrix} 1 & 1 \\ 3 & 2 \end{pmatrix} = \begin{pmatrix} 1 & 0 \\ 0 & 1 \end{pmatrix}\begin{pmatrix} 1 & 1 \\ 3 & 2 \end{pmatrix} = \begin{pmatrix} 1 & 1 \\ 3 & 2 \end{pmatrix}.$$

さらに，$|P| = 2 - 3 = -1\ (\neq 0)$ より

$$P^{-1} = \frac{1}{-1}\begin{pmatrix} 2 & -1 \\ -3 & 1 \end{pmatrix} = \begin{pmatrix} -2 & 1 \\ 3 & -1 \end{pmatrix}.$$

したがって，基 $\{\boldsymbol{u}_1, \boldsymbol{u}_2\}$ に関する f の表現行列 $P^{-1}AP$ は

$$\begin{aligned} P^{-1}AP &= \begin{pmatrix} -2 & 1 \\ 3 & -1 \end{pmatrix}\begin{pmatrix} 2 & -3 \\ 5 & 4 \end{pmatrix}\begin{pmatrix} 1 & 1 \\ 3 & 2 \end{pmatrix} = \begin{pmatrix} 1 & 10 \\ 1 & -13 \end{pmatrix}\begin{pmatrix} 1 & 1 \\ 3 & 2 \end{pmatrix} \\ &= \begin{pmatrix} 31 & 21 \\ -38 & -25 \end{pmatrix}. \end{aligned}$$ ■

問題 5.8 標準基 $\{\boldsymbol{e}_1, \boldsymbol{e}_2, \boldsymbol{e}_3\}$, 標準基 $\{\boldsymbol{e}'_1, \boldsymbol{e}'_2\}$ に関する線形写像 $f: \mathbf{R}^3 \longrightarrow \mathbf{R}^2$ の表現行列を $\begin{pmatrix} 2 & -1 & 4 \\ 3 & 2 & 1 \end{pmatrix}$ とする．このとき，$\mathbf{R}^3$ の基 $\left\{\begin{pmatrix} 1 \\ 1 \\ 1 \end{pmatrix}, \begin{pmatrix} 1 \\ 1 \\ 0 \end{pmatrix}, \begin{pmatrix} 1 \\ 0 \\ 0 \end{pmatrix}\right\}$, $\mathbf{R}^2$ の基 $\left\{\begin{pmatrix} 1 \\ 1 \end{pmatrix}, \begin{pmatrix} 1 \\ 0 \end{pmatrix}\right\}$ に関する f の表現行列を求めよ．

【解答】 $A = \begin{pmatrix} 2 & -1 & 4 \\ 3 & 2 & 1 \end{pmatrix}$, $\mathbf{R}^3$ の基を左から順に $\boldsymbol{u}_1, \boldsymbol{u}_2, \boldsymbol{u}_3$, $\mathbf{R}^2$ の基を左から順に $\boldsymbol{u}'_1, \boldsymbol{u}'_2$ と表す．$\{\boldsymbol{e}_1, \boldsymbol{e}_2, \boldsymbol{e}_3\}$ から $\{\boldsymbol{u}_1, \boldsymbol{u}_2, \boldsymbol{u}_3\}$ への基変換行列を P とする．$\{\boldsymbol{e}'_1, \boldsymbol{e}'_2\}$ から $\{\boldsymbol{u}'_1, \boldsymbol{u}'_2\}$ への基変換行列を Q とする．定理 5.9 より，基 $\{\boldsymbol{u}_1, \boldsymbol{u}_2, \boldsymbol{u}_3\}$ から基 $\{\boldsymbol{u}'_1, \boldsymbol{u}'_2\}$ に関する f の表現行列は $Q^{-1}AP$ である．

基変換行列 P は関係式 $(\boldsymbol{u}_1\ \boldsymbol{u}_2\ \boldsymbol{u}_3) = (\boldsymbol{e}_1\ \boldsymbol{e}_2\ \boldsymbol{e}_3)P$ を満たすから

$$P = (\boldsymbol{e}_1\ \boldsymbol{e}_2\ \boldsymbol{e}_3)^{-1}(\boldsymbol{u}_1\ \boldsymbol{u}_2\ \boldsymbol{u}_3) = (\boldsymbol{u}_1\ \boldsymbol{u}_2\ \boldsymbol{u}_3) = \begin{pmatrix} 1 & 1 & 1 \\ 1 & 1 & 0 \\ 1 & 0 & 0 \end{pmatrix}.$$

基変換行列 Q は関係式 $(\boldsymbol{u}'_1\ \boldsymbol{u}'_2) = (\boldsymbol{e}'_1\ \boldsymbol{e}'_2)Q$ を満たすから

$$Q = (\boldsymbol{e}'_1\ \boldsymbol{e}'_2)^{-1}(\boldsymbol{u}'_1\ \boldsymbol{u}'_2) = (\boldsymbol{u}'_1\ \boldsymbol{u}'_2) = \begin{pmatrix} 1 & 1 \\ 1 & 0 \end{pmatrix}.$$

さらに $Q^{-1} = \begin{pmatrix} 0 & 1 \\ 1 & -1 \end{pmatrix}$ が成り立つ．

したがって，求める表現行列 $Q^{-1}AP$ は

$$Q^{-1}AP = \begin{pmatrix} 0 & 1 \\ 1 & -1 \end{pmatrix}\begin{pmatrix} 2 & -1 & 4 \\ 3 & 2 & 1 \end{pmatrix}\begin{pmatrix} 1 & 1 & 1 \\ 1 & 1 & 0 \\ 1 & 0 & 0 \end{pmatrix} = \begin{pmatrix} 3 & 2 & 1 \\ -1 & -3 & 3 \end{pmatrix}\begin{pmatrix} 1 & 1 & 1 \\ 1 & 1 & 0 \\ 1 & 0 & 0 \end{pmatrix}$$
$$= \begin{pmatrix} 6 & 5 & 3 \\ -1 & -4 & -1 \end{pmatrix}. \quad \blacksquare$$

5.4 線形写像と次元

U, V は $\mathbf{K}$ 上の有限次元ベクトル空間であり，$\dim U = n$, $\dim V = m$ とする．線形写像 $f: U \longrightarrow V$ に対して，f の像 $\mathrm{Im}\, f$ は V の部分空間であり，f の核 $\mathrm{Ker}\, f$ は U の部分空間である (定理 5.1 参照).

定理 5.10 U, V を $\mathbf{K}$ 上の有限次元ベクトル空間，線形写像 $f: U \longrightarrow V$ の基 S, T に関する表現行列を A とする．このとき

$$\dim(\mathrm{Im}\, f) = \mathrm{rank}\, A.$$

定理 5.11 U, V を $\mathbf{K}$ 上の有限次元ベクトル空間，線形写像 $f: U \longrightarrow V$ の基 S, T に関する表現行列を A とする．このとき

$$\dim(\mathrm{Ker}\, f) = \dim U - \mathrm{rank}\, A.$$

問題 5.9 $\mathbf{R}^4$ における線形変換

$$f: \begin{pmatrix} x_1 \\ x_2 \\ x_3 \\ x_4 \end{pmatrix} \longmapsto \begin{pmatrix} x_1 + 3x_2 + x_3 + 4x_4 \\ 2x_1 + x_2 - 2x_3 - x_4 \\ -2x_1 + 2x_2 + x_3 + 3x_4 \\ x_1 + 4x_2 + 2x_3 + 6x_4 \end{pmatrix}$$

について，$\mathrm{Im}\, f$ および $\mathrm{Ker}\, f$ のそれぞれの次元を求めよ．

【解答】 f の標準基に関する表現行列を A とする．A の階数について掃出法を用いる．

$$A = \begin{pmatrix} 1 & 3 & 1 & 4 \\ 2 & 1 & -2 & -1 \\ -2 & 2 & 1 & 3 \\ 1 & 4 & 2 & 6 \end{pmatrix} \to \begin{pmatrix} 1 & 3 & 1 & 4 \\ 0 & -5 & -4 & -9 \\ 0 & 8 & 3 & 11 \\ 0 & 1 & 1 & 2 \end{pmatrix} \to \begin{pmatrix} 1 & 0 & -2 & -2 \\ 0 & 0 & 1 & 1 \\ 0 & 0 & -5 & -5 \\ 0 & 1 & 1 & 2 \end{pmatrix}$$

$$\to \begin{pmatrix} 1 & 0 & -2 & -2 \\ 0 & 1 & 1 & 2 \\ 0 & 0 & -5 & -5 \\ 0 & 0 & 1 & 1 \end{pmatrix} \to \begin{pmatrix} 1 & 0 & -2 & -2 \\ 0 & 1 & 1 & 2 \\ 0 & 0 & 1 & 1 \\ 0 & 0 & 0 & 0 \end{pmatrix}$$

であるから，$\operatorname{rank} A = 3$. したがって，定理 5.10 と定理 5.11 より

$$\dim(\operatorname{Im} f) = \operatorname{rank} A = 3,$$
$$\dim(\operatorname{Ker} f) = \dim \mathbf{R}^4 - \operatorname{rank} A = 4 - 3 = 1$$

が得られる． ■

5.5　連立 1 次方程式の解ベクトル

特に断らない限り §3.4 と同じ記号を用いる．n 個の未知数を含む m 個の方程式からなる同次な連立 1 次方程式

$$A\boldsymbol{x} = \mathbf{0} \tag{5.4}$$

を考える．ここで，A は $\mathbf{K}$ の元を成分とする (m, n) 型行列である．

$\mathbf{K}^n$ から $\mathbf{K}^m$ への線形写像

$$f_A \colon \boldsymbol{x} \longmapsto A\boldsymbol{x} \quad (\boldsymbol{x} \in \mathbf{K}^n)$$

を考える．$\boldsymbol{z}$ が式 (5.4) の解ベクトルであることは，$\boldsymbol{z}$ が $\operatorname{Ker} f_A$ の元であることにほかならない．

定理 5.12 A を (m, n) 型行列として，同次な連立 1 次方程式 $A\boldsymbol{x} = \mathbf{0}$ の解ベクトル全体 $Z = \{\boldsymbol{z} \mid A\boldsymbol{z} = \mathbf{0}\}$ について次のことが成り立つ．

(1) Z は $\mathbf{K}^n$ の部分空間である．　　(2) $\dim Z = n - \operatorname{rank} A$.

定理 5.13 非同次な連立 1 次方程式 $A\boldsymbol{x} = \boldsymbol{b}$ が 1 つの解ベクトル $\boldsymbol{y}$ をもてば，解ベクトル全体 $X = \{\boldsymbol{x} \mid A\boldsymbol{x} = \boldsymbol{b}\}$ は次のように表せる．

$$X = \{\boldsymbol{x} \mid \boldsymbol{x} = \boldsymbol{y} + \boldsymbol{z},\ A\boldsymbol{z} = \mathbf{0}\}$$

問題 5.10 次の同次な連立 1 次方程式の解ベクトルの全体のつくるベクトル空間の次元と 1 組の基を求めよ．

(1) $\begin{cases} 2x_1 + 2x_2 + 5x_3 + x_4 = 0 \\ x_1 - x_2 - 3x_4 = 0 \\ x_1 + 3x_2 + 4x_3 + x_4 = 0 \end{cases}$　　(2) $\begin{cases} x_1 - 2x_2 - x_3 - 5x_4 = 0 \\ 2x_1 + x_2 + 3x_3 = 0 \\ x_1 - x_2 - 3x_4 = 0 \\ 3x_1 + 4x_2 + 7x_3 + 5x_4 = 0 \end{cases}$

【解答】 (1) 方程式の拡大係数行列 $(A\,|\,\mathbf{0})$ を掃き出す.

$$(A\,|\,\mathbf{0}) = \left(\begin{array}{cccc|c} 2 & 2 & 5 & 1 & 0 \\ 1 & -1 & 0 & -3 & 0 \\ 1 & 3 & 4 & 1 & 0 \end{array}\right) \to \left(\begin{array}{cccc|c} 0 & 4 & 5 & 7 & 0 \\ 1 & -1 & 0 & -3 & 0 \\ 0 & 4 & 4 & 4 & 0 \end{array}\right) \to \left(\begin{array}{cccc|c} 1 & -1 & 0 & -3 & 0 \\ 0 & 1 & 1 & 1 & 0 \\ 0 & 4 & 5 & 7 & 0 \end{array}\right)$$
$$\to \left(\begin{array}{cccc|c} 1 & 0 & 1 & -2 & 0 \\ 0 & 1 & 1 & 1 & 0 \\ 0 & 0 & 1 & 3 & 0 \end{array}\right) \to \left(\begin{array}{cccc|c} 1 & 0 & 0 & -5 & 0 \\ 0 & 1 & 0 & -2 & 0 \\ 0 & 0 & 1 & 3 & 0 \end{array}\right)$$

となる．したがって，$\mathrm{rank}(A\,|\,\mathbf{0}) = \mathrm{rank}\,A = 3$. 連立 1 次方程式の解ベクトル全体がつくるベクトル空間を W_1 とする．このとき，定理 5.12 より

$$\dim W_1 = \dim \mathbf{R}^4 - \mathrm{rank}\,A = 4 - 3 = 1.$$

掃出法の結果より，この連立 1 次方程式は

$$\begin{cases} x_1 - 5x_4 = 0 \\ x_2 - 2x_4 = 0 \\ x_3 + 3x_4 = 0 \end{cases} \quad \text{あるいは} \quad \begin{cases} x_1 = 5x_4 \\ x_2 = 2x_4 \\ x_3 = -3x_4 \end{cases}$$

と同値である．ゆえに

$$\boldsymbol{x} = \begin{pmatrix} x_1 \\ x_2 \\ x_3 \\ x_4 \end{pmatrix} = x_4 \begin{pmatrix} 5 \\ 2 \\ -3 \\ 1 \end{pmatrix} \quad \text{すなわち} \quad W_1 = [\boldsymbol{x}] = [\begin{pmatrix} 5 \\ 2 \\ -3 \\ 1 \end{pmatrix}].$$

(2) 連立 1 次方程式の拡大係数行列 $(A\,|\,\mathbf{0})$ を掃き出す.

$$A = \left(\begin{array}{cccc|c} 1 & -2 & -1 & -5 & 0 \\ 2 & 1 & 3 & 0 & 0 \\ 1 & -1 & 0 & -3 & 0 \\ 3 & 4 & 7 & 5 & 0 \end{array}\right) \to \left(\begin{array}{cccc|c} 1 & -2 & -1 & -5 & 0 \\ 0 & 5 & 5 & 10 & 0 \\ 0 & 1 & 1 & 2 & 0 \\ 0 & 10 & 10 & 20 & 0 \end{array}\right) \to \left(\begin{array}{cccc|c} 1 & -2 & -1 & -5 & 0 \\ 0 & 1 & 1 & 2 & 0 \\ 0 & 0 & 0 & 0 & 0 \\ 0 & 0 & 0 & 0 & 0 \end{array}\right)$$
$$\to \left(\begin{array}{cccc|c} 1 & 0 & 1 & -1 & 0 \\ 0 & 1 & 1 & 2 & 0 \\ 0 & 0 & 0 & 0 & 0 \\ 0 & 0 & 0 & 0 & 0 \end{array}\right)$$

となる．したがって，$\mathrm{rank}(A\,|\,\mathbf{0}) = \mathrm{rank}\,A = 2$ である．この連立 1 次方程式の解ベクトル全体がつくるベクトル空間を W_2 とする．このとき，定理 5.12 より

$$\dim W_2 = \dim \mathbf{R}^4 - \mathrm{rank}\,A = 4 - 2 = 2.$$

掃出法の結果より，この連立 1 次方程式は

$$\begin{cases} x_1 \phantom{{}+x_2} + x_3 - x_4 = 0 \\ \phantom{x_1+{}} x_2 + x_3 + 2x_4 = 0 \end{cases} \quad \text{あるいは} \quad \begin{cases} x_1 = -x_3 + x_4 \\ x_2 = -x_3 - 2x_4 \end{cases}$$

と同値である．したがって，解ベクトル $\boldsymbol{x}$ は

$$\boldsymbol{x} = \begin{pmatrix} -x_3 + x_4 \\ -x_3 - 2x_4 \\ x_3 \\ x_4 \end{pmatrix} = x_3 \begin{pmatrix} -1 \\ -1 \\ 1 \\ 0 \end{pmatrix} + x_4 \begin{pmatrix} 1 \\ -2 \\ 0 \\ 1 \end{pmatrix} \ (x_3, x_4 \text{ は任意定数})$$

となる．したがって，$W_2 = [\begin{pmatrix} -1 \\ -1 \\ 1 \\ 0 \end{pmatrix}, \begin{pmatrix} 1 \\ -2 \\ 0 \\ 1 \end{pmatrix}]$ である．さらに，$\begin{pmatrix} -1 \\ -1 \\ 1 \\ 0 \end{pmatrix}$ と $\begin{pmatrix} 1 \\ -2 \\ 0 \\ 1 \end{pmatrix}$ は 1 次独立であるから，W_2 の 1 組の基である． ■

問題 5.11 (1) 次の連立 1 次方程式を解け．

$$\begin{cases} 2x_1 + 2x_2 + 5x_3 + x_4 = 10 \\ x_1 - x_2 \qquad\quad - 3x_4 = -3 \\ x_1 + 3x_2 + 4x_3 + x_4 = 9 \end{cases}$$

(2) 次の連立 1 次方程式が解をもつように a, b の値を定めて解け．

$$\begin{cases} x_1 - 2x_2 - x_3 - 5x_4 = 6 \\ 2x_1 + x_2 + 3x_3 \qquad\quad = a \\ x_1 - x_2 \qquad\quad - 3x_4 = 4 \\ 3x_1 + 4x_2 + 7x_3 + 5x_4 = b \end{cases}$$

【解答】 (1) 連立 1 次方程式の拡大係数行列 $(A\,|\,\boldsymbol{b})$ を掃き出して

$$(A\,|\,\boldsymbol{b}) = \left(\begin{array}{cccc|c} 2 & 2 & 5 & 1 & 10 \\ 1 & -1 & 0 & -3 & -3 \\ 1 & 3 & 4 & 1 & 9 \end{array}\right) \to \left(\begin{array}{cccc|c} 0 & 4 & 5 & 7 & 16 \\ 1 & -1 & 0 & -3 & -3 \\ 0 & 4 & 4 & 4 & 12 \end{array}\right) \to \left(\begin{array}{cccc|c} 0 & 4 & 5 & 7 & 16 \\ 1 & -1 & 0 & -3 & -3 \\ 0 & 1 & 1 & 1 & 3 \end{array}\right)$$

$$\to \left(\begin{array}{cccc|c} 0 & 0 & 1 & 3 & 4 \\ 1 & 0 & 1 & -2 & 0 \\ 0 & 1 & 1 & 1 & 3 \end{array}\right) \to \left(\begin{array}{cccc|c} 0 & 0 & 1 & 3 & 4 \\ 1 & 0 & 0 & -5 & -4 \\ 0 & 1 & 0 & -2 & -1 \end{array}\right) \to \left(\begin{array}{cccc|c} 1 & 0 & 0 & -5 & -4 \\ 0 & 1 & 0 & -2 & -1 \\ 0 & 0 & 1 & 3 & 4 \end{array}\right)$$

となる．連立方程式の解 $\boldsymbol{x}$ は，掃出法の結果より

$$\begin{cases} x_1 - 5x_4 = -4 \\ x_2 - 2x_4 = -1 \\ x_3 + 3x_4 = 4 \end{cases}$$

であるから

$$\boldsymbol{x} = \begin{pmatrix} x_1 \\ x_2 \\ x_3 \\ x_4 \end{pmatrix} = \begin{pmatrix} 5x_4 - 4 \\ 2x_4 - 1 \\ -3x_4 + 4 \\ x_4 \end{pmatrix} = x_4 \begin{pmatrix} 5 \\ 2 \\ -3 \\ 1 \end{pmatrix} + \begin{pmatrix} -4 \\ -1 \\ 4 \\ 0 \end{pmatrix}.$$

すなわち

$$\boldsymbol{x} = \begin{pmatrix} -4 \\ -1 \\ 4 \\ 0 \end{pmatrix} + s\begin{pmatrix} 5 \\ 2 \\ -3 \\ 1 \end{pmatrix} \qquad (s \text{ は任意定数}).$$

(2) 連立1次方程式の拡大係数行列 $(A\,|\,\boldsymbol{b})$ を掃き出す.

$$(A\,|\,\boldsymbol{b}) = \left(\begin{array}{cccc|c} 1 & -2 & -1 & -5 & 6 \\ 2 & 1 & 3 & 0 & a \\ 1 & -1 & 0 & -3 & 4 \\ 3 & 4 & 7 & 5 & b \end{array}\right) \to \left(\begin{array}{cccc|c} 1 & -2 & -1 & -5 & 6 \\ 0 & 5 & 5 & 10 & a-12 \\ 0 & 1 & 1 & 2 & -2 \\ 0 & 10 & 10 & 20 & b-18 \end{array}\right)$$

$$\to \left(\begin{array}{cccc|c} 1 & 0 & 1 & -1 & 2 \\ 0 & 0 & 0 & 0 & a-2 \\ 0 & 1 & 1 & 2 & -2 \\ 0 & 0 & 0 & 0 & b+2 \end{array}\right) \to \left(\begin{array}{cccc|c} 1 & 0 & 1 & -1 & 2 \\ 0 & 1 & 1 & 2 & -2 \\ 0 & 0 & 0 & 0 & a-2 \\ 0 & 0 & 0 & 0 & b+2 \end{array}\right)$$

となる. したがって, この連立方程式の解が存在するためには

$$2 = \operatorname{rank} A = \operatorname{rank}(A\,|\,\boldsymbol{b})$$

が成り立つことが必要十分条件である. したがって, $2 = \operatorname{rank}(A\,|\,\boldsymbol{b})$ より

$$a - 2 = 0,\ b + 2 = 0 \quad \text{すなわち} \quad a = 2,\ b = -2$$

ということである. 解ベクトル $\boldsymbol{x}$ は, 掃出法の結果より

$$\boldsymbol{x} = \begin{pmatrix} x_1 \\ x_2 \\ x_3 \\ x_4 \end{pmatrix} = \begin{pmatrix} -x_3 + x_4 + 2 \\ -x_3 - 2x_4 - 2 \\ x_3 \\ x_4 \end{pmatrix} = x_3\begin{pmatrix} -1 \\ -1 \\ 1 \\ 0 \end{pmatrix} + x_4\begin{pmatrix} 1 \\ -2 \\ 0 \\ 1 \end{pmatrix} + \begin{pmatrix} 2 \\ -2 \\ 0 \\ 0 \end{pmatrix}$$

と表される. すなわち

$$\boldsymbol{x} = \begin{pmatrix} 2 \\ -2 \\ 0 \\ 0 \end{pmatrix} + s\begin{pmatrix} -1 \\ -1 \\ 1 \\ 0 \end{pmatrix} + t\begin{pmatrix} 1 \\ -2 \\ 0 \\ 1 \end{pmatrix} \quad (s, t \text{ は任意定数}) \quad \blacksquare$$

章末問題 5

問　題 5. A

1. 次の行列 A で与えられる線形写像 f_A の像 $\mathrm{Im}\, f_A$ と核 $\mathrm{Ker}\, f_A$ を求めよ．

(1) $A = \begin{pmatrix} -1 & 3 & -4 \\ 3 & 1 & 7 \\ 3 & 5 & 5 \end{pmatrix}$　　(2) $A = \begin{pmatrix} 1 & 1 & 2 & -3 \\ 1 & -2 & 0 & -3 \\ 2 & -5 & -2 & -6 \end{pmatrix}$

【補足】 A を (m,n) 型行列とする．n 次元数ベクトル空間 $\mathbf{R}^n$ のベクトル $\boldsymbol{x} = \begin{pmatrix} x_1 \\ x_2 \\ \vdots \\ x_n \end{pmatrix}$ に対して，m 次元数ベクトル空間 $\mathbf{R}^m$ のベクトル $A\boldsymbol{x}$ を対応させる線形写像を f_A とする．

$$\begin{aligned} f_A\colon \mathbf{R}^n &\longrightarrow \mathbf{R}^m \\ \boldsymbol{x} &\longmapsto A\boldsymbol{x} = f_A(\boldsymbol{x}) \end{aligned}$$

行列 A の列ベクトル表示 $A = (\boldsymbol{a}_1\ \boldsymbol{a}_2\ \cdots\ \boldsymbol{a}_n)$ に対して

$$A\boldsymbol{x} = (\boldsymbol{a}_1\ \boldsymbol{a}_2\ \ldots\ \boldsymbol{a}_n)\boldsymbol{x} = x_1\boldsymbol{a}_1 + x_2\boldsymbol{a}_2 + \cdots + x_n\boldsymbol{a}_n$$

より

$$\mathrm{Im}\, f_A = [\boldsymbol{a}_1, \boldsymbol{a}_2, \ldots, \boldsymbol{a}_n].$$

すなわち，$\mathrm{Im}\, f_A$ を求めるには，$\boldsymbol{a}_1, \boldsymbol{a}_2, \ldots, \boldsymbol{a}_n$ の中から 1 次独立なベクトルの最大個数からなるベクトルの集合を選べばよい．

線形写像の核 $\ker f_A$ について:　行列 A に行列の基本変形を施すことは，正則である基本行列を A の右あるいは左から掛けることである．行列 A に行列の基本変形を施して，次のような形の行列に変形できる (§3.3 参照)．

$$A' = \left(\begin{array}{ccc|c} 1 & & & \\ & \ddots & & * \\ & & 1 & \\ \hline & O & & O \end{array}\right)$$

このとき

$$\boldsymbol{x} \in \ker f_A \Longleftrightarrow A\boldsymbol{x} = \mathbf{0} \Longleftrightarrow A'\boldsymbol{x} = \mathbf{0}.$$

【解答】 この補足を利用して，問題 5.A.1 を解く．

(1) $A = \begin{pmatrix} -1 & 3 & -4 \\ 3 & 1 & 7 \\ 3 & 5 & 5 \end{pmatrix} = (\boldsymbol{a}_1\ \boldsymbol{a}_2\ \boldsymbol{a}_3)$ とする．行列 A を基本変形する．

$$A = \begin{pmatrix} -1 & 3 & -4 \\ 3 & 1 & 7 \\ 3 & 5 & 5 \end{pmatrix} \to \begin{pmatrix} -1 & 3 & -4 \\ 0 & 10 & -5 \\ 0 & 14 & -7 \end{pmatrix} \to \begin{pmatrix} -1 & 3 & -4 \\ 0 & 2 & -1 \\ 0 & 2 & -1 \end{pmatrix} \to \begin{pmatrix} -1 & 3 & -4 \\ 0 & 2 & -1 \\ 0 & 0 & 0 \end{pmatrix}$$
$$\to \begin{pmatrix} -1 & 3 & -4 \\ 0 & 1 & -1/2 \\ 0 & 0 & 0 \end{pmatrix} \to \begin{pmatrix} 1 & 0 & 5/2 \\ 0 & 1 & -1/2 \\ 0 & 0 & 0 \end{pmatrix} = A'$$

となる．したがって，$\dim(\operatorname{Im} f_A) = \operatorname{rank} A = \operatorname{rank} A' = 2$. また，$\boldsymbol{a}_1, \boldsymbol{a}_2$ は 1 次独立であるから

$$\operatorname{Im} f_A = [\boldsymbol{a}_1,\ \boldsymbol{a}_2] = [\begin{pmatrix} -1 \\ 3 \\ 3 \end{pmatrix}, \begin{pmatrix} 3 \\ 1 \\ 5 \end{pmatrix}].$$

また，$\boldsymbol{x} \in \ker f_A$ のとき，$A\boldsymbol{x} = \boldsymbol{0}$ であり，掃出法の結果より，$A'\boldsymbol{x} = \boldsymbol{0}$ となる．したがって

$$\begin{pmatrix} 1 & 0 & 5/2 \\ 0 & 1 & -1/2 \\ 0 & 0 & 0 \end{pmatrix} \begin{pmatrix} x_1 \\ x_2 \\ x_3 \end{pmatrix} = \begin{pmatrix} 0 \\ 0 \\ 0 \end{pmatrix} \quad \text{すなわち} \quad \begin{cases} x_1 \phantom{{}+x_2} + 5x_3/2 = 0 \\ \phantom{x_1+{}} x_2 - x_3/2 = 0 \end{cases}$$

よって，$x_1 = -5x_3/2,\ x_2 = x_3/2$ より

$$\boldsymbol{x} = \begin{pmatrix} x_1 \\ x_2 \\ x_3 \end{pmatrix} = \begin{pmatrix} -5x_3/2 \\ x_3/2 \\ x_3 \end{pmatrix} = \frac{x_3}{2} \begin{pmatrix} -5 \\ 1 \\ 2 \end{pmatrix} \quad (x_3 \text{ は任意定数})$$

である．ゆえに，$\ker f_A = [\begin{pmatrix} -5 \\ 1 \\ 2 \end{pmatrix}]$.

(2) 行列 A を基本変形する．

$$A = \begin{pmatrix} 1 & 1 & 2 & -3 \\ 1 & -2 & 0 & -3 \\ 2 & -5 & -2 & -6 \end{pmatrix} \to \begin{pmatrix} 1 & 1 & 2 & -3 \\ 0 & -3 & -2 & 0 \\ 0 & -7 & -6 & 0 \end{pmatrix} \to \begin{pmatrix} 1 & 1 & 2 & -3 \\ 0 & -3 & -2 & 0 \\ 0 & -1 & -2 & 0 \end{pmatrix}$$
$$\to \begin{pmatrix} 1 & 0 & 0 & -3 \\ 0 & 0 & 4 & 0 \\ 0 & -1 & -2 & 0 \end{pmatrix} \to \begin{pmatrix} 1 & 0 & 0 & -3 \\ 0 & 0 & 1 & 0 \\ 0 & 1 & 0 & 0 \end{pmatrix} \to \begin{pmatrix} 1 & 0 & 0 & -3 \\ 0 & 1 & 0 & 0 \\ 0 & 0 & 1 & 0 \end{pmatrix} = A'$$

となる．したがって，$\dim(\operatorname{Im} f_A) = \operatorname{rank} A = \operatorname{rank} A' = 3$. さらに，$\operatorname{Im} f_A \subset \mathbf{R}^3$ であり，かつ次元がともに同じ 3 であるから，$\operatorname{Im} f_A = \mathbf{R}^3$.

次に，$\boldsymbol{x} \in \ker f_A$ のとき，$A\boldsymbol{x} = \boldsymbol{0}$ であり，基本変形の結果より，$A'\boldsymbol{x} = \boldsymbol{0}$ となる．したがって

$$\begin{pmatrix} 1 & 0 & 0 & -3 \\ 0 & 1 & 0 & 0 \\ 0 & 0 & 1 & 0 \end{pmatrix} \begin{pmatrix} x_1 \\ x_2 \\ x_3 \\ x_4 \end{pmatrix} = \begin{pmatrix} 0 \\ 0 \\ 0 \end{pmatrix} \quad \text{すなわち} \quad \begin{cases} x_1 = 3x_4 \\ x_2 = x_3 = 0 \end{cases}$$

が得られる．したがって

$$\boldsymbol{x} = \begin{pmatrix} x_1 \\ x_2 \\ x_3 \\ x_4 \end{pmatrix} = \begin{pmatrix} 3x_4 \\ 0 \\ 0 \\ x_4 \end{pmatrix} = x_4 \begin{pmatrix} 3 \\ 0 \\ 0 \\ 1 \end{pmatrix} \ (x_4 \text{ は任意定数})$$

となる．ゆえに $\ker f_A = \left[\begin{pmatrix} 3 \\ 0 \\ 0 \\ 1 \end{pmatrix} \right]$ である．　■

2. 次の行列 A で与えられる線形写像 f_A に対する $f_A^{-1}(\boldsymbol{b})$ を求めよ．

(1) $A = \begin{pmatrix} -1 & 3 & -4 \\ 3 & 1 & 7 \\ 3 & 5 & 5 \end{pmatrix}$, $\boldsymbol{b} = \begin{pmatrix} -5 \\ 10 \\ 8 \end{pmatrix}$　　(2) $A = \begin{pmatrix} 3 & 5 & 3 & 1 \\ 3 & 5 & 2 & 2 \\ 5 & 8 & 7 & 3 \\ 6 & 10 & 5 & 2 \end{pmatrix}$, $\boldsymbol{b} = \begin{pmatrix} 1 \\ 3 \\ 0 \\ 2 \end{pmatrix}$

【解答】 $f_A^{-1}(\boldsymbol{b})$ は連立方程式 $A\boldsymbol{x} = \boldsymbol{b}$ の解ベクトルの集合である．すなわち

$$\boldsymbol{x} \in f_A^{-1}(\boldsymbol{b}) \Longleftrightarrow f_A(\boldsymbol{x}) = \boldsymbol{b} \Longleftrightarrow A\boldsymbol{x} = \boldsymbol{b}$$

(1) はじめに，行列 $(A \,|\, \boldsymbol{b})$ を基本変形する．

$$(A \,|\, \boldsymbol{b}) = \left(\begin{array}{ccc|c} -1 & 3 & -4 & -5 \\ 3 & 1 & 7 & 10 \\ 3 & 5 & 5 & 8 \end{array}\right) \to \left(\begin{array}{ccc|c} -1 & 3 & -4 & -5 \\ 0 & 10 & -5 & -5 \\ 0 & 14 & -7 & -7 \end{array}\right) \to \left(\begin{array}{ccc|c} -1 & 3 & -4 & -5 \\ 0 & 2 & -1 & -1 \\ 0 & 0 & 0 & 0 \end{array}\right) = (A' \,|\, \boldsymbol{b}')$$

次に，$A\boldsymbol{x} = \boldsymbol{0}$ の解空間を求める．

$$\begin{cases} x_1 - 3x_2 + 4x_3 = 0 \\ \quad\ \ 2x_2 - \ \ x_3 = 0 \end{cases} \Longleftrightarrow \begin{cases} x_1 = -5x_2 \\ x_3 = 2x_2 \end{cases}$$

となる．したがって

$$\boldsymbol{x} = \begin{pmatrix} x_1 \\ x_2 \\ x_3 \end{pmatrix} = \begin{pmatrix} -5x_2 \\ x_2 \\ 2x_2 \end{pmatrix} = x_2 \begin{pmatrix} -5 \\ 1 \\ 2 \end{pmatrix} \quad \text{より} \quad \ker f_A = \left[\begin{pmatrix} -5 \\ 1 \\ 2 \end{pmatrix} \right]$$

最後に，$A\boldsymbol{x}=\boldsymbol{b}$ の解空間を求める．$A\boldsymbol{x}=\boldsymbol{b}$ と $A'\boldsymbol{x}=\boldsymbol{b}'$ は同値である．したがって

$$\begin{cases} -x_1 + 3x_2 - 4x_3 = -5 \\ \quad\quad\; 2x_2 - x_3 = -1 \end{cases} \iff \begin{cases} x_1 = -5x_2 + 1 \\ x_3 = 2x_2 + 1 \end{cases}$$

ここで，$x_2=0$ とおけば，$x_1=x_3=1$ となり，$\begin{pmatrix}1\\0\\1\end{pmatrix}$ が 1 つの解である．

以上により，定理 5.13 を用いて

$$f_A^{-1}(\boldsymbol{b}) = \{\boldsymbol{x} \mid A\boldsymbol{x}=\boldsymbol{b}\} = \left\{\boldsymbol{x} \,\middle|\, \boldsymbol{x} = \begin{pmatrix}1\\0\\1\end{pmatrix} + t\begin{pmatrix}-5\\1\\2\end{pmatrix} \ (t \text{ は任意定数})\right\}$$

(2) はじめに，行列 $(A \mid \boldsymbol{b})$ を基本変形する．

$$(A \mid \boldsymbol{b}) = \left(\begin{array}{cccc|c} 3 & 5 & 3 & 1 & 1 \\ 3 & 5 & 2 & 2 & 3 \\ 5 & 8 & 7 & 3 & 0 \\ 6 & 10 & 5 & 2 & 2 \end{array}\right) \to \left(\begin{array}{cccc|c} 3 & 5 & 3 & 1 & 1 \\ 0 & 0 & -1 & 1 & 2 \\ -1 & -2 & 1 & 1 & -2 \\ 0 & 0 & -1 & 0 & 0 \end{array}\right) \to \left(\begin{array}{cccc|c} 0 & -1 & 6 & 4 & -5 \\ 0 & 0 & -1 & 1 & 2 \\ -1 & -2 & 1 & 1 & -2 \\ 0 & 0 & -1 & 0 & 0 \end{array}\right)$$

$$\to \left(\begin{array}{cccc|c} 0 & -1 & 0 & 4 & -5 \\ 0 & 0 & 0 & 1 & 2 \\ 1 & 2 & 0 & -1 & 2 \\ 0 & 0 & 1 & 0 & 0 \end{array}\right) \to \left(\begin{array}{cccc|c} 0 & -1 & 0 & 4 & -5 \\ 0 & 0 & 0 & 1 & 2 \\ 1 & 0 & 0 & 7 & -8 \\ 0 & 0 & 1 & 0 & 0 \end{array}\right) \to \left(\begin{array}{cccc|c} 1 & 0 & 0 & 7 & -8 \\ 0 & 1 & 0 & -4 & 5 \\ 0 & 0 & 1 & 0 & 0 \\ 0 & 0 & 0 & 1 & 2 \end{array}\right)$$

$$\to \left(\begin{array}{cccc|c} 1 & 0 & 0 & 0 & -22 \\ 0 & 1 & 0 & 0 & 13 \\ 0 & 0 & 1 & 0 & 0 \\ 0 & 0 & 0 & 1 & 2 \end{array}\right)$$

ゆえに，求める集合は次の式で与えられる．

$$f_A^{-1}(\boldsymbol{b}) = \{\boldsymbol{x} \mid A\boldsymbol{x}=\boldsymbol{b}\} = \left\{\boldsymbol{x} \,\middle|\, \boldsymbol{x} = \begin{pmatrix}-22\\13\\0\\2\end{pmatrix}\right\} \quad \blacksquare$$

3. 次の線形写像の表現行列を，与えられた基に関して求めよ．

(1) $f\left(\begin{pmatrix}x_1\\x_2\end{pmatrix}\right) = \begin{pmatrix}3x_1 - x_2\\-x_1 + x_2\end{pmatrix}$，基 $\left\{\begin{pmatrix}4\\3\end{pmatrix}, \begin{pmatrix}3\\2\end{pmatrix}\right\}$

(2) $f\left(\begin{pmatrix}x_1\\x_2\\x_3\end{pmatrix}\right) = \begin{pmatrix}x_1 + x_2\\x_2 + x_3\\x_1 + x_3\end{pmatrix}$，基 $\left\{\begin{pmatrix}1\\2\\-2\end{pmatrix}, \begin{pmatrix}-1\\1\\3\end{pmatrix}, \begin{pmatrix}2\\0\\-5\end{pmatrix}\right\}$

【解答】 (1) 与えられた基を $S=\{\boldsymbol{a}_1,\boldsymbol{a}_2\}$ とする．標準基 $E_2=\{\boldsymbol{e}_1,\boldsymbol{e}_2\}$ に関する表現行列 A を求める．

$$f(\begin{pmatrix} x_1 \\ x_2 \end{pmatrix}) = \begin{pmatrix} 3x_1-x_2 \\ -x_1+x_2 \end{pmatrix} = \begin{pmatrix} 3 & -1 \\ -1 & 1 \end{pmatrix}\begin{pmatrix} x_1 \\ x_2 \end{pmatrix}$$

であるから，$A=\begin{pmatrix} 3 & -1 \\ -1 & 1 \end{pmatrix}$ である．また，$\boldsymbol{a}_1$, $\boldsymbol{a}_2$ を標準基 E_2 で表せば

$$\boldsymbol{a}_1=\begin{pmatrix} 4 \\ 3 \end{pmatrix}=4\boldsymbol{e}_1+3\boldsymbol{e}_2, \quad \boldsymbol{a}_2=\begin{pmatrix} 3 \\ 2 \end{pmatrix}=3\boldsymbol{e}_1+2\boldsymbol{e}_2$$

となる．また，式 (4.3) より，$\mathbf{E}_2$ から S への基変換行列 P について

$$(\boldsymbol{a}_1\,\boldsymbol{a}_2)=(\boldsymbol{e}_1\,\boldsymbol{e}_2)P \quad \text{より} \quad P=\begin{pmatrix} 4 & 3 \\ 3 & 2 \end{pmatrix}, \quad P^{-1}=\begin{pmatrix} -2 & 3 \\ 3 & -4 \end{pmatrix}.$$

このとき，定理 5.8 より，基 S に関する表現行列は

$$\begin{aligned} P^{-1}AP &= \begin{pmatrix} -2 & 3 \\ 3 & -4 \end{pmatrix}\begin{pmatrix} 3 & -1 \\ -1 & 1 \end{pmatrix}\begin{pmatrix} 4 & 3 \\ 3 & 2 \end{pmatrix} = \begin{pmatrix} -2 & 3 \\ 3 & -4 \end{pmatrix}\begin{pmatrix} 9 & 7 \\ -1 & -1 \end{pmatrix} \\ &= \begin{pmatrix} -21 & -17 \\ 31 & 25 \end{pmatrix}. \end{aligned}$$

【検算】 行列 $\begin{pmatrix} -21 & -17 \\ 31 & 25 \end{pmatrix}$ が基 S に関する f の表現行列であることを示すには

$$f(\boldsymbol{a}_1)=-21\boldsymbol{a}_1+31\boldsymbol{a}_2, \quad f(\boldsymbol{a}_2)=-17\boldsymbol{a}_1+25\boldsymbol{a}_2$$

であることを見ればよい．すなわち

$$\begin{aligned} f(\begin{pmatrix} 4 \\ 3 \end{pmatrix}) &= \begin{pmatrix} 3\cdot 4-3 \\ -4+3 \end{pmatrix} = \begin{pmatrix} 9 \\ -1 \end{pmatrix}, \quad -21\begin{pmatrix} 4 \\ 3 \end{pmatrix}+31\begin{pmatrix} 3 \\ 2 \end{pmatrix} = \begin{pmatrix} 9 \\ -1 \end{pmatrix}, \\ f(\begin{pmatrix} 3 \\ 2 \end{pmatrix}) &= \begin{pmatrix} 3\cdot 3-2 \\ -3+2 \end{pmatrix} = \begin{pmatrix} 7 \\ -1 \end{pmatrix}, \quad -17\begin{pmatrix} 4 \\ 3 \end{pmatrix}+25\begin{pmatrix} 3 \\ 2 \end{pmatrix} = \begin{pmatrix} 7 \\ -1 \end{pmatrix} \end{aligned}$$

が成り立っていることで確かめられる．

(2) 与えられた基を $S=\{\boldsymbol{a}_1,\boldsymbol{a}_2,\boldsymbol{a}_3\}$ と表す．標準基 $\mathbf{E}_3=\{\boldsymbol{e}_1,\,\boldsymbol{e}_2,\,\boldsymbol{e}_3\}$ に関する f の表現行列 A を求める．

$$f(\begin{pmatrix} x_1 \\ x_2 \\ x_3 \end{pmatrix}) = \begin{pmatrix} x_1+x_2 \\ x_2+x_3 \\ x_1+x_3 \end{pmatrix} = \begin{pmatrix} 1 & 1 & 0 \\ 0 & 1 & 1 \\ 1 & 0 & 1 \end{pmatrix}\begin{pmatrix} x_1 \\ x_2 \\ x_3 \end{pmatrix}$$

であるから $A = \begin{pmatrix} 1 & 1 & 0 \\ 0 & 1 & 1 \\ 1 & 0 & 1 \end{pmatrix}$. さらに $\mathbf{E}_2$ から S への基変換行列 P を求める.

$$(\boldsymbol{a}_1\ \boldsymbol{a}_2\ \boldsymbol{a}_3) = (\boldsymbol{e}_1\ \boldsymbol{e}_2\ \boldsymbol{e}_3)P \quad \text{すなわち} \quad P = (\boldsymbol{a}_1\ \boldsymbol{a}_2\ \boldsymbol{a}_3) = \begin{pmatrix} 1 & -1 & 2 \\ 2 & 1 & 0 \\ -2 & 3 & -5 \end{pmatrix}$$

である. 掃出法を用いて, P^{-1} を求める.

$$(P\,|\,E) = \left(\begin{array}{ccc|ccc} 1 & -1 & 2 & 1 & 0 & 0 \\ 2 & 1 & 0 & 0 & 1 & 0 \\ -2 & 3 & -5 & 0 & 0 & 1 \end{array}\right) \to \left(\begin{array}{ccc|ccc} 1 & -1 & 2 & 1 & 0 & 0 \\ 0 & 3 & -4 & -2 & 1 & 0 \\ 0 & 1 & -1 & 2 & 0 & 1 \end{array}\right) \to$$

$$\left(\begin{array}{ccc|ccc} 1 & 0 & 1 & 3 & 0 & 1 \\ 0 & 0 & -1 & -8 & 1 & -3 \\ 0 & 1 & -1 & 2 & 0 & 1 \end{array}\right) \to \left(\begin{array}{ccc|ccc} 1 & 0 & 0 & -5 & 1 & -2 \\ 0 & 0 & -1 & -8 & 1 & -3 \\ 0 & 1 & 0 & 10 & -1 & 4 \end{array}\right) \to \left(\begin{array}{ccc|ccc} 1 & 0 & 0 & -5 & 1 & -2 \\ 0 & 1 & 0 & 10 & -1 & 4 \\ 0 & 0 & 1 & 8 & -1 & 3 \end{array}\right)$$

より $P^{-1} = \begin{pmatrix} -5 & 1 & -2 \\ 10 & -1 & 4 \\ 8 & -1 & 3 \end{pmatrix}$. ゆえに定理 5.8 より, 基 S に関する表現行列は

$$\begin{aligned} P^{-1}AP &= \begin{pmatrix} -5 & 1 & -2 \\ 10 & -1 & 4 \\ 8 & -1 & 3 \end{pmatrix} \begin{pmatrix} 1 & 1 & 0 \\ 0 & 1 & 1 \\ 1 & 0 & 1 \end{pmatrix} \begin{pmatrix} 1 & -1 & 2 \\ 2 & 1 & 0 \\ -2 & 3 & -5 \end{pmatrix} \\ &= \begin{pmatrix} -5 & 1 & -2 \\ 10 & -1 & 4 \\ 8 & -1 & 3 \end{pmatrix} \begin{pmatrix} 3 & 0 & 2 \\ 0 & 4 & -5 \\ -1 & 2 & -3 \end{pmatrix} = \begin{pmatrix} -13 & 0 & -9 \\ 26 & 4 & 13 \\ 21 & 2 & 12 \end{pmatrix}. \quad ■ \end{aligned}$$

4. 線形変換 $f \colon \mathbf{K}^n \longrightarrow \mathbf{K}^n$ に対して

$$f^2 = f \circ f, \quad f^3 = f^2 \circ f, \ \ldots, \ f^{m+1} = f^m \circ f$$

で定まる $f^2, f^3, \ldots, f^{m+1}$ を f の**べき乗**という (m は自然数).
このとき, $\{\boldsymbol{a}_1, \boldsymbol{a}_2, \boldsymbol{a}_3\}$ を $\mathbf{R}^3$ の基, f を $\mathbf{R}^3$ の線形変換で

$$f(\boldsymbol{a}_1) = \alpha\boldsymbol{a}_2 + \beta\boldsymbol{a}_3, \quad f(\boldsymbol{a}_2) = \gamma\boldsymbol{a}_3, \quad f(\boldsymbol{a}_3) = \mathbf{0}$$

とする (α, β, γ は実数).

(1) $f^2(\boldsymbol{a}_i)$, $f^m(\boldsymbol{a}_i)$ ($i = 1, 2, 3;\ m > 2$) を求めよ.

(2) f^2 と f^m ($m > 2$) の表現行列を求めよ.

【解答】 (1) (i) 線形写像 f^2 に関して

$$\begin{aligned} &f^2(\boldsymbol{a}_1) = f(f(\boldsymbol{a}_1)) = f(\alpha\boldsymbol{a}_2 + \beta\boldsymbol{a}_3) = \alpha f(\boldsymbol{a}_2) + \beta f(\boldsymbol{a}_3) = \alpha\gamma\boldsymbol{a}_3 + \beta\mathbf{0} = \alpha\gamma\boldsymbol{a}_3, \\ &f^2(\boldsymbol{a}_2) = f(f(\boldsymbol{a}_2)) = f(\gamma\boldsymbol{a}_3) = \gamma f(\boldsymbol{a}_3) = \gamma\mathbf{0} = \mathbf{0}, \\ &f^2(\boldsymbol{a}_3) = f(f(\boldsymbol{a}_3)) = f(\mathbf{0}) = \mathbf{0}. \end{aligned}$$

(ii) 線形写像 f^3 に関して

$$\begin{aligned} f^3(\boldsymbol{a}_1) &= f(f^2(\boldsymbol{a}_1)) = f(\alpha\gamma\boldsymbol{a}_3) = \alpha\gamma f(\boldsymbol{a}_3) = \boldsymbol{0}, \\ f^3(\boldsymbol{a}_2) &= f(f^2(\boldsymbol{a}_2)) = f(\boldsymbol{0}) = \boldsymbol{0}, \\ f^3(\boldsymbol{a}_3) &= f(f^2(\boldsymbol{a}_3)) = f(\boldsymbol{0}) = \boldsymbol{0} \end{aligned}$$

(iii) 線形写像 $f^m = f^{m-3} \circ f^3$ $(m > 3)$ に関して

$$f^m(\boldsymbol{a}_i) = \boldsymbol{0} \quad (i = 1, 2, 3;\ m > 3).$$

(2) 線形写像 f の基 $S = \{\boldsymbol{a}_1, \boldsymbol{a}_2, \boldsymbol{a}_3\}$ に関する表現行列 A を求める．

$$(f(\boldsymbol{a}_1)\ f(\boldsymbol{a}_2)\ f(\boldsymbol{a}_3)) = (\boldsymbol{a}_1\ \boldsymbol{a}_2\ \boldsymbol{a}_3)\begin{pmatrix} 0 & 0 & 0 \\ \alpha & 0 & 0 \\ \beta & \gamma & 0 \end{pmatrix}$$

であるから $A = \begin{pmatrix} 0 & 0 & 0 \\ \alpha & 0 & 0 \\ \beta & \gamma & 0 \end{pmatrix}$ である．定理5.6より，f^2, f^m $(m > 3)$ の基 S に関する表現行列はそれぞれ A^2, A^m である．すなわち

$$A^2 = \begin{pmatrix} 0 & 0 & 0 \\ \alpha & 0 & 0 \\ \beta & \gamma & 0 \end{pmatrix}^2 = \begin{pmatrix} 0 & 0 & 0 \\ 0 & 0 & 0 \\ \alpha\gamma & 0 & 0 \end{pmatrix}, \quad A^m = A^{m-2}A^2 = \begin{pmatrix} 0 & 0 & 0 \\ 0 & 0 & 0 \\ 0 & 0 & 0 \end{pmatrix}. \quad \blacksquare$$

5. 次の移動は $\mathbf{R}^2$ の1次変換である．その標準基に関する表現行列を求めよ．

(1) 原点のまわりの角度 θ の回転移動 f_θ

(2) 鏡映移動 $f_{\boldsymbol{a}}(\boldsymbol{x}) = \dfrac{2(\boldsymbol{x}, \boldsymbol{a})}{(\boldsymbol{a}, \boldsymbol{a})}\boldsymbol{a} - \boldsymbol{x}$　（ただし，$\boldsymbol{a} \neq \boldsymbol{0}$）

(3) 伸縮移動 $f_\lambda(\boldsymbol{x}) = \lambda\boldsymbol{x}$　（λ は実数）

【解答】 $\mathbf{R}^2$ の標準基を $\{\boldsymbol{e}_1, \boldsymbol{e}_2\}$ とする．

(1) ベクトル $\boldsymbol{x} = x\boldsymbol{e}_1 + y\boldsymbol{e}_2$ に対して，$f_\theta(\boldsymbol{x}) = x'\boldsymbol{e}_1 + y'\boldsymbol{e}_2$ とする．このとき

$$\begin{cases} x = r\cos\alpha \\ y = r\sin\alpha \end{cases} \qquad \left(\text{ただし，} r = \sqrt{x^2 + y^2},\ \alpha = \tan^{-1}\frac{y}{x}\right)$$

さらに，f_θ は原点のまわりの角度 θ の回転移動であるから

$$\begin{cases} x' = r\cos(\theta + \alpha) = r\cos\theta\cos\alpha - r\sin\theta\sin\alpha = x\cos\theta - y\sin\theta \\ y' = r\sin(\theta + \alpha) = r\sin\theta\cos\alpha + r\cos\theta\sin\alpha = x\sin\theta + y\cos\theta \end{cases}$$

を満たす．したがって

$$\begin{aligned} f_\theta(\boldsymbol{x}) &= x'\boldsymbol{e}_1 + y'\boldsymbol{e}_2 = (\boldsymbol{e}_1\ \boldsymbol{e}_2)\begin{pmatrix} x' \\ y' \end{pmatrix} = (\boldsymbol{e}_1\ \boldsymbol{e}_2)\begin{pmatrix} x\cos\theta - y\sin\theta \\ x\sin\theta + y\cos\theta \end{pmatrix} \\ &= (\boldsymbol{e}_1\ \boldsymbol{e}_2)\begin{pmatrix} \cos\theta & -\sin\theta \\ \sin\theta & \cos\theta \end{pmatrix}\begin{pmatrix} x \\ y \end{pmatrix} \end{aligned}$$

と表される．ゆえに f_θ の標準基に関する表現行列は $\begin{pmatrix} \cos\theta & -\sin\theta \\ \sin\theta & \cos\theta \end{pmatrix}$ である．

(2) $\boldsymbol{a} = a_1\boldsymbol{e}_1 + a_2\boldsymbol{e}_2$ とする．このとき，$\dfrac{(\boldsymbol{x}, \boldsymbol{a})}{(\boldsymbol{a}, \boldsymbol{a})}\boldsymbol{a}$ は次の関係式を満たす．

$$\frac{1}{2}\left(\boldsymbol{x} + f_{\boldsymbol{a}}(\boldsymbol{x})\right) = \frac{(\boldsymbol{x}, \boldsymbol{a})}{(\boldsymbol{a}, \boldsymbol{a})}\boldsymbol{a}$$

このとき，$\|\boldsymbol{a}\|^2 = a_1^2 + a_2^2 = k$ とおいて，上式を変形する．

$$\begin{aligned}
f_{\boldsymbol{a}}(\boldsymbol{x}) &= 2\frac{(\boldsymbol{x}, \boldsymbol{a})}{(\boldsymbol{a}, \boldsymbol{a})}\boldsymbol{a} - \boldsymbol{x} \\
&= 2\frac{a_1x_1 + a_2x_2}{k}(a_1\boldsymbol{e}_1 + a_2\boldsymbol{e}_2) - (x_1\boldsymbol{e}_1 + x_2\boldsymbol{e}_2) \\
&= \left(2\frac{a_1x_1 + a_2x_2}{k}a_1 - x_1\right)\boldsymbol{e}_1 + \left(2\frac{a_1x_1 + a_2x_2}{k}a_2 - x_2\right)\boldsymbol{e}_2 \\
&= \left(\frac{a_1^2 - a_2^2}{k}x_1 + \frac{2a_1a_2}{k}x_2\right)\boldsymbol{e}_1 + \left(\frac{2a_1a_2}{k}x_1 + \frac{a_2^2 - a_1^2}{k}x_2\right)\boldsymbol{e}_2 \\
&= (\boldsymbol{e}_1\ \boldsymbol{e}_2)\begin{pmatrix} \dfrac{a_1^2 - a_2^2}{k}x_1 + \dfrac{2a_1a_2}{k}x_2 \\ \dfrac{2a_1a_2}{k}x_1 + \dfrac{a_2^2 - a_1^2}{k}x_2 \end{pmatrix} \\
&= (\boldsymbol{e}_1\ \boldsymbol{e}_2)\begin{pmatrix} \dfrac{a_1^2 - a_2^2}{k} & \dfrac{2a_1a_2}{k} \\ \dfrac{2a_1a_2}{k} & \dfrac{a_2^2 - a_1^2}{k} \end{pmatrix}\begin{pmatrix} x_1 \\ x_2 \end{pmatrix}
\end{aligned}$$

が得られる．$k = a_1^2 + a_2^2$ に戻して，鏡映移動 $f_{\boldsymbol{a}}$ の標準基に関する表現行列は

$$\frac{1}{a_1^2 + a_2^2}\begin{pmatrix} a_1^2 - a_2^2 & 2a_1a_2 \\ 2a_1a_2 & a_2^2 - a_1^2 \end{pmatrix}.$$

(3) ベクトル $\boldsymbol{x} = x_1\boldsymbol{e}_1 + x_2\boldsymbol{e}_2$ とすると，伸縮運動 $f_\lambda(\boldsymbol{x})$ は

$$\begin{aligned}
f_\lambda(\boldsymbol{x}) &= \lambda\boldsymbol{x} = \lambda x_1\boldsymbol{e}_1 + \lambda x_2\boldsymbol{e}_2 \\
&= (\boldsymbol{e}_1\ \boldsymbol{e}_2)\begin{pmatrix} \lambda x_1 \\ \lambda x_2 \end{pmatrix} = (\boldsymbol{e}_1\ \boldsymbol{e}_2)\begin{pmatrix} \lambda & 0 \\ 0 & \lambda \end{pmatrix}\begin{pmatrix} x_1 \\ x_2 \end{pmatrix}
\end{aligned}$$

を満たす．ゆえに伸縮運動 f_λ の標準基に関する表現行列は $\begin{pmatrix} \lambda & 0 \\ 0 & \lambda \end{pmatrix}$ である． ■

問　題 5. B

1. $A^2 = A$ を満たす n 次正方行列 A で与えられる $\mathbf{R}^n$ の 1 次変換 $f(\boldsymbol{x}) = A\boldsymbol{x}$ について，次のことが成り立つことを示せ．

(1) $\mathrm{Im}\, f = \{\boldsymbol{x} \mid A\boldsymbol{x} = \boldsymbol{x}\}$　　(2) $\mathrm{Ker}\, f = \{\boldsymbol{y} \mid \boldsymbol{y} = \boldsymbol{x} - A\boldsymbol{x}\}$

(3) $\mathrm{Im}\, f \cap \mathrm{Ker}\, f = \{\boldsymbol{0}\}$　　(4) $\mathrm{Im}\, f \oplus \mathrm{Ker}\, f = \mathbf{R}^n$

【解答】 (1) 明らかに $\mathrm{Im}\, f \supseteq \{\boldsymbol{x} \mid A\boldsymbol{x} = \boldsymbol{x}\}$．逆に，$\boldsymbol{z} \in \mathrm{Im}\, f$ に対して $\boldsymbol{z} = A\boldsymbol{x}$ となる $\boldsymbol{x}$ が $\mathbf{R}^n$ に存在する．仮定より

$$\boldsymbol{z} = A\boldsymbol{x} = A^2\boldsymbol{x} = A(A\boldsymbol{x}) = A\boldsymbol{z}.$$

$\boldsymbol{z} = A\boldsymbol{z}$ であるから，$\mathrm{Im}\, f \subseteq \{\boldsymbol{x} \mid A\boldsymbol{x} = \boldsymbol{x}\}$．ゆえに，$\mathrm{Im}\, f = \{\boldsymbol{x} \mid A\boldsymbol{x} = \boldsymbol{x}\}$．

(2) $\boldsymbol{y} = \boldsymbol{x} - A\boldsymbol{x}$ に対して

$$f(\boldsymbol{y}) = A\boldsymbol{y} = A\boldsymbol{x} - A^2\boldsymbol{x} = A\boldsymbol{x} - A\boldsymbol{x} = \boldsymbol{0}.$$

$\boldsymbol{y} \in \mathrm{Ker}\, f$ であるから，$\{\boldsymbol{y} \mid \boldsymbol{y} = \boldsymbol{x} - A\boldsymbol{x}\} \subseteq \mathrm{Ker}\, f$．逆に，$\boldsymbol{y} \in \mathrm{Ker}\, f$ に対して $f(\boldsymbol{y}) = A\boldsymbol{y} = \boldsymbol{0}$ であるから，$A\boldsymbol{y} = \boldsymbol{y} - \boldsymbol{y} = \boldsymbol{0}$．これから $\boldsymbol{y} = \boldsymbol{y} - A\boldsymbol{y}$ となるので，$\mathrm{Ker}\, f \subseteq \{\boldsymbol{y} \mid \boldsymbol{y} = \boldsymbol{x} - A\boldsymbol{x}\}$．ゆえに $\mathrm{Ker}\, f = \{\boldsymbol{y} \mid \boldsymbol{y} = \boldsymbol{x} - A\boldsymbol{x}\}$．

(3) $\boldsymbol{x} \in \mathrm{Im}\, f \cap \mathrm{Ker}\, f$ に対して, (1) と (2) より $\boldsymbol{0} = A\boldsymbol{x}$，$A\boldsymbol{x} = \boldsymbol{x}$ となるので $\boldsymbol{x} = \boldsymbol{0}$．ゆえに $\mathrm{Im}\, f \cap \mathrm{Ker}\, f = \{\boldsymbol{0}\}$．

(4) $\boldsymbol{x} \in \mathbf{R}^n$ に対して $\boldsymbol{x} = A\boldsymbol{x} + (\boldsymbol{x} - A\boldsymbol{x})$ より

$$\mathbf{R}^n = \mathrm{Im}\, f + \mathrm{Ker}\, f$$

一方 (3) より $\mathrm{Im}\, f \cap \mathrm{Ker}\, f = \{\boldsymbol{0}\}$．ゆえに $\mathrm{Im}\, f \oplus \mathrm{Ker}\, f = \mathbf{R}^n$．

2. n 次正方行列 A で与えられる 1 次変換 $f_A(\boldsymbol{x}) = A\boldsymbol{x}$ について，次のことが成り立つことを示せ．

$$A^2 = O \iff \mathrm{Im}\, f \subset \mathrm{Ker}\, f$$

【解答】 $(\Longrightarrow)$: $A^2 = O$ とする．$\boldsymbol{y} \in \mathrm{Im}\, f_A$ ならば $\boldsymbol{y} = A\boldsymbol{x}$ となる $\boldsymbol{x} \in \mathbf{R}^n$ が存在する．よって

$$f_A(\boldsymbol{y}) = A\boldsymbol{y} = A \cdot A\boldsymbol{x} = A^2\boldsymbol{x} = \boldsymbol{0}$$

より $\boldsymbol{y} \in \mathrm{Ker}\, f_A$．ゆえに $\mathrm{Im}\, f_A \subset \mathrm{Ker}\, f_A$．

$(\Longleftarrow)$: $\mathrm{Im}\, f_A \subset \mathrm{Ker}\, f_A$ とする．$\boldsymbol{x} \in \mathbf{R}^n$ ならば $f_A(\boldsymbol{x}) \in \mathrm{Ker}\, f_A$ より

$$f_A(f_A(\boldsymbol{x})) = A^2\boldsymbol{x} = \boldsymbol{0}.$$

ゆえに, $\mathbf{R}^n$ の任意の $\boldsymbol{x}$ に対して上式が成り立つから, $A^2 = O$.

3. 次に関する対称移動は $\mathbf{R}^3$ の1次変換である．その標準基に関する表現行列を求めよ．

(1) xy 平面
(2) x 軸
(3) 平面 $y = x$
(4) 平面 $x + y + z = 0$
(5) 直線 $x = y = z$

【解答】 $\mathbf{R}^3$ の標準基を $\{\boldsymbol{e}_1, \boldsymbol{e}_2, \boldsymbol{e}_3\}$ とする．

(1) xy 平面に関する対称移動で点 $(1,0,0)$ は点 $(1,0,0)$ へ，点 $(0,1,0)$ は点 $(0,1,0)$ へ，点 $(0,0,1)$ は点 $(0,0,-1)$ へそれぞれ移る．よって，単位ベクトルは

$$\boldsymbol{e}_1 \text{ は } \boldsymbol{e}_1,\quad \boldsymbol{e}_2 \text{ は } \boldsymbol{e}_2,\quad \boldsymbol{e}_3 \text{ は } -\boldsymbol{e}_3$$

にそれぞれ移る．ゆえに，表現行列は $(\boldsymbol{e}_1\ \boldsymbol{e}_2\ -\boldsymbol{e}_3) = \begin{pmatrix} 1 & 0 & 0 \\ 0 & 1 & 0 \\ 0 & 0 & -1 \end{pmatrix}$ である．

(2) x 軸に関する対称移動により，単位ベクトルは

$$\boldsymbol{e}_1 \text{ は } \boldsymbol{e}_1,\quad \boldsymbol{e}_2 \text{ は } -\boldsymbol{e}_2,\quad \boldsymbol{e}_3 \text{ は } -\boldsymbol{e}_3$$

にそれぞれ移る．ゆえに，表現行列は $(\boldsymbol{e}_1\ -\boldsymbol{e}_2\ -\boldsymbol{e}_3) = \begin{pmatrix} 1 & 0 & 0 \\ 0 & -1 & 0 \\ 0 & 0 & -1 \end{pmatrix}$ である．

(3) 平面 $y = x$ に関する対称移動により，単位ベクトルは

$$\boldsymbol{e}_1 \text{ は } \boldsymbol{e}_2,\quad \boldsymbol{e}_2 \text{ は } \boldsymbol{e}_1,\quad \boldsymbol{e}_3 \text{ は } \boldsymbol{e}_3$$

にそれぞれ移る．ゆえに，表現行列は $(\boldsymbol{e}_2\ \boldsymbol{e}_1\ \boldsymbol{e}_3) = \begin{pmatrix} 0 & 1 & 0 \\ 1 & 0 & 0 \\ 0 & 0 & 1 \end{pmatrix}$ である．

(4) 平面 $x + y + z = 0$ に関して，点 $\mathrm{P} = (a,b,c)$ に対称な点を $\mathrm{Q} = (a',b',c')$ とする．このとき，2点 P, Q の中点は平面上にあるので

$$\frac{a+a'}{2} + \frac{b+b'}{2} + \frac{c+c'}{2} = 0$$

また，ベクトル $\overrightarrow{\mathrm{PQ}} = \begin{pmatrix} a'-a \\ b'-b \\ c'-c \end{pmatrix}$ は平面 $x + y + z = 0$ の法線ベクトル $\begin{pmatrix} 1 \\ 1 \\ 1 \end{pmatrix}$ に平行であるので

$$a' - a = b' - b = c' - c \ (= k)$$

よって，$a' = a + k$, $b' = b + k$, $c' = c + k$ であり，$k = -2(a+b+c)/3$. したがって

$$\begin{cases} a' = \dfrac{1}{3}(a-2b-2c) \\ b' = \dfrac{1}{3}(-2a+b-2c) \\ a' = \dfrac{1}{3}(-2a-2b+c) \end{cases} \quad \text{すなわち} \quad \begin{pmatrix} a' \\ b' \\ c' \end{pmatrix} = \frac{1}{3}\begin{pmatrix} 1 & -2 & -2 \\ -2 & 1 & -2 \\ -2 & -2 & 1 \end{pmatrix}\begin{pmatrix} a \\ b \\ c \end{pmatrix}$$

ゆえに，表現行列は $\dfrac{1}{3}\begin{pmatrix} 1 & -2 & -2 \\ -2 & 1 & -2 \\ -2 & -2 & 1 \end{pmatrix}$ である．

(5) 直線 $x=y=z$ に関して，点 $\mathrm{P}=(a,b,c)$ に対称な点を $\mathrm{Q}=(a',b',c')$ とする．このとき 2 点 P, Q の中点は直線上にあるので

$$\frac{a+a'}{2} = \frac{b+b'}{2} = \frac{c+c'}{2} \ (=h)$$

また，ベクトル $\overrightarrow{\mathrm{PQ}} = \begin{pmatrix} a'-a \\ b'-b \\ c'-c \end{pmatrix}$ は直線 $x=y=z$ に垂直であるので

$$(a'-a)\cdot 1 + (b'-b)\cdot 1 + (c'-c)\cdot 1 = 0$$

よって，$h=(a+b+c)/3$ である．したがって

$$\begin{cases} a' = \dfrac{1}{3}(-a+2b+2c) \\ b' = \dfrac{1}{3}(2a-b+2c) \\ a' = \dfrac{1}{3}(2a+2b-c) \end{cases} \quad \text{すなわち} \quad \begin{pmatrix} a' \\ b' \\ c' \end{pmatrix} = \frac{1}{3}\begin{pmatrix} -1 & 2 & 2 \\ 2 & -1 & 2 \\ 2 & 2 & -1 \end{pmatrix}\begin{pmatrix} a \\ b \\ c \end{pmatrix}$$

ゆえに，表現行列は $\dfrac{1}{3}\begin{pmatrix} -1 & 2 & 2 \\ 2 & -1 & 2 \\ 2 & 2 & -1 \end{pmatrix}$ である．　■

第6章　内積空間

6.1　内積とノルム

V を $\mathbf{R}$ 上のベクトル空間 とする．V の任意のベクトル $\boldsymbol{x}, \boldsymbol{y}$ に対して実数 $(\boldsymbol{x}, \boldsymbol{y})$ が定まり次の 4 つの条件が満たされるとき，$(\boldsymbol{x}, \boldsymbol{y})$ を $\boldsymbol{x}$ と $\boldsymbol{y}$ の**内積**という．$\boldsymbol{x}, \boldsymbol{y}, \boldsymbol{z} \in V,\ k \in \mathbf{R}$ に対して

(1) $(\boldsymbol{x}, \boldsymbol{y}) = (\boldsymbol{y}, \boldsymbol{x})$　　(2) $(\boldsymbol{x}+\boldsymbol{y}, \boldsymbol{z}) = (\boldsymbol{x}, \boldsymbol{z}) + (\boldsymbol{y}, \boldsymbol{z})$

(3) $(k\boldsymbol{x}, \boldsymbol{y}) = k(\boldsymbol{x}, \boldsymbol{y})$　　(4) $\boldsymbol{x} \neq \mathbf{0}$ のとき，$(\boldsymbol{x}, \boldsymbol{x}) > 0$

内積が定義された空間を**内積空間**または**計量ベクトル空間**といい，特に，内積が実数値であるので**実内積空間**または**実計量ベクトル空間**という．

標準内積 n 次元数ベクトル空間 $\mathbf{R}^n$ の $\boldsymbol{x} = \begin{pmatrix} x_1 \\ x_2 \\ \vdots \\ x_n \end{pmatrix}$，$\boldsymbol{y} = \begin{pmatrix} y_1 \\ y_2 \\ \vdots \\ y_n \end{pmatrix}$ に対して

$$(\boldsymbol{x}, \boldsymbol{y}) = x_1 y_1 + x_2 y_2 + \cdots + x_n y_n \tag{6.1}$$

と定めれば，これは内積の定義の 4 つの条件を満たす．これを $\mathbf{R}^n$ の**標準内積**という．以下，特に断らない限り $\mathbf{R}^n$ には式 (6.1) による内積が定義されているとする．同様に，n 次元数ベクトル空間 $\mathbf{R}_n$ も標準内積が定義されている．

例 6.1 $\mathbf{R}^2$ における $\boldsymbol{a} = \begin{pmatrix} a_1 \\ a_2 \end{pmatrix}, \boldsymbol{b} = \begin{pmatrix} b_1 \\ b_2 \end{pmatrix}$ に対して

$$(\boldsymbol{a}, \boldsymbol{b}) = a_1 b_1 + 3a_2 b_2$$

と定めれば，標準内積とは異なる内積が定義できる．

ノルム 内積空間 V において，条件 (4) より任意のベクトル $\boldsymbol{x}$ に対して $(\boldsymbol{x}, \boldsymbol{x}) \geqq 0$ であるから実数値 $\sqrt{(\boldsymbol{x}, \boldsymbol{x})}$ が定まる．この実数値 $\sqrt{(\boldsymbol{x}, \boldsymbol{x})}$ をベクトル $\boldsymbol{x}$ の**ノルム** (norm) または**長さ**といい，$\|\boldsymbol{x}\|$ で表す．すなわち

$$\|\boldsymbol{x}\| = \sqrt{(\boldsymbol{x}, \boldsymbol{x})} \qquad (\boldsymbol{x} \in V).$$

定理 6.1 $\mathbf{R}$ 上のベクトル空間 V におけるノルムに関して

(1) $\|k\boldsymbol{x}\| = |k| \cdot \|\boldsymbol{x}\|$

(2) $|(\boldsymbol{x}, \boldsymbol{y})| \leqq \|\boldsymbol{x}\| \cdot \|\boldsymbol{y}\|$　　(コーシー・シュワルツの不等式)

(3) $\|\boldsymbol{x} + \boldsymbol{y}\| \leqq \|\boldsymbol{x}\| + \|\boldsymbol{y}\|$　　(三角不等式)

が成り立つ．ここで，$\boldsymbol{x}, \boldsymbol{y} \in V$, $k \in \mathbf{R}$.

なす角 内積空間 V のベクトル $\boldsymbol{x}, \boldsymbol{y}$ に対して定理 6.1(2) より，$-1 \leqq \dfrac{(\boldsymbol{x}, \boldsymbol{y})}{\|\boldsymbol{x}\| \cdot \|\boldsymbol{y}\|} \leqq 1$ が成り立つ．そこで

$$\cos\theta = \frac{(\boldsymbol{x}, \boldsymbol{y})}{\|\boldsymbol{x}\| \cdot \|\boldsymbol{y}\|} \qquad (0 \leqq \theta \leqq \pi)$$

を満たす実数 θ が唯一定まる．この θ を $\boldsymbol{x}$ と $\boldsymbol{y}$ の**なす角**という．

内積空間 V の 2 つのベクトル $\boldsymbol{x}, \boldsymbol{y}$ に対して $(\boldsymbol{x}, \boldsymbol{y}) = 0$ であるとき，$\boldsymbol{x}, \boldsymbol{y}$ は**直交**するといい，$\boldsymbol{x} \perp \boldsymbol{y}$ で表す．

正射影 内積空間 V の 1 次独立なベクトル $\boldsymbol{a}, \boldsymbol{b}$ に対して，ベクトル

$$(\boldsymbol{b}, \frac{1}{\|\boldsymbol{a}\|}\boldsymbol{a})\,\frac{1}{\|\boldsymbol{a}\|}\boldsymbol{a}$$

をベクトル $\boldsymbol{b}$ のベクトル $\boldsymbol{a}$ への**正射影**という．

例えば，$\boldsymbol{a}, \boldsymbol{b}$ が空間の 1 次独立なベクトルであれば，$\boldsymbol{b}$ の $\boldsymbol{a}$ への正射影は次のような手順でつくることができる:

(1) $\boldsymbol{a}$ と同じ方向をもちノルム 1 のベクトル $\dfrac{1}{\|\boldsymbol{a}\|}\boldsymbol{a}$ をつくる．

(2) 内積 $(\boldsymbol{b}, \dfrac{1}{\|\boldsymbol{a}\|}\boldsymbol{a})$ を計算する．$\boldsymbol{a}$ と $\boldsymbol{b}$ のなす角を θ とすれば

$$(\boldsymbol{b}, \frac{1}{\|\boldsymbol{a}\|}\boldsymbol{a}) = \|\boldsymbol{b}\| \cos\theta.$$

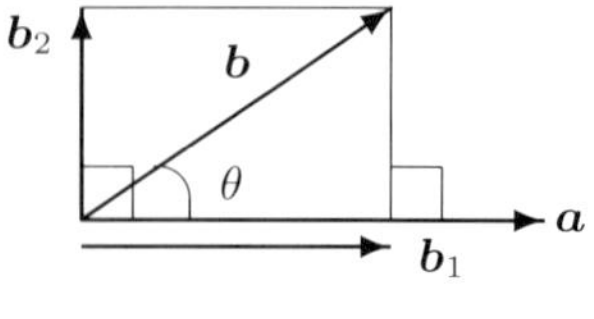

(3) ベクトル $\dfrac{1}{\|\boldsymbol{a}\|}\boldsymbol{a}$ の $\|\boldsymbol{b}\| \cos\theta$ 倍をつくる．すなわち

$$\|\boldsymbol{b}\| \cos\theta \frac{1}{\|\boldsymbol{a}\|}\boldsymbol{a} = (\boldsymbol{b}, \frac{1}{\|\boldsymbol{a}\|}\boldsymbol{a})\,\frac{1}{\|\boldsymbol{a}\|}\boldsymbol{a}.$$

【注意 1】 正射影 $\boldsymbol{b}_1 = (\boldsymbol{b}, \dfrac{1}{\|\boldsymbol{a}\|}\boldsymbol{a})\,\dfrac{1}{\|\boldsymbol{a}\|}\boldsymbol{a}$ に対して，$\boldsymbol{b}_2 = \boldsymbol{b} - \boldsymbol{b}_1$ とおけば

$$\boldsymbol{b} = \boldsymbol{b}_1 + \boldsymbol{b}_2, \qquad \boldsymbol{b}_1 \perp \boldsymbol{b}_2, \qquad \boldsymbol{b}_1 \in [\boldsymbol{a}].$$

【注意 2】 ベクトル $\dfrac{1}{\|\boldsymbol{a}\|}\boldsymbol{a}$ をベクトル $\boldsymbol{a}$ を**正規化**したベクトルという.

> **問題 6.1** 次の等式を示せ.
>
> (1) $(\boldsymbol{x},\boldsymbol{0})=(\boldsymbol{0},\boldsymbol{x})=0$　　(2) $(\boldsymbol{x},\boldsymbol{y}+\boldsymbol{z})=(\boldsymbol{x},\boldsymbol{y})+(\boldsymbol{x},\boldsymbol{z})$
>
> (3) $(\boldsymbol{x},k\boldsymbol{y})=k(\boldsymbol{x},\boldsymbol{y})$

【解答】 (1) $(\boldsymbol{x},\boldsymbol{0})=0$ を示せば，内積の性質 (1) より $(\boldsymbol{0},\boldsymbol{x})=0$ も得られる.

$$(\boldsymbol{x},\boldsymbol{0})=(\boldsymbol{x},\boldsymbol{0}+\boldsymbol{0})=(\boldsymbol{x},\boldsymbol{0})+(\boldsymbol{x},\boldsymbol{0})$$

また，$(\boldsymbol{x},\boldsymbol{0})$ は実数であって，$+$ は実数の加法であるから

$$(\boldsymbol{x},\boldsymbol{0})=(\boldsymbol{x},\boldsymbol{0})+(\boldsymbol{x},\boldsymbol{0})$$

より $(\boldsymbol{x},\boldsymbol{0})=0$ を得る.

(2) 内積の性質 (1), (2), (1) を順次に用いて

$$(\boldsymbol{x},\boldsymbol{y}+\boldsymbol{z})=(\boldsymbol{y}+\boldsymbol{z},\boldsymbol{x})=(\boldsymbol{y},\boldsymbol{x})+(\boldsymbol{z},\boldsymbol{x})=(\boldsymbol{x},\boldsymbol{y})+(\boldsymbol{x},\boldsymbol{z})$$

(3) 内積の性質 (1), (3), (1) を順次に用いて

$$(\boldsymbol{x},k\boldsymbol{y})=(k\boldsymbol{y},\boldsymbol{x})=k(\boldsymbol{y},\boldsymbol{x})=k(\boldsymbol{x},\boldsymbol{y})\quad\blacksquare$$

> **問題 6.2** 例 6.1 (p.123) における内積が先の条件を満たすことを確かめよ.

【解答】 内積の定義である 4 つの条件を確かめる.

(i) $(\boldsymbol{a},\boldsymbol{b})=a_1b_1+3a_2b_2=b_1a_1+3b_2a_2=(\boldsymbol{b},\boldsymbol{a})$.

(ii) $\boldsymbol{a}+\boldsymbol{b}=\begin{pmatrix}a_1+b_1\\a_2+b_2\end{pmatrix}$ より

$$\begin{aligned}(\boldsymbol{a}+\boldsymbol{b},\boldsymbol{c})&=(a_1+b_1)c_1+3(a_2+b_2)c_2=a_1c_1+3a_2c_2+b_1c_1+3b_2c_2\\&=(\boldsymbol{a},\boldsymbol{c})+(\boldsymbol{b},\boldsymbol{c})\end{aligned}$$

(iii) $k\boldsymbol{a}=\begin{pmatrix}ka_1\\ka_2\end{pmatrix}$ より

$$(k\boldsymbol{a},\boldsymbol{b})=(ka_1)b_1+3(ka_2)b_2=k(a_1b_1+3a_2b_2)=k(\boldsymbol{a},\boldsymbol{b})$$

(iv) $\boldsymbol{a}\neq\boldsymbol{0}$ とすると，$a_1\neq 0$ または $a_2\neq 0$ であるから

$$(\boldsymbol{a},\boldsymbol{a})=a_1^2+3a_2^2>0\quad\blacksquare$$

> **問題 6.3** 次の等式を証明せよ.
>
> (1) $\boldsymbol{x}\perp\boldsymbol{y}$ のとき，$\|\boldsymbol{x}+\boldsymbol{y}\|^2=\|\boldsymbol{x}\|^2+\|\boldsymbol{y}\|^2$
>
> (2) $\|\boldsymbol{x}+\boldsymbol{y}\|^2+\|\boldsymbol{x}-\boldsymbol{y}\|^2=2(\|\boldsymbol{x}\|^2+\|\boldsymbol{y}\|^2)$　　(中線定理)

【解答】 (1) ノルムの定義より，$\boldsymbol{x} \perp \boldsymbol{y}$ であれば，$(\boldsymbol{x}, \boldsymbol{y}) = 0$ であり

$$\begin{aligned}\|\boldsymbol{x}+\boldsymbol{y}\|^2 &= (\boldsymbol{x}+\boldsymbol{y}, \boldsymbol{x}+\boldsymbol{y}) = (\boldsymbol{x}, \boldsymbol{x}+\boldsymbol{y}) + (\boldsymbol{y}, \boldsymbol{x}+\boldsymbol{y}) \\ &= (\boldsymbol{x}, \boldsymbol{x}) + (\boldsymbol{x}, \boldsymbol{y}) + (\boldsymbol{y}, \boldsymbol{x}) + (\boldsymbol{y}, \boldsymbol{y}) = (\boldsymbol{x}, \boldsymbol{x}) + (\boldsymbol{y}, \boldsymbol{y}) = \|\boldsymbol{x}\|^2 + \|\boldsymbol{y}\|^2\end{aligned}$$

(2) 左辺の第1項について

$$\begin{aligned}\|\boldsymbol{x}+\boldsymbol{y}\|^2 &= (\boldsymbol{x}+\boldsymbol{y}, \boldsymbol{x}+\boldsymbol{y}) = (\boldsymbol{x}, \boldsymbol{x}+\boldsymbol{y}) + (\boldsymbol{y}, \boldsymbol{x}+\boldsymbol{y}) \\ &= (\boldsymbol{x}, \boldsymbol{x}) + (\boldsymbol{x}, \boldsymbol{y}) + (\boldsymbol{y}, \boldsymbol{x}) + (\boldsymbol{y}, \boldsymbol{y}) = \|\boldsymbol{x}\|^2 + 2(\boldsymbol{x}, \boldsymbol{y}) + \|\boldsymbol{y}\|^2\end{aligned}$$

左辺の第2項について，$(\boldsymbol{x}, -\boldsymbol{y}) = -(\boldsymbol{x}, \boldsymbol{y})$ に注意すれば

$$\begin{aligned}\|\boldsymbol{x}-\boldsymbol{y}\|^2 &= (\boldsymbol{x}-\boldsymbol{y}, \boldsymbol{x}-\boldsymbol{y}) = (\boldsymbol{x}, \boldsymbol{x}) + (\boldsymbol{x}, -\boldsymbol{y}) + (-\boldsymbol{y}, \boldsymbol{x}) + (-\boldsymbol{y}, -\boldsymbol{y}) \\ &= \|\boldsymbol{x}\|^2 - (\boldsymbol{x}, \boldsymbol{y}) - (\boldsymbol{y}, \boldsymbol{x}) + \|\boldsymbol{y}\|^2 = \|\boldsymbol{x}\|^2 - 2(\boldsymbol{x}, \boldsymbol{y}) + \|\boldsymbol{y}\|^2\end{aligned}$$

両式を加えることにより，中線定理が得られる． ■

問題 6.4 次のベクトルを正規化せよ．

(1) $\begin{pmatrix} 1 \\ 2 \end{pmatrix}$　　(2) $\begin{pmatrix} 1 \\ -1 \\ 2 \end{pmatrix}$

【解答】 (1) $\|\boldsymbol{a}\|^2 = (\boldsymbol{a}, \boldsymbol{a}) = 1^2 + 2^2 = 5$ より，$\boldsymbol{a}_1 = \dfrac{1}{\|\boldsymbol{a}\|}\boldsymbol{a} = \dfrac{1}{\sqrt{5}}\begin{pmatrix} 1 \\ 2 \end{pmatrix}$.

(2) $\|\boldsymbol{a}\|^2 = (\boldsymbol{a}, \boldsymbol{a}) = 1^2 + (-1)^2 + 2^2 = 6$ より，$\boldsymbol{a}_1 = \dfrac{1}{\|\boldsymbol{a}\|}\boldsymbol{a} = \dfrac{1}{\sqrt{6}}\begin{pmatrix} 1 \\ -1 \\ 2 \end{pmatrix}$. ■

問題 6.5 次のベクトル $\boldsymbol{a}, \boldsymbol{b}$ に対して，先の注意1のベクトル $\boldsymbol{b}_1, \boldsymbol{b}_2$ を求めよ．

(1) $\boldsymbol{a} = \begin{pmatrix} 1 \\ 2 \end{pmatrix}$, $\boldsymbol{b} = \begin{pmatrix} 2 \\ -1 \end{pmatrix}$　　(2) $\boldsymbol{a} = \begin{pmatrix} 1 \\ -1 \\ 2 \end{pmatrix}$, $\boldsymbol{b} = \begin{pmatrix} 3 \\ 1 \\ 0 \end{pmatrix}$

【解答】 (1) 問題6.4(1) より $\boldsymbol{a}_1 = \dfrac{1}{\|\boldsymbol{a}\|}\boldsymbol{a} = \dfrac{1}{\sqrt{5}}\begin{pmatrix} 1 \\ 2 \end{pmatrix}$ であり，$(\boldsymbol{b}, \boldsymbol{a}_1) = 2 \cdot 1/\sqrt{5} + (-1) \cdot 2/\sqrt{5} = 0$ であるから

$$\boldsymbol{b}_1 = (\boldsymbol{b}, \boldsymbol{a}_1)\boldsymbol{a}_1 = 0 \cdot \frac{1}{\sqrt{5}}\begin{pmatrix} 1 \\ 2 \end{pmatrix} = \begin{pmatrix} 0 \\ 0 \end{pmatrix}, \quad \boldsymbol{b}_2 = \boldsymbol{b} - \boldsymbol{b}_1 = \begin{pmatrix} 2 \\ -1 \end{pmatrix} - \begin{pmatrix} 0 \\ 0 \end{pmatrix} = \begin{pmatrix} 2 \\ -1 \end{pmatrix}.$$

(2) 問題6.4(2) より $\boldsymbol{a}_1 = \dfrac{1}{\|\boldsymbol{a}\|}\boldsymbol{a} = \dfrac{1}{\sqrt{6}}\begin{pmatrix} 1 \\ -1 \\ 2 \end{pmatrix}$ であり，$(\boldsymbol{b}, \boldsymbol{a}_1) = 3 \cdot 1/\sqrt{6} + 1 \cdot (-1)/\sqrt{6} + 0 \cdot 2/\sqrt{6} = 2/\sqrt{6}$ であるから

$$\boldsymbol{b}_1 = (\boldsymbol{b}, \boldsymbol{a}_1)\boldsymbol{a}_1 = \frac{2}{\sqrt{6}} \cdot \frac{1}{\sqrt{6}}\begin{pmatrix} 1 \\ -1 \\ 2 \end{pmatrix} = \frac{1}{3}\begin{pmatrix} 1 \\ -1 \\ 2 \end{pmatrix}$$

$$\boldsymbol{b}_2 = \boldsymbol{b} - \boldsymbol{b}_1 = \begin{pmatrix} 3 \\ 1 \\ 0 \end{pmatrix} - \frac{1}{3}\begin{pmatrix} 1 \\ -1 \\ 2 \end{pmatrix} = \frac{2}{3}\begin{pmatrix} 4 \\ 2 \\ -1 \end{pmatrix}. \quad \blacksquare$$

6.2 正規直交基

正規直交系 $\mathbf{R}$ 上の内積空間 V の $\mathbf{0}$ でないベクトル $\boldsymbol{a}_1, \boldsymbol{a}_2, \ldots, \boldsymbol{a}_m$ について

(1) どの 2 つのベクトルも互いに直交するとき，$\boldsymbol{a}_1, \boldsymbol{a}_2, \ldots, \boldsymbol{a}_m$ は**直交系**であるという．

$$(\boldsymbol{a}_i, \boldsymbol{a}_j) = 0 \quad (i \neq j) \iff \boldsymbol{a}_1, \boldsymbol{a}_2, \ldots, \boldsymbol{a}_m \text{ は直交系である}$$

(2) 直交系であり，かつ，すべてのベクトルが正規化されているとき，$\boldsymbol{a}_1, \boldsymbol{a}_2, \ldots, \boldsymbol{a}_m$ は**正規直交系**であるという．

$$(\boldsymbol{a}_i, \boldsymbol{a}_j) = \delta_{ij} \iff \boldsymbol{a}_1, \boldsymbol{a}_2, \ldots, \boldsymbol{a}_m \text{ は正規直交系である}$$

定理 6.2 内積空間 V において，$\boldsymbol{a}_1, \boldsymbol{a}_2, \ldots, \boldsymbol{a}_m$ が直交系であれば，$\boldsymbol{a}_1, \boldsymbol{a}_2, \ldots, \boldsymbol{a}_m$ は 1 次独立である．

定理 6.3 V を内積空間，$\boldsymbol{a}_1, \boldsymbol{a}_2, \ldots, \boldsymbol{a}_m$ を V の 1 次独立なベクトルとする．このとき，$[\boldsymbol{a}_1, \boldsymbol{a}_2, \ldots, \boldsymbol{a}_m] = [\boldsymbol{c}_1, \boldsymbol{c}_2, \ldots, \boldsymbol{c}_m]$ を満たす正規直交系 $\boldsymbol{c}_1, \boldsymbol{c}_2, \ldots, \boldsymbol{c}_m$ が存在する．

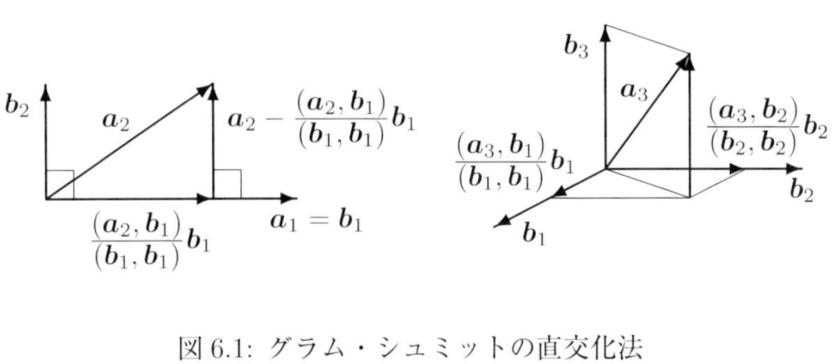

図 6.1: グラム・シュミットの直交化法

[グラム・シュミット (Gram-Schmidt) の直交化法]

(i)　$\{\boldsymbol{a}_1, \boldsymbol{a}_2, \ldots, \boldsymbol{a}_m\}$ から直交系 $\{\boldsymbol{b}_1, \boldsymbol{b}_2, \ldots, \boldsymbol{b}_m\}$ をつくる (図参照).

$$\begin{aligned}
\boldsymbol{b}_1 &= \boldsymbol{a}_1 \\
\boldsymbol{b}_2 &= \boldsymbol{a}_2 - \frac{(\boldsymbol{a}_2, \boldsymbol{b}_1)}{(\boldsymbol{b}_1, \boldsymbol{b}_1)}\boldsymbol{b}_1 \\
\boldsymbol{b}_3 &= \boldsymbol{a}_3 - \frac{(\boldsymbol{a}_3, \boldsymbol{b}_1)}{(\boldsymbol{b}_1, \boldsymbol{b}_1)}\boldsymbol{b}_1 - \frac{(\boldsymbol{a}_3, \boldsymbol{b}_2)}{(\boldsymbol{b}_2, \boldsymbol{b}_2)}\boldsymbol{b}_2 \\
&\vdots \\
\boldsymbol{b}_m &= \boldsymbol{a}_m - \frac{(\boldsymbol{a}_m, \boldsymbol{b}_1)}{(\boldsymbol{b}_1, \boldsymbol{b}_1)}\boldsymbol{b}_1 - \frac{(\boldsymbol{a}_m, \boldsymbol{b}_2)}{(\boldsymbol{b}_2, \boldsymbol{b}_2)}\boldsymbol{b}_2 - \cdots - \frac{(\boldsymbol{a}_m, \boldsymbol{b}_{m-1})}{(\boldsymbol{b}_{m-1}, \boldsymbol{b}_{m-1})}\boldsymbol{b}_{m-1}
\end{aligned}$$

(ii)　$\boldsymbol{b}_i$ $(i = 1, 2, \ldots, m)$ を正規化する.

$$\boldsymbol{c}_1 = \frac{\boldsymbol{b}_1}{\|\boldsymbol{b}_1\|}, \quad \boldsymbol{c}_2 = \frac{\boldsymbol{b}_2}{\|\boldsymbol{b}_2\|}, \quad \ldots, \quad \boldsymbol{c}_m = \frac{\boldsymbol{b}_m}{\|\boldsymbol{b}_m\|}$$

正規直交基　n 次元内積空間 V において，V の基 $\{\boldsymbol{a}_1, \boldsymbol{a}_2, \ldots, \boldsymbol{a}_n\}$ が正規直交系であるとき，$\{\boldsymbol{a}_1, \boldsymbol{a}_2, \ldots, \boldsymbol{a}_n\}$ は**正規直交基**であるという．すなわち

$$\begin{cases} \{\boldsymbol{a}_1, \boldsymbol{a}_2, \ldots, \boldsymbol{a}_n\} \text{ は基である} \\ (\boldsymbol{a}_i, \boldsymbol{a}_j) = \delta_{ij} \end{cases} \iff \{\boldsymbol{a}_1, \boldsymbol{a}_2, \ldots, \boldsymbol{a}_n\} \text{ は正規直交基である}$$

V を $\mathbf{K}$ 上の n 次元内積空間とし，$\{\boldsymbol{u}_1, \boldsymbol{u}_2, \ldots, \boldsymbol{u}_n\}$ を V の 1 組の正規直交基とする．このとき，V の任意のベクトル $\boldsymbol{x} = \sum_{i=1}^{n} x_i \boldsymbol{u}_i$ に対して

$$\text{線形写像} \ : \ \boldsymbol{x} \longmapsto \begin{pmatrix} x_1 \\ x_2 \\ \vdots \\ x_n \end{pmatrix}$$

は V から $\mathbf{K}^n$ への同型写像であり，$\boldsymbol{x}$ と $\boldsymbol{y}$ $(= \sum_{i=1}^{n} y_i \boldsymbol{u}_i \in V)$ との内積は

$$\begin{aligned}
(\boldsymbol{x}, \boldsymbol{y}) &= (\sum_{i=1}^{n} x_i \boldsymbol{u}_i, \sum_{i=1}^{n} y_i \boldsymbol{u}_i) = \sum_{i,j=1}^{n} x_i y_j (\boldsymbol{u}_i, \boldsymbol{u}_j) = \sum_{i,j=1}^{n} x_i y_j \delta_{ij} \\
&= x_1 y_1 + x_2 y_2 + \cdots + x_n y_n
\end{aligned}$$

となる．すなわち，$(\boldsymbol{x}, \boldsymbol{y})$ は $\boldsymbol{x}, \boldsymbol{y}$ に対応する $\mathbf{K}^n$ のベクトル $\begin{pmatrix} x_1 \\ x_2 \\ \vdots \\ x_n \end{pmatrix}$ と $\begin{pmatrix} y_1 \\ y_2 \\ \vdots \\ y_n \end{pmatrix}$ の標準内積に等しい．

定理 6.4 V を n 次元内積空間とする．このとき

(1) V には正規直交基が存在する．

(2) $\boldsymbol{a}_1, \boldsymbol{a}_2, \ldots, \boldsymbol{a}_m$ $(\boldsymbol{a}_i \in V,\ m < n)$ を正規直交系とすれば，これに $(n-m)$ 個のベクトル $\boldsymbol{a}_{m+1}, \boldsymbol{a}_{m+2}, \ldots, \boldsymbol{a}_n$ $(\boldsymbol{a}_j \in V,\ m < j \leqq n)$ を加えた

$$\{\boldsymbol{a}_1, \boldsymbol{a}_2, \ldots, \boldsymbol{a}_m, \boldsymbol{a}_{m+1}, \boldsymbol{a}_{m+2}, \ldots, \boldsymbol{a}_n\}$$

が V の正規直交基であるようにできる．

問題 6.6 $\boldsymbol{a}_1 = \begin{pmatrix} 1 \\ 2 \end{pmatrix}$，$\boldsymbol{a}_2 = \begin{pmatrix} 3 \\ -1 \end{pmatrix}$ から，$\mathbf{R}^2$ の正規直交基をつくれ．

【解答】 グラム・シュミットの直交化法を使う．

直交化を行う．

$$\boldsymbol{b}_1 = \boldsymbol{a}_1 = \begin{pmatrix} 1 \\ 2 \end{pmatrix}.$$

さらに，$(\boldsymbol{a}_2, \boldsymbol{b}_1) = 3 \cdot 1 + (-1) \cdot 2 = 1$，$(\boldsymbol{b}_1, \boldsymbol{b}_1) = 1^2 + 2^2 = 5$ により

$$\boldsymbol{b}_2 = \boldsymbol{a}_2 - \frac{(\boldsymbol{a}_2, \boldsymbol{b}_1)}{(\boldsymbol{b}_1, \boldsymbol{b}_1)}\boldsymbol{b}_1 = \begin{pmatrix} 3 \\ -1 \end{pmatrix} - \frac{1}{5}\begin{pmatrix} 1 \\ 2 \end{pmatrix} = \frac{1}{5}\begin{pmatrix} 14 \\ -7 \end{pmatrix} = \frac{7}{5}\begin{pmatrix} 2 \\ -1 \end{pmatrix}$$

正規化を行う．$\|\boldsymbol{b}_1\|^2 = 1^2 + 2^2 = 5$，$\|\boldsymbol{b}_2\| = \frac{7}{5}\left\|\begin{pmatrix} 2 \\ -1 \end{pmatrix}\right\| = \frac{7}{5} \cdot \sqrt{5} = 7/\sqrt{5}$ より

$$\boldsymbol{c}_1 = \frac{\boldsymbol{b}_1}{\|\boldsymbol{b}_1\|} = \frac{1}{\sqrt{5}}\begin{pmatrix} 1 \\ 2 \end{pmatrix}, \quad \boldsymbol{c}_2 = \frac{\boldsymbol{b}_2}{\|\boldsymbol{b}_2\|} = \frac{\sqrt{5}}{7} \cdot \frac{7}{5}\begin{pmatrix} 2 \\ -1 \end{pmatrix} = \frac{1}{\sqrt{5}}\begin{pmatrix} 2 \\ -1 \end{pmatrix}.$$

ゆえに，求める正規直交基は $\left\{\frac{1}{\sqrt{5}}\begin{pmatrix} 1 \\ 2 \end{pmatrix}, \frac{1}{\sqrt{5}}\begin{pmatrix} 2 \\ -1 \end{pmatrix}\right\}$． ■

問題 6.7 次の $\{\boldsymbol{a}_1, \boldsymbol{a}_2, \boldsymbol{a}_3\}$ から，$\mathbf{R}^3$ の正規直交基をつくれ．

(1) $\boldsymbol{a}_1 = \begin{pmatrix} 1 \\ 1 \\ 0 \end{pmatrix}$, $\boldsymbol{a}_2 = \begin{pmatrix} 0 \\ -1 \\ 1 \end{pmatrix}$, $\boldsymbol{a}_3 = \begin{pmatrix} -1 \\ 2 \\ 0 \end{pmatrix}$

(2) $\boldsymbol{a}_1 = \begin{pmatrix} 0 \\ 1 \\ 1 \end{pmatrix}$, $\boldsymbol{a}_2 = \begin{pmatrix} 1 \\ 0 \\ 1 \end{pmatrix}$, $\boldsymbol{a}_3 = \begin{pmatrix} 1 \\ 1 \\ 0 \end{pmatrix}$

【解答】 (1) (i) 直交化を行う．$\boldsymbol{b}_1 = \boldsymbol{a}_1 = \begin{pmatrix} 1 \\ 1 \\ 0 \end{pmatrix}$ であり，$(\boldsymbol{a}_2, \boldsymbol{b}_1) = -1$, $(\boldsymbol{b}_1, \boldsymbol{b}_1) = 2$ より

$$\boldsymbol{b}_2 = \boldsymbol{a}_2 - \frac{(\boldsymbol{a}_2, \boldsymbol{b}_1)}{(\boldsymbol{b}_1, \boldsymbol{b}_1)}\boldsymbol{b}_1 = \begin{pmatrix} 0 \\ -1 \\ 1 \end{pmatrix} + \frac{1}{2}\begin{pmatrix} 1 \\ 1 \\ 0 \end{pmatrix} = \frac{1}{2}\begin{pmatrix} 1 \\ -1 \\ 2 \end{pmatrix}.$$

さらに $(\boldsymbol{a}_3, \boldsymbol{b}_1) = -1 + 2 = 1$, $(\boldsymbol{a}_3, \boldsymbol{b}_2) = -3/2$, $(\boldsymbol{b}_2, \boldsymbol{b}_2) = 3/2$ より

$$\begin{aligned} \boldsymbol{b}_3 &= \boldsymbol{a}_3 - \frac{(\boldsymbol{a}_3, \boldsymbol{b}_1)}{(\boldsymbol{b}_1, \boldsymbol{b}_1)}\boldsymbol{b}_1 - \frac{(\boldsymbol{a}_3, \boldsymbol{b}_2)}{(\boldsymbol{b}_2, \boldsymbol{b}_2)}\boldsymbol{b}_2 = \boldsymbol{a}_3 - \frac{1}{2}\boldsymbol{b}_1 + \boldsymbol{b}_2 \\ &= \begin{pmatrix} -1 \\ 2 \\ 0 \end{pmatrix} - \frac{1}{2}\begin{pmatrix} 1 \\ 1 \\ 0 \end{pmatrix} + \frac{1}{2}\begin{pmatrix} 1 \\ -1 \\ 2 \end{pmatrix} = \begin{pmatrix} -1 \\ 1 \\ 1 \end{pmatrix} \end{aligned}$$

(ii) 正規化を行う．$\|\boldsymbol{b}_1\| = \sqrt{2}$, $\|\boldsymbol{b}_2\| = \sqrt{6}/2$, $\|\boldsymbol{b}_3\| = \sqrt{3}$ より，求める正規直交基は

$$\{\frac{1}{\sqrt{2}}\begin{pmatrix} 1 \\ 1 \\ 0 \end{pmatrix}, \frac{1}{\sqrt{6}}\begin{pmatrix} 1 \\ -1 \\ 2 \end{pmatrix}, \frac{1}{\sqrt{3}}\begin{pmatrix} -1 \\ 1 \\ 1 \end{pmatrix}\}.$$

(2) (i) 直交化を行う．$\boldsymbol{b}_1 = \boldsymbol{a}_1 = \begin{pmatrix} 0 \\ 1 \\ 1 \end{pmatrix}$ であり，$(\boldsymbol{a}_2, \boldsymbol{b}_1) = 1$, $(\boldsymbol{b}_1, \boldsymbol{b}_1) = 2$ より

$$\boldsymbol{b}_2 = \boldsymbol{a}_2 - \frac{(\boldsymbol{a}_2, \boldsymbol{b}_1)}{(\boldsymbol{b}_1, \boldsymbol{b}_1)}\boldsymbol{b}_1 = \begin{pmatrix} 1 \\ 0 \\ 1 \end{pmatrix} - \frac{1}{2}\begin{pmatrix} 0 \\ 1 \\ 1 \end{pmatrix} = \frac{1}{2}\begin{pmatrix} 2 \\ -1 \\ 1 \end{pmatrix}$$

さらに $(\boldsymbol{a}_3, \boldsymbol{b}_1) = 1$, $(\boldsymbol{a}_3, \boldsymbol{b}_2) = 1/2$, $(\boldsymbol{b}_2, \boldsymbol{b}_2) = 3/2$ より

$$\begin{aligned} \boldsymbol{b}_3 &= \boldsymbol{a}_3 - \frac{(\boldsymbol{a}_3, \boldsymbol{b}_1)}{(\boldsymbol{b}_1, \boldsymbol{b}_1)}\boldsymbol{b}_1 - \frac{(\boldsymbol{a}_3, \boldsymbol{b}_2)}{(\boldsymbol{b}_2, \boldsymbol{b}_2)}\boldsymbol{b}_2 = \boldsymbol{a}_3 - \frac{1}{2}\boldsymbol{b}_1 - \frac{1}{3}\boldsymbol{b}_2 \\ &= \begin{pmatrix} 1 \\ 1 \\ 0 \end{pmatrix} - \frac{1}{2}\begin{pmatrix} 0 \\ 1 \\ 1 \end{pmatrix} - \frac{1}{6}\begin{pmatrix} 2 \\ -1 \\ 1 \end{pmatrix} = \frac{2}{3}\begin{pmatrix} 1 \\ 1 \\ -1 \end{pmatrix} \end{aligned}$$

(ii) 正規化を行う．$\|\boldsymbol{b}_1\| = \sqrt{2}$, $\|\boldsymbol{b}_2\| = \sqrt{6}/2$, $\|\boldsymbol{b}_3\| = 2/\sqrt{3}$ より，求める正規直交基は

$$\left\{\frac{1}{\sqrt{2}}\begin{pmatrix}0\\1\\1\end{pmatrix},\ \frac{1}{\sqrt{6}}\begin{pmatrix}2\\-1\\1\end{pmatrix},\ \frac{1}{\sqrt{3}}\begin{pmatrix}1\\1\\-1\end{pmatrix}\right\} \quad \blacksquare$$

問題 6.8 次の 1 次方程式の解ベクトル全体の空間の正規直交基を求めよ．

(1) $x_1 + 2x_2 + x_3 = 0$　　　(2) $x_1 + x_2 - 2x_3 = 0$

【解答】 (1) (1,3) 型行列 $A = (1\ 2\ 1)$, $\boldsymbol{x} = \begin{pmatrix}x_1\\x_2\\x_3\end{pmatrix}$ とおけば，解ベクトル全体の空間 W は $W = \{\boldsymbol{x} \mid A\boldsymbol{x} = \boldsymbol{0}\}$ を満たす．定理 5.12 より $\dim W = \dim \mathbf{R}^3 - \operatorname{rank} A = 3-1 = 2$. なるべく簡単な W に属するベクトル $\boldsymbol{b}_1 = \begin{pmatrix}u_1\\u_2\\u_3\end{pmatrix}$ を探すと，$u_1 = 1, u_2 = 0$ とすれば，$u_3 = -1$ となり，$\boldsymbol{b}_1 = \begin{pmatrix}1\\0\\-1\end{pmatrix}$ は式 (1) の解ベクトルである．また，$\boldsymbol{b}_1$ と直交し，式 (1) を満たすという条件より

$$\begin{cases}\boldsymbol{x} = \begin{pmatrix}v_1\\v_2\\v_3\end{pmatrix} \in W \\ 0 = (\boldsymbol{b}_1, \boldsymbol{x})\end{cases} \longrightarrow \begin{cases}0 = v_1 + 2v_2 + v_3 \\ 0 = v_1 - v_3\end{cases} \xrightarrow[\text{とおく}]{v_3 = t} \boldsymbol{x} = t\begin{pmatrix}1\\-1\\1\end{pmatrix}\ (t \text{ は任意定数})$$

となる．したがって，$\boldsymbol{b}_2 = \begin{pmatrix}1\\-1\\1\end{pmatrix}$ ($\boldsymbol{b}_2 \in W, (\boldsymbol{b}_1, \boldsymbol{b}_2) = 0$) なる解ベクトルがある．

定理 6.2 より，直交している $\{\boldsymbol{b}_1, \boldsymbol{b}_2\}$ は 1 次独立である．さらに $\dim W = 2$ より，$\{\boldsymbol{b}_1, \boldsymbol{b}_2\}$ は W の直交基である．ゆえに，$\|\boldsymbol{b}_1\| = \sqrt{2}$, $\|\boldsymbol{b}_2\| = \sqrt{3}$ より

$$\frac{1}{\|\boldsymbol{b}_1\|}\boldsymbol{b}_1 = \frac{1}{\sqrt{2}}\begin{pmatrix}1\\0\\-1\end{pmatrix}, \quad \frac{1}{\|\boldsymbol{b}_2\|}\boldsymbol{b}_2 = \frac{1}{\sqrt{3}}\begin{pmatrix}1\\-1\\1\end{pmatrix}$$

とすれば，$\left\{\frac{1}{\sqrt{2}}\begin{pmatrix}1\\0\\-1\end{pmatrix}, \frac{1}{\sqrt{3}}\begin{pmatrix}1\\-1\\1\end{pmatrix}\right\}$ は W の正規直交基である．

(2) (3,1) 型行列 $A = (1\ 1\ -2)$, $\boldsymbol{x} = \begin{pmatrix}x_1\\x_2\\x_3\end{pmatrix}$ とおけば，解ベクトル全体の空間 W は $W = \{\boldsymbol{x} \mid A\boldsymbol{x} = \boldsymbol{0}\}$ を満たす．定理 5.12 より $\dim W = \dim \mathbf{R}^3 - \operatorname{rank} A = 3 - 1 = 2$. ここで，なるべく簡単な W のベクトルを探す．$x_1 = 1, x_2 = -1$ とすると $x_3 = 0$ と

なり，$\boldsymbol{b}_1 = \begin{pmatrix} 1 \\ -1 \\ 0 \end{pmatrix}$ は 式 (2) の解ベクトルである．さらに $\boldsymbol{b}_1$ と直交し，式 (2) を満たすという条件より

$$\begin{cases} 0 = x_1 + x_2 - 2x_3 \\ 0 = x_1 - x_2 \end{cases} \longrightarrow \begin{cases} x_3 = x_2 \\ x_1 = x_2 \end{cases} \xrightarrow[\text{とおく}]{x_2 = t} \boldsymbol{x} = t\begin{pmatrix} 1 \\ 1 \\ 1 \end{pmatrix} \quad (t \text{ は任意定数})$$

となる．したがって，$\boldsymbol{b}_2 = \begin{pmatrix} 1 \\ 1 \\ 1 \end{pmatrix}$ $(\boldsymbol{b}_2 \in W,\ (\boldsymbol{b}_2, \boldsymbol{b}_1) = 0)$ なる解ベクトルがある．

定理 6.2 より，直交している $\{\boldsymbol{b}_1, \boldsymbol{b}_2\}$ は 1 次独立である．また $\dim W = 2$ より，$\{\boldsymbol{b}_1, \boldsymbol{b}_2\}$ は W の直交基である．さらに $\|\boldsymbol{b}_1\| = \sqrt{2}$, $\|\boldsymbol{b}_2\| = \sqrt{3}$ より，求める W の正規直交基は，$\{\frac{1}{\sqrt{2}}\begin{pmatrix} 1 \\ -1 \\ 0 \end{pmatrix}, \frac{1}{\sqrt{3}}\begin{pmatrix} 1 \\ 1 \\ 1 \end{pmatrix}\}$. ■

6.3 直交変換

V を $\mathbf{R}$ 上の n 次元内積空間，f を V の線形変換とする．

線形変換 $f: V \longrightarrow V$ が V の内積を変えないとき，つまり，V の任意のベクトル $\boldsymbol{x}, \boldsymbol{y}$ に対して

$$(f(\boldsymbol{x}), f(\boldsymbol{y})) = (\boldsymbol{x}, \boldsymbol{y}) \tag{6.2}$$

が成り立つとき，f を**直交変換**という．

$f: V \longrightarrow V$ が直交変換であるならば，内積空間 V のノルムに関して

$$\|f(\boldsymbol{x})\| = \|\boldsymbol{x}\| \qquad (\boldsymbol{x} \in V).$$

いま，$S = \{\boldsymbol{v}_1, \boldsymbol{v}_2, \ldots, \boldsymbol{v}_n\}$ を V の正規直交基とする．基 S に関する直交変換 f の表現行列 A について調べよう．

定理 6.5 V を n 次元内積空間，$S = \{\boldsymbol{v}_1, \boldsymbol{v}_2, \ldots, \boldsymbol{v}_n\}$ を V の正規直交基，$f: V \longrightarrow V$ を線形変換とする．このとき，次の (1), (2), (3) は同値である．

(1) $f: V \longrightarrow V$ は直交変換である．

(2) $\{f(\boldsymbol{v}_1), f(\boldsymbol{v}_2), \ldots, f(\boldsymbol{v}_n)\}$ は V の正規直交基である．

(3) 基 S に関する f の表現行列 A は直交行列である．

定理 6.6 n 次正方行列 A で定まる線形変換 $f_A: \mathbf{R}^n \longrightarrow \mathbf{R}^n, f_A(\boldsymbol{x}) = A\boldsymbol{x}$ について

$$A \text{ は直交行列である} \iff f_A \text{ は直交変換である}$$

定理 6.7 n 次正方行列 A に対して，次の (1), (2), (3) は同値である．

(1) A は直交行列である．

(2) A の n 個の列ベクトルは $\mathbf{R}^n$ の正規直交基をつくる．

(3) A の n 個の行ベクトルは $\mathbf{R}_n$ の正規直交基をつくる．

問題 6.9 次の行列が直交行列であることを示せ．

(1) $\begin{pmatrix} \cos\theta & -\sin\theta \\ \sin\theta & \cos\theta \end{pmatrix}$ (2) $\begin{pmatrix} \sin\theta\cos\phi & \cos\theta\cos\phi & -\sin\phi \\ \sin\theta\sin\phi & \cos\theta\sin\phi & \cos\phi \\ \cos\theta & -\sin\theta & 0 \end{pmatrix}$

【解答】 (1) $A{}^tA = {}^tAA = E_2$ を示せばよい (第 1 章 1.3 参照)．

$$\begin{aligned} A{}^tA &= \begin{pmatrix} \cos\theta & -\sin\theta \\ \sin\theta & \cos\theta \end{pmatrix}\begin{pmatrix} \cos\theta & \sin\theta \\ -\sin\theta & \cos\theta \end{pmatrix} \\ &= \begin{pmatrix} \cos^2\theta + \sin^2\theta & \cos\theta\sin\theta - \sin\theta\cos\theta \\ \sin\theta\cos\theta - \cos\theta\sin\theta & \sin^2\theta + \cos^2\theta \end{pmatrix} = \begin{pmatrix} 1 & 0 \\ 0 & 1 \end{pmatrix} = E_2. \end{aligned}$$

$$\begin{aligned} {}^tAA &= \begin{pmatrix} \cos\theta & \sin\theta \\ -\sin\theta & \cos\theta \end{pmatrix}\begin{pmatrix} \cos\theta & -\sin\theta \\ \sin\theta & \cos\theta \end{pmatrix} \\ &= \begin{pmatrix} \cos^2\theta + \sin^2\theta & -\cos\theta\sin\theta + \sin\theta\cos\theta \\ -\sin\theta\cos\theta + \cos\theta\sin\theta & \sin^2\theta + \cos^2\theta \end{pmatrix} = \begin{pmatrix} 1 & 0 \\ 0 & 1 \end{pmatrix} = E_2. \end{aligned}$$

ゆえに，A は直交行列である．

(2) $B{}^tB = {}^tBB = E_3$ を示せばよい (第 1 章 1.3 参照)．

$$B{}^tB = \begin{pmatrix} \sin\theta\cos\phi & \cos\theta\cos\phi & -\sin\phi \\ \sin\theta\sin\phi & \cos\theta\sin\phi & \cos\phi \\ \cos\theta & -\sin\theta & 0 \end{pmatrix}\begin{pmatrix} \sin\theta\cos\phi & \sin\theta\sin\phi & \cos\theta \\ \cos\theta\cos\phi & \cos\theta\sin\phi & -\sin\theta \\ -\sin\phi & \cos\phi & 0 \end{pmatrix}$$

について，加法定理を用いて

$$B{}^tB \text{の 1 列目} = \begin{pmatrix} \sin^2\theta\cos^2\phi + \cos^2\theta\cos^2\phi + \sin^2\phi \\ \sin^2\theta\sin\phi\cos\phi + \cos^2\theta\sin\phi\cos\phi - \cos\phi\sin\phi \\ \cos\theta\sin\theta\cos\phi - \sin\theta\cos\theta\cos\phi \end{pmatrix}$$

$$= \begin{pmatrix} (\sin^2\theta+\cos^2\theta)\cos^2\phi+\sin^2\phi \\ (\sin^2\theta+\cos^2\theta-1)\sin\phi\cos\phi \\ (\cos\theta\sin\theta-\sin\theta\cos\theta)\cos\phi \end{pmatrix} = \begin{pmatrix} \cos^2\phi+\sin^2\phi \\ 0 \\ 0 \end{pmatrix} = \begin{pmatrix} 1 \\ 0 \\ 0 \end{pmatrix},$$

$$B^tB\text{の 2 列目} = \begin{pmatrix} \sin^2\theta\cos\phi\sin\phi+\cos^2\theta\cos\phi\sin\phi-\sin\phi\cos\phi \\ \sin^2\theta\sin^2\phi+\cos^2\theta\sin^2\phi+\cos^2\phi \\ \cos\theta\sin\theta\sin\phi-\sin\theta\cos\theta\sin\phi \end{pmatrix}$$

$$= \begin{pmatrix} (\sin^2\theta+\cos^2\theta-1)\cos\phi\sin\phi \\ (\sin^2\theta+\cos^2\theta)\sin^2\phi+\cos^2\phi \\ \cos\theta\sin\theta(\sin\phi-\sin\phi) \end{pmatrix} = \begin{pmatrix} 0 \\ \sin^2\phi+\cos^2\phi \\ 0 \end{pmatrix} = \begin{pmatrix} 0 \\ 1 \\ 0 \end{pmatrix},$$

$$B^tB\text{の 3 列目} = \begin{pmatrix} \sin\theta\cos\theta\cos\phi-\cos\theta\sin\theta\cos\phi \\ \sin\theta\cos\theta\sin\phi-\cos\theta\sin\theta\sin\phi \\ \cos^2\theta+\sin^2\theta \end{pmatrix} = \begin{pmatrix} 0 \\ 0 \\ 1 \end{pmatrix}.$$

これらにより $B^tB = \begin{pmatrix} 1 & 0 & 0 \\ 0 & 1 & 0 \\ 0 & 0 & 1 \end{pmatrix} = E_3$. 同様に ${}^tBB = E_3$ も計算できる. ■

問題 6.10 次の行列 A が直交行列であるように a, b, c, d の値を定めよ.

$$A = \begin{pmatrix} \frac{1}{\sqrt{2}} & d & a \\ 0 & \frac{1}{\sqrt{3}} & b \\ \frac{1}{\sqrt{2}} & \frac{1}{\sqrt{3}} & c \end{pmatrix}$$

【解答】 A が直交行列であれば, $E = A^tA = {}^tAA$ が成り立つことより

$$\begin{pmatrix} 1 & 0 & 0 \\ 0 & 1 & 0 \\ 0 & 0 & 1 \end{pmatrix} = \begin{pmatrix} \frac{1}{\sqrt{2}} & d & a \\ 0 & \frac{1}{\sqrt{3}} & b \\ \frac{1}{\sqrt{2}} & \frac{1}{\sqrt{3}} & c \end{pmatrix} \begin{pmatrix} \frac{1}{\sqrt{2}} & 0 & \frac{1}{\sqrt{2}} \\ d & \frac{1}{\sqrt{3}} & \frac{1}{\sqrt{3}} \\ a & b & c \end{pmatrix} = \begin{pmatrix} \frac{1}{2}+d^2+a^2 & \frac{d}{\sqrt{3}}+ab & \frac{1}{2}+\frac{d}{\sqrt{3}}+ac \\ \frac{d}{\sqrt{3}}+ab & \frac{1}{3}+b^2 & \frac{1}{3}+bc \\ \frac{1}{2}+\frac{d}{\sqrt{3}}+ac & \frac{1}{3}+bc & \frac{1}{2}+\frac{1}{3}+c^2 \end{pmatrix}$$

である. したがって, 対応する成分を比べて

① $\frac{1}{2}+d^2+a^2=1$, ④ $\frac{d}{\sqrt{3}}+ab=0$, ⑦ $\frac{1}{2}+\frac{d}{\sqrt{3}}+ac=0$,

② $\frac{d}{\sqrt{3}}+ab=0$, ⑤ $\frac{1}{3}+b^2=1$, ⑧ $\frac{1}{3}+bc=0$,

③ $\frac{1}{2}+\frac{d}{\sqrt{3}}+ac=0$, ⑥ $\frac{1}{3}+bc=0$, ⑨ $\frac{1}{2}+\frac{1}{3}+c^2=1$

が成り立つ. ⑤と⑨より

$$b^2 = \frac{2}{3} \longrightarrow b = \pm\frac{2}{\sqrt{6}}, \qquad c^2 = \frac{1}{6} \longrightarrow c = \pm\frac{1}{\sqrt{6}}.$$

が成り立つ．これらと⑥または⑧より

$$bc = -\frac{1}{3} \longrightarrow \begin{cases} b = \dfrac{2}{\sqrt{6}} \\ c = -\dfrac{1}{\sqrt{6}} \end{cases} \text{または} \begin{cases} b = -\dfrac{2}{\sqrt{6}} \\ c = \dfrac{1}{\sqrt{6}} \end{cases}$$

である．①と⑨より

$$a^2 + d^2 = \frac{1}{2} \quad \text{および} \quad c^2 = \frac{1}{6}$$

であり，④と⑦より

$$d = -\sqrt{3}ab \quad \text{および} \quad ab - ac = \frac{1}{2} \longrightarrow a = \frac{1}{2(b-c)}$$

が成り立つ．

(i) $b = 2/\sqrt{6},\ c = -1/\sqrt{6}$ とおくと

$$a = \frac{1}{2\left(\dfrac{2}{\sqrt{6}} + \dfrac{1}{\sqrt{6}}\right)} = \frac{1}{\sqrt{6}}, \qquad d = -\sqrt{3}\frac{1}{\sqrt{6}}\frac{2}{\sqrt{6}} = -\frac{1}{\sqrt{3}}$$

(ii) $b = -2/\sqrt{6},\ c = 1/\sqrt{6}$ とおくと

$$a = \frac{1}{2\left(-\dfrac{2}{\sqrt{6}} - \dfrac{1}{\sqrt{6}}\right)} = -\frac{1}{\sqrt{6}}, \qquad d = -\sqrt{3}\frac{-1}{\sqrt{6}}\frac{-2}{\sqrt{6}} = -\frac{1}{\sqrt{3}}$$

ゆえに，求める解は

$$a = \pm\frac{1}{\sqrt{6}},\ b = \pm\frac{2}{\sqrt{6}},\ c = \mp\frac{1}{\sqrt{6}},\ d = -\frac{1}{\sqrt{3}} \qquad \text{(複号同順)}. \quad ■$$

6.4 複素内積空間

本節では，$\mathbf{C}$ 上のベクトル空間における内積について考える．

V を $\mathbf{C}$ 上のベクトル空間とする．V の任意のベクトル $\boldsymbol{x}, \boldsymbol{y}$ に対して複素数 $(\boldsymbol{x}, \boldsymbol{y})$ が定まり，次の4つの条件が満たされるとき，$(\boldsymbol{x}, \boldsymbol{y})$ を $\boldsymbol{x}$ と $\boldsymbol{y}$ の**内積**という．$\boldsymbol{x}, \boldsymbol{y}, \boldsymbol{z} \in V,\ k \in \mathbf{C}$ に対して

(1) $(\boldsymbol{x}, \boldsymbol{y}) = \overline{(\boldsymbol{y}, \boldsymbol{x})}$ (2) $(\boldsymbol{x}+\boldsymbol{y}, \boldsymbol{z}) = (\boldsymbol{x}, \boldsymbol{z}) + (\boldsymbol{y}, \boldsymbol{z})$

(3) $(k\boldsymbol{x}, \boldsymbol{y}) = k(\boldsymbol{x}, \boldsymbol{y})$ (4) $\boldsymbol{x} \neq \mathbf{0}$ のとき，$(\boldsymbol{x}, \boldsymbol{x}) > 0$

複素数値である内積が定義された空間を**複素内積空間**または**複素計量ベクトル空間**という．

n 次元数ベクトル空間 $\mathbf{C}^n$ のベクトル $\boldsymbol{x} = \begin{pmatrix} x_1 \\ x_2 \\ \vdots \\ x_n \end{pmatrix}$, $\boldsymbol{y} = \begin{pmatrix} y_1 \\ y_2 \\ \vdots \\ y_n \end{pmatrix}$ に対して

$$(\boldsymbol{x}, \boldsymbol{y}) = x_1\overline{y_1} + x_2\overline{y_2} + \cdots + x_n\overline{y_n} \tag{6.3}$$

と定めれば，上述の内積の定義の 4 つの条件を満たす．これを $\mathbf{C}^n$ の**標準内積**という．以下，特に断らない限り，$\mathbf{C}^n$ には式 (6.3) による内積が定義されているものとする．

ノルム 複素内積空間 V において，条件より任意のベクトル $\boldsymbol{x}$ に対して $(\boldsymbol{x}, \boldsymbol{x})$ は実数で $(\boldsymbol{x}, \boldsymbol{x}) \geqq 0$ であるから $\sqrt{(\boldsymbol{x}, \boldsymbol{x})}$ が定まる．この実数値 $\sqrt{(\boldsymbol{x}, \boldsymbol{x})}$ をベクトル $\boldsymbol{x}$ の**ノルム** (norm) または**長さ**といい，$\|\boldsymbol{x}\|$ で表す．

$$\|\boldsymbol{x}\| = \sqrt{(\boldsymbol{x}, \boldsymbol{x})} \qquad (\boldsymbol{x} \in \mathbf{C}^n)$$

一般に，複素内積空間の内積 $(\boldsymbol{x}, \boldsymbol{y})$ は複素数であるから 2 つのベクトル $\boldsymbol{x}, \boldsymbol{y}$ のなす角は定義できないが，ベクトルの直交性について次の定義ができる．

複素内積空間 の 2 つのベクトル $\boldsymbol{x}, \boldsymbol{y}$ に対して $(\boldsymbol{x}, \boldsymbol{y}) = 0$ であるとき，$\boldsymbol{x}, \boldsymbol{y}$ は**直交**するといい，$\boldsymbol{x} \perp \boldsymbol{y}$ で表す．

定理 6.8 複素内積空間におけるノルムに関して次の不等式が成り立つ．

(1) $|(\boldsymbol{x}, \boldsymbol{y})| \leqq \|\boldsymbol{x}\| \cdot \|\boldsymbol{y}\|$ 　　(コーシー・シュワルツの不等式)

(2) $\|\boldsymbol{x} + \boldsymbol{y}\| \leqq \|\boldsymbol{x}\| + \|\boldsymbol{y}\|$ 　　(三角不等式)

ユニタリ変換 n 次の複素正方行列 A と $\mathbf{C}^n$ のベクトル $\boldsymbol{x}, \boldsymbol{y}$ に対して

$$(A\boldsymbol{x}, \boldsymbol{y}) = \boldsymbol{y}^*(A\boldsymbol{x}) = (\boldsymbol{y}^*A)\boldsymbol{x} = (A^*\boldsymbol{y})^*\boldsymbol{x} = (\boldsymbol{x}, A^*\boldsymbol{y})$$

であるので

$$(A\boldsymbol{x}, \boldsymbol{y}) = (\boldsymbol{x}, A^*\boldsymbol{y}). \tag{6.4}$$

V を複素内積空間，$f\colon V \longrightarrow V$ を線形変換とする．このとき，線形変換 f が内積を変えないとき，すなわち，V の任意のベクトル $\boldsymbol{x}, \boldsymbol{y}$ に対して

$$(f(\boldsymbol{x}), f(\boldsymbol{y})) = (\boldsymbol{x}, \boldsymbol{y}) \tag{6.5}$$

が成り立つとき，線形変換 f を**ユニタリ変換** (Unitary 変換) という．

$f\colon V \longrightarrow V$ がユニタリ変換であるならば複素内積空間 V のノルムに関して

$$\|f(\boldsymbol{x})\| = \|\boldsymbol{x}\| \qquad (\boldsymbol{x} \in V).$$

n 次の複素正方行列 A が定める線形変換 $f_A\colon \mathbf{C}^n \longrightarrow \mathbf{C}^n$, $f_A(\boldsymbol{x}) = A\boldsymbol{x}$ がユニタリ変換であるとき，式 (6.5) は

$$(A\boldsymbol{x}, A\boldsymbol{y}) = (\boldsymbol{x}, \boldsymbol{y})$$

となる．このとき

$$y^*x = (x, y) = (Ax, Ay) = (Ay)^*Ax = y^*A^*Ax$$

であるので $y^*(A^*A - E)x = 0$ が成立する．ゆえに，$A^*A - E = O$ となり A はユニタリ行列である．

ユニタリ行列 A が実行列であるならば A は直交行列になる．

定理 6.9 内積空間 $\mathbf{C}^n$ において，$f\colon \mathbf{C}^n \longrightarrow \mathbf{C}^n$ は線形変換であり，$B_V = \{u_1, u_2, \ldots, u_n\}$ は $\mathbf{C}^n$ の正規直交基とする．このとき，次の (1), (2), (3) は同値である．

(1) f はユニタリ変換である．

(2) $\{f(u_1), f(u_2), \ldots, f(u_n)\}$ は $\mathbf{C}^n$ の正規直交基である．

(3) 基 B_V に関する f の表現行列 A はユニタリ行列である．

定理 6.10 n 次の複素正方行列 A で定まる線形変換 $f_A\colon \mathbf{C}^n \longrightarrow \mathbf{C}^n, f_A(x) = Ax$ について

$$A \text{ はユニタリ行列である} \iff f_A \text{ はユニタリ変換である}$$

定理 6.11 n 次の複素正方行列 A に対して，次の (1), (2), (3) は同値である．

(1) A はユニタリ行列である．

(2) A の n 個の列ベクトルは $\mathbf{C}^n$ の正規直交基である．

(3) A の n 個の行ベクトルは $\mathbf{C}_n$ の正規直交基である．

問題 6.11 複素内積空間において，次の等式を示せ．

(1) $(\mathbf{0}, x) = (x, \mathbf{0}) = 0$　　(2) $(x, y + z) = (x, y) + (x, z)$

(3) $(x, ky) = \overline{k}(x, y)$

【解答】 (1) $\mathbf{0} = \mathbf{0} + \mathbf{0}$ として

$$(\mathbf{0}, x) = (\mathbf{0} + \mathbf{0}, x) = (\mathbf{0}, x) + (\mathbf{0}, x)$$

であり，$(\mathbf{0}, x)$ は複素数で，$+$ は複素数の加法であるから，$(\mathbf{0}, x) = 0$.

次に，内積の性質 (1) より

$$(x, \mathbf{0}) = \overline{(\mathbf{0}, x)} = \overline{0} = 0.$$

(2) 内積の性質 (1), (2) の順に用いて

$$(\boldsymbol{x}, \boldsymbol{y}+\boldsymbol{z}) = \overline{(\boldsymbol{y}+\boldsymbol{z}, \boldsymbol{x})} = \overline{(\boldsymbol{y}, \boldsymbol{x}) + (\boldsymbol{z}, \boldsymbol{x})} = \overline{(\boldsymbol{y}, \boldsymbol{x})} + \overline{(\boldsymbol{z}, \boldsymbol{x})} = (\boldsymbol{x}, \boldsymbol{y}) + (\boldsymbol{x}, \boldsymbol{z}).$$

(3) 内積の性質 (1), (3) の順に用いて

$$(\boldsymbol{x}, k\boldsymbol{y}) = \overline{(k\boldsymbol{y}, \boldsymbol{x})} = \overline{k(\boldsymbol{y}, \boldsymbol{x})} = \bar{k}\,\overline{(\boldsymbol{y}, \boldsymbol{x})} = \bar{k}(\boldsymbol{x}, \boldsymbol{y}). \quad \blacksquare$$

問題 6.12 次の等式を証明せよ.

$$(\boldsymbol{x}, \boldsymbol{y}) = \frac{1}{4}\left\{\|\boldsymbol{x}+\boldsymbol{y}\|^2 - \|\boldsymbol{x}-\boldsymbol{y}\|^2 + i(\|\boldsymbol{x}+i\boldsymbol{y}\|^2 - \|\boldsymbol{x}-i\boldsymbol{y}\|^2)\right\}$$

【解答】 右辺の各項に関して

$$\begin{aligned}
\|\boldsymbol{x}+\boldsymbol{y}\|^2 &= (\boldsymbol{x}+\boldsymbol{y}, \boldsymbol{x}+\boldsymbol{y}) = (\boldsymbol{x}, \boldsymbol{x}) + (\boldsymbol{x}, \boldsymbol{y}) + (\boldsymbol{y}, \boldsymbol{x}) + (\boldsymbol{y}, \boldsymbol{y}),\\
\|\boldsymbol{x}-\boldsymbol{y}\|^2 &= (\boldsymbol{x}-\boldsymbol{y}, \boldsymbol{x}-\boldsymbol{y}) = (\boldsymbol{x}, \boldsymbol{x}) - (\boldsymbol{x}, \boldsymbol{y}) - (\boldsymbol{y}, \boldsymbol{x}) + (\boldsymbol{y}, \boldsymbol{y}),\\
\|\boldsymbol{x}+i\boldsymbol{y}\|^2 &= (\boldsymbol{x}+i\boldsymbol{y}, \boldsymbol{x}+i\boldsymbol{y}) = (\boldsymbol{x}, \boldsymbol{x}) + (\boldsymbol{x}, i\boldsymbol{y}) + (i\boldsymbol{y}, \boldsymbol{x}) + (i\boldsymbol{y}, i\boldsymbol{y})\\
&= (\boldsymbol{x}, \boldsymbol{x}) - i(\boldsymbol{x}, \boldsymbol{y}) + i(\boldsymbol{y}, \boldsymbol{x}) + (\boldsymbol{y}, \boldsymbol{y}),\\
\|\boldsymbol{x}-i\boldsymbol{y}\|^2 &= (\boldsymbol{x}-i\boldsymbol{y}, \boldsymbol{x}-i\boldsymbol{y}) = (\boldsymbol{x}, \boldsymbol{x}) - (\boldsymbol{x}, i\boldsymbol{y}) - (i\boldsymbol{y}, \boldsymbol{x}) + (i\boldsymbol{y}, i\boldsymbol{y})\\
&= (\boldsymbol{x}, \boldsymbol{x}) + i(\boldsymbol{x}, \boldsymbol{y}) - i(\boldsymbol{y}, \boldsymbol{x}) + (\boldsymbol{y}, \boldsymbol{y})
\end{aligned}$$

となり，各式を加えて

$$\begin{aligned}
&\|\boldsymbol{x}+i\boldsymbol{y}\|^2 - \|\boldsymbol{x}-i\boldsymbol{y}\|^2 + i(\|\boldsymbol{x}+i\boldsymbol{y}\|^2 - \|\boldsymbol{x}-i\boldsymbol{y}\|^2)\\
&= 2(\boldsymbol{x}, \boldsymbol{y}) + 2(\boldsymbol{y}, \boldsymbol{x}) + i\{-2i(\boldsymbol{x}, \boldsymbol{y}) + 2i(\boldsymbol{y}, \boldsymbol{x})\}\\
&= 2(\boldsymbol{x}, \boldsymbol{y}) + 2(\boldsymbol{y}, \boldsymbol{x}) + 2(\boldsymbol{x}, \boldsymbol{y}) - 2(\boldsymbol{y}, \boldsymbol{x}) = 4(\boldsymbol{x}, \boldsymbol{y})
\end{aligned}$$

であるから，求める式が得られる.　$\blacksquare$

問題 6.13 $\mathbf{C}^3$ のベクトル $\boldsymbol{a}_1 = \begin{pmatrix} i \\ 0 \\ 0 \end{pmatrix}, \boldsymbol{a}_2 = \begin{pmatrix} i \\ i \\ 1 \end{pmatrix}, \boldsymbol{a}_3 = \begin{pmatrix} 1 \\ i \\ -i \end{pmatrix}$ について，$\mathbf{C}^3$ の基 $\{\boldsymbol{a}_1, \boldsymbol{a}_2, \boldsymbol{a}_3\}$ から正規直交基をつくれ.

【解答】 グラム・シュミットの直交化法を使う.

(i) $\{\boldsymbol{a}_1, \boldsymbol{a}_2, \boldsymbol{a}_3\}$ から，直交基 $\{\boldsymbol{b}_1, \boldsymbol{b}_2, \boldsymbol{b}_3\}$ をつくる．はじめに

$$\boldsymbol{b}_1 = \boldsymbol{a}_1 = \begin{pmatrix} i \\ 0 \\ 0 \end{pmatrix}$$

として，$(\boldsymbol{a}_2, \boldsymbol{b}_1) = (i, i, 1)\begin{pmatrix} -i \\ 0 \\ 0 \end{pmatrix} = -i^2 = 1, \quad (\boldsymbol{b}_1, \boldsymbol{b}_1) = (i, 0, 0)\begin{pmatrix} -i \\ 0 \\ 0 \end{pmatrix} = -i^2 = 1$

より

$$\boldsymbol{b}_2 = \boldsymbol{a}_2 - \frac{(\boldsymbol{a}_2, \boldsymbol{b}_1)}{(\boldsymbol{b}_1, \boldsymbol{b}_1)}\boldsymbol{b}_1 = \begin{pmatrix} i \\ i \\ 1 \end{pmatrix} - \frac{1}{1}\begin{pmatrix} i \\ 0 \\ 0 \end{pmatrix} = \begin{pmatrix} 0 \\ i \\ 1 \end{pmatrix}$$

となる．さらに，$(\boldsymbol{a}_3, \boldsymbol{b}_1) = (1, i, -i)\begin{pmatrix} -i \\ 0 \\ 0 \end{pmatrix} = -i$, $(\boldsymbol{a}_3, \boldsymbol{b}_2) = (1, i, -i)\begin{pmatrix} 0 \\ -i \\ 1 \end{pmatrix} = -i^2 - i = 1 - i$, $(\boldsymbol{b}_2, \boldsymbol{b}_2) = (0, i, 1)\begin{pmatrix} 0 \\ -i \\ 1 \end{pmatrix} = -i^2 + 1 = 2$ より

$$\boldsymbol{b}_3 = \boldsymbol{a}_3 - \frac{(\boldsymbol{a}_3, \boldsymbol{b}_1)}{(\boldsymbol{b}_1, \boldsymbol{b}_1)}\boldsymbol{b}_1 - \frac{(\boldsymbol{a}_3, \boldsymbol{b}_2)}{(\boldsymbol{b}_2, \boldsymbol{b}_2)}\boldsymbol{b}_2 = \begin{pmatrix} 1 \\ i \\ -i \end{pmatrix} - \begin{pmatrix} 1 \\ 0 \\ 0 \end{pmatrix} - \frac{1}{2}\begin{pmatrix} 0 \\ 1+i \\ 1-i \end{pmatrix} = \frac{1}{2}\begin{pmatrix} 0 \\ -1+i \\ -1-i \end{pmatrix}.$$

(ii) 正規化を行う．

$$\|\boldsymbol{b}_1\| = \sqrt{-i \cdot i + 0 \cdot 0 + 0 \cdot 0} = 1, \qquad \|\boldsymbol{b}_2\| = \sqrt{0 \cdot 0 + (-i) \cdot i + 1 \cdot 1} = \sqrt{2},$$

$$\|\boldsymbol{b}_3\| = \frac{1}{2}\left\|\begin{pmatrix} 0 \\ -1+i \\ -1-i \end{pmatrix}\right\| = \frac{1}{2}\sqrt{0 \cdot 0 + (-1+i)\overline{(-1+i)} + (-1-i)\overline{(-1-i)}}$$

$$= \frac{1}{2}\sqrt{(-1+i)(-1-i) + (-1-i)(-1+i)} = \frac{1}{2}\sqrt{1 - i^2 + 1 - i^2} = 1$$

より，求める正規直交基は

$$\left\{\begin{pmatrix} i \\ 0 \\ 0 \end{pmatrix}, \ \frac{1}{\sqrt{2}}\begin{pmatrix} 0 \\ i \\ 1 \end{pmatrix}, \ \frac{1}{2}\begin{pmatrix} 0 \\ -1+i \\ -1-i \end{pmatrix}\right\}. \quad ■$$

問題 6.14 内積空間 $\mathbf{C}^n$ における次の等式を示せ．

$$(\boldsymbol{x}, \boldsymbol{y}) = {}^t\boldsymbol{x}\overline{\boldsymbol{y}} = \boldsymbol{y}^*\boldsymbol{x} \qquad (\boldsymbol{x}, \boldsymbol{y} \in \mathbf{C}^n)$$

【解答】 $\boldsymbol{x} = \begin{pmatrix} x_1 \\ \vdots \\ x_n \end{pmatrix}$, $\boldsymbol{y} = \begin{pmatrix} y_1 \\ \vdots \\ y_n \end{pmatrix}$ とする．このとき

$$(\boldsymbol{x}, \boldsymbol{y}) = \sum_{i=1}^{n} x_i\overline{y}_i = x_1\overline{y}_1 + \cdots + x_n\overline{y}_n = (x_1, \ldots, x_n)\begin{pmatrix} \overline{y}_1 \\ \vdots \\ \overline{y}_n \end{pmatrix} = {}^t\boldsymbol{x}\overline{\boldsymbol{y}},$$

$$\boldsymbol{y}^*\boldsymbol{x} = {}^t\overline{\boldsymbol{y}}\boldsymbol{x} = (\overline{y}_1, \ldots, \overline{y}_n)\begin{pmatrix} x_1 \\ \vdots \\ x_n \end{pmatrix} = x_1\overline{y}_1 + \cdots + x_n\overline{y}_n$$

が成り立つことから示される． ■

問題 6.15 共役転置正方行列 (または随伴行列) に関する次の等式を示せ.

(1) $(A^*)^* = A$ (2) $(kA)^* = \overline{k}A^*$ (3) $(A+B)^* = A^* + B^*$
(4) $(AB)^* = B^*A^*$ (5) $(A^*)^{-1} = (A^{-1})^*$

【解答】 転置行列の性質 (定理 1.3) を使う.

(1) $(A^*)^* = {}^t(\overline{{}^t\overline{A}}) = \overline{{}^t({}^t\overline{A})} = \overline{\overline{A}} = A$.

(2) $(kA)^* = {}^t(\overline{kA}) = {}^t(\overline{k}\,\overline{A}) = \overline{k}\,{}^t\overline{A} = \overline{k}A^*$.

(3) $(A+B)^* = {}^t(\overline{A+B}) = {}^t(\overline{A}+\overline{B}) = {}^t\overline{A} + {}^t\overline{B} = A^* + B^*$.

(4) $(AB)^* = {}^t(\overline{AB}) = {}^t(\overline{A}\,\overline{B}) = {}^t\overline{B}\,{}^t\overline{A} = B^*A^*$.

(5) $({}^tA)^{-1} = {}^t(A^{-1})$ と $\overline{A}^{-1} = \overline{A^{-1}}$ を用いて

$$(A^*)^{-1} = ({}^t\overline{A})^{-1} = {}^t(\overline{A}^{-1}) = {}^t\overline{A^{-1}} = (A^{-1})^*. \quad \blacksquare$$

問題 6.16 次の行列 A がユニタリ行列となるように a, b の値を定めよ.

$$A = \begin{pmatrix} \frac{i}{2} & \frac{1}{\sqrt{2}} & a \\ \frac{1}{2} & \frac{i}{\sqrt{2}} & \frac{1}{2} \\ b & 0 & \frac{1}{\sqrt{2}} \end{pmatrix}$$

【解答】 A がユニタリ行列であれば, $E = AA^* = A^*A$ より

$$\begin{pmatrix} 1 & 0 & 0 \\ 0 & 1 & 0 \\ 0 & 0 & 1 \end{pmatrix} = \begin{pmatrix} \frac{i}{2} & \frac{1}{\sqrt{2}} & a \\ \frac{1}{2} & \frac{i}{\sqrt{2}} & \frac{1}{2} \\ b & 0 & \frac{1}{\sqrt{2}} \end{pmatrix} \begin{pmatrix} -\frac{i}{2} & \frac{1}{2} & \overline{b} \\ \frac{1}{\sqrt{2}} & -\frac{i}{\sqrt{2}} & 0 \\ \overline{a} & \frac{1}{2} & \frac{1}{\sqrt{2}} \end{pmatrix}$$

$$= \begin{pmatrix} \frac{1}{4}+\frac{1}{2}+a\overline{a} & \frac{i}{4}-\frac{i}{2}+\frac{a}{2} & \frac{\overline{b}}{2}i+\frac{a}{\sqrt{2}} \\ -\frac{i}{4}+\frac{i}{2}+\frac{\overline{a}}{2} & \frac{1}{4}+\frac{1}{2}+\frac{1}{4} & \frac{\overline{b}}{2}+\frac{1}{2\sqrt{2}} \\ -\frac{b}{2}i+\frac{\overline{a}}{\sqrt{2}} & \frac{b}{2}+\frac{1}{2\sqrt{2}} & b\overline{b}+\frac{1}{2} \end{pmatrix} = \begin{pmatrix} \frac{3}{4}+|a|^2 & -\frac{i}{4}+\frac{a}{2} & \frac{\overline{b}}{2}i+\frac{a}{\sqrt{2}} \\ \frac{i}{4}+\frac{\overline{a}}{2} & 1 & \frac{\overline{b}}{2}+\frac{1}{2\sqrt{2}} \\ -\frac{b}{2}i+\frac{\overline{a}}{\sqrt{2}} & \frac{b}{2}+\frac{1}{2\sqrt{2}} & |b|^2+\frac{1}{2} \end{pmatrix}$$

が成り立つ. 対応する成分を比べて, $(1,2)$ 成分と $(3,2)$ 成分より

$$-\frac{i}{4}+\frac{a}{2} = 0 \longrightarrow a = \frac{i}{2}, \qquad \frac{b}{2}+\frac{1}{2\sqrt{2}} = 0 \longrightarrow b = -\frac{1}{\sqrt{2}}$$

であるから, これらは他の成分も成立させる. ゆえに $a = i/2$, $b = -1/\sqrt{2}$. $\blacksquare$

章末問題 6

問　題 6. A

1. $\mathbf{R}^4$ において，$\begin{pmatrix}1\\0\\1\\0\end{pmatrix}, \begin{pmatrix}3\\0\\1\\1\end{pmatrix}, \begin{pmatrix}4\\1\\0\\-1\end{pmatrix}$ で生成される部分空間の正規直交基を 1 組求めよ．

【解答】 与えられたベクトルを左から順に $\boldsymbol{a}_1, \boldsymbol{a}_2, \boldsymbol{a}_3$ として，グラム・シュミットの直交化法を用いる．

(i) $\{\boldsymbol{a}_1, \boldsymbol{a}_2, \boldsymbol{a}_3\}$ から直交系 $\{\boldsymbol{b}_1, \boldsymbol{b}_2, \boldsymbol{b}_3\}$ をつくる．はじめに

$$\boldsymbol{b}_1 = \boldsymbol{a}_1 = \begin{pmatrix}1\\0\\1\\0\end{pmatrix}$$

として，$(\boldsymbol{a}_2, \boldsymbol{b}_1) = 4$, $(\boldsymbol{b}_1, \boldsymbol{b}_1) = 2$ より

$$\boldsymbol{b}_2 = \boldsymbol{a}_2 - \frac{(\boldsymbol{a}_2, \boldsymbol{b}_1)}{(\boldsymbol{b}_1, \boldsymbol{b}_1)}\boldsymbol{b}_1 = \begin{pmatrix}3\\0\\1\\1\end{pmatrix} - 2\begin{pmatrix}1\\0\\1\\0\end{pmatrix} = \begin{pmatrix}1\\0\\-1\\1\end{pmatrix}.$$

さらに $(\boldsymbol{a}_3, \boldsymbol{b}_1) = 4$，$(\boldsymbol{a}_3, \boldsymbol{b}_2) = 3$，$(\boldsymbol{b}_2, \boldsymbol{b}_2) = 3$ より

$$\boldsymbol{b}_3 = \boldsymbol{a}_3 - \frac{(\boldsymbol{a}_3, \boldsymbol{b}_1)}{(\boldsymbol{b}_1, \boldsymbol{b}_1)}\boldsymbol{b}_1 - \frac{(\boldsymbol{a}_3, \boldsymbol{b}_2)}{(\boldsymbol{b}_2, \boldsymbol{b}_2)}\boldsymbol{b}_2 = \begin{pmatrix}4\\1\\0\\-1\end{pmatrix} - 2\begin{pmatrix}1\\0\\1\\0\end{pmatrix} - \begin{pmatrix}1\\0\\-1\\1\end{pmatrix} = \begin{pmatrix}1\\1\\-1\\-2\end{pmatrix}.$$

(ii) 直交系 $\{\boldsymbol{b}_1, \boldsymbol{b}_2, \boldsymbol{b}_3\}$ を正規化して正規直交基を得る．$\|\boldsymbol{b}_1\| = \sqrt{2}$, $\|\boldsymbol{b}_2\| = \sqrt{3}$, $\|\boldsymbol{b}_3\| = \sqrt{7}$ より

$$\left\{\frac{1}{\sqrt{2}}\begin{pmatrix}1\\0\\1\\0\end{pmatrix},\ \frac{1}{\sqrt{3}}\begin{pmatrix}1\\0\\-1\\1\end{pmatrix},\ \frac{1}{\sqrt{7}}\begin{pmatrix}1\\1\\-1\\-2\end{pmatrix}\right\}. \quad ■$$

2. $\mathbf{C}^3$ の 1 組の基 $\left\{\begin{pmatrix}1\\2\\i\end{pmatrix}, \begin{pmatrix}1\\1\\0\end{pmatrix}, \begin{pmatrix}1+2i\\1+i\\1+2i\end{pmatrix}\right\}$ から正規直交基をつくれ．

【解答】 与えられたベクトルを左から順に $\boldsymbol{a}_1, \boldsymbol{a}_2, \boldsymbol{a}_3$ として，グラム・シュミットの直交化法を用いる．

(i) $\{\boldsymbol{a}_1, \boldsymbol{a}_2, \boldsymbol{a}_3\}$ から直交系 $\{\boldsymbol{b}_1, \boldsymbol{b}_2, \boldsymbol{b}_3\}$ をつくる．はじめに

$$\boldsymbol{b}_1 = \boldsymbol{a}_1 = \begin{pmatrix} 1 \\ 2 \\ i \end{pmatrix}$$

として，$(\boldsymbol{a}_2, \boldsymbol{b}_1) = (1, 1, 0)\begin{pmatrix} 1 \\ 2 \\ -i \end{pmatrix} = 1+2+0 = 3$, $(\boldsymbol{b}_1, \boldsymbol{b}_1) = (1, 2, i)\begin{pmatrix} 1 \\ 2 \\ -i \end{pmatrix} = 1 + 4 - i^2 = 6$ より

$$\boldsymbol{b}_2 = \boldsymbol{a}_2 - \frac{(\boldsymbol{a}_2, \boldsymbol{b}_1)}{(\boldsymbol{b}_1, \boldsymbol{b}_1)}\boldsymbol{b}_1 = \begin{pmatrix} 1 \\ 1 \\ 0 \end{pmatrix} - \frac{1}{2}\begin{pmatrix} 1 \\ 2 \\ i \end{pmatrix} = \begin{pmatrix} \frac{1}{2} \\ 0 \\ -\frac{i}{2} \end{pmatrix} = \frac{1}{2}\begin{pmatrix} 1 \\ 0 \\ -i \end{pmatrix}$$

である．さらに，$(\boldsymbol{a}_3, \boldsymbol{b}_1) = (1+2i, 1+i, 1+2i)\begin{pmatrix} 1 \\ 2 \\ -i \end{pmatrix} = 1+2i+2(1+i)-(1+2i)i = 5+3i$, $(\boldsymbol{a}_3, \boldsymbol{b}_2) = (1+2i, 1+i, 1+2i)\begin{pmatrix} \frac{1}{2} \\ 0 \\ \frac{i}{2} \end{pmatrix} = \frac{1}{2}\{(1+2i) + i(1+2i)\}$ $= \frac{1}{2}(-1+3i)$, $(\boldsymbol{b}_2, \boldsymbol{b}_2) = (\frac{1}{2}, 0, -\frac{i}{2})\begin{pmatrix} \frac{1}{2} \\ 0 \\ \frac{i}{2} \end{pmatrix} = 1/2$ より

$$\begin{aligned} \boldsymbol{b}_3 &= \boldsymbol{a}_3 - \frac{(\boldsymbol{a}_3, \boldsymbol{b}_1)}{(\boldsymbol{b}_1, \boldsymbol{b}_1)}\boldsymbol{b}_1 - \frac{(\boldsymbol{a}_3, \boldsymbol{b}_2)}{(\boldsymbol{b}_2, \boldsymbol{b}_2)}\boldsymbol{b}_2 \\ &= \begin{pmatrix} 1+2i \\ 1+i \\ 1+2i \end{pmatrix} - \frac{5+3i}{6}\begin{pmatrix} 1 \\ 2 \\ i \end{pmatrix} + \frac{1-3i}{2}\begin{pmatrix} 1 \\ 0 \\ -i \end{pmatrix} = \frac{2}{3}\begin{pmatrix} 1 \\ -1 \\ i \end{pmatrix}. \end{aligned}$$

(ii) 直交系 $\{\boldsymbol{b}_1, \boldsymbol{b}_2, \boldsymbol{b}_3\}$ を正規化して正規直交基を得る．

$$\|\boldsymbol{b}_1\| = \sqrt{1\cdot 1+2\cdot 2+i\cdot(-i)} = \sqrt{6}, \qquad \|\boldsymbol{b}_2\| = \frac{1}{2}\sqrt{1\cdot 1+0\cdot 0+(-i)\cdot i} = \frac{1}{\sqrt{2}},$$

$$\|\boldsymbol{b}_3\| = \frac{2}{3}\left\|\begin{pmatrix} 1 \\ -1 \\ i \end{pmatrix}\right\| = \frac{2}{3}\sqrt{1\cdot 1+(-1)\cdot(-1)+i\cdot(-i)} = \frac{2}{\sqrt{3}}$$

より

$$\left\{\frac{1}{\sqrt{6}}\begin{pmatrix} 1 \\ 2 \\ i \end{pmatrix}, \frac{1}{\sqrt{2}}\begin{pmatrix} 1 \\ 0 \\ -i \end{pmatrix}, \frac{1}{\sqrt{3}}\begin{pmatrix} 1 \\ -1 \\ i \end{pmatrix}\right\}. \quad \blacksquare$$

【補足】 W を内積空間 V の部分空間とする．V のベクトル $\boldsymbol{x}$ が W のすべてのベクトルと直交しているとき，$\boldsymbol{x}$ は W に**直交**するといい，$\boldsymbol{x} \perp W$ で表す．さらに，$W^{\perp} = \{\boldsymbol{x} \mid \boldsymbol{x} \in V,\ \boldsymbol{x} \perp W\}$ は V の部分空間である (この $W^{\perp}$ を W の**直交補空間**という)．

3. $\mathbf{R}^4$ において，$\begin{pmatrix} 1 \\ 0 \\ 1 \\ 1 \end{pmatrix}, \begin{pmatrix} 1 \\ 1 \\ 0 \\ 1 \end{pmatrix}$ で生成される部分空間の直交補空間の正規直交基を1組求めよ．

【解答】 与えられたベクトルを左から順に $\boldsymbol{a}_1$, $\boldsymbol{a}_2$ とおく．$W = [\boldsymbol{a}_1, \boldsymbol{a}_2]$ として，その直交補空間 $W^{\perp}$ は

$$W^{\perp} = \{\boldsymbol{x} \in \mathbf{R}^4 \mid (\boldsymbol{x}, \boldsymbol{y}) = 0\ (\boldsymbol{y} \in W)\} = \{\boldsymbol{x} \in \mathbf{R}^4 \mid (\boldsymbol{x}, \boldsymbol{a}_1) = (\boldsymbol{x}, \boldsymbol{a}_2) = 0\}$$

として表される．ここで，$\boldsymbol{x} = \begin{pmatrix} x_1 \\ x_2 \\ x_3 \\ x_4 \end{pmatrix} \in W^{\perp}$ とすると

$$(\boldsymbol{x}, \boldsymbol{a}_1) = x_1 + x_3 + x_4 = 0, \quad (\boldsymbol{x}, \boldsymbol{a}_2) = x_1 + x_2 + x_4 = 0$$

が成り立つ．上式を満たすベクトルの1つとして $\boldsymbol{b}_1 = \begin{pmatrix} -1 \\ 0 \\ 0 \\ 1 \end{pmatrix}$ が得られる．さらに，$\boldsymbol{x} = \begin{pmatrix} x_1 \\ x_2 \\ x_3 \\ x_4 \end{pmatrix}$ が上の式を満たし，$\boldsymbol{b}_1$ と直交しているとすると

$$\left\{\begin{array}{rcl} x_1 + x_3 + x_4 &=& 0 \\ x_1 + x_2 + x_4 &=& 0 \\ x_1 - x_4 &=& 0 \end{array}\right. \longrightarrow \left\{\begin{array}{rcl} x_1 &=& x_4 \\ x_2 &=& -2x_4 \\ x_3 &=& -2x_4 \end{array}\right. \xrightarrow[\text{とおく}]{x_4 = t} \boldsymbol{x} = t\begin{pmatrix} 1 \\ -2 \\ -2 \\ 1 \end{pmatrix} \ (t \text{ は任意定数})$$

が成り立つ．ここで $\boldsymbol{b}_2 = \begin{pmatrix} 1 \\ -2 \\ -2 \\ 1 \end{pmatrix}$ とおくと，$\boldsymbol{b}_2 \in W^{\perp}$ かつ $(\boldsymbol{b}_1, \boldsymbol{b}_2) = 0$ を満たす．一方，$\operatorname{rank} A = \operatorname{rank}\begin{pmatrix} 1 & 0 & 1 & 1 \\ 1 & 1 & 0 & 1 \end{pmatrix} = 2$ より

$$\dim W^{\perp} = \dim \mathbf{R}^4 - \dim W = 4 - \operatorname{rank} A = 4 - 2 = 2$$

であるから，$\{\boldsymbol{b}_1, \boldsymbol{b}_2\}$ は $W^{\perp}$ の直交基である．さらに，$\|\boldsymbol{b}_1\| = \sqrt{2}$, $\|\boldsymbol{b}_2\| = \sqrt{10}$ より，直交補空間 $W^{\perp}$ の正規直交基の 1 組は

$$\{\frac{1}{\sqrt{2}}\begin{pmatrix} -1 \\ 0 \\ 0 \\ 1 \end{pmatrix}, \ \frac{1}{\sqrt{10}}\begin{pmatrix} 1 \\ -2 \\ -2 \\ 1 \end{pmatrix}\}. \quad \blacksquare$$

4. $\mathbf{C}^3$ において，$\begin{pmatrix} 1 \\ 0 \\ i \end{pmatrix}$ で生成される部分空間の直交補空間の正規直交基を 1 組求めよ．

【解答】 与えられたベクトルを $\boldsymbol{a}_1$ とする．$W = [\boldsymbol{a}]$ として，その直交補空間を $W^{\perp}$ は

$$W^{\perp} = \{\boldsymbol{x} \in \mathbf{C}^3 \mid (\boldsymbol{x}, \boldsymbol{y}) = 0 \ (\boldsymbol{y} \in W)\} = \{\boldsymbol{x} \in \mathbf{C}^3 \mid (\boldsymbol{x}, \boldsymbol{a}) = 0\}$$

と表される．このとき，$\boldsymbol{x} = \begin{pmatrix} x_1 \\ x_2 \\ x_3 \end{pmatrix} \in W^{\perp}$ とすると

$$(\boldsymbol{x}, \boldsymbol{a}) = x_1 - ix_3 = 0$$

が成り立つ．ここで，$(1,3)$ 型複素行列 $A = (1 \ 0 \ -i)$ をとり，この行列 A に対して線形写像

$$\begin{aligned} f_A \colon \mathbf{C}^3 &\longrightarrow \mathbf{C} \\ \boldsymbol{x} &\longmapsto A\boldsymbol{x} \end{aligned}$$

を考える．このとき，$W^{\perp} = \operatorname{Ker} f_A$, $\operatorname{rank} A = 1$ であるから，定理 5.11 より

$$\dim W^{\perp} = \dim \mathbf{C}^3 - \dim W = 3 - \operatorname{rank} A = 3 - 1 = 2.$$

ここで，$W^{\perp}$ に属する簡単なベクトルとして $\boldsymbol{b}_1 = \begin{pmatrix} 0 \\ 1 \\ 0 \end{pmatrix}$ をとる．さらに，$\boldsymbol{b}_1$ に直交して，かつ $W^{\perp}$ に属しているベクトルを $\boldsymbol{x} = \begin{pmatrix} x_1 \\ x_2 \\ x_3 \end{pmatrix}$ とすれば

$$\begin{cases} (\boldsymbol{x}, \boldsymbol{a}) = 0 \\ (\boldsymbol{x}, \boldsymbol{b}_1) = 0 \end{cases} \longrightarrow \begin{cases} x_1 - ix_3 = 0 \\ \qquad\quad x_2 = 0 \end{cases} \longrightarrow \boldsymbol{x} = \begin{pmatrix} ix_3 \\ 0 \\ x_3 \end{pmatrix} = x_3\begin{pmatrix} i \\ 0 \\ 1 \end{pmatrix}$$

であるから，$\boldsymbol{b}_2 = \begin{pmatrix} i \\ 0 \\ 1 \end{pmatrix}$ をとれば，$\boldsymbol{b}_2 \in W^{\perp}$ かつ $(\boldsymbol{b}_2, \boldsymbol{b}_1) - 0$ を満たす．ゆえ

に，$\|\boldsymbol{b}_1\| = 1$，$\|\boldsymbol{b}_2\| = \sqrt{2}$ より，$W^{\perp}$ の正規直交基の 1 組は

$$\left\{ \begin{pmatrix} 0 \\ 1 \\ 0 \end{pmatrix},\ \frac{1}{\sqrt{2}} \begin{pmatrix} i \\ 0 \\ 1 \end{pmatrix} \right\}. \quad \blacksquare$$

5. 次の行列が直交行列となるように a, b, c, d, e の値を求めよ．ただし，$a > 0$.

$$\begin{pmatrix} \frac{2}{\sqrt{6}} & 0 & a \\ \frac{1}{\sqrt{6}} & d & b \\ -\frac{1}{\sqrt{6}} & e & c \end{pmatrix}$$

【解答】 A が直交行列であれば，$E = A{}^tA = {}^tAA$ が成り立つ．すなわち

$$\begin{pmatrix} 1 & 0 & 0 \\ 0 & 1 & 0 \\ 0 & 0 & 1 \end{pmatrix} = \begin{pmatrix} \frac{2}{\sqrt{6}} & 0 & a \\ \frac{1}{\sqrt{6}} & d & b \\ -\frac{1}{\sqrt{6}} & e & c \end{pmatrix} \begin{pmatrix} \frac{2}{\sqrt{6}} & \frac{1}{\sqrt{6}} & -\frac{1}{\sqrt{6}} \\ 0 & d & e \\ a & b & c \end{pmatrix}$$

$$= \begin{pmatrix} \frac{2}{3} + a^2 & \frac{1}{3} + ab & -\frac{1}{3} + ac \\ \frac{1}{3} + ab & \frac{1}{6} + d^2 + b^2 & -\frac{1}{6} + de + bc \\ -\frac{1}{3} + ac & -\frac{1}{6} + de + bc & \frac{1}{6} + e^2 + c^2 \end{pmatrix}$$

このとき，対応する成分を比べて

$$\begin{aligned} &a^2 + \frac{2}{3} = 1, && ab + \frac{1}{3} = 0, && ac - \frac{1}{3} = 0, \\ &ab + \frac{1}{3} = 0, && b^2 + d^2 + \frac{1}{6} = 1, && de + bc - \frac{1}{6} = 0, \\ &ac - \frac{1}{3} = 0, && de + bc - \frac{1}{6} = 0, && c^2 + e^2 + \frac{1}{6} = 1 \end{aligned}$$

となる．これらにより

① $a^2 = \frac{1}{3}$ ② $ac = \frac{1}{3}$ ③ $de + bc = \frac{1}{6}$

④ $ab = -\frac{1}{3}$ ⑤ $b^2 + d^2 = \frac{5}{6}$ ⑥ $c^2 + e^2 = \frac{5}{6}$

である．このとき，①と $a > 0$ より，$a = 1/\sqrt{3}$. ②と④と $a = 1/\sqrt{3}$ より

$$b = -\frac{1}{3} \cdot \frac{1}{a} = -\frac{1}{\sqrt{3}}, \qquad c = \frac{1}{3} \cdot \frac{1}{a} = \frac{1}{\sqrt{3}}$$

である．これらと⑤と⑥より

$$d^2 = \frac{5}{6} - b^2 = \frac{5}{6} - \frac{1}{3} = \frac{1}{2}, \qquad e^2 = \frac{5}{6} - c^2 = \frac{5}{6} - \frac{1}{3} = \frac{1}{2}$$

であるから，$d=\pm 1/\sqrt{2}$, $e=\pm 1/\sqrt{2}$ である．また，③より

$$de=\frac{1}{6}-bc=\frac{1}{6}+\frac{1}{3}=\frac{1}{2}\longrightarrow d,e \text{ は同じ符号をもつ．}$$

ゆえに

$$a=\frac{1}{\sqrt{3}},\ b=-\frac{1}{\sqrt{3}},\ c=\frac{1}{\sqrt{3}},\ d=e=\pm\frac{1}{\sqrt{2}} \qquad (\text{複号同順}).\ \blacksquare$$

6. 次の行列がユニタリ行列となるように a,b,c の値を求めよ．

$$\begin{pmatrix} \frac{1}{\sqrt{6}} & \frac{i}{\sqrt{6}} & \frac{2}{\sqrt{6}} \\ -\frac{1}{\sqrt{3}} & -\frac{i}{\sqrt{3}} & \frac{1}{\sqrt{3}} \\ a & b & c \end{pmatrix}$$

【解答】 A がユニタリ行列であれば，$E=AA^*=A^*A$ であるから

$$\begin{pmatrix} 1&0&0\\0&1&0\\0&0&1 \end{pmatrix}=AA^*=A{}^t\overline{A}=\begin{pmatrix} \frac{1}{\sqrt{6}} & \frac{i}{\sqrt{6}} & \frac{2}{\sqrt{6}} \\ -\frac{1}{\sqrt{3}} & -\frac{i}{\sqrt{3}} & \frac{1}{\sqrt{3}} \\ a & b & c \end{pmatrix}\begin{pmatrix} \frac{1}{\sqrt{6}} & -\frac{1}{\sqrt{3}} & \overline{a} \\ -\frac{i}{\sqrt{6}} & \frac{i}{\sqrt{3}} & \overline{b} \\ \frac{2}{\sqrt{6}} & \frac{1}{\sqrt{3}} & \overline{c} \end{pmatrix}$$

$$=\begin{pmatrix} \frac{1}{6}+\frac{1}{6}+\frac{2}{3} & -\frac{1}{\sqrt{18}}-\frac{1}{\sqrt{18}}+\frac{2}{\sqrt{18}} & \frac{\overline{a}}{\sqrt{6}}+\frac{\overline{b}}{\sqrt{6}}i+\frac{2}{\sqrt{6}}\overline{c} \\ -\frac{1}{\sqrt{18}}-\frac{1}{\sqrt{18}}+\frac{2}{\sqrt{18}} & \frac{1}{3}+\frac{1}{3}+\frac{1}{3} & -\frac{\overline{a}}{\sqrt{3}}-\frac{\overline{b}}{\sqrt{3}}i+\frac{\overline{c}}{\sqrt{3}} \\ \frac{a}{\sqrt{6}}-\frac{b}{\sqrt{6}}i+\frac{2}{\sqrt{6}}c & -\frac{a}{\sqrt{3}}+\frac{b}{\sqrt{3}}i+\frac{c}{\sqrt{3}} & a\overline{a}+b\overline{b}+c\overline{c} \end{pmatrix}$$

$$=\begin{pmatrix} 1 & 0 & \frac{1}{\sqrt{6}}(\overline{a}+\overline{b}i+2\overline{c}) \\ 0 & 1 & \frac{1}{\sqrt{3}}(-\overline{a}-\overline{b}i+\overline{c}) \\ \frac{1}{\sqrt{6}}(a-bi+2c) & \frac{1}{\sqrt{3}}(-a+bi+c) & |a|^2+|b|^2+|c|^2 \end{pmatrix}.$$

このとき，対応する成分を比べて

① $\overline{a}+\overline{b}i+2\overline{c}=0$　② $-\overline{a}-\overline{b}i+\overline{c}=0$　③ $a-bi+2c=0$
④ $-a+bi+c=0$　⑤ $|a|^2+|b|^2+|c|^2=1$

が得られる．このとき，①と②より，$\overline{c}=0$ であるから $c=0$. これより

⑥ $\overline{a}+\overline{b}i=0$　⑦ $a-bi=0$
⑧ $-\overline{a}+\overline{b}i=0$　⑨ $|a|^2+|b|^2=1$

となる．⑥および⑦より

$$a = bi \longrightarrow |a| = |bi| = |b||i| = |b|$$

であるから，⑨より

$$1 = |a|^2 + |b|^2 = 2|a|^2 \longrightarrow |a|^2 = \frac{1}{2} \longrightarrow |a| = |b| = \frac{1}{\sqrt{2}}.$$

ゆえに

$$c = 0 \quad \text{かつ} \quad \begin{cases} |a| = |b| = 1/\sqrt{2} \\ a = bi \end{cases} \text{を満たす } a, b \text{ である．} \quad \blacksquare$$

7. 2 次の直交行列は適当な角 θ によって，次の形に表されることを示せ．

$$\begin{pmatrix} \cos\theta & -\sin\theta \\ \sin\theta & \cos\theta \end{pmatrix} \text{または} \begin{pmatrix} -\cos\theta & \sin\theta \\ \sin\theta & \cos\theta \end{pmatrix}$$

【解答】 $A = \begin{pmatrix} a & b \\ c & d \end{pmatrix}$ が 2 次の直交行列とするとき，$E = A{}^tA = {}^tAA$ であるから

$$\begin{pmatrix} 1 & 0 \\ 0 & 1 \end{pmatrix} = \begin{pmatrix} a & b \\ c & d \end{pmatrix}\begin{pmatrix} a & c \\ b & d \end{pmatrix} = \begin{pmatrix} a^2 + b^2 & ac + bd \\ ac + bd & c^2 + d^2 \end{pmatrix}$$

となり，対応する成分を比べて

$$① \quad a^2 + b^2 = 1 \qquad ② \quad c^2 + d^2 = 1 \qquad ③ \quad ac + bd = 0$$

が得られる．①と②より

$$a = \sin\phi,\ b = \cos\phi\ ; \quad c = \sin\theta,\ d = \cos\theta$$

とおける．このとき，③より

$$0 = \sin\phi\sin\theta + \cos\phi\cos\theta = \cos(\phi - \theta)$$

であるから

$$\phi = \theta \pm \frac{\pi}{2} + 2n\pi \quad (n \text{ は整数})$$

が成り立つ．したがって

(i) $\phi = \theta + \pi/2 + 2n\pi$ のとき

$$a = \sin(\theta + \frac{\pi}{2} + 2n\pi) = \cos\theta, \quad b = \cos(\theta + \frac{\pi}{2} + 2n\pi) = -\sin\theta.$$

(ii) $\phi = \theta - \pi/2 + 2n\pi$ のとき

$$a = \sin(\theta - \frac{\pi}{2} + 2n\pi) = -\cos\theta, \quad b = \cos(\theta - \frac{\pi}{2} + 2n\pi) = \sin\theta.$$

ゆえに，2 次の直交行列は，$A = \begin{pmatrix} \cos\theta & -\sin\theta \\ \sin\theta & \cos\theta \end{pmatrix}$ または $\begin{pmatrix} -\cos\theta & \sin\theta \\ \sin\theta & \cos\theta \end{pmatrix}$. ■

8. $\mathbf{R}^2$ において，$\boldsymbol{x} = \begin{pmatrix} x_1 \\ x_2 \end{pmatrix}, \boldsymbol{y} = \begin{pmatrix} y_1 \\ y_2 \end{pmatrix}$ に対し $(\boldsymbol{x}, \boldsymbol{y}) = 2x_1y_1 + 2x_1y_2 + 2x_2y_1 + 3x_2y_2$ とおくと，これは $\mathbf{R}^2$ の 1 つの内積を定めることを示せ．また，この内積に関する 1 組の正規直交基を求めよ．

【解答】 (i) 内積の条件を満たすことを示す．

(1) $(\boldsymbol{y}, \boldsymbol{x}) = 2y_1x_1 + 2y_1x_2 + 2y_2x_1 + 3y_2x_2 = (\boldsymbol{x}, \boldsymbol{y})$.

(2) $\boldsymbol{z} = \begin{pmatrix} z_1 \\ z_2 \end{pmatrix}$, $\boldsymbol{x} + \boldsymbol{y} = \begin{pmatrix} x_1 + y_1 \\ x_2 + y_2 \end{pmatrix}$ に対して

$$\begin{aligned}(\boldsymbol{x} + \boldsymbol{y}, \boldsymbol{z}) &= 2(x_1 + y_1)z_1 + 2(x_1 + y_1)z_2 + 2(x_2 + y_2)z_1 + 3(x_2 + y_2)z_2 \\ &= (2x_1z_1 + 2x_1z_2 + 2x_2z_1 + 3x_2z_2) + (2y_1z_1 + 2y_1z_2 + 2y_2z_1 + 3y_2z_2) \\ &= (\boldsymbol{x}, \boldsymbol{z}) + (\boldsymbol{y}, \boldsymbol{z}).\end{aligned}$$

(3) $k\boldsymbol{x} = \begin{pmatrix} kx_1 \\ kx_2 \end{pmatrix}$, $\boldsymbol{y} = \begin{pmatrix} y_1 \\ y_2 \end{pmatrix}$ に対して

$$\begin{aligned}(k\boldsymbol{x}, \boldsymbol{y}) &= 2(kx_1)y_1 + 2(kx_1)y_2 + 2(kx_2)y_1 + 3(kx_2)y_2 \\ &= k(2x_1y_1 + 2x_1y_2 + 2x_2y_1 + 3x_2y_2) = k(\boldsymbol{x}, \boldsymbol{y}).\end{aligned}$$

(4) $\boldsymbol{x} \neq \mathbf{0}$ のとき，$x_1 \neq 0$ または $x_2 \neq 0$ であるから

$$(\boldsymbol{x}, \boldsymbol{x}) = 2x_1^2 + 2x_1x_2 + 2x_2x_1 + 3x_2^2 = 2(x_1 + x_2)^2 + x_2^2 > 0$$

(ii) 正規直交基の 1 組を求める．$\mathbf{R}^2$ の 1 つの標準基 $\{\boldsymbol{e}_1 = \begin{pmatrix} 1 \\ 0 \end{pmatrix}, \boldsymbol{e}_2 = \begin{pmatrix} 0 \\ 1 \end{pmatrix}\}$ に対して，グラム・シュミットの直交化法を用いる．はじめに，$\boldsymbol{b}_1 = \boldsymbol{e}_1$ として

$$\begin{aligned}(\boldsymbol{e}_2, \boldsymbol{b}_1) &= 2 \cdot 1 \cdot 0 + 2(1 \cdot 1 + 0 \cdot 0) + 3 \cdot 0 \cdot 1 = 2, \\ (\boldsymbol{b}_1, \boldsymbol{b}_1) &= 2 \cdot 1 \cdot 1 + 2(1 \cdot 0 + 0 \cdot 1) + 3 \cdot 0 \cdot 0 = 2\end{aligned}$$

より

$$\boldsymbol{b}_2 = \boldsymbol{e}_2 - \frac{(\boldsymbol{e}_2, \boldsymbol{b}_1)}{(\boldsymbol{b}_1, \boldsymbol{b}_1)}\boldsymbol{b}_1 = \begin{pmatrix} 0 \\ 1 \end{pmatrix} - \frac{2}{2}\begin{pmatrix} 1 \\ 0 \end{pmatrix} = \begin{pmatrix} -1 \\ 1 \end{pmatrix}$$

であるから，$\{\begin{pmatrix} 1 \\ 0 \end{pmatrix}, \begin{pmatrix} -1 \\ 1 \end{pmatrix}\}$ が与えられた内積に関する $\mathbf{R}^2$ の直交基の 1 組である．

$$\|\boldsymbol{b}_1\| = \sqrt{(\boldsymbol{b}_1, \boldsymbol{b}_1)} = \sqrt{2}, \quad \|\boldsymbol{b}_2\| = \sqrt{(\boldsymbol{b}_2, \boldsymbol{b}_2)} = \sqrt{2 \cdot 1 + 2(-1-1) + 3 \cdot 1} = 1$$

より，与えられた内積に関する $\mathbf{R}^2$ の正規直交基の 1 組は

$$\{\frac{1}{\sqrt{2}}\begin{pmatrix} 1 \\ 0 \end{pmatrix}, \begin{pmatrix} -1 \\ 1 \end{pmatrix}\}. \quad \blacksquare$$

問　題 6. B

1. V を (m,n) 型複素行列全体のつくる複素ベクトル空間とし，$V \ni X, Y$ に対して (X,Y) を行列 $X \cdot Y^*$ の対角成分の和と定めると，これは V における内積となることを示せ．また，この内積に関する 1 組の正規直交基を求めよ．

【解答】 $X=(x_{ij})$, $Y=(y_{ij})$, $Z=(z_{ij})$ を V の元，$\alpha \in \mathbf{C}$ とする．

(i) XY^* の (i,i) 成分は $\sum_{k=1}^{n} x_{ik}\overline{y_{ik}}$ $(1 \leqq i \leqq m)$ であるので

$$(X,Y)=\sum_{i=1}^{m}\left(\sum_{k=1}^{n} x_{ik}\overline{y_{ik}}\right), \quad (Y,X)=\sum_{i=1}^{m}\left(\sum_{k=1}^{n} y_{ik}\overline{x_{ik}}\right)$$

ゆえに $(X,Y)=\overline{(Y,X)}$.

(ii) $X+Y=(x_{ij}+y_{ij})$ より

$$\begin{aligned}(X+Y,Z)&=\sum_{i=1}^{m}\left\{\sum_{k=1}^{n}(x_{ik}+y_{ik})\,\overline{z_{ik}}\right\}\\&=\sum_{i=1}^{m}\left(\sum_{k=1}^{n} x_{ik}\overline{z_{ik}}\right)+\sum_{i=1}^{m}\left(\sum_{k=1}^{n} y_{ik}\overline{z_{ik}}\right)=(X,Z)+(Y,Z)\end{aligned}$$

(iii) $\alpha X=(\alpha x_{ij})$ より

$$(\alpha X,Y)=\sum_{i=1}^{m}\left\{\sum_{k=1}^{n}(\alpha x_{ik})\overline{y_{ik}}\right\}=\alpha\sum_{i=1}^{m}\left(\sum_{k=1}^{n} x_{ik}\overline{y_{ik}}\right)=\alpha(X,Y)$$

(iv) $(X,X)=\sum_{i=1}^{m}\left(\sum_{k=1}^{n} x_{ik}\overline{x_{ik}}\right)=0$ となるのは，$x_{ik}\overline{x_{ik}} \geqq 0$ であるから $x_{ik}=0$ のときに限る．ゆえに，$X=O$ のときに限る．

以上により (X,Y) は V における内積である．

次に，E_{st} を (s,t) 成分が 1 で他の成分が 0 である V の元とする．このとき

$$E_{st}E_{uv}^* \text{ の } (i,i) \text{ 成分} = \begin{cases} 1 & (i=s=u,\ t=v \text{ のとき}) \\ 0 & (\text{その他}) \end{cases}$$

より

$$(E_{st},E_{uv})=\begin{cases} 1 & (s=u,\ t=v \text{ のとき}) \\ 0 & (\text{その他}) \end{cases}$$

である．ゆえに，E_{st} $(s=1,\ldots,m;\ t=1,\ldots,n)$ が V の 1 組の正規直交基をつくる．

2. V を n 次元内積空間，f を V の線形変換とする．このとき，すべての $\boldsymbol{x} \in V$ に対して $\|f(\boldsymbol{x})\| = \|\boldsymbol{x}\|$ ならば，f は直交変換であることを示せ．

【解答】 $\boldsymbol{e}_1, \ldots, \boldsymbol{e}_n$ を V の正規直交基とする．仮定より $\|f(\boldsymbol{e}_i+\boldsymbol{e}_j)\| = \|\boldsymbol{e}_i+\boldsymbol{e}_j\|$ であるから

$$(f(\boldsymbol{e}_i + \boldsymbol{e}_j), f(\boldsymbol{e}_i + \boldsymbol{e}_j)) = (\boldsymbol{e}_i + \boldsymbol{e}_j, \boldsymbol{e}_i + \boldsymbol{e}_j) \qquad (1 \leqq i, j \leqq n)$$

また，f が線形変換であるから，上式の各辺について

$$\begin{aligned}
\text{左辺} &= (f(\boldsymbol{e}_i), f(\boldsymbol{e}_i)) + (f(\boldsymbol{e}_j), f(\boldsymbol{e}_j)) + 2(f(\boldsymbol{e}_i), f(\boldsymbol{e}_j)), \\
\text{右辺} &= (\boldsymbol{e}_i, \boldsymbol{e}_i) + (\boldsymbol{e}_j, \boldsymbol{e}_j) + 2(\boldsymbol{e}_i, \boldsymbol{e}_j).
\end{aligned}$$

$(f(\boldsymbol{e}_i), f(\boldsymbol{e}_i)) = (\boldsymbol{e}_i, \boldsymbol{e}_i) = 1$ より

$$(f(\boldsymbol{e}_i), f(\boldsymbol{e}_j)) = (\boldsymbol{e}_i, \boldsymbol{e}_j) = \delta_{ij}.$$

ゆえに，$f(\boldsymbol{e}_1), \ldots, f(\boldsymbol{e}_n)$ も正規直交基である．

次に，$\boldsymbol{x}, \boldsymbol{y} \in V$，$\boldsymbol{x} = \sum_{i=1}^{n} x_i \boldsymbol{e}_i$，$\boldsymbol{y} = \sum_{i=1}^{n} y_i \boldsymbol{e}_i$ に対して f が線形変換であるから

$$f(\boldsymbol{x}) = \sum_{i=1}^{n} x_i f(\boldsymbol{e}_i), \quad f(\boldsymbol{y}) = \sum_{i=1}^{n} y_i f(\boldsymbol{e}_i).$$

よって

$$\begin{aligned}
(f(\boldsymbol{x}), f(\boldsymbol{y})) &= \left(\sum_{i=1}^{n} x_i f(\boldsymbol{e}_i), \sum_{j=1}^{n} y_j f(\boldsymbol{e}_j) \right) = \sum_{i,j=1}^{n} x_i y_j (f(\boldsymbol{e}_i), f(\boldsymbol{e}_j)) \\
&= \sum_{i=1}^{n} x_i y_i = (\boldsymbol{x}, \boldsymbol{y}).
\end{aligned}$$

ゆえに，f は直交変換である．　■

3. V を n 次元実内積空間，f を V から V への写像 (線形性は仮定しない) とする．V のベクトル $\boldsymbol{x}, \boldsymbol{y}$ に対して，(i) $\|\boldsymbol{x}\| = \|f(\boldsymbol{x})\|$，(ii) $\boldsymbol{x}, \boldsymbol{y}$ のなす角と $f(\boldsymbol{x}), f(\boldsymbol{y})$ のなす角が等しいとする．このとき，次のことを証明せよ．

(1) $\boldsymbol{x}, \boldsymbol{y} \in V$ に対して $(f(\boldsymbol{x}), f(\boldsymbol{y})) = (\boldsymbol{x}, \boldsymbol{y})$

(2) $\boldsymbol{a}_1, \ldots, \boldsymbol{a}_n$ を正規直交基とする．このとき，$f(\boldsymbol{a}_1), \ldots, f(\boldsymbol{a}_n)$ も正規直交基であり，$f(\sum_{i=1}^{n} k_i \boldsymbol{a}_i) = \sum_{i=1}^{n} k_i f(\boldsymbol{a}_i)$ が成り立つ．

(3) f は V の線形変換，したがって，直交変換である．

【解答】 (1) $\boldsymbol{x}, \boldsymbol{y}$ のなす角を θ とする．仮定より $f(\boldsymbol{x}), f(\boldsymbol{y})$ のなす角も θ である．よって

$$(f(\boldsymbol{x}), f(\boldsymbol{y})) = \|f(\boldsymbol{x})\| \cdot \|f(\boldsymbol{y})\| \cos\theta = \|\boldsymbol{x}\| \cdot \|\boldsymbol{y}\| \cos\theta = (\boldsymbol{x}, \boldsymbol{y})$$

(2) $\boldsymbol{a}_1, \ldots, \boldsymbol{a}_n$ を正規直交基とする．(1) より $f(\boldsymbol{a}_1), \ldots, f(\boldsymbol{a}_n)$ も正規直交基となる．したがって

$$f(\sum_{i=1}^{n} k_i \boldsymbol{a}_i) = \sum_{i=1}^{n} l_i f(\boldsymbol{a}_i)$$

と表される．このとき

$$\begin{aligned}\left(f(\sum_{i=1}^{n} k_i \boldsymbol{a}_i), f(\boldsymbol{a}_j)\right) &= \left(\sum_{i=1}^{n} l_i f(\boldsymbol{a}_i), f(\boldsymbol{a}_j)\right) = \sum_{i=1}^{n} l_i (f(\boldsymbol{a}_i), f(\boldsymbol{a}_j)) \\ &= \sum_{i=1}^{n} l_i \delta_{ij} = l_j\end{aligned}$$

一方，(1) より

$$\left(f(\sum_{i=1}^{n} k_i \boldsymbol{a}_i), f(\boldsymbol{a}_j)\right) = \left(\sum_{i=1}^{n} k_i \boldsymbol{a}_i, \boldsymbol{a}_j\right) = \sum_{i=1}^{n} k_i (\boldsymbol{a}_i, \boldsymbol{a}_j) = \sum_{i=1}^{n} k_i \delta_{ij} = k_j$$

したがって $l_j = k_j$. ゆえに $f(\sum_{i=1}^{n} k_i \boldsymbol{a}_i) = \sum_{i=1}^{n} k_i f(\boldsymbol{a}_i)$.
(3) $\boldsymbol{x} = \sum_{i=1}^{n} k_i \boldsymbol{a}_i$, $\boldsymbol{y} = \sum_{i=1}^{n} l_i \boldsymbol{a}_i$, $\lambda \in \mathbf{R}$ に対して

$$\begin{aligned}f(\boldsymbol{x} + \boldsymbol{y}) &= f(\sum_{i=1}^{n} (k_i + l_i) \boldsymbol{a}_i) = \sum_{i=1}^{n} (k_i + l_i) f(\boldsymbol{a}_i) \\ &= \sum_{i=1}^{n} k_i f(\boldsymbol{a}_i) + \sum_{i=1}^{n} l_i f(\boldsymbol{a}_i) = f(\boldsymbol{x}) + f(\boldsymbol{y}), \\ f(\lambda \boldsymbol{x}) &= f(\lambda \sum_{i=1}^{n} k_i \boldsymbol{a}_i) = f(\sum_{i=1}^{n} \lambda k_i \boldsymbol{a}_i) = \sum_{i=1}^{n} \lambda k_i f(\boldsymbol{a}_i) \\ &= \lambda \sum_{i=1}^{n} k_i f(\boldsymbol{a}_i) = \lambda f(\sum_{i=1}^{n} k_i \boldsymbol{a}_i) = \lambda f(\boldsymbol{x})\end{aligned}$$

ゆえに，f は V の線形変換である．さらに，(1) が成り立つから f は直交変換である．■

4. W を内積空間 V の部分空間とする．V のベクトル $\boldsymbol{x}$ が W のすべてのベクトルと直交しているとき，$\boldsymbol{x}$ は W に**直交**するといい，$\boldsymbol{x} \perp W$ で表す．このとき，次のことを証明せよ．

(1) $W^{\perp} = \{\boldsymbol{x} \mid \boldsymbol{x} \in V,\ \boldsymbol{x} \perp W\}$ は V の部分空間である (この $W^{\perp}$ を W の**直交補空間**という).

(2) $(W^{\perp})^{\perp} = W$

(3) $(W_1 + W_2)^{\perp} = W_1^{\perp} \cap W_2^{\perp}$

(4) $W \neq \{\mathbf{0}\}$ とし，$\{\boldsymbol{a}_1, \ldots, \boldsymbol{a}_r\}$ を W の正規直交基とする．このとき，V の任意のベクトル $\boldsymbol{x}$ は

$$\boldsymbol{x} = \sum_{i=1}^{r} (\boldsymbol{x}, \boldsymbol{a}_i)\boldsymbol{a}_i + \boldsymbol{z} \qquad (\boldsymbol{z} \in W^{\perp})$$

の形に一意的に表される ($\boldsymbol{y} = \sum_{i=1}^{r} (\boldsymbol{x}, \boldsymbol{a}_i)\boldsymbol{a}_i$ を $\boldsymbol{x}$ の部分空間 W への**正射影**という).

(5) $\mathbf{R}^3$ のベクトル $\boldsymbol{a}_1 = \begin{pmatrix} 1 \\ 1 \\ 0 \end{pmatrix}$, $\boldsymbol{a}_2 = \begin{pmatrix} 1 \\ 0 \\ 1 \end{pmatrix}$ で生成される部分空間 $W = [\boldsymbol{a}_1, \boldsymbol{a}_2]$ について，直交補空間 $W^{\perp}$ および $\boldsymbol{x} = \begin{pmatrix} 1 \\ 3 \\ 2 \end{pmatrix}$ の W への正射影を求めよ．

【解答】 (1) $\boldsymbol{x}, \boldsymbol{y} \in W^{\perp}$ とする，任意の $\boldsymbol{z} \in W$, $\lambda \in \mathbf{R}$ に対して $(\boldsymbol{x}, \boldsymbol{z}) = (\boldsymbol{y}, \boldsymbol{z}) = 0$ であるから

$$(\boldsymbol{x} + \boldsymbol{y}, \boldsymbol{z}) = (\boldsymbol{x}, \boldsymbol{z}) + (\boldsymbol{y}, \boldsymbol{z}) = 0, \quad (\lambda\boldsymbol{x}, \boldsymbol{z}) = \lambda(\boldsymbol{x}, \boldsymbol{z}) = 0.$$

$\boldsymbol{x} + \boldsymbol{y} \in W^{\perp}$, $\lambda\boldsymbol{x} \in W^{\perp}$ であるから，$W^{\perp}$ は V 部分空間である．

(2) $\boldsymbol{a}_1, \ldots, \boldsymbol{a}_r$ を W の正規直交基とする．定理 6.4(2) により $\boldsymbol{a}_1, \ldots, \boldsymbol{a}_r, \boldsymbol{a}_{r+1}, \ldots, \boldsymbol{a}_n$ が V の正規直交基となるような $\boldsymbol{a}_{r+1}, \ldots, \boldsymbol{a}_n$ が V に存在する．このとき V の任意のベクトル $\boldsymbol{x} = \sum_{i=1}^{n} x_i\boldsymbol{a}_i$ について

$$\begin{aligned} \boldsymbol{x} \text{ が } W^{\perp} \text{ に属す} &\iff (\boldsymbol{x}, \boldsymbol{a}_i) = 0 \quad (i = 1, \ldots, r) \\ &\iff \boldsymbol{x}_i = 0 \quad (i = 1, \ldots, r) \\ &\iff \boldsymbol{x} \in [\boldsymbol{a}_{r+1}, \ldots, \boldsymbol{a}_n] \end{aligned}$$

したがって $W^{\perp} = [\boldsymbol{a}_{r+1}, \ldots, \boldsymbol{a}_n]$. 同様にして

$$(W^{\perp})^{\perp} = ([\boldsymbol{a}_{r+1}, \ldots, \boldsymbol{a}_n])^{\perp} = [\boldsymbol{a}_1, \ldots, \boldsymbol{a}_r] = W$$

(3) $W_1 = [\boldsymbol{a}_1, \ldots, \boldsymbol{a}_r]$, $W_2 = [\boldsymbol{b}_1, \ldots, \boldsymbol{b}_s]$ とする．このとき

$$W_1 + W_2 = [\boldsymbol{a}_1, \ldots, \boldsymbol{a}_r, \boldsymbol{b}_1, \ldots, \boldsymbol{b}_s]$$

よって

$$\begin{aligned} \boldsymbol{x} \in (W_1 + W_2)^{\perp} &\iff \boldsymbol{x} \perp \boldsymbol{a}_i \ (i = 1, \ldots, r) \quad \text{かつ} \quad \boldsymbol{x} \perp \boldsymbol{b}_j \ (j = 1, \ldots, s) \\ &\iff \boldsymbol{x} \perp W_1^{\perp} \quad \text{かつ} \quad \boldsymbol{x} \perp W_2^{\perp} \\ &\iff \boldsymbol{x} \in W_1^{\perp} \cap W_2^{\perp} \end{aligned}$$

ゆえに $(W_1 + W_2)^{\perp} = W_1^{\perp} + W_2^{\perp}$.

(4) $\boldsymbol{a}_1, \ldots, \boldsymbol{a}_r$, $\boldsymbol{a}_{r+1}, \ldots, \boldsymbol{a}_n$ が V の正規直交基となるように $\boldsymbol{a}_{r+1}, \ldots, \boldsymbol{a}_n$ を選ぶ．任意のベクトル $\boldsymbol{x} = \sum_{i=1}^{n} x_i\boldsymbol{a}_i$ に対して

$$(\boldsymbol{x}, \boldsymbol{a}_j) = \sum_{i=1}^{n} x_i(\boldsymbol{a}_i, \boldsymbol{a}_j) = \sum_{i=1}^{n} x_i \delta_{ij} = x_j \quad (j = 1, \ldots, n)$$

より

$$\boldsymbol{x} = \sum_{i=1}^{r} x_i \boldsymbol{a}_i + \boldsymbol{z}, \qquad \boldsymbol{z} = \sum_{j=r+1}^{n} (\boldsymbol{x}, \boldsymbol{a}_j)\boldsymbol{a}_j \in W^{\perp}$$

と表される．

一意性の証明．$\boldsymbol{x} = \sum_{i=1}^{r} \alpha_i \boldsymbol{a}_i + \boldsymbol{z}'$ ($\boldsymbol{z}' \in W^{\perp}$) と表されたと仮定する．このとき，$j = 1, 2, \ldots, r$ に対して

$$(\boldsymbol{x}, \boldsymbol{a}_j) = (\sum_{i=1}^{r} \alpha_i \boldsymbol{a}_i + \boldsymbol{z}', \boldsymbol{a}_j) = \sum_{i=1}^{r} \alpha_i(\boldsymbol{a}_i, \boldsymbol{a}_j) + (\boldsymbol{z}', \boldsymbol{a}_j) = \alpha_j.$$

したがって，$\boldsymbol{x} = \sum_{i=1}^{r} (\boldsymbol{x}, \boldsymbol{a}_j)\boldsymbol{a}_i + \boldsymbol{z}'$ となり

$$\boldsymbol{z}' = \boldsymbol{x} - \sum_{i=1}^{r} \alpha_i \boldsymbol{a}_i = \boldsymbol{x} - \sum_{i=1}^{r} (\boldsymbol{x}, \boldsymbol{a}_i)\boldsymbol{a}_i = \boldsymbol{z}.$$

以上より，(4) の表現は一意的である．

(5) $W^{\perp}$ のベクトルは $\boldsymbol{a}_1, \boldsymbol{a}_2$ と直交することより

$$W^{\perp} = \{\boldsymbol{c} \mid \boldsymbol{c} = t\begin{pmatrix} 1 \\ -1 \\ -1 \end{pmatrix} \ (t \text{ は任意定数})\}.$$

したがって $\{\boldsymbol{b} = \frac{1}{\sqrt{3}}\begin{pmatrix} 1 \\ -1 \\ -1 \end{pmatrix}\}$ が $W^{\perp}$ の正規直交基となる．$\boldsymbol{x} = \begin{pmatrix} 1 \\ 3 \\ 2 \end{pmatrix}$ の W への正射影は，(4) より

$$\boldsymbol{x} - (\boldsymbol{x}, \boldsymbol{b})\boldsymbol{b} = \begin{pmatrix} 1 \\ 3 \\ 2 \end{pmatrix} + \frac{4}{3}\begin{pmatrix} 1 \\ -1 \\ -1 \end{pmatrix} = \frac{1}{3}\begin{pmatrix} 7 \\ 5 \\ -2 \end{pmatrix}. \quad \blacksquare$$

5. 空間のベクトル $\boldsymbol{a} = a_1\boldsymbol{e}_1 + a_2\boldsymbol{e}_2 + a_3\boldsymbol{e}_3$ と $\boldsymbol{b} = b_1\boldsymbol{e}_1 + b_2\boldsymbol{e}_2 + b_3\boldsymbol{e}_3$ とのなす角 θ $(0 \leqq \theta \leqq \pi)$ とする．このとき，次のことを確かめよ．

(1) $(\boldsymbol{a} \times \boldsymbol{b}, \boldsymbol{a} \times \boldsymbol{b}) = (\boldsymbol{a}, \boldsymbol{a})(\boldsymbol{b}, \boldsymbol{b}) - (\boldsymbol{a}, \boldsymbol{b})^2$

(2) $\|\boldsymbol{a} \times \boldsymbol{b}\| = \|\boldsymbol{a}\| \cdot \|\boldsymbol{b}\| \sin\theta$ 　　(ここで，$\|\boldsymbol{a}\| = \sqrt{(\boldsymbol{a}, \boldsymbol{a})}$)

(3) $\boldsymbol{a} \times \boldsymbol{b}$ の長さは $\boldsymbol{a}, \boldsymbol{b}$ を 2 辺とする平行四辺形の面積に等しい．

(4) 3 重積 $(\boldsymbol{a} \times \boldsymbol{b}, \boldsymbol{c})$ の絶対値は，$\boldsymbol{a}, \boldsymbol{b}, \boldsymbol{c}$ を 3 辺とする平行六面体の体積に等しい．ここで，$\boldsymbol{c} = c_1\boldsymbol{e}_1 + c_2\boldsymbol{e}_2 + c_3\boldsymbol{e}_3$.

【解答】 (1) 外積の定義より

$$\boldsymbol{a} \times \boldsymbol{b} = (a_2b_3 - a_3b_2)\boldsymbol{e}_1 - (a_1b_3 - a_3b_1)\boldsymbol{e}_2 + (a_1b_2 - a_2b_1)\boldsymbol{e}_3$$

このとき

$$\begin{aligned}(\boldsymbol{a} \times \boldsymbol{b}, \boldsymbol{a} \times \boldsymbol{b}) &= (a_2b_3 - a_3b_2)^2 + (a_1b_3 - a_3b_1)^2 + (a_1b_2 - a_2b_1)^2 \\ &= a_2^2b_3^2 + a_3^2b_2^2 + a_1^2b_3^2 + a_3^2b_1^2 + a_1^2b_2^2 + a_2^2b_1^2 \\ &\qquad -2(a_2b_3a_3b_2 + a_1b_3a_3b_1 + a_1b_2a_2b_1) \\ &= (a_1^2 + a_2^2 + a_3^2)(b_1^2 + b_2^2 + b_3^2) - (a_1b_1 + a_2b_2 + a_3b_3)^2 \\ &= (\boldsymbol{a}, \boldsymbol{a})(\boldsymbol{b}, \boldsymbol{b}) - (\boldsymbol{a}, \boldsymbol{b})^2\end{aligned}$$

(2) (1) より

$$\begin{aligned}\|\boldsymbol{a} \times \boldsymbol{b}\|^2 &= (\boldsymbol{a} \times \boldsymbol{b}, \boldsymbol{a} \times \boldsymbol{b}) \\ &= (\boldsymbol{a}, \boldsymbol{a})(\boldsymbol{b}, \boldsymbol{b}) - (\boldsymbol{a}, \boldsymbol{b})^2 \\ &= \|\boldsymbol{a}\|^2 \cdot \|\boldsymbol{b}\|^2 - (\|\boldsymbol{a}\| \cdot \|\boldsymbol{b}\| \cos\theta)^2 \\ &= \|\boldsymbol{a}\|^2 \cdot \|\boldsymbol{b}\|^2 \sin^2\theta\end{aligned}$$

$0 \leqq \theta \leqq \pi$ のとき $\sin\theta \geqq 0$ であるから

$$\|\boldsymbol{a} \times \boldsymbol{b}\| = \|\boldsymbol{a}\| \cdot \|\boldsymbol{b}\| \sin\theta$$

(3) $\|\boldsymbol{a}\| \cdot \|\boldsymbol{b}\| \sin\theta$ は $\boldsymbol{a}, \boldsymbol{b}$ を 2 辺とする平行四辺形の面積に等しい．ゆえに，(2) より，$\|\boldsymbol{a} \times \boldsymbol{b}\|$ は $\boldsymbol{a}, \boldsymbol{b}$ を 2 辺とする平行四辺形の面積に等しい．

(4) 平面 OAB とベクトル $\boldsymbol{c}$ とのなす角を ψ, $\boldsymbol{a} \times \boldsymbol{b}$ と $\boldsymbol{c}$ とのなす角を ϕ とする．このとき $\phi = \pi/2 - \psi$ より

$$\begin{aligned}\|(\boldsymbol{a} \times \boldsymbol{b}, \boldsymbol{c})\| &= \|\boldsymbol{a} \times \boldsymbol{b}\| \cdot \|\boldsymbol{c}\| \cdot |\cos\psi| \\ &= \|\boldsymbol{a} \times \boldsymbol{b}\| \cdot \|\boldsymbol{c}\| \cdot |\sin\phi| \\ &= (\boldsymbol{a},\ \boldsymbol{b} \text{ を 2 辺とする平行四辺形の面積}) \cdot \overline{\mathrm{CC}'} \\ &= (\boldsymbol{a},\ \boldsymbol{b},\ \boldsymbol{c} \text{ を 3 辺とする平行六面体の体積})\end{aligned}$$

第7章　固有値，行列の対角化

7.1　固有値と固有ベクトル

V を $\mathbf{K}$ 上のベクトル空間，$f: V \longrightarrow V$ を線形変換とする．

不変部分空間 W を V の部分空間とする．W の任意のベクトル $\boldsymbol{x}$ の像 $f(\boldsymbol{x})$ がまた W のベクトルであるとき，すなわち

$$\boldsymbol{x} \in W \Longrightarrow f(\boldsymbol{x}) \in W$$

であるとき，部分空間 W は線形変換 f によって**不変**である，または f の**不変部分空間**であるという．

固有値・固有ベクトル V を $\mathbf{K}$ 上のベクトル空間，f を V の線形変換とする．

$$f(\boldsymbol{x}) = \lambda \boldsymbol{x}$$

を満たす $\mathbf{K}$ の数 λ と V の $\mathbf{0}$ でないベクトル $\boldsymbol{x}$ が存在するとき，λ を f の**固有値**といい，$\boldsymbol{x}$ を固有値 λ に対する f の**固有ベクトル**という．

f の固有値 λ に対して

$$W(\lambda) = \{\boldsymbol{x} \mid f(\boldsymbol{x}) = \lambda \boldsymbol{x},\ \boldsymbol{x} \in V\}$$

を定め，この $W(\lambda)$ を固有値 λ に対する f の**固有空間**という．実際，$W(\lambda)$ は V の部分空間である．すなわち，$\mathbf{0} \in W(\lambda)$ であり，$\boldsymbol{x}, \boldsymbol{y} \in W(\lambda)$, $k \in \mathbf{K}$ に対して

$$f(\boldsymbol{x}+\boldsymbol{y}) = f(\boldsymbol{x}) + f(\boldsymbol{y}) = \lambda \boldsymbol{x} + \lambda \boldsymbol{y} = \lambda(\boldsymbol{x}+\boldsymbol{y})$$
$$f(k\boldsymbol{x}) = kf(\boldsymbol{x}) = k\lambda \boldsymbol{x} = \lambda(k\boldsymbol{x}).$$

ゆえに，$\boldsymbol{x}+\boldsymbol{y}$, $k\boldsymbol{x} \in W(\lambda)$ である．

定理 7.1 V を $\mathbf{K}$ 上のベクトル空間，$f: V \longrightarrow V$ を線形変換とする．f の固有値 λ に対する固有空間 $W(\lambda) = \{\boldsymbol{x} \mid f(\boldsymbol{x}) = \lambda \boldsymbol{x},\ \boldsymbol{x} \in V\}$ について

(1) $W(\lambda)$ は V の部分空間である．

(2) $W(\lambda)$ は f によって不変である．

以下，特に断らない限り $\mathbf{K} = \mathbf{C}$ として考える．

n 次正方行列 $A = (a_{ij})$ によって定まる線形変換

$$f_A \colon \mathbf{C}^n \longrightarrow \mathbf{C}^n,\ f_A(\boldsymbol{x}) = A\boldsymbol{x}$$

を考える．このとき，線形変換 f_A の固有値，固有ベクトル，固有空間をそれぞれ行列 A の**固有値**，**固有ベクトル**，**固有空間**という．

n 次正方行列 A の固有値の 1 つを λ とすれば，$\boldsymbol{x} \in \mathbf{C}^n, \boldsymbol{x} \neq \mathbf{0}$ が存在して

$$A\boldsymbol{x} = \lambda\boldsymbol{x}. \tag{7.1}$$

$\lambda\boldsymbol{x} = \lambda E\boldsymbol{x}$ (E は n 次単位行列) であるから

$$(A - \lambda E)\boldsymbol{x} = \mathbf{0} \quad \text{または} \quad (\lambda E - A)\boldsymbol{x} = \mathbf{0} \quad (\boldsymbol{x} \neq \mathbf{0}). \tag{7.2}$$

したがって，定理 3.2 より

$$\det(\lambda E - A) = |\lambda E - A| = 0. \tag{7.3}$$

逆に，λ が式 (7.3) を満足すれば，定理 3.2 より λ は A の固有値である．

行列式 (7.3) において λ を変数 t に置き換えた多項式

$$\phi_A(t) = |tE - A| = \begin{vmatrix} t - a_{11} & -a_{12} & \ldots & -a_{1n} \\ -a_{21} & t - a_{22} & \ldots & -a_{2n} \\ \vdots & \vdots & \ddots & \vdots \\ -a_{n1} & -a_{n2} & \ldots & t - a_{nn} \end{vmatrix} \tag{7.4}$$

を A の**固有多項式**または**特性多項式**といい，方程式 $\phi_A(t) = 0$ を A の**固有方程式**または**特性方程式**という．

定理 7.2 λ が n 次正方行列 A の固有値であるための必要十分条件は，λ が A の固有方程式 $\phi_A(t) = 0$ の解であることである．

【補足】 n 次正方行列 A の固有値について，次の性質が成り立つ．

- A は n 個の複素数 λ_i $(i = 1, 2, \ldots, n)$ を固有値としてもつ (重複も含む)．
- $|A| = \lambda_1\lambda_2 \ldots \lambda_n$.
- $\mathrm{tr}A = a_{11} + a_{22} + \cdots + a_{nn} = \lambda_1 + \lambda_2 + \cdots + \lambda_n$.

$\mathrm{tr}A$ を n 次正方行列 A の**トレース** (trace) または**跡**という．

定理 7.3 n 次正方行列 A の固有値 λ に対する固有空間 $W(\lambda)$ に関して

$$\dim W(\lambda) = n - \mathrm{rank}(\lambda E - A).$$

定理 7.4 $\mathbf{C}$ 上の n 次元ベクトル空間 V の線形変換 $f: V \longrightarrow V$ に対して，V の基 $S = \{\boldsymbol{v}_1, \boldsymbol{v}_2, \ldots, \boldsymbol{v}_n\}$ に関する f の表現行列を A とする．このとき，変換 f の固有値は行列 A の固有値と一致する．

定理 7.5 $\lambda_1, \lambda_2, \ldots, \lambda_r$ を n 次正方行列 A の相異なる固有値，$\boldsymbol{x}_i$ を λ_i に対する固有ベクトルとする $(i = 1, 2, \ldots, r)$．このとき，$\boldsymbol{x}_1, \boldsymbol{x}_2, \ldots, \boldsymbol{x}_r$ は 1 次独立である．

問題 7.1 n 次正方行列 A, B に対して次の等式が成り立つことを示せ．

(1) $\mathrm{tr}({}^tA) = \mathrm{tr}A$　(2) $\mathrm{tr}(AB) = \mathrm{tr}(BA)$　(3) $\mathrm{tr}(B^{-1}AB) = \mathrm{tr}A$

【解答】 (1) $A = (a_{ij})$ とすると，トレースの定義より $\mathrm{tr}A = a_{11} + a_{22} + \cdots + a_{nn}$．また ${}^tA = (a'_{ij})$ とおけば，転置行列の定義より $a'_{ij} = a_{ji}$．主対角線上の成分 a_{ii} については $a'_{ii} = a_{ii}$ である．したがって

$$\begin{aligned}\mathrm{tr}({}^tA) &= a'_{11} + a'_{22} + \cdots + a'_{nn} \\ &= a_{11} + a_{22} + \cdots + a_{nn} = \mathrm{tr}A.\end{aligned}$$

(2) $AB = C = (c_{ij}), BA = F = (f_{ij})$ とおけば

$$c_{ij} = \sum_{k=1}^{n} a_{ik}b_{kj}, \quad f_{ij} = \sum_{k=1}^{n} b_{ik}a_{kj} \quad (1 \leqq i, j \leqq n)$$

と表される．したがって

$$\begin{aligned}\mathrm{tr}(AB) &= \sum_{i=1}^{n} c_{ii} = \sum_{i=1}^{n}\left(\sum_{k=1}^{n} a_{ik}b_{ki}\right) = \sum_{k=1}^{n}\left(\sum_{i=1}^{n} a_{ik}b_{ki}\right) \\ &= \sum_{k=1}^{n}\left(\sum_{i=1}^{n} b_{ki}a_{ik}\right) = \sum_{k=1}^{n} f_{kk} = \mathrm{tr}(BA).\end{aligned}$$

(3) (2) を使うと

$$\begin{aligned}\mathrm{tr}(B^{-1}AB) &= \mathrm{tr}((B^{-1}A)B) = \mathrm{tr}(B(B^{-1}A)) \\ &= \mathrm{tr}((BB^{-1})A) = \mathrm{tr}(E_nA) = \mathrm{tr}A. \quad \blacksquare\end{aligned}$$

問題 7.2 次の行列の固有値と固有ベクトルを求めよ．

(1) $A = \begin{pmatrix} 4 & -1 & -2 \\ 2 & 1 & -2 \\ 1 & -1 & 1 \end{pmatrix}$　(2) $B = \begin{pmatrix} 2 & 1 & -1 \\ -1 & 3 & 0 \\ 1 & 0 & 1 \end{pmatrix}$

【解答】 (1) 式 (7.4) を用いて，行列 A の固有多項式 $\phi_A(t)=|tE_3-A|$ を求める．

$$\begin{aligned}\phi_A(t)&=\begin{vmatrix}t-4&1&2\\-2&t-1&2\\-1&1&t-1\end{vmatrix}\quad(1\text{ 列に }2\text{ 列と }3\text{ 列を加える})\\&=\begin{vmatrix}t-1&1&2\\t-1&t-1&2\\t-1&1&t-1\end{vmatrix}\quad(1\text{ 列から }(t-1)\text{ を外に出す})\\&=(t-1)\begin{vmatrix}1&1&2\\1&t-1&2\\1&1&t-1\end{vmatrix}\quad(2\text{ 行 }-1\text{ 行},\ 3\text{ 行 }-1\text{ 行})\\&=(t-1)\begin{vmatrix}1&1&2\\0&t-2&0\\0&0&t-3\end{vmatrix}\quad(1\text{ 列で展開})\\&=(t-1)\begin{vmatrix}t-2&0\\0&t-3\end{vmatrix}\\&=(t-1)(t-2)(t-3).\end{aligned}$$

ゆえに，行列 A の固有多項式は $\phi_A(t)=(t-1)(t-2)(t-3)$ である．したがって，行列 A の固有値は 1, 2, 3 である．

次に，行列 A の固有値 λ に対して，$(A-\lambda E_3)\boldsymbol{x}=\boldsymbol{0}$ を満たす固有ベクトル $\boldsymbol{x}=\begin{pmatrix}x_1\\x_2\\x_3\end{pmatrix}$ を求める．

(i) $\lambda=1$ として，$(A-E_3)\boldsymbol{x}=\boldsymbol{0}$ を満たすベクトル $\boldsymbol{x}$ を求める．

$$\begin{pmatrix}3&-1&-2\\2&0&-2\\1&-1&0\end{pmatrix}\begin{pmatrix}x_1\\x_2\\x_3\end{pmatrix}=\begin{pmatrix}0\\0\\0\end{pmatrix}\quad\text{すなわち}\quad\begin{cases}2x_1\phantom{{}-x_2}-2x_3=0\\x_1-x_2\phantom{{}-2x_3}=0\end{cases}$$

よって，$x_1=x_2=x_3$．ゆえに

$$\boldsymbol{x}=\begin{pmatrix}x_1\\x_2\\x_3\end{pmatrix}=\begin{pmatrix}x_1\\x_1\\x_1\end{pmatrix}\xrightarrow[\ ]{x_1=s\ \text{とおく}}\boldsymbol{x}=s\begin{pmatrix}1\\1\\1\end{pmatrix}\ (s\text{ は }0\text{ でない任意定数}).$$

(ii) $\lambda=2$ として，$(A-2E_3)\boldsymbol{x}=\boldsymbol{0}$ を満たすベクトル $\boldsymbol{x}$ を求める．

$$\begin{pmatrix}2&-1&-2\\2&-1&-2\\1&-1&-1\end{pmatrix}\begin{pmatrix}x_1\\x_2\\x_3\end{pmatrix}=\begin{pmatrix}0\\0\\0\end{pmatrix}\quad\text{すなわち}\quad\begin{cases}2x_1-x_2-2x_3=0\\x_1-x_2-x_3=0\end{cases}$$

よって，$x_1=x_3$, $x_2=0$．ゆえに

$$\boldsymbol{x}=\begin{pmatrix}x_1\\x_2\\x_3\end{pmatrix}=\begin{pmatrix}x_1\\0\\x_1\end{pmatrix}\xrightarrow[\ ]{x_1=s\ \text{とおく}}\boldsymbol{x}=s\begin{pmatrix}1\\0\\1\end{pmatrix}\ (s\text{ は }0\text{ でない任意定数}).$$

(iii) $\lambda = 3$ として，$(A - 3E_3)\boldsymbol{x} = \boldsymbol{0}$ を満たすベクトル $\boldsymbol{x}$ を求める．

$$\begin{pmatrix} 1 & -1 & -2 \\ 2 & -2 & -2 \\ 1 & -1 & -2 \end{pmatrix}\begin{pmatrix} x_1 \\ x_2 \\ x_3 \end{pmatrix} = \begin{pmatrix} 0 \\ 0 \\ 0 \end{pmatrix} \quad \text{すなわち} \quad \begin{cases} x_1 - x_2 - 2x_3 = 0 \\ 2x_1 - 2x_2 - 2x_3 = 0 \end{cases}$$

よって，$x_1 = x_2$，$x_3 = 0$. ゆえに

$$\boldsymbol{x} = \begin{pmatrix} x_1 \\ x_2 \\ x_3 \end{pmatrix} = \begin{pmatrix} x_1 \\ x_1 \\ 0 \end{pmatrix} \xrightarrow[\text{とおく}]{x_1 = s} \boldsymbol{x} = s\begin{pmatrix} 1 \\ 1 \\ 0 \end{pmatrix} \ (s \text{ は } 0 \text{ でない任意定数}).$$

(2) 式 (7.4) を用いて，行列 B の固有多項式 $\phi_B(t) = |tE_3 - B|$ を求める．

$$\begin{aligned} \phi_B(t) &= \begin{vmatrix} t-2 & -1 & 1 \\ 1 & t-3 & 0 \\ -1 & 0 & t-1 \end{vmatrix} \quad (1 \text{ 列に } 2 \text{ 列と } 3 \text{ 列を加える}) \\ &= \begin{vmatrix} t-2 & -1 & 1 \\ t-2 & t-3 & 0 \\ t-2 & 0 & t-1 \end{vmatrix} \quad (1 \text{ 列の } t-2 \text{ を外に出す}) \\ &= (t-2)\begin{vmatrix} 1 & -1 & 1 \\ 1 & t-3 & 0 \\ 1 & 0 & t-1 \end{vmatrix} \quad (2 \text{ 行 } -1 \text{ 行}, 3 \text{ 行 } -1 \text{ 行}) \\ &= (t-2)\begin{vmatrix} 1 & -1 & 1 \\ 0 & t-2 & -1 \\ 0 & 1 & t-2 \end{vmatrix} \quad (1 \text{ 列で展開する}) \\ &= (t-2)\begin{vmatrix} t-2 & -1 \\ 1 & t-2 \end{vmatrix} \\ &= (t-2)(t^2 - 4t + 5). \end{aligned}$$

ゆえに，行列 B の固有多項式は $\phi_B(t) = (t-2)(t^2-4t+5) = (t-2)\{t-(2+i)\}\{t-(2-i)\}$ である．したがって，行列 B の固有値は $2, 2 \pm i$ である．

次に，行列 B の固有値 λ に対して，$(B - \lambda E_3)\boldsymbol{x} = \boldsymbol{0}$ を満たす固有ベクトル $\boldsymbol{x} = \begin{pmatrix} x_1 \\ x_2 \\ x_3 \end{pmatrix}$ を求める．

(i) $\lambda = 2$ として，$(B - 2E_3)\boldsymbol{x} = \boldsymbol{0}$ を満たすベクトル $\boldsymbol{x}$ を求める．

$$\begin{pmatrix} 0 & 1 & -1 \\ -1 & 1 & 0 \\ 1 & 0 & -1 \end{pmatrix}\begin{pmatrix} x_1 \\ x_2 \\ x_3 \end{pmatrix} = \begin{pmatrix} 0 \\ 0 \\ 0 \end{pmatrix} \quad \text{すなわち} \quad \begin{cases} x_2 - x_3 = 0 \\ -x_1 + x_2 = 0 \end{cases}$$

よって，$x_1 = x_2 = x_3$. ゆえに

$$\boldsymbol{x} = \begin{pmatrix} x_1 \\ x_2 \\ x_3 \end{pmatrix} = \begin{pmatrix} x_1 \\ x_1 \\ x_1 \end{pmatrix} \xrightarrow[\text{とおく}]{x_1 = s} \boldsymbol{x} = s\begin{pmatrix} 1 \\ 1 \\ 1 \end{pmatrix} \ (s \text{ は } 0 \text{ でない任意定数}).$$

(ii) $\lambda = 2+i$ として，$(B-(2+i)E_3)\boldsymbol{x} = \boldsymbol{0}$ を満たすベクトル $\boldsymbol{x}$ を求める．

$$\begin{pmatrix} -i & 1 & -1 \\ -1 & 1-i & 0 \\ 1 & 0 & -1-i \end{pmatrix}\begin{pmatrix} x_1 \\ x_2 \\ x_3 \end{pmatrix} = \begin{pmatrix} 0 \\ 0 \\ 0 \end{pmatrix} \quad \text{すなわち} \quad \begin{cases} -x_1 + (1-i)x_2 = 0 \\ x_1 - (1+i)x_3 = 0 \end{cases}$$

よって，$i^2 = -1$ より

$$x_2 = \frac{1}{1-i}x_1 = \frac{1+i}{(1-i)(1+i)}x_1 = \frac{1+i}{1-i^2}x_1 = \frac{1}{2}(1+i)x_1,$$
$$x_3 = \frac{1}{1+i}x_1 = \frac{1-i}{(1+i)(1-i)}x_1 = \frac{1-i}{1-i^2}x_1 = \frac{1}{2}(1-i)x_1$$

であるから

$$\boldsymbol{x} = \begin{pmatrix} x_1 \\ x_2 \\ x_3 \end{pmatrix} = \begin{pmatrix} x_1 \\ \frac{1}{2}(1+i)x_1 \\ \frac{1}{2}(1-i)x_1 \end{pmatrix} \xrightarrow[\text{とおく}]{x_1/2 = s} \boldsymbol{x} = s\begin{pmatrix} 2 \\ 1+i \\ 1-i \end{pmatrix} \quad (s \text{ は } 0 \text{ でない任意定数}).$$

(iii) $\lambda = 2-i$ として，$(B-(2-i)E_3)\boldsymbol{x} = \boldsymbol{0}$ を満たすベクトル $\boldsymbol{x}$ を求める．

$$\begin{pmatrix} i & 1 & -1 \\ -1 & 1+i & 0 \\ 1 & 0 & -1+i \end{pmatrix}\begin{pmatrix} x_1 \\ x_2 \\ x_3 \end{pmatrix} = \begin{pmatrix} 0 \\ 0 \\ 0 \end{pmatrix} \quad \text{すなわち} \quad \begin{cases} -x_1 + (1+i)x_2 = 0 \\ x_1 + (-1+i)x_3 = 0 \end{cases}$$

よって，$i^2 = -1$ より

$$x_2 = \frac{1}{1+i}x_1 = \frac{1-i}{(1+i)(1-i)}x_1 = \frac{1-i}{1-i^2}x_1 = \frac{1}{2}(1-i)x_1,$$
$$x_3 = \frac{1}{1-i}x_1 = \frac{1+i}{(1-i)(1+i)}x_1 = \frac{1+i}{1-i^2}x_1 = \frac{1}{2}(1+i)x_1$$

であるから

$$\boldsymbol{x} = \begin{pmatrix} x_1 \\ x_2 \\ x_3 \end{pmatrix} = \begin{pmatrix} x_1 \\ \frac{1}{2}(1-i)x_1 \\ \frac{1}{2}(1+i)x_1 \end{pmatrix} \xrightarrow[\text{とおく}]{x_1/2 = s} \boldsymbol{x} = s\begin{pmatrix} 2 \\ 1-i \\ 1+i \end{pmatrix} \quad (s \text{ は } 0 \text{ でない任意定数}).$$ ■

問題 7.3 次の行列の固有値と固有空間の次元を求めよ．

(1) $A = \begin{pmatrix} 2 & -1 & 0 \\ 1 & 0 & 0 \\ 1 & -1 & 1 \end{pmatrix}$ (2) $B = \begin{pmatrix} -1 & 1 & -1 \\ 0 & -2 & 1 \\ 1 & 0 & 0 \end{pmatrix}$

【解答】 (1) 式 (7.4) を用いて，行列 A の固有多項式 $\phi_A(t)=|tE_3-A|$ を求める．

$$\phi_A(t)=\begin{vmatrix} t-2 & 1 & 0 \\ -1 & t & 0 \\ -1 & 1 & t-1 \end{vmatrix} \quad (1\text{ 列に }2\text{ 列と }3\text{ 列を加える})$$

$$=\begin{vmatrix} t-1 & 1 & 0 \\ t-1 & t & 0 \\ t-1 & 1 & t-1 \end{vmatrix} \quad (1\text{ 列の }(t-1)\text{ を外に出す})$$

$$=(t-1)\begin{vmatrix} 1 & 1 & 0 \\ 1 & t & 0 \\ 1 & 1 & t-1 \end{vmatrix} \quad (2\text{ 行 }-1\text{ 行，}3\text{ 行 }-1\text{ 行})$$

$$=(t-1)\begin{vmatrix} 1 & 1 & 0 \\ 0 & t-1 & 0 \\ 0 & 0 & t-1 \end{vmatrix} \quad (1\text{ 列で展開})$$

$$=(t-1)\begin{vmatrix} t-1 & 0 \\ 0 & t-1 \end{vmatrix}$$

$$=(t-1)^3.$$

よって，固有多項式は $\phi_A(t)=(t-1)^3$ である．ゆえに，行列 A の固有値は 1 (3 重解) である．

次に，固有値 1 に対する固有空間 $W(1)$ を求める．$(A-E_3)\boldsymbol{x}=\boldsymbol{0}$ を満たすベクトル $\boldsymbol{x}=\begin{pmatrix} x_1 \\ x_2 \\ x_3 \end{pmatrix}$ を求めればよい．したがって

$$\begin{pmatrix} 1 & -1 & 0 \\ 1 & -1 & 0 \\ 1 & -1 & 0 \end{pmatrix}\begin{pmatrix} x_1 \\ x_2 \\ x_3 \end{pmatrix}=\begin{pmatrix} 0 \\ 0 \\ 0 \end{pmatrix} \quad \text{すなわち} \quad x_1-x_2=0.$$

よって，$x_1=x_2$. ゆえに

$$\boldsymbol{x}=\begin{pmatrix} x_1 \\ x_2 \\ x_3 \end{pmatrix}=\begin{pmatrix} x_1 \\ x_1 \\ x_3 \end{pmatrix}=x_1\begin{pmatrix} 1 \\ 1 \\ 0 \end{pmatrix}+x_3\begin{pmatrix} 0 \\ 0 \\ 1 \end{pmatrix} \quad (x_1, x_3\text{は任意定数}).$$

したがって，$W(1)=\left[\begin{pmatrix} 1 \\ 1 \\ 0 \end{pmatrix}, \begin{pmatrix} 0 \\ 0 \\ 1 \end{pmatrix}\right]$. これらのベクトルは 1 次独立であるから，$\dim W(1)=2$.

(2) 式 (7.4) を用いて，行列 B の固有多項式 $\phi_B(t)=|tE_3-B|$ を求める．

$$\phi_B(t)=\begin{vmatrix} t+1 & -1 & 1 \\ 0 & t+2 & -1 \\ -1 & 0 & t \end{vmatrix} \quad (3\text{ 列に }1\text{ 列の }t\text{ 倍を加える})$$

$$
\begin{aligned}
&= \begin{vmatrix} t+1 & -1 & t^2+t+1 \\ 0 & t+2 & -1 \\ -1 & 0 & 0 \end{vmatrix} \quad (3\text{ 行で展開}) \\
&= -\begin{vmatrix} -1 & t^2+t+1 \\ t+2 & -1 \end{vmatrix} \\
&= -\{1-(t+2)(t^2+t+1)\} \\
&= t^3+3t^2+3t+1 \\
&= (t+1)^3.
\end{aligned}
$$

よって，固有多項式は $\phi_B(t) = (t+1)^3$ である．ゆえに，行列 B の固有値は -1 (3 重解) である．

次に，固有値 -1 に対する固有空間 $W(-1)$ を求める．$(B+E_3)\boldsymbol{x} = \boldsymbol{0}$ を満たすベクトル $\boldsymbol{x}$ を求めればよい．したがって

$$
\begin{pmatrix} 0 & 1 & -1 \\ 0 & -1 & 1 \\ 1 & 0 & 1 \end{pmatrix} \begin{pmatrix} x_1 \\ x_2 \\ x_3 \end{pmatrix} = \begin{pmatrix} 0 \\ 0 \\ 0 \end{pmatrix} \quad \text{すなわち} \quad \begin{cases} \quad\ \ x_2 - x_3 = 0 \\ x_1 \qquad + x_3 = 0 \end{cases}
$$

よって，$x_1 = -x_2 = -x_3$. ゆえに

$$
\boldsymbol{x} = \begin{pmatrix} x_1 \\ x_2 \\ x_3 \end{pmatrix} = \begin{pmatrix} x_1 \\ -x_1 \\ -x_1 \end{pmatrix} = x_1 \begin{pmatrix} 1 \\ -1 \\ -1 \end{pmatrix} \quad (x_1\text{は任意定数}).
$$

したがって，$W(-1) = [\begin{pmatrix} 1 \\ -1 \\ -1 \end{pmatrix}]$ である．明らかに $\dim W(-1) = 1$ である．　■

問題 7.4 正方行列 A と転置行列 ${}^tA$ は同じ固有多項式をもつことを示せ．

【解答】 固有多項式の定義，定理 2.3 と定理 1.3 を用いて

$$
\begin{aligned}
\phi_A(t) &= |tE_n - A| = |{}^t(tE_n - A)| \\
&= |t\,{}^tE_n - {}^tA| = |tE_n - {}^tA| = \phi_{{}^tA}(t). \quad ■
\end{aligned}
$$

問題 7.5 行列 A の相異なる固有値を λ, μ とする．$\boldsymbol{x}_1, \boldsymbol{x}_2$ は λ に対する固有ベクトルであり 1 次独立とする．$\boldsymbol{x}_3, \boldsymbol{x}_4, \boldsymbol{x}_5$ は μ に対する固有ベクトルであり 1 次独立とする．このとき，$\boldsymbol{x}_1, \boldsymbol{x}_2, \boldsymbol{x}_3, \boldsymbol{x}_4, \boldsymbol{x}_5$ は 1 次独立であることを示せ．

【解答】 $\boldsymbol{x}_1, \boldsymbol{x}_2$ は λ に対する固有ベクトルであり，$\boldsymbol{x}_3, \boldsymbol{x}_4, \boldsymbol{x}_5$ は μ に対する固有ベクトルであるから

$$
\begin{aligned}
&A\boldsymbol{x}_1 = \lambda\boldsymbol{x}_1, \quad A\boldsymbol{x}_2 = \lambda\boldsymbol{x}_2 \\
&A\boldsymbol{x}_3 = \mu\boldsymbol{x}_3, \quad A\boldsymbol{x}_4 = \mu\boldsymbol{x}_4, \quad A\boldsymbol{x}_5 = \mu\boldsymbol{x}_5
\end{aligned}
$$

となっている．そこで

$$
c_1\boldsymbol{x}_1 + c_2\boldsymbol{x}_2 + c_3\boldsymbol{x}_3 + c_4\boldsymbol{x}_4 + c_5\boldsymbol{x}_5 = \boldsymbol{0} \qquad ①
$$

と仮定する．

①の両辺に行列 A を左から掛けると

$$A(c_1\boldsymbol{x}_1 + c_2\boldsymbol{x}_2 + c_3\boldsymbol{x}_3 + c_4\boldsymbol{x}_4 + c_5\boldsymbol{x}_5) = \mathbf{0}.$$

このとき

$$\begin{aligned}
\text{左辺} &= c_1(A\boldsymbol{x}_1) + c_2(A\boldsymbol{x}_2) + c_3(A\boldsymbol{x}_3) + c_4(A\boldsymbol{x}_4) + c_5(A\boldsymbol{x}_5) \\
&= c_1(\lambda\boldsymbol{x}_1) + c_2(\lambda\boldsymbol{x}_2) + c_3(\mu\boldsymbol{x}_3) + c_4(\mu\boldsymbol{x}_4) + c_5(\mu\boldsymbol{x}_5) \\
&= \lambda(c_1\boldsymbol{x}_1 + c_2\boldsymbol{x}_2) + \mu(c_3\boldsymbol{x}_3 + c_4\boldsymbol{x}_4 + c_5\boldsymbol{x}_5).
\end{aligned}$$

すなわち

$$\lambda(c_1\boldsymbol{x}_1 + c_2\boldsymbol{x}_2) + \mu(c_3\boldsymbol{x}_3 + c_4\boldsymbol{x}_4 + c_5\boldsymbol{x}_5) = \mathbf{0} \qquad ②$$

一方，①に λ を掛けると

$$\lambda(c_1\boldsymbol{x}_1 + c_2\boldsymbol{x}_2) + \lambda(c_3\boldsymbol{x}_3 + c_4\boldsymbol{x}_4 + c_5\boldsymbol{x}_5) = \mathbf{0} \qquad ③$$

が得られる．このとき，③から②を引くと

$$(\lambda - \mu)(c_3\boldsymbol{x}_3 + c_4\boldsymbol{x}_4 + c_5\boldsymbol{x}_5) = \mathbf{0}$$

が得られる．一方，$\lambda \neq \mu$ であるから

$$c_3\boldsymbol{x}_3 + c_4\boldsymbol{x}_4 + c_5\boldsymbol{x}_5 = \mathbf{0}.$$

仮定より $\boldsymbol{x}_3, \boldsymbol{x}_4, \boldsymbol{x}_5$ は 1 次独立であるから，$c_3 = c_4 = c_5 = 0$. すると, ①より

$$c_1\boldsymbol{x}_1 + c_2\boldsymbol{x}_2 = 0.$$

さらに，$\boldsymbol{x}_1, \boldsymbol{x}_2$ は 1 次独立であるから $c_1 = c_2 = 0$. 以上より，$c_1 = \cdots = c_5 = 0$. したがって，$\boldsymbol{x}_1, \ldots, \boldsymbol{x}_5$ は 1 次独立である． ■

7.2　行列の対角化

n 次の正方行列 A と B に対して

$$B = P^{-1}AP$$

となる正則行列 P が存在するとき，A と B は**相似**であるという．

定理 7.6 行列 A と B が相似ならば，それぞれの固有多項式 $\phi_A(t), \phi_B(t)$ は一致する．したがって， A と B の固有値も一致する．

行列 A が対角行列と相似であるとき，すなわち，正則行列 $P = (p_{ij})$ により

$$P^{-1}AP = \begin{pmatrix} \lambda_1 & & & 0 \\ & \lambda_2 & & \\ & & \ddots & \\ 0 & & & \lambda_n \end{pmatrix}$$

とできるとき，行列 A は (正則行列 P によって) **対角化**できる，または**対角化可能**であるという．

定理 7.7 n 次正方行列 A が対角化可能であるための必要十分条件は，n 個の 1 次独立な A の固有ベクトルが存在することである．

定理 7.8 n 次正方行列 A の固有値がすべて相異なれば，A は対角化可能である．

定理 7.9 n 次正方行列 A に対して適当な正則行列 P が存在して

$$P^{-1}AP = \begin{pmatrix} \lambda_1 & & & * \\ & \lambda_2 & & \\ & & \ddots & \\ 0 & & & \lambda_n \end{pmatrix}$$

となる．すなわち，任意の正方行列は必ずある三角行列に相似である．また，P としてユニタリ行列をとることができる．

定理 7.10 実正方行列 A の固有値がすべて実数ならば，A は適当な直交行列 P によって三角行列に変形できる．

定理 7.11 A の相異なる固有値のすべてを $\lambda_1, \lambda_2, \ldots, \lambda_r$ とし，λ_i $(1 \leq i \leq r)$ が A の固有方程式の k_i 重解であるとする．このとき

$$A \text{ は対角化可能である} \iff \dim W(\lambda_i) = k_i \quad (i = 1, 2, \ldots, r)$$

【注意】 定理 7.3 より $\dim W(\lambda_i) = n - \mathrm{rank}(\lambda_i E - A)$.

問題 7.6 次の行列は対角化可能であるか調べよ．対角化可能の場合には対角化する正則行列を求めよ．

(1) $A = \begin{pmatrix} -2 & 2 & 1 \\ -2 & 1 & 2 \\ -1 & 2 & 0 \end{pmatrix}$　　(2) $B = \begin{pmatrix} -3 & -2 & -2 \\ 2 & 1 & 2 \\ 2 & 2 & 1 \end{pmatrix}$

【解答】 (1) 式 (7.4) を用いて，行列 A の固有多項式 $\phi_A(t) = |tE_3 - A|$ を求める．

$$\begin{aligned}
\phi_A(t) &= \begin{vmatrix} t+2 & -2 & -1 \\ 2 & t-1 & -2 \\ 1 & -2 & t \end{vmatrix} \quad (1\text{ 列に }2\text{ 列と }3\text{ 列を加える}) \\
&= \begin{vmatrix} t-1 & -2 & -1 \\ t-1 & t-1 & -2 \\ t-1 & -2 & t \end{vmatrix} \quad (1\text{ 列の }(t-1)\text{ を外に出す}) \\
&= (t-1)\begin{vmatrix} 1 & -2 & -1 \\ 1 & t-1 & -2 \\ 1 & -2 & t \end{vmatrix} \quad (2\text{ 行 }-1\text{ 行}, 3\text{ 行 }-1\text{ 行}) \\
&= (t-1)\begin{vmatrix} 1 & -2 & -1 \\ 0 & t+1 & -1 \\ 0 & 0 & t+1 \end{vmatrix} \quad (\text{三角行列だから}) \\
&= (t-1)(t+1)^2.
\end{aligned}$$

ゆえに，固有多項式は $\phi_A(t) = (t-1)(t+1)^2$ である．したがって，行列 A の固有値は $1, -1$ (重解) である．

次に，行列 A の固有値 λ に対する固有空間 $W(\lambda) = \{\boldsymbol{x} = \begin{pmatrix} x_1 \\ x_2 \\ x_3 \end{pmatrix} \mid (A-\lambda E_3)\boldsymbol{x} = \boldsymbol{0}\}$ とその次元を求める．

(i) $\lambda = 1$ とする．$(A - E_3)\boldsymbol{x} = \boldsymbol{0}$ を満たすベクトル $\boldsymbol{x}$ を求める．

$$\begin{pmatrix} -3 & 2 & 1 \\ -2 & 0 & 2 \\ -1 & 2 & -1 \end{pmatrix}\begin{pmatrix} x_1 \\ x_2 \\ x_3 \end{pmatrix} = \begin{pmatrix} 0 \\ 0 \\ 0 \end{pmatrix} \quad \text{すなわち} \quad \begin{cases} -3x_1 + 2x_2 + x_3 = 0 \\ -2x_1 + 2x_3 = 0 \end{cases}$$

これより，$x_1 = x_2 = x_3$. ゆえに

$$\boldsymbol{x} = \begin{pmatrix} x_1 \\ x_2 \\ x_3 \end{pmatrix} = \begin{pmatrix} x_1 \\ x_1 \\ x_1 \end{pmatrix} \xrightarrow[\text{とおく}]{x_1 = s} \boldsymbol{x} = s\begin{pmatrix} 1 \\ 1 \\ 1 \end{pmatrix} \ (s\text{ は任意定数}).$$

したがって，$W(1) = [\begin{pmatrix} 1 \\ 1 \\ 1 \end{pmatrix}]$ である．明らかに，$\dim W(1) = 1$ である．

(ii) $\lambda = -1$ とする．$(A + E_3)\boldsymbol{x} = \boldsymbol{0}$ を満たすベクトル $\boldsymbol{x}$ を求める．

$$\begin{pmatrix} -1 & 2 & 1 \\ -2 & 2 & 2 \\ -1 & 2 & 1 \end{pmatrix} \begin{pmatrix} x_1 \\ x_2 \\ x_3 \end{pmatrix} = \begin{pmatrix} 0 \\ 0 \\ 0 \end{pmatrix} \quad \text{すなわち} \quad \begin{cases} -x_1 + 2x_2 + x_3 = 0 \\ x_1 - x_2 - x_3 = 0 \end{cases}$$

これより，$x_1 = x_3$，$x_2 = 0$. ゆえに

$$\boldsymbol{x} = \begin{pmatrix} x_1 \\ x_2 \\ x_3 \end{pmatrix} = \begin{pmatrix} x_1 \\ 0 \\ x_1 \end{pmatrix} \xrightarrow[\text{とおく}]{x_1 = s} \boldsymbol{x} = s \begin{pmatrix} 1 \\ 0 \\ 1 \end{pmatrix} \ (s \text{ は任意定数}).$$

したがって，$W(-1) = [\begin{pmatrix} 1 \\ 0 \\ 1 \end{pmatrix}]$ である．明らかに，$\dim W(1) = 1$ である．

以上より，$\dim W(-1) = 1 < 2 =$ (固有値 -1 の重複度) であるから，定理 7.11 より A は対角化できない．

(2) 式 (7.4) を用いて，行列 B の固有多項式 $\phi_B(t) = |tE_3 - B|$ を求める．

$$\begin{aligned} \phi_B(t) &= \begin{vmatrix} t+3 & 2 & 2 \\ -2 & t-1 & -2 \\ -2 & -2 & t-1 \end{vmatrix} \quad (1 \text{ 行に } 2 \text{ 行と } 3 \text{ 行を加える}) \\ &= \begin{vmatrix} t-1 & t-1 & t-1 \\ -2 & t-1 & -2 \\ -2 & -2 & t-1 \end{vmatrix} \quad (1 \text{ 行から } (t-1) \text{ を外に出す}) \\ &= (t-1) \begin{vmatrix} 1 & 1 & 1 \\ -2 & t-1 & -2 \\ -2 & -2 & t-1 \end{vmatrix} \quad (2 \text{ 列 } -1 \text{ 列，} 3 \text{ 列 } -1 \text{ 列}) \\ &= (t-1) \begin{vmatrix} 1 & 0 & 0 \\ -2 & t+1 & 0 \\ -2 & 0 & t+1 \end{vmatrix} \quad (\text{三角行列だから}) \\ &= (t-1)(t+1)^2. \end{aligned}$$

ゆえに，固有多項式は $\phi_B(t) = (t-1)(t+1)^2$ である．したがって，行列 B の固有値は 1, -1 (重解) である．

次に，行列 B の固有値 λ に対する固有空間 $W(\lambda) = \{\boldsymbol{x} = \begin{pmatrix} x_1 \\ x_2 \\ x_3 \end{pmatrix} \mid (B - \lambda E_3)\boldsymbol{x} = \boldsymbol{0}\}$ とその次元を求める．

(i) $\lambda = 1$ として，$(B - E_3)\boldsymbol{x} = \boldsymbol{0}$ を満たすベクトル $\boldsymbol{x}$ を求める．

$$\begin{pmatrix} -4 & -2 & -2 \\ 2 & 0 & 2 \\ 2 & 2 & 0 \end{pmatrix} \begin{pmatrix} x_1 \\ x_2 \\ x_3 \end{pmatrix} = \begin{pmatrix} 0 \\ 0 \\ 0 \end{pmatrix} \quad \text{すなわち} \quad \begin{cases} x_1 \qquad\quad x_3 = 0 \\ x_1 + x_2 \qquad = 0 \end{cases}$$

これより，$x_2 = x_3 = -x_1$. ゆえに

$$\boldsymbol{x} = \begin{pmatrix} x_1 \\ x_2 \\ x_3 \end{pmatrix} = \begin{pmatrix} x_1 \\ -x_1 \\ -x_1 \end{pmatrix} \xrightarrow[]{\substack{x_1 = s \\ \text{とおく}}} \boldsymbol{x} = s\begin{pmatrix} 1 \\ -1 \\ -1 \end{pmatrix} \ (s \text{ は任意定数}).$$

したがって，$W(1) = [\begin{pmatrix} 1 \\ -1 \\ -1 \end{pmatrix}]$ である．明らかに，$\dim W(1) = 1$ である．

(ii) $\lambda = -1$ として，$(B + E_3)\boldsymbol{x} = \boldsymbol{0}$ を満たすベクトル $\boldsymbol{x}$ を求める．

$$\begin{pmatrix} -2 & -2 & -2 \\ 2 & 2 & 2 \\ 2 & 2 & 2 \end{pmatrix}\begin{pmatrix} x_1 \\ x_2 \\ x_3 \end{pmatrix} = \begin{pmatrix} 0 \\ 0 \\ 0 \end{pmatrix} \quad \text{すなわち} \quad x_1 + x_2 + x_3 = 0.$$

これより，$x_3 = -x_1 - x_2$. ゆえに

$$\boldsymbol{x} = \begin{pmatrix} x_1 \\ x_2 \\ x_3 \end{pmatrix} = \begin{pmatrix} x_1 \\ x_2 \\ -x_1 - x_2 \end{pmatrix} \xrightarrow[]{\substack{x_1 = u \\ x_2 = v \\ \text{とおく}}} \boldsymbol{x} = u\begin{pmatrix} 1 \\ 0 \\ -1 \end{pmatrix} + v\begin{pmatrix} 0 \\ 1 \\ -1 \end{pmatrix} \ (u, v \text{ は任意定数}).$$

したがって，$W(-1) = [\begin{pmatrix} 1 \\ 0 \\ -1 \end{pmatrix}, \begin{pmatrix} 0 \\ 1 \\ -1 \end{pmatrix}]$ である．また，$W(-1)$ を生成しているこれら 2 つのベクトルは 1 次独立であるから，$\dim W(-1) = 2$ である．

以上より，行列 B の各固有値の重複度とその固有空間の次元が等しいから，定理 7.11 より，行列 B は対角化可能である．ここで，これらの生成ベクトルを列ベクトルとした $P = \begin{pmatrix} 1 & 1 & 0 \\ -1 & 0 & 1 \\ -1 & -1 & -1 \end{pmatrix}$ とおけば，$P^{-1}BP = \begin{pmatrix} 1 & 0 & 0 \\ 0 & -1 & 0 \\ 0 & 0 & -1 \end{pmatrix}$ と対角化される． ■

7.3 フロベニウスの定理

$A\ (\neq O)$ を n 次正方行列，λ を A の固有値，$\boldsymbol{x}$ を λ に対する固有ベクトルとする．このとき，m 乗行列 A^m に関して次の式が成り立つ．

$$A^0\boldsymbol{x} = \boldsymbol{x}, \quad A^1\boldsymbol{x} = \lambda\boldsymbol{x}, \quad A^2\boldsymbol{x} = \lambda^2\boldsymbol{x}, \quad \ldots, \quad A^m\boldsymbol{x} = \lambda^m\boldsymbol{x}, \quad \ldots.$$

次に，変数 t の多項式

$$g(t) = c_0t^m + c_1t^{m-1} + \cdots + c_{m-1}t + c_m$$

において変数 t を行列 A に置き換えて (ここで，$c_m = c_mt^0$ に注意して)

$$g(A) = c_0A^m + c_1A^{m-1} + \cdots + c_{m-1}A + c_mE$$

とする．この式を多項式 $g(t)$ に対する行列 A の**行列多項式**という．

特に，多項式 $g(t)$ に対する行列 $P^{-1}AP$ の多項式について

$$\begin{aligned} g(P^{-1}AP) &= c_0(P^{-1}AP)^m + c_1(P^{-1}AP)^{m-1} + \cdots + c_{m-1}P^{-1}AP + c_mE \\ &= c_0P^{-1}A^mP + c_1P^{-1}A^{m-1}P + \cdots + c_{m-1}P^{-1}AP + c_mE \\ &= P^{-1}(c_0A^m + c_1A^{m-1} + \cdots + c_{m-1}A + c_mE)P \\ &= P^{-1}g(A)P. \end{aligned}$$

定理 7.12 (フロベニウス (Frobenius) **の定理)** n 次正方行列 A の固有値を λ_1, λ_2, …, λ_n とする．変数 t の多項式

$$g(t) = c_0t^m + c_1t^{m-1} + \cdots + c_{m-1}t + c_m$$

に対する行列 A の行列多項式 $g(A)$ の固有値は $g(\lambda_1), g(\lambda_2), \ldots, g(\lambda_n)$ である．

$$A\boldsymbol{x} = \lambda_i\boldsymbol{x} \Longrightarrow g(A)\boldsymbol{x} = g(\lambda_i)\boldsymbol{x}$$

7.4　ケーリー・ハミルトンの定理

定理 7.13 (ケーリー・ハミルトン (Cayley-Hamilton) **の定理)** n 次正方行列 A の固有多項式が

$$\phi_A(t) = t^n + c_{n-1}t^{n-1} + \cdots + c_1t + c_0$$

であるとする．このとき

$$\phi_A(A) = A^n + c_{n-1}A^{n-1} + \cdots + c_1A + c_0E = O.$$

問題 7.7 A を n 次正方行列とするとき次のことを証明せよ (m は自然数である)．

(1) ある m に対して $A^m = O$ ならば，A の固有値はすべて 0 である．

(2) A の固有値がすべて 0 ならば，$A^n = O$ である．

(3) ある m に対して $A^m = E$ ならば，A の固有値の m 乗は 1 である．

【解答】 (1) A の固有値を $\lambda_1, \cdots, \lambda_n$ とする．$g(t) = t^m$ とおくと，$g(A) = A^m$ の固有値は $g(\lambda_1), \ldots, g(\lambda_n)$ である (フロベニウスの定理)．すなわち，$\lambda_1^m, \ldots, \lambda_n^m$ が A^m の固有値である．

一方，$g(A) = A^m$ であるが，$A^m = O$ の固有値はすべて 0 である．なぜならば

$$\phi_{A^m}(t) = |tE_n - A^m| = |tE_n - O| = |tE_n| = t^n|E_n| = t^n$$

であるから，$\lambda_1^m = \cdots = \lambda_n^m = 0$ となる．よって，$\lambda_1 = \cdots = \lambda_n = 0$.

(2) A の固有値がすべて 0 であれば，定理 7.2 より固有多項式は $\phi_A(t) = t^n$ という形をしている．したがって，ケーリー・ハミルトンの定理より，$\phi_A(A) = A^n = O$ となる．

(3) $g(t) = t^m$ とすれば，フロベニウスの定理によって行列 $g(A) = A^m$ の固有値は $\lambda_1^m, \lambda_2^m, \ldots, \lambda_n^m$ である．ところが，仮定より $A^m = E_n$ である．単位行列 E_n の固有値はすべて 1 であるから，$\lambda_1^m = \lambda_2^m = \cdots = \lambda_n^m = 1$ を得る． ■

問題 7.8 $A = \begin{pmatrix} a & b \\ c & d \end{pmatrix}$ のとき，次の等式が成り立つことを示せ (ただし，(2) において $ad - bc \neq 0$ とする).

(1) $A^2 = (a+d)A - (ad-bc)E$　　(2) $A^{-1} = \dfrac{-1}{ad-bc}\{A - (a+d)E\}$

これを用いて，次の行列の逆行列 (存在するとき) を求めよ．

(3) $\begin{pmatrix} 1 & 2 \\ 3 & 4 \end{pmatrix}$　　(4) $\begin{pmatrix} 2 & -3 \\ 0 & 5 \end{pmatrix}$

【解答】 (1) 行列 A の固有多項式 $\phi_A(t) = |tE_2 - A|$ を求めると

$$\begin{aligned}\phi_A(t) &= \left|\begin{pmatrix} t & 0 \\ 0 & t \end{pmatrix} - \begin{pmatrix} a & b \\ c & d \end{pmatrix}\right| = \begin{vmatrix} t-a & -b \\ -c & t-d \end{vmatrix} \\ &= (t-a)(t-d) - bc \\ &= t^2 - (a+d)t + ad - bc.\end{aligned}$$

一方，ケーリー・ハミルトンの定理より，$\phi_A(A) = O$. したがって

$$A^2 - (a+d)A + (ad-bc)E_2 = O.$$

よって，$A^2 = (a+d)A - (ad-bc)E_2$ が成り立つ.
(2) (1) で得られた式の両辺に A^{-1} を掛けると

$$A^{-1}(A^2 - (a+d)A - (ad-bc)E) = A^{-1}O$$

であるから

$$A - (a+d)E - (ad-bc)A^{-1} = O$$

が得られる．これを変形して

$$(ad-bc)A^{-1} = (a+d)E - A = -\{A - (a+d)E\}$$

が得られる．$ad - bc \neq 0$ より，$A^{-1} = \dfrac{-1}{ad-bc}\{A - (a+d)E\}$ が成り立つ.

(3) $A = \begin{pmatrix} 1 & 2 \\ 3 & 4 \end{pmatrix}$ として，(2) を用いて計算する．

$$\begin{aligned} A^{-1} &= \frac{-1}{4-6}\left\{\begin{pmatrix} 1 & 2 \\ 3 & 4 \end{pmatrix} - (1+4)\begin{pmatrix} 1 & 0 \\ 0 & 1 \end{pmatrix}\right\} \\ &= \frac{1}{2}\left\{\begin{pmatrix} 1 & 2 \\ 3 & 4 \end{pmatrix} - \begin{pmatrix} 5 & 0 \\ 0 & 5 \end{pmatrix}\right\} = \frac{1}{2}\begin{pmatrix} -4 & 2 \\ 3 & -1 \end{pmatrix}. \end{aligned}$$

【検算】 $|A| = -2$ であるから，第 1 章，例 1.4(1) を使えば

$$A^{-1} = -\frac{1}{2}\begin{pmatrix} 4 & -2 \\ -3 & 1 \end{pmatrix} = \frac{1}{2}\begin{pmatrix} -4 & 2 \\ 3 & -1 \end{pmatrix}.$$

(4) $A = \begin{pmatrix} 2 & -3 \\ 0 & 5 \end{pmatrix}$ として，(2) を用いて計算する．

$$\begin{aligned} A^{-1} &= \frac{-1}{10-0}\left\{\begin{pmatrix} 2 & -3 \\ 0 & 5 \end{pmatrix} - (2+5)\begin{pmatrix} 1 & 0 \\ 0 & 1 \end{pmatrix}\right\} \\ &= \frac{-1}{10}\left\{\begin{pmatrix} 2 & -3 \\ 0 & 5 \end{pmatrix} - \begin{pmatrix} 7 & 0 \\ 0 & 7 \end{pmatrix}\right\} = -\frac{1}{10}\begin{pmatrix} -5 & -3 \\ 0 & -2 \end{pmatrix} = \frac{1}{10}\begin{pmatrix} 5 & 3 \\ 0 & 2 \end{pmatrix}. \end{aligned}$$

【検算】 $|A| = 10$ であるから，第 1 章，例 1.4(1) を使えば

$$A^{-1} = \frac{1}{10}\begin{pmatrix} 5 & 3 \\ 0 & 2 \end{pmatrix}. \quad ■$$

7.5　実対称行列とエルミート行列

n 次正方行列 A に対して，$A^* = \overline{{}^tA} = A$ を満たすとき A をエルミート行列，$A^* = A^{-1}$ を満たすとき A をユニタリ行列といった (p.7 参照)．また，実数を成分とするエルミート行列は実対称行列であり，実数を成分とするユニタリ行列は直交行列である．

定理 7.14 エルミート行列 A の固有値はすべて実数であり，ユニタリ行列によって対角化できる．

定理 7.15 実対称行列 A の固有値はすべて実数であり，直交行列によって対角化できる．

定理 7.16 エルミート行列または実対称行列 A の相異なる固有値に対する固有ベクトルは互いに直交する．

問題 7.9 エルミート行列 (または実対称行列) について次のことを示せ.

(1) n 次正方行列 A, P に対して A がエルミート行列であるならば, P^*AP もエルミート行列である.

(2) エルミート行列 (または実対称行列) A, B に対して AB がエルミート行列 (または実対称行列) であるための必要十分条件は $AB = BA$ である.

(3) A がエルミート行列であるならば, A の対角成分はすべて実数であり, $|A|$ が実数である.

【解答】 (1) はじめに, 任意の行列 A, B に対して $(A^*)^* = A$, $(AB)^* = B^*A^*$ が成り立つことに注意しよう.

$$(AB)^* = \overline{{}^t(AB)} = \overline{{}^tB\,{}^tA} = \overline{{}^tB}\ \overline{{}^tA} = B^*A^*.$$

今, A はエルミート行列であるから $A^* = A$, また $(P^*)^* = P$ に注意すれば

$$(P^*AP)^* = P^*A^*(P^*)^* = P^*AP.$$

(2) A, B はエルミート行列であるから, $A^* = A$, $B^* = B$ が成り立つ. したがって

$$\begin{aligned} AB : \text{エルミート行列} &\Longleftrightarrow (AB)^* = AB \\ &\Longleftrightarrow B^*A^* = AB \\ &\Longleftrightarrow BA = AB \end{aligned}$$

(3) A はエルミート行列であるから, $A^* = A$ である. $A = (a_{ij})$ とすると, $A^* = (\overline{a_{ji}})$ と表される.

(i) $A^* = A$ より

$$\begin{pmatrix} \overline{a_{11}} & \overline{a_{21}} & \cdots & \overline{a_{n1}} \\ \overline{a_{12}} & \overline{a_{22}} & \cdots & \overline{a_{n2}} \\ \vdots & \vdots & \ddots & \vdots \\ \overline{a_{1n}} & \overline{a_{2n}} & \cdots & \overline{a_{nn}} \end{pmatrix} = \begin{pmatrix} a_{11} & a_{12} & \cdots & a_{1n} \\ a_{21} & a_{22} & \cdots & a_{2n} \\ \vdots & \vdots & \ddots & \vdots \\ a_{n1} & a_{n2} & \cdots & a_{nn} \end{pmatrix}.$$

よって, 主対角線上において, $\overline{a_{11}} = a_{11}, \ldots, \overline{a_{nn}} = a_{nn}$. これは, a_{ii} $(i = 1, \ldots, n)$ が実数であることを表している.

(ii) $\overline{|A|} = |A|$ を示せば, $|A|$ は実数である. $A^* = A$ より

$$|A| = |A^*| = |{}^t\overline{A}| = |\overline{A}| = \overline{|A|}. \quad \blacksquare$$

問題 7.10 次の行列を適当な直交行列によって対角化せよ.

(1) $\begin{pmatrix} 1 & 2 & 0 \\ 2 & 2 & 2 \\ 0 & 2 & 3 \end{pmatrix}$ (2) $\begin{pmatrix} 3 & -1 & -1 \\ -1 & 3 & -1 \\ -1 & -1 & 3 \end{pmatrix}$ (3) $\begin{pmatrix} 1 & 4 & 2 \\ 4 & 1 & 2 \\ 2 & 2 & -2 \end{pmatrix}$

【解答】 (1) 与えられた行列を A とおく．はじめに，$A = {}^tA$ であるから，行列 A は実対称行列である．よって，定理 7.15 より，行列 A は直交行列によって対角化できる．
　式 (7.4) を用いて，行列 A の固有多項式 $\phi_A(t) = |tE_3 - A|$ を求める．

$$\begin{aligned}\phi_A(t) &= \begin{vmatrix} t-1 & -2 & 0 \\ -2 & t-2 & -2 \\ 0 & -2 & t-3 \end{vmatrix} \quad (1\text{ 行で展開する}) \\ &= (t-1)\begin{vmatrix} t-2 & -2 \\ -2 & t-3 \end{vmatrix} - (-2)\begin{vmatrix} -2 & -2 \\ 0 & t-3 \end{vmatrix} \\ &= (t-1)(t^2-5t+6-4) + 2(-2t+6) \\ &= t^3 - 6t^2 + 3t + 10 \\ &= (t+1)(t^2-7t+10) \\ &= (t+1)(t-2)(t-5)\end{aligned}$$

ゆえに，行列 A の固有多項式は $\phi_A(t) = (t+1)(t-2)(t-5)$ である．したがって，行列 A の固有値は $5, 2, -1$ である．

　次に，行列 A の固有値 λ に対する固有ベクトル $\boldsymbol{x} = \begin{pmatrix} x_1 \\ x_2 \\ x_3 \end{pmatrix}$ を求める．

(i) $\lambda = 5$ として，$(A - 5E_3)\boldsymbol{x} = \boldsymbol{0}$ を満たすベクトル $\boldsymbol{x}$ を求める．

$$\begin{pmatrix} -4 & 2 & 0 \\ 2 & -3 & 2 \\ 0 & 2 & -2 \end{pmatrix}\begin{pmatrix} x_1 \\ x_2 \\ x_3 \end{pmatrix} = \begin{pmatrix} 0 \\ 0 \\ 0 \end{pmatrix} \quad \text{すなわち} \quad \begin{cases} 2x_1 - x_2 = 0 \\ x_2 - x_3 = 0 \end{cases}$$

これによって，$x_2 = 2x_1$, $x_2 = x_3$．ゆえに

$$\boldsymbol{x} = \begin{pmatrix} x_1 \\ x_2 \\ x_3 \end{pmatrix} = \begin{pmatrix} x_1 \\ 2x_1 \\ 2x_1 \end{pmatrix} = x_1\begin{pmatrix} 1 \\ 2 \\ 2 \end{pmatrix} \quad (x_1 \text{ は任意定数}).$$

ここで，$x_1 = 1$ とした $\boldsymbol{a}_1 = \begin{pmatrix} 1 \\ 2 \\ 2 \end{pmatrix}$ とおく．このとき，$\boldsymbol{a}_1$ は 5 を固有値とする行列 A の固有ベクトルである．
(ii) $\lambda = 2$ として，$(A - 2E_3)\boldsymbol{x} = \boldsymbol{0}$ を満たすベクトル $\boldsymbol{x}$ を求める．

$$\begin{pmatrix} -1 & 2 & 0 \\ 2 & 0 & 2 \\ 0 & 2 & 1 \end{pmatrix}\begin{pmatrix} x_1 \\ x_2 \\ x_3 \end{pmatrix} = \begin{pmatrix} 0 \\ 0 \\ 0 \end{pmatrix} \quad \text{すなわち} \quad \begin{cases} -x_1 + 2x_2 = 0 \\ x_1 + x_3 = 0 \end{cases}$$

これによって，$x_1 = 2x_2$, $x_3 = -2x_2$．ゆえに

$$\boldsymbol{x} = \begin{pmatrix} x_1 \\ x_2 \\ x_3 \end{pmatrix} = \begin{pmatrix} 2x_2 \\ x_2 \\ -2x_2 \end{pmatrix} = x_2\begin{pmatrix} 2 \\ 1 \\ -2 \end{pmatrix} \quad (x_2 \text{ は任意定数}).$$

ここで，$x_2 = 1$ とした $\boldsymbol{a}_2 = \begin{pmatrix} 2 \\ 1 \\ -2 \end{pmatrix}$ とおく．このとき，$\boldsymbol{a}_2$ は 2 を固有値とする行列 A の固有ベクトルである．

(iii) $\lambda = -1$ として，$(A + E_3)\boldsymbol{x} = \boldsymbol{0}$ を満たすベクトル $\boldsymbol{x}$ を求める．

$$\begin{pmatrix} 2 & 2 & 0 \\ 2 & 3 & 2 \\ 0 & 2 & 4 \end{pmatrix} \begin{pmatrix} x_1 \\ x_2 \\ x_3 \end{pmatrix} = \begin{pmatrix} 0 \\ 0 \\ 0 \end{pmatrix} \quad \text{すなわち} \quad \begin{cases} x_1 + x_2 = 0 \\ x_2 + 2x_3 = 0 \end{cases}$$

これより，$x_1 = 2x_3$，$x_2 = -2x_3$．ゆえに

$$\boldsymbol{x} = \begin{pmatrix} x_1 \\ x_2 \\ x_3 \end{pmatrix} = \begin{pmatrix} 2x_3 \\ -2x_3 \\ x_3 \end{pmatrix} = x_3 \begin{pmatrix} 2 \\ -2 \\ 1 \end{pmatrix} \quad (x_3 \text{ は任意定数}).$$

ここで，$x_3 = 1$ とした $\boldsymbol{a}_3 = \begin{pmatrix} 2 \\ -2 \\ 1 \end{pmatrix}$ とおく．$\boldsymbol{a}_3$ は -1 を固有値とする行列 A の固有ベクトルである．

A は実対称行列であるから，定理 7.16 より，異なる固有値に対応している固有ベクトル $\boldsymbol{a}_1, \boldsymbol{a}_2, \boldsymbol{a}_3$ は互いに直交する．$\boldsymbol{a}_1, \boldsymbol{a}_2, \boldsymbol{a}_3$ はすべてノルムが 3 である．すなわち

$$\|\boldsymbol{a}_1\| = \|\boldsymbol{a}_2\| = \|\boldsymbol{a}_3\| = \sqrt{2^2 + 2^2 + 1^2} = \sqrt{9} = 3.$$

$\boldsymbol{a}_1, \boldsymbol{a}_2, \boldsymbol{a}_3$ を正規化した

$$\boldsymbol{p}_1 = \frac{1}{3}\begin{pmatrix} 1 \\ 2 \\ 2 \end{pmatrix}, \quad \boldsymbol{p}_2 = \frac{1}{3}\begin{pmatrix} 2 \\ 1 \\ -2 \end{pmatrix}, \quad \boldsymbol{p}_3 = \frac{1}{3}\begin{pmatrix} 2 \\ -2 \\ 1 \end{pmatrix}$$

は正規直交基である．そこで，$P = (\boldsymbol{p}_1\ \boldsymbol{p}_2\ \boldsymbol{p}_3) = \frac{1}{3}\begin{pmatrix} 1 & 2 & 2 \\ 2 & 1 & -2 \\ 2 & -2 & 1 \end{pmatrix}$ とおけば，P は直交行列であり，$P^{-1}AP = \begin{pmatrix} 5 & 0 & 0 \\ 0 & 2 & 0 \\ 0 & 0 & -1 \end{pmatrix}$ となる．

(2) 与えられた行列を B とおく．はじめに，$B = {}^tB$ であるから，行列 B は実対称行列である．よって，定理 7.15 より，B は直交行列によって対角化できる．

式 (7.4) を用いて，固有多項式 $\phi_B(t) = |tE_3 - B|$ を求める．

$$\begin{aligned} \phi_B(t) &= \begin{vmatrix} t-3 & 1 & 1 \\ 1 & t-3 & 1 \\ 1 & 1 & t-3 \end{vmatrix} \quad (1\text{ 行 }+2\text{ 行 }+3\text{ 行}) \\ &= \begin{vmatrix} t-1 & t-1 & t-1 \\ 1 & t-3 & 1 \\ 1 & 1 & t-3 \end{vmatrix} \quad (1\text{ 行から }(t-1)\text{ を外に出す}) \end{aligned}$$

$$
\begin{aligned}
&= (t-1)\begin{vmatrix} 1 & 1 & 1 \\ 1 & t-3 & 1 \\ 1 & 1 & t-3 \end{vmatrix} \quad (2\text{ 列 }-1\text{ 列}, 3\text{ 列 }-1\text{ 列}) \\
&= (t-1)\begin{vmatrix} 1 & 0 & 0 \\ 1 & t-4 & 0 \\ 1 & 0 & t-4 \end{vmatrix} \quad (\text{三角行列だから}) \\
&= (t-1)(t-4)^2.
\end{aligned}
$$

ゆえに，固有多項式は $\phi_B(t) = (t-1)(t-4)^2$ である．したがって，行列 B の固有値は 1, 4 (重解) となる．

次に，行列 B の固有値 λ に対する固有空間 $W(\lambda) = \{\boldsymbol{x} = \begin{pmatrix} x_1 \\ x_2 \\ x_3 \end{pmatrix} \mid (B - \lambda E_3)\boldsymbol{x} = \mathbf{0}\}$ を考える．

(i) 固有値 $\lambda = 1$ に対する固有空間 $W(1)$ の1組の正規直交基を求める．$(B - E_3)\boldsymbol{x} = \mathbf{0}$ を満たすベクトル $\boldsymbol{x}$ を求める．

$$
\begin{pmatrix} 2 & -1 & -1 \\ -1 & 2 & -1 \\ -1 & -1 & 2 \end{pmatrix}\begin{pmatrix} x_1 \\ x_2 \\ x_3 \end{pmatrix} = \begin{pmatrix} 0 \\ 0 \\ 0 \end{pmatrix} \quad \text{すなわち} \quad \begin{cases} 2x_1 - x_2 - x_3 = 0 \\ -x_1 + 2x_2 - x_3 = 0 \end{cases}
$$

これより，$x_1 = x_2 = x_3$. ゆえに

$$
\boldsymbol{x} = \begin{pmatrix} x_1 \\ x_2 \\ x_3 \end{pmatrix} = \begin{pmatrix} x_1 \\ x_1 \\ x_1 \end{pmatrix} = x_1 \begin{pmatrix} 1 \\ 1 \\ 1 \end{pmatrix} \quad (x_1 \text{ は任意定数}).
$$

ここで，$x_1 = 1$ とした $\boldsymbol{a}_1 = \begin{pmatrix} 1 \\ 1 \\ 1 \end{pmatrix}$ とおき，正規化して，$\boldsymbol{p}_1 = \dfrac{1}{\sqrt{3}}\begin{pmatrix} 1 \\ 1 \\ 1 \end{pmatrix}$ とおく．

(ii) 固有値 $\lambda = 4$ に対する固有空間 $W(4)$ の1組の正規直交基を求める．$(B - 4E_3)\boldsymbol{x} = \mathbf{0}$ を満たすベクトル $\boldsymbol{x}$ を求める．

$$
\begin{pmatrix} -1 & -1 & -1 \\ -1 & -1 & -1 \\ -1 & -1 & -1 \end{pmatrix}\begin{pmatrix} x_1 \\ x_2 \\ x_3 \end{pmatrix} = \begin{pmatrix} 0 \\ 0 \\ 0 \end{pmatrix} \quad \text{すなわち} \quad x_1 + x_2 + x_3 = 0.
$$

これを満たすベクトルの1つは $\boldsymbol{a}_2 = \begin{pmatrix} 1 \\ 1 \\ -2 \end{pmatrix}$ である．さらに $\boldsymbol{a}_2$ と直交して，かつ $x_1 + x_2 + x_3 = 0$ を満たすベクトルを求めるには，次の連立方程式を解けばよい．

$$
\begin{cases} x_1 + x_2 + x_3 = 0 \\ x_1 + x_2 - 2x_3 = 0 \end{cases}
$$

これより，$x_2 = -x_1$，$x_3 = 0$. したがって

$$\boldsymbol{x} = \begin{pmatrix} x_1 \\ x_2 \\ x_3 \end{pmatrix} = \begin{pmatrix} x_1 \\ -x_1 \\ 0 \end{pmatrix} = x_1 \begin{pmatrix} 1 \\ -1 \\ 0 \end{pmatrix} \ (x_1 \text{ は任意定数}).$$

ここで，$x_1 = 1$ とした $\boldsymbol{a}_3 = \begin{pmatrix} 1 \\ -1 \\ 0 \end{pmatrix}$ とおけば，$\boldsymbol{a}_2, \boldsymbol{a}_3$ は直交している．さらに，正規化する．

$$\boldsymbol{p}_2 = \frac{1}{\|\boldsymbol{a}_2\|}\boldsymbol{a}_2 = \frac{1}{\sqrt{6}}\begin{pmatrix} 1 \\ 1 \\ -2 \end{pmatrix}, \quad \boldsymbol{p}_3 = \frac{1}{\|\boldsymbol{a}_3\|}\boldsymbol{a}_3 = \frac{1}{\sqrt{2}}\begin{pmatrix} 1 \\ -1 \\ 0 \end{pmatrix}.$$

B は実対称行列であるから，定理 7.16 より，異なる固有値に対応している固有ベクトルは直交する．したがって，$\{\boldsymbol{p}_1, \boldsymbol{p}_2, \boldsymbol{p}_3\}$ は正規直交基である．ここで，$P = (\boldsymbol{p}_1\ \boldsymbol{p}_2\ \boldsymbol{p}_3) = \dfrac{1}{\sqrt{6}}\begin{pmatrix} \sqrt{2} & \sqrt{3} & 1 \\ \sqrt{2} & -\sqrt{3} & 1 \\ \sqrt{2} & 0 & -2 \end{pmatrix}$ とおけば，P は直交行列であり，$P^{-1}AP = \begin{pmatrix} 1 & 0 & 0 \\ 0 & 4 & 0 \\ 0 & 0 & 4 \end{pmatrix}$ となる．

(3) 与えられた行列を C とおく．はじめに，$C = {}^t C$ であるから，行列 C は実対称行列である．よって，定理 7.15 より，行列 C は直交行列によって対角化できる．

式 (7.4) を用いて，行列 C の固有多項式 $\phi_C(t) = |tE_3 - C|$ を求める．

$$\begin{aligned}
\phi_C(t) &= \begin{vmatrix} t-1 & -4 & -2 \\ -4 & t-1 & -2 \\ -2 & -2 & t+2 \end{vmatrix} \quad (2\text{ 列 } -1\text{ 列}) \\
&= \begin{vmatrix} t-1 & -t-3 & -2 \\ -4 & t+3 & -2 \\ -2 & 0 & t+2 \end{vmatrix} \quad (2\text{ 列の } (t+3) \text{ を外に出す}) \\
&= (t+3)\begin{vmatrix} t-1 & -1 & -2 \\ -4 & 1 & -2 \\ -2 & 0 & t+2 \end{vmatrix} \quad (2\text{ 行 } +1\text{ 行}) \\
&= (t+3)\begin{vmatrix} t-1 & -1 & -2 \\ t-5 & 0 & -4 \\ -2 & 0 & t+2 \end{vmatrix} \quad (2\text{ 列で展開する}) \\
&= (t+3)\begin{vmatrix} t-5 & -4 \\ -2 & t+2 \end{vmatrix} \\
&= (t+3)\{(t-5)(t+2) - 8\} \\
&= (t+3)(t^2 - 3t - 10 - 8) \\
&= (t+3)(t+3)(t-6) \\
&= (t+3)^2(t-6).
\end{aligned}$$

ゆえに，固有多項式は $\phi_C(t) = (t+3)^2(t-6)$ である．したがって，行列 C の固有値は $6, -3$(重解) となる．

次に，行列 C の固有値 λ に対する固有ベクトル $\boldsymbol{x} = \begin{pmatrix} x_1 \\ x_2 \\ x_3 \end{pmatrix}$ を求める．

(i) $\lambda = 6$ として，$(C - 6E_3)\boldsymbol{x} = \boldsymbol{0}$ を満たすベクトル $\boldsymbol{x}$ を求める．

$$\begin{pmatrix} -5 & 4 & 2 \\ 4 & -5 & 2 \\ 2 & 2 & -8 \end{pmatrix} \begin{pmatrix} x_1 \\ x_2 \\ x_3 \end{pmatrix} = \begin{pmatrix} 0 \\ 0 \\ 0 \end{pmatrix} \quad \text{すなわち} \quad \begin{cases} -5x_1 + 4x_2 + 2x_3 = 0 \\ 4x_1 - 5x_2 + 2x_3 = 0 \end{cases}$$

これより，$x_1 = x_2 = 2x_3$. ゆえに

$$\boldsymbol{x} = \begin{pmatrix} x_1 \\ x_2 \\ x_3 \end{pmatrix} = \begin{pmatrix} 2x_3 \\ 2x_3 \\ x_3 \end{pmatrix} = x_3 \begin{pmatrix} 2 \\ 2 \\ 1 \end{pmatrix} \ (x_3 \text{ は任意定数}).$$

そこで，$x_3 = 1$ として，$\boldsymbol{a}_1 = \begin{pmatrix} 2 \\ 2 \\ 1 \end{pmatrix}$ とおき，正規化して，$\boldsymbol{p}_1 = \frac{1}{3}\begin{pmatrix} 2 \\ 2 \\ 1 \end{pmatrix}$ とする．

(ii) $\lambda = -3$ とする．$(C + 3E_3)\boldsymbol{x} = \boldsymbol{0}$ を満たすベクトル $\boldsymbol{x}$ を求める．

$$\begin{pmatrix} 4 & 4 & 2 \\ 4 & 4 & 2 \\ 2 & 2 & 1 \end{pmatrix} \begin{pmatrix} x_1 \\ x_2 \\ x_3 \end{pmatrix} = \begin{pmatrix} 0 \\ 0 \\ 0 \end{pmatrix} \quad \text{すなわち} \quad 2x_1 + 2x_2 + x_3 = 0.$$

これを満たすベクトルの 1 つは $\boldsymbol{a}_2 = \begin{pmatrix} 1 \\ -1 \\ 0 \end{pmatrix}$ である．さらに $\boldsymbol{a}_1$ と直交して，かつ $2x_1 + 2x_2 + x_3 = 0$ を満たすベクトルを求めるには，次の連立方程式を解けばよい．

$$\begin{cases} 2x_1 + 2x_2 + x_3 = 0 \\ x_1 - x_2 \qquad = 0 \end{cases}$$

これより，$x_1 = x_2, x_3 = -4x_1$. ゆえに

$$\boldsymbol{x} = \begin{pmatrix} x_1 \\ x_2 \\ x_3 \end{pmatrix} = \begin{pmatrix} x_1 \\ x_1 \\ -4x_1 \end{pmatrix} = x_1 \begin{pmatrix} 1 \\ 1 \\ -4 \end{pmatrix} \ (x_1 \text{ は任意定数}).$$

そこで，$x_1 = 1$ とした $\boldsymbol{a}_3 = \begin{pmatrix} 1 \\ 1 \\ -4 \end{pmatrix}$ とおけば，$\boldsymbol{a}_2, \boldsymbol{a}_3$ は直交している．さらに正規化する．

$$\boldsymbol{p}_2 = \frac{1}{\|\boldsymbol{a}_2\|}\boldsymbol{a}_2 = \frac{1}{\sqrt{2}}\begin{pmatrix} 1 \\ -1 \\ 0 \end{pmatrix}, \quad \boldsymbol{p}_3 = \frac{1}{\|\boldsymbol{a}_3\|}\boldsymbol{a}_3 = \frac{1}{3\sqrt{2}}\begin{pmatrix} 1 \\ 1 \\ -4 \end{pmatrix}$$

とおく．

C は実対称行列であるから，定理 7.16 より，異なる固有値に対応している固有ベクトルは直交する．したがって，$\{\boldsymbol{p}_1, \boldsymbol{p}_2, \boldsymbol{p}_3\}$ は正規直交基である．ここで，$P = (\boldsymbol{p}_1\ \boldsymbol{p}_2\ \boldsymbol{p}_3) = \dfrac{1}{3\sqrt{2}}\begin{pmatrix} 2\sqrt{2} & 3 & 1 \\ 2\sqrt{2} & -3 & 1 \\ \sqrt{2} & 0 & -4 \end{pmatrix}$ とおけば，P は直交行列であり，$P^{-1}AP = \begin{pmatrix} 6 & 0 & 0 \\ 0 & -3 & 0 \\ 0 & 0 & -3 \end{pmatrix}$ となる． ■

問題 7.11 エルミート行列 $\begin{pmatrix} 0 & i & 0 \\ -i & 0 & i \\ 0 & -i & 0 \end{pmatrix}$ を適当なユニタリ行列によって対角化せよ．

【解答】 与えられた行列を A とおく．はじめに，$A = A^*$ であるから，行列 A はエルミート行列である．すなわち

$$A^* = {}^t\overline{A} = {}^t\begin{pmatrix} 0 & -i & 0 \\ i & 0 & -i \\ 0 & i & 0 \end{pmatrix} = \begin{pmatrix} 0 & i & 0 \\ -i & 0 & i \\ 0 & -i & 0 \end{pmatrix} = A.$$

よって，定理 7.14 より，行列 A をユニタリ行列によって対角化できる．

式 (7.4) を用いて，固有多項式 $\phi_A(t) = |tE_3 - A|$ を求める．

$$\begin{aligned}
\phi_A(t) &= \begin{vmatrix} t & -i & 0 \\ i & t & -i \\ 0 & i & t \end{vmatrix} \quad (2\text{ 列から } i \text{ を出す}) \\
&= i\begin{vmatrix} t & -1 & 0 \\ i & -it & -i \\ 0 & 1 & t \end{vmatrix} \quad (1\text{ 列} + t\times 2\text{ 列}) \\
&= i\begin{vmatrix} 0 & -1 & 0 \\ i - it^2 & -it & -i \\ t & 1 & t \end{vmatrix} \quad (1\text{ 行で展開する}) \\
&= -(-1)i\begin{vmatrix} i(1-t^2) & -i \\ t & t \end{vmatrix} \quad (1\text{ 行から } -i,\ 2\text{ 行から } t \text{ を出す}) \\
&= i(-i)t\begin{vmatrix} t^2 - 1 & 1 \\ 1 & 1 \end{vmatrix} \\
&= t(t^2 - 1 - 1) \\
&= t(t^2 - 2).
\end{aligned}$$

ゆえに，固有多項式は $\phi_A(t) = t(t^2 - 2)$ である．したがって，行列 A の固有値は $0, \pm\sqrt{2}$ である．

次に，行列 A の固有値 λ に対する固有ベクトル $\boldsymbol{x} = \begin{pmatrix} x_1 \\ x_2 \\ x_3 \end{pmatrix}$ を求める．

(i) $\lambda = 0$ として，$A\boldsymbol{x} = \boldsymbol{0}$ を満たすベクトル $\boldsymbol{x}$ を求める．

$$\begin{pmatrix} 0 & i & 0 \\ -i & 0 & i \\ 0 & -i & 0 \end{pmatrix} \begin{pmatrix} x_1 \\ x_2 \\ x_3 \end{pmatrix} = \begin{pmatrix} 0 \\ 0 \\ 0 \end{pmatrix} \quad \text{すなわち} \quad \begin{cases} \quad ix_2 \quad = 0 \\ x_1 \quad - x_3 = 0 \end{cases}$$

これより，$x_1 = x_3$, $x_2 = 0$. ゆえに

$$\boldsymbol{x} = \begin{pmatrix} x_1 \\ x_2 \\ x_3 \end{pmatrix} = \begin{pmatrix} x_1 \\ 0 \\ x_1 \end{pmatrix} = x_1 \begin{pmatrix} 1 \\ 0 \\ 1 \end{pmatrix} \ (x_1 \text{ は任意定数}).$$

ここで $x_1 = 1$ とした $\boldsymbol{a}_1 = \begin{pmatrix} 1 \\ 0 \\ 1 \end{pmatrix}$ とおき，これを正規化して，$\|\boldsymbol{a}_1\| = \sqrt{2}$ より，

$\boldsymbol{p}_1 = \dfrac{1}{\|\boldsymbol{a}_1\|}\boldsymbol{a}_1 = \dfrac{1}{\sqrt{2}} \begin{pmatrix} 1 \\ 0 \\ 1 \end{pmatrix}$ とする．

(ii) $\lambda = \sqrt{2}$ として，$(A - \sqrt{2}E_3)\boldsymbol{x} = \boldsymbol{0}$ を満たすベクトル $\boldsymbol{x}$ を求める．

$$\begin{pmatrix} -\sqrt{2} & i & 0 \\ -i & -\sqrt{2} & i \\ 0 & -i & -\sqrt{2} \end{pmatrix} \begin{pmatrix} x_1 \\ x_2 \\ x_3 \end{pmatrix} = \begin{pmatrix} 0 \\ 0 \\ 0 \end{pmatrix} \quad \text{すなわち} \quad \begin{cases} \sqrt{2}x_1 - ix_2 = 0 \\ ix_2 + \sqrt{2}x_3 = 0 \end{cases}$$

これより，$x_2 = i\sqrt{2}x_3$，$x_1 = -x_3$. ゆえに

$$\boldsymbol{x} = \begin{pmatrix} x_1 \\ x_2 \\ x_3 \end{pmatrix} = \begin{pmatrix} -x_3 \\ i\sqrt{2}x_3 \\ x_3 \end{pmatrix} = ix_3 \begin{pmatrix} i \\ \sqrt{2} \\ -i \end{pmatrix} \ (x_3 \text{ は任意定数}).$$

そこで，$x_3 = -i$ とした $\boldsymbol{a}_2 = \begin{pmatrix} i \\ \sqrt{2} \\ -i \end{pmatrix}$ とおく．これを正規化する．複素内積空間であることに注意して，ノルムを求めると

$$\|\boldsymbol{a}_2\|^2 = {}^t\boldsymbol{a}_2\overline{\boldsymbol{a}_2} = (i, \sqrt{2}, -i) \begin{pmatrix} -i \\ \sqrt{2} \\ i \end{pmatrix}$$
$$= -i^2 + 2 - i^2 = 1 + 2 + 1 = 4.$$

ゆえに，$\|\boldsymbol{a}_2\| = 2$ である．これより $\boldsymbol{p}_2 = \dfrac{1}{\|\boldsymbol{a}_2\|}\boldsymbol{a}_2 = \dfrac{1}{2} \begin{pmatrix} i \\ \sqrt{2} \\ -i \end{pmatrix}$ とする．

(iii) $\lambda = -\sqrt{2}$ として，$(A + \sqrt{2}E_3)\boldsymbol{x} = \boldsymbol{0}$ を満たすベクトル $\boldsymbol{x}$ を求める．

$$\begin{pmatrix} \sqrt{2} & i & 0 \\ -i & \sqrt{2} & i \\ 0 & -i & \sqrt{2} \end{pmatrix} \begin{pmatrix} x_1 \\ x_2 \\ x_3 \end{pmatrix} = \begin{pmatrix} 0 \\ 0 \\ 0 \end{pmatrix} \quad \text{すなわち} \quad \begin{cases} \sqrt{2}x_1 + ix_2 = 0 \\ ix_2 - \sqrt{2}x_3 = 0 \end{cases}$$

これより $x_1 = -ix_2/\sqrt{2}$, $x_3 = ix_2/\sqrt{2}$. したがって

$$\boldsymbol{x} = \begin{pmatrix} x_1 \\ x_2 \\ x_3 \end{pmatrix} = \begin{pmatrix} -i\dfrac{1}{\sqrt{2}}x_2 \\ x_2 \\ i\dfrac{1}{\sqrt{2}}x_2 \end{pmatrix} = -\frac{1}{\sqrt{2}}x_2 \begin{pmatrix} i \\ -\sqrt{2} \\ -i \end{pmatrix} \ (x_2 \text{ は任意定数}).$$

そこで，$x_2 = -\sqrt{2}$ とした $\boldsymbol{a}_3 = \begin{pmatrix} i \\ -\sqrt{2} \\ -i \end{pmatrix}$ とおく．$\boldsymbol{a}_3$ のノルムを求めると

$$\begin{aligned} \|\boldsymbol{a}_3\|^2 = {}^t\boldsymbol{a}_3\overline{\boldsymbol{a}_3} &= \left(i, -\sqrt{2}, -i\right)\begin{pmatrix} -i \\ -\sqrt{2} \\ i \end{pmatrix} \\ &= -i^2 + 2 - i^2 = 1 + 2 + 1 = 4 \end{aligned}$$

ゆえに，$\|\boldsymbol{a}_3\| = 2$ である．正規化して，$\boldsymbol{p}_3 = \dfrac{1}{\|\boldsymbol{a}_3\|}\boldsymbol{a}_3 = \dfrac{1}{2}\begin{pmatrix} i \\ -\sqrt{2} \\ -i \end{pmatrix}$ とする．

A はエルミート行列であるから，定理 7.16 より，異なる固有値に対応している固有ベクトル $\boldsymbol{a}_1, \boldsymbol{a}_2, \boldsymbol{a}_3$ は互いに直交する．ゆえに，$\{\boldsymbol{p}_1, \boldsymbol{p}_2, \boldsymbol{p}_3\}$ は正規直交基である．このとき，$U = (\boldsymbol{p}_1, \boldsymbol{p}_2, \boldsymbol{p}_3) = \dfrac{1}{2}\begin{pmatrix} \sqrt{2} & i & i \\ 0 & \sqrt{2} & -\sqrt{2} \\ \sqrt{2} & -i & -i \end{pmatrix}$ とおけば，U は ユニタリ行列であり，$U^*AU = \begin{pmatrix} 0 & 0 & 0 \\ 0 & \sqrt{2} & 0 \\ 0 & 0 & -\sqrt{2} \end{pmatrix}$ となる． ■

7.6 正規行列

行列 A が $AA^* = A^*A$ を満たすとき，A を正規行列といった (p.7 参照).

定理 7.17 n 次正方行列 A がユニタリ行列によって対角化可能であるための必要十分条件は，A が正規行列であることである．

問題 7.12 A が正規行列，U がユニタリ行列ならば，U^*AU は正規行列であることを示せ．

【解答】 U はユニタリ行列であるから，定義によって $UU^* = U^*U = E$. したがって

$$\begin{aligned} (U^*AU)(U^*AU)^* &= U^*AUU^*A^*U = U^*AEA^*U \\ &= U^*AA^*U. \end{aligned}$$

一方

$$(U^*AU)^*(U^*AU) = U^*AUU^*AU = U^*A^*EAU \\ = U^*A^*AU.$$

A は正規行列であるから，定義より $A^*A = AA^*$．したがって

$$(U^*AU)(U^*AU)^* = (U^*AU)^*(U^*AU).$$

ゆえに，U^*AU は正規行列である． ■

問題 7.13 正規行列 $\begin{pmatrix} 5-3i & -4i \\ -4i & 5+3i \end{pmatrix}$ を適当なユニタリ行列によって対角化せよ．

【解答】 与えられた行列を A とする．はじめに，$AA^* = A^*A$ であることを確かめる．

$$A^* = {}^t\overline{A} = {}^t\begin{pmatrix} 5+3i & 4i \\ 4i & 5-3i \end{pmatrix} = \begin{pmatrix} 5+3i & 4i \\ 4i & 5-3i \end{pmatrix}$$

であるから

$$\begin{aligned} AA^* &= \begin{pmatrix} 5-3i & -4i \\ -4i & 5+3i \end{pmatrix}\begin{pmatrix} 5+3i & 4i \\ 4i & 5-3i \end{pmatrix} \\ &= \begin{pmatrix} (5-3i)(5+3i)-4i4i & (5-3i)4i-4i(5-3i) \\ -4i(5+3i)+(5+3i)4i & -4i4i+(5+3i)(5-3i) \end{pmatrix} \\ &= \begin{pmatrix} 25+9+16 & 4i(5-3i-5+3i) \\ 4i(-5-3i+5+3i) & 16+25+9 \end{pmatrix} \\ &= \begin{pmatrix} 50 & 0 \\ 0 & 50 \end{pmatrix} \end{aligned}$$

さらに

$$\begin{aligned} A^*A &= \begin{pmatrix} 5+3i & 4i \\ 4i & 5-3i \end{pmatrix}\begin{pmatrix} 5-3i & -4i \\ -4i & 5+3i \end{pmatrix} \\ &= \begin{pmatrix} (5+3i)(5-3i)-4i4i & -(5+3i)4i+4i(5+3i) \\ 4i(5-3i)-(5-3i)4i & -4i4i+(5-3i)(5+3i) \end{pmatrix} \\ &= \begin{pmatrix} 25+9+16 & 4i(-5-3i+5+3i) \\ 4i(5-3i-5+3i) & 16+25+9 \end{pmatrix} \\ &= \begin{pmatrix} 50 & 0 \\ 0 & 50 \end{pmatrix}. \end{aligned}$$

したがって，A は正規行列である．よって，定理 7.14 よりユニタリ行列によって対角化できる．

式 (7.4) を用いて，行列 A の固有多項式 $\phi_A(t) = |tE_2 - A|$ を求める．

$$\begin{aligned}\phi_A(t) &= \begin{vmatrix} t-(5-3i) & 4i \\ 4i & t-(5+3i) \end{vmatrix} \\ &= \{t-(5-3i)\}\{t-(5+3i)\} - 16i^2 \\ &= t^2 - 10t + (5-3i)(5+3i) + 16 \\ &= t^2 - 10t + 50.\end{aligned}$$

ゆえに，固有多項式は $\phi_A(t) = t^2 - 10t + 50$ である．したがって，行列 A の固有値は $5 \pm 5i$ である．

次に，行列 A の固有値 λ に対する固有ベクトル $\boldsymbol{x} = \begin{pmatrix} x_1 \\ x_2 \end{pmatrix}$ を求める．

(i) $\lambda = 5+5i$ として，$(A-(5+5i)E_2)\boldsymbol{x} = \boldsymbol{0}$ を満たすベクトル $\boldsymbol{x}$ を求める．

$$\begin{pmatrix} -8i & -4i \\ -4i & -2i \end{pmatrix}\begin{pmatrix} x_1 \\ x_2 \end{pmatrix} = \begin{pmatrix} 0 \\ 0 \end{pmatrix} \quad \text{すなわち} \quad 2x_1 + x_2 = 0.$$

ゆえに，$x_2 = -2x_1$ であるから

$$\boldsymbol{x} = \begin{pmatrix} x_1 \\ x_2 \end{pmatrix} = \begin{pmatrix} x_1 \\ -2x_1 \end{pmatrix} = -x_1 \begin{pmatrix} -1 \\ 2 \end{pmatrix} \ (x_1 \text{ は任意定数}).$$

ここで，$x_1 = -1$ とした $\boldsymbol{a}_1 = \begin{pmatrix} -1 \\ 2 \end{pmatrix}$ とおく．

(ii) $\lambda = 5-5i$ として，$(A-(5-5i)E_2)\boldsymbol{x} = \boldsymbol{0}$ を満たすベクトル $\boldsymbol{x}$ を求める．

$$\begin{pmatrix} 2i & -4i \\ -4i & 8i \end{pmatrix}\begin{pmatrix} x_1 \\ x_2 \end{pmatrix} = \begin{pmatrix} 0 \\ 0 \end{pmatrix} \quad \text{すなわち} \quad x_1 - 2x_2 = 0.$$

ゆえに，$x_1 = 2x_2$ であるから

$$\boldsymbol{x} = \begin{pmatrix} x_1 \\ x_2 \end{pmatrix} = \begin{pmatrix} 2x_2 \\ x_2 \end{pmatrix} = x_2 \begin{pmatrix} 2 \\ 1 \end{pmatrix} \ (x_2 \text{ は任意定数}).$$

ここで $x_2 = 1$ とした $\boldsymbol{a}_2 = \begin{pmatrix} 2 \\ 1 \end{pmatrix}$ とおく．

A はエルミート行列であるから，定理 7.16 より異なる固有値に対する固有ベクトル $\boldsymbol{a}_1, \boldsymbol{a}_2$ は直交する．そこで，これらを正規化する．

$$\boldsymbol{p}_1 = \frac{1}{\|\boldsymbol{a}_1\|}\boldsymbol{a}_1 = \frac{1}{\sqrt{5}}\begin{pmatrix} -1 \\ 2 \end{pmatrix}, \quad \boldsymbol{p}_2 = \frac{1}{\|\boldsymbol{a}_2\|}\boldsymbol{a}_2 = \frac{1}{\sqrt{5}}\begin{pmatrix} 2 \\ 1 \end{pmatrix}$$

とおけば，$\{\boldsymbol{p}_1, \boldsymbol{p}_2\}$ は正規直交基である．さらに

$$U = (\boldsymbol{p}_1\ \boldsymbol{p}_2) = \frac{1}{\sqrt{5}}\begin{pmatrix} -1 & 2 \\ 2 & 1 \end{pmatrix}$$

とおけば，U はユニタリ行列であり，$U^*AU = \begin{pmatrix} 5+5i & 0 \\ 0 & 5-5i \end{pmatrix}$ となる． ■

章末問題 7

問　題 7. A

1. 次の行列の固有値および各固有空間の基を求めよ．また，対角化可能であるときは，対角化せよ．

(1) $\begin{pmatrix} 2 & 0 & 1 \\ 0 & 2 & -1 \\ -1 & 1 & 5 \end{pmatrix}$　　(2) $\begin{pmatrix} 1 & -1 & -1 \\ -1 & 2 & -1 \\ 1 & -1 & 2 \end{pmatrix}$

(3) $\begin{pmatrix} 1 & 1 & 0 \\ -1 & 3 & -1 \\ 0 & 1 & 1 \end{pmatrix}$　　(4) $\begin{pmatrix} 4 & 6 & -3 \\ -1 & -1 & 1 \\ 1 & 2 & 0 \end{pmatrix}$

【解答】 (1) 与えられた行列を A とする．式 (7.4) を用いて，固有多項式 $\phi_A(t) = |tE_3 - A|$ を求める．

$$
\begin{aligned}
\phi_A(t) &= \begin{vmatrix} t-2 & 0 & -1 \\ 0 & t-2 & 1 \\ 1 & -1 & t-5 \end{vmatrix} \quad (1\text{ 列 }+(t-2)\times 3\text{ 列}) \\
&= \begin{vmatrix} 0 & 0 & -1 \\ t-2 & t-2 & 1 \\ t^2-7t+11 & -1 & t-5 \end{vmatrix} \quad (1\text{ 行で展開}) \\
&= -\begin{vmatrix} t-2 & t-2 \\ t^2-7t+11 & -1 \end{vmatrix} \quad (1\text{ 行から }(t-2)\text{ を外に出す}) \\
&= -(t-2)\begin{vmatrix} 1 & 1 \\ t^2-7t+11 & -1 \end{vmatrix} \\
&= -(t-2)(-1-t^2+7t-11) \\
&= (t-2)(t^2-7t+12) \\
&= (t-2)(t-3)(t-4).
\end{aligned}
$$

ゆえに，固有多項式は $\phi_A(t) = (t-2)(t-3)(t-4)$ である．したがって，行列 A の固有値は 2, 3, 4 である．

次に，行列 A の固有値 λ に対する固有空間 $W(\lambda) = \{\boldsymbol{x} = \begin{pmatrix} x_1 \\ x_2 \\ x_3 \end{pmatrix} \mid (A - \lambda E_3)\boldsymbol{x} = \boldsymbol{0}\}$ の基を求める．

(i) $\lambda = 2$ とする．$(A - 2E_3)\boldsymbol{x} = \boldsymbol{0}$ を満たすベクトル $\boldsymbol{x}$ を求める．

$$
\begin{pmatrix} 0 & 0 & 1 \\ 0 & 0 & -1 \\ -1 & 1 & 3 \end{pmatrix}\begin{pmatrix} x_1 \\ x_2 \\ x_3 \end{pmatrix} = \begin{pmatrix} 0 \\ 0 \\ 0 \end{pmatrix} \quad \text{すなわち} \quad \left\{ \begin{aligned} x_3 &= 0 \\ -x_1 + x_2 + x_3 &= 0 \end{aligned} \right.
$$

これによって，$x_3=0$, $x_1=x_2$ であるから

$$\boldsymbol{x}=\begin{pmatrix}x_1\\x_2\\x_3\end{pmatrix}=\begin{pmatrix}x_1\\x_1\\0\end{pmatrix}=x_1\begin{pmatrix}1\\1\\0\end{pmatrix}\ (x_1\ \text{は任意定数}).$$

(ii) $\lambda=3$ とする．$(A-3E_3)\boldsymbol{x}=\boldsymbol{0}$ を満たすベクトル $\boldsymbol{x}$ を求める．

$$\begin{pmatrix}-1&0&1\\0&-1&-1\\-1&1&2\end{pmatrix}\begin{pmatrix}x_1\\x_2\\x_3\end{pmatrix}=\begin{pmatrix}0\\0\\0\end{pmatrix}\quad\text{すなわち}\quad\begin{cases}-x_1\qquad\quad+x_3=0\\ \qquad\ -x_2-x_3=0\end{cases}$$

よって，$x_1=x_3$, $x_2=-x_3$ であるから

$$\boldsymbol{x}=\begin{pmatrix}x_1\\x_2\\x_3\end{pmatrix}=\begin{pmatrix}x_3\\-x_3\\x_3\end{pmatrix}=x_3\begin{pmatrix}1\\-1\\1\end{pmatrix}\ (x_3\ \text{は任意定数}).$$

(iii) $\lambda=4$ とする．$(A-4E_3)\boldsymbol{x}=\boldsymbol{0}$ を満たすベクトル $\boldsymbol{x}$ を求める．

$$\begin{pmatrix}-2&0&1\\0&-2&-1\\-1&1&1\end{pmatrix}\begin{pmatrix}x_1\\x_2\\x_3\end{pmatrix}=\begin{pmatrix}0\\0\\0\end{pmatrix}\quad\text{すなわち}\quad\begin{cases}2x_1\qquad\quad-x_3=0\\ \qquad\ 2x_2+x_3=0\end{cases}$$

よって，$x_1=x_3/2$, $x_2=-x_3/2$ であるから

$$\boldsymbol{x}=\begin{pmatrix}x_1\\x_2\\x_3\end{pmatrix}=\begin{pmatrix}\frac{1}{2}x_3\\-\frac{1}{2}x_3\\x_3\end{pmatrix}=\frac{1}{2}x_3\begin{pmatrix}1\\-1\\2\end{pmatrix}\ (x_3\ \text{は任意定数}).$$

以上より，$W(2)$ の基の 1 つは $\left\{\begin{pmatrix}1\\1\\0\end{pmatrix}\right\}$, $W(3)$ の基の 1 つは $\left\{\begin{pmatrix}1\\-1\\1\end{pmatrix}\right\}$, $W(4)$ の基の 1 つは $\left\{\begin{pmatrix}1\\-1\\2\end{pmatrix}\right\}$ である．

行列 A は 3 個の固有値をもつから，定理 7.8 より，A は対角化可能である．先の各固有空間の基を用いた $P=\begin{pmatrix}1&1&1\\1&-1&-1\\0&1&2\end{pmatrix}$ とおけば，$P^{-1}AP=\begin{pmatrix}2&0&0\\0&3&0\\0&0&4\end{pmatrix}$.

(2) 与えられた行列を A とする．式 (7.4) を用いて，固有多項式 $\phi_A(t)=|tE_3-A|$ を求める．

$$\phi_A(t)=\begin{vmatrix}t-1&1&1\\1&t-2&1\\-1&1&t-2\end{vmatrix}\quad(2\ \text{行}\ +3\ \text{行，}1\ \text{行}\ +(t-1)\times 3\ \text{行})$$

$$
\begin{aligned}
&= \begin{vmatrix} 0 & t & t^2-3t+3 \\ 0 & t-1 & t-1 \\ -1 & 1 & t-2 \end{vmatrix} \quad (1\text{ 列で展開}) \\
&= -\begin{vmatrix} t & t^2-3t+3 \\ t-1 & t-1 \end{vmatrix} \quad (2\text{ 行から } (t-1) \text{ を出す}) \\
&= -(t-1)\begin{vmatrix} t & t^2-3t+3 \\ 1 & 1 \end{vmatrix} \\
&= (t-1)(t^2-4t+3) \\
&= (t-1)(t-1)(t-3) \\
&= (t-1)^2(t-3).
\end{aligned}
$$

ゆえに，固有多項式は $\phi_A(t)=(t-1)^2(t-3)$ である．したがって，行列 A の固有値は 1 (重解) と 3 である．

次に，行列 A の固有値 λ に対する固有空間 $W(\lambda)=\left\{\boldsymbol{x}=\begin{pmatrix} x_1 \\ x_2 \\ x_3 \end{pmatrix} \mid (A-\lambda E_3)\boldsymbol{x}=\boldsymbol{0}\right\}$ の基を求める．

(i) $\lambda=1$ とする．$(A-E_3)\boldsymbol{x}=\boldsymbol{0}$ を満たすベクトル $\boldsymbol{x}$ を求める．

$$
\begin{pmatrix} 0 & -1 & -1 \\ -1 & 1 & -1 \\ 1 & -1 & 1 \end{pmatrix}\begin{pmatrix} x_1 \\ x_2 \\ x_3 \end{pmatrix}=\begin{pmatrix} 0 \\ 0 \\ 0 \end{pmatrix} \quad \text{すなわち} \quad \left\{\begin{array}{rcrcrcl} & & x_2 & + & x_3 & = & 0 \\ x_1 & - & x_2 & + & x_3 & = & 0 \end{array}\right.
$$

ゆえに，$x_2=-x_3$，$x_1=-2x_3$ であるから

$$
\boldsymbol{x}=\begin{pmatrix} x_1 \\ x_2 \\ x_3 \end{pmatrix}=\begin{pmatrix} -2x_3 \\ -x_3 \\ x_3 \end{pmatrix}=x_3\begin{pmatrix} -2 \\ -1 \\ 1 \end{pmatrix} \quad (x_3 \text{ は任意定数}).
$$

(ii) $\lambda=3$ とする．$(A-3E_3)\boldsymbol{x}=\boldsymbol{0}$ を満たすベクトル $\boldsymbol{x}$ を求める．

$$
\begin{pmatrix} -2 & -1 & -1 \\ -1 & -1 & -1 \\ 1 & -1 & -1 \end{pmatrix}\begin{pmatrix} x_1 \\ x_2 \\ x_3 \end{pmatrix}=\begin{pmatrix} 0 \\ 0 \\ 0 \end{pmatrix} \quad \text{すなわち} \quad \left\{\begin{array}{rcrcrcl} x_1 & + & x_2 & + & x_3 & = & 0 \\ x_1 & - & x_2 & - & x_3 & = & 0 \end{array}\right.
$$

よって，$x_1=0$, $x_2=-x_3$ であるから

$$
\boldsymbol{x}=\begin{pmatrix} x_1 \\ x_2 \\ x_3 \end{pmatrix}=\begin{pmatrix} 0 \\ -x_3 \\ x_3 \end{pmatrix}=x_3\begin{pmatrix} 0 \\ -1 \\ 1 \end{pmatrix} \quad (x_3 \text{ は任意定数}).
$$

以上より $W(1)$ の基の 1 つは $\left\{\begin{pmatrix} -2 \\ -1 \\ 1 \end{pmatrix}\right\}$ であり，$W(3)$ の基の 1 つは $\left\{\begin{pmatrix} 0 \\ -1 \\ 1 \end{pmatrix}\right\}$ である．したがって，行列 A の 1 次独立な固有ベクトルは 2 個であるから，定理 7.7 より，行列 A は対角化できない．

(3) 与えられた行列を A とする．式 (7.4) を用いて，固有多項式 $\phi_A(t) = |tE_3 - A|$ を求める．

$$
\begin{aligned}
\phi_A(t) &= \begin{vmatrix} t-1 & -1 & 0 \\ 1 & t-3 & 1 \\ 0 & -1 & t-1 \end{vmatrix} \quad (1\text{ 行 }-(t-1)\times 2\text{ 行}) \\
&= \begin{vmatrix} 0 & -t^2+4t-4 & -t+1 \\ 1 & t-3 & 1 \\ 0 & -1 & t-1 \end{vmatrix} \quad (1\text{ 列で展開する}) \\
&= \begin{vmatrix} t^2-4t+4 & t-1 \\ -1 & t-1 \end{vmatrix} \quad (2\text{ 列から } t-1 \text{ を出す}) \\
&= (t-1)\begin{vmatrix} t^2-4t+4 & 1 \\ -1 & 1 \end{vmatrix} \\
&= (t-1)(t^2-4t+5) \\
&= (t-1)\{t-(2+i)\}\{t-(2-i)\}.
\end{aligned}
$$

ゆえに，固有多項式は $\phi_A(t) = (t-1)\{t-(2+i)\}\{t-(2-i)\}$ である．したがって，行列 A の固有値は $1,\ 2 \pm i$ である．

次に，行列 A の個有値 λ に対する固有空間 $W(\lambda) = \left\{\boldsymbol{x} = \begin{pmatrix} x_1 \\ x_2 \\ x_3 \end{pmatrix} \,\middle|\, (A - \lambda E_3)\boldsymbol{x} = \boldsymbol{0}\right\}$ の基を求める．

(i) $\lambda = 1$ とする．$(A - E_3)\boldsymbol{x} = \boldsymbol{x}$ を満たすベクトル $\boldsymbol{x}$ を求める．

$$
\begin{pmatrix} 0 & 1 & 0 \\ -1 & 2 & -1 \\ 0 & 1 & 0 \end{pmatrix}\begin{pmatrix} x_1 \\ x_2 \\ x_3 \end{pmatrix} = \begin{pmatrix} 0 \\ 0 \\ 0 \end{pmatrix} \quad \text{すなわち} \quad \begin{cases} \qquad\quad x_2 \qquad\quad = 0 \\ x_1 - 2x_2 + x_3 = 0 \end{cases}
$$

ゆえに，$x_2 = 0,\ x_3 = -x_1$ であるから

$$
\boldsymbol{x} = \begin{pmatrix} x_1 \\ x_2 \\ x_3 \end{pmatrix} = \begin{pmatrix} x_1 \\ 0 \\ -x_1 \end{pmatrix} = x_1 \begin{pmatrix} 1 \\ 0 \\ -1 \end{pmatrix} \quad (x_1 \text{ は任意定数}).
$$

(ii) $\lambda = 2 + i$ とする．$(A - (2+i)E_3)\boldsymbol{x} = \boldsymbol{0}$ を満たすベクトル $\boldsymbol{x}$ を求める．

$$
\begin{pmatrix} -1-i & 1 & 0 \\ -1 & 1-i & -1 \\ 0 & 1 & -1-i \end{pmatrix}\begin{pmatrix} x_1 \\ x_2 \\ x_3 \end{pmatrix} = \begin{pmatrix} 0 \\ 0 \\ 0 \end{pmatrix} \quad \text{すなわち} \quad \begin{cases} -(1+i)x_1 + x_2 = 0 \\ x_2 - (1+i)x_3 = 0 \end{cases}
$$

よって，$x_1 = x_3 = x_2/(1+i)$ であるから

$$
\boldsymbol{x} = \begin{pmatrix} x_1 \\ x_2 \\ x_3 \end{pmatrix} = \begin{pmatrix} \dfrac{1}{1+i}x_2 \\ x_2 \\ \dfrac{1}{1+i}x_2 \end{pmatrix} = \frac{1}{1+i}x_2 \begin{pmatrix} 1 \\ 1+i \\ 1 \end{pmatrix} \quad (x_2 \text{ は任意定数}).
$$

(iii) $\lambda = 2-i$ とする．$(A-(2-i)E_3)\boldsymbol{x}=\boldsymbol{0}$ を満たすベクトル $\boldsymbol{x}$ を求める．

$$\begin{pmatrix} -1+i & 1 & 0 \\ -1 & 1+i & -1 \\ 0 & 1 & -1+i \end{pmatrix}\begin{pmatrix} x_1 \\ x_2 \\ x_3 \end{pmatrix}=\begin{pmatrix} 0 \\ 0 \\ 0 \end{pmatrix} \quad \text{すなわち} \quad \begin{cases} -(1-i)x_1+x_2 = 0 \\ x_2-(1-i)x_3=0 \end{cases}$$

よって，$x_1 = x_3 = x_2/(1-i)$ であるから

$$\boldsymbol{x}=\begin{pmatrix} x_1 \\ x_2 \\ x_3 \end{pmatrix}=\begin{pmatrix} \frac{1}{1-i}x_2 \\ x_2 \\ \frac{1}{1-i}x_2 \end{pmatrix}=\frac{1}{1-i}x_2\begin{pmatrix} 1 \\ 1-i \\ 1 \end{pmatrix} \quad (x_2 \text{ は任意定数}).$$

これらにより，$W(1)$ の基の 1 つは $\left\{\begin{pmatrix} 1 \\ 0 \\ -1 \end{pmatrix}\right\}$，$W(2+i)$ の基の 1 つは $\left\{\begin{pmatrix} 1 \\ 1+i \\ 1 \end{pmatrix}\right\}$，$W(2-i)$ の基の 1 つは $\left\{\begin{pmatrix} 1 \\ 1-i \\ 1 \end{pmatrix}\right\}$ である．

最後に，行列 A は 3 個の固有値をもつから，定理 7.7 より，A は対角化可能である．先の各固有空間の基を用いた $P=\begin{pmatrix} 1 & 1 & 1 \\ 0 & 1+i & 1-i \\ -1 & 1 & 1 \end{pmatrix}$ とおけば，$P^{-1}AP=\begin{pmatrix} 1 & 0 & 0 \\ 0 & 2+i & 0 \\ 0 & 0 & 2-i \end{pmatrix}$.

(4) 与えられた行列を A とする．式 (7.4) を用いて，固有多項式 $\phi_A(t)=|tE_3-A|$ を求める．

$$\begin{aligned}
\phi_A(t) &= \begin{vmatrix} t-4 & -6 & 3 \\ 1 & t+1 & -1 \\ -1 & -2 & t \end{vmatrix} \quad (2\text{ 行 }+3\text{ 行，}1\text{ 行 }+(t-4)\times 3\text{ 行}) \\
&= \begin{vmatrix} 0 & -2(t-1) & (t-1)(t-3) \\ 0 & t-1 & t-1 \\ -1 & -2 & t \end{vmatrix} \quad (1\text{ 列で展開する}) \\
&= -\begin{vmatrix} -2(t-1) & (t-1)(t-3) \\ t-1 & t-1 \end{vmatrix} \\
&= -(t-1)^2\begin{vmatrix} -2 & t-3 \\ 1 & 1 \end{vmatrix} \\
&= (t-1)^3.
\end{aligned}$$

ゆえに，固有多項式は $\phi_A(t)=(t-1)^3$ であり，固有値は 1 (3 重解) である．

次に，行列 A の個有値 1 に対する固有空間 $W(1)$ の基を求める．$(A-E_3)\boldsymbol{x}=\boldsymbol{0}$ を満たすベクトル $\boldsymbol{x}=\begin{pmatrix} x_1 \\ x_2 \\ x_3 \end{pmatrix}$ を求める．

$$\begin{pmatrix} 3 & 6 & -3 \\ -1 & -2 & 1 \\ 1 & 2 & -1 \end{pmatrix}\begin{pmatrix} x_1 \\ x_2 \\ x_3 \end{pmatrix}=\begin{pmatrix} 0 \\ 0 \\ 0 \end{pmatrix} \quad \text{すなわち} \quad x_1+2x_2-x_3=0.$$

これによって，$x_3=x_1+2x_2$ であるから

$$\boldsymbol{x}=\begin{pmatrix} x_1 \\ x_2 \\ x_3 \end{pmatrix}=\begin{pmatrix} x_1 \\ x_2 \\ x_1+2x_2 \end{pmatrix}=x_1\begin{pmatrix} 1 \\ 0 \\ 1 \end{pmatrix}+x_2\begin{pmatrix} 0 \\ 1 \\ 2 \end{pmatrix} \quad (x_1, x_2 \text{ は任意定数}).$$

ゆえに，$\left\{\begin{pmatrix} 1 \\ 0 \\ 1 \end{pmatrix}, \begin{pmatrix} 0 \\ 1 \\ 2 \end{pmatrix}\right\}$ は $W(1)$ の 1 つの基である．

したがって，行列 A の 1 次独立な固有ベクトルは 2 個であるから，定理 7.7 より，行列 A は対角化できない．■

2. 行列 $A=\begin{pmatrix} 4 & 1 & -1 \\ -1 & 2 & 1 \\ -1 & -1 & a \end{pmatrix}$ の固有値，固有空間の次元を求めよ．また，A が対角化できる場合の a の値に対し，A を対角化せよ．

【解答】 式 (7.4) を用いて，行列 A の固有空間 $\phi_A(t)=|tE_3-A|$ を求める．

$$\begin{aligned}
\phi_A(t) &= \begin{vmatrix} t-4 & -1 & 1 \\ 1 & t-2 & -1 \\ 1 & 1 & t-a \end{vmatrix} \quad (1\text{ 行 }-(t-4)\times 3\text{ 行},\ 2\text{ 行 }-3\text{ 行}) \\
&= \begin{vmatrix} 0 & -t+3 & -(t-4)(t-a)+1 \\ 0 & t-3 & -t+a-1 \\ 1 & 1 & t-a \end{vmatrix} \\
&= \begin{vmatrix} 0 & -t+3 & -t^2+(a+4)t-4a+1 \\ 0 & t-3 & -t+a-1 \\ 1 & 1 & t-a \end{vmatrix} \quad (1\text{ 列で展開する}) \\
&= \begin{vmatrix} -(t-3) & -\{t^2-(a+4)t+4a-1\} \\ t-3 & -(t-a+1) \end{vmatrix} \quad (1\text{ 列から } (t-3) \text{ を外に出す}) \\
&= (t-3)\begin{vmatrix} 1 & t^2-(a+4)t+4a-1 \\ -1 & t-a+1 \end{vmatrix} \\
&= (t-3)\{(t-a+1)+t^2-(a+4)t+4a-1\} \\
&= (t-3)\{t^2-(a+3)t+3a\} \\
&= (t-3)^2(t-a).
\end{aligned}$$

ゆえに，固有多項式は $\phi_A(t) = (t-3)^2(t-a)$ である．したがって，行列 A の固有値は $a, 3$(重解) である．

次に，行列 A の固有値 λ に対する固有空間 $W(\lambda) = \{\boldsymbol{x} = \begin{pmatrix} x_1 \\ x_2 \\ x_3 \end{pmatrix} \mid (A - \lambda E_3)\boldsymbol{x} = \boldsymbol{0}\}$ の基を求める．

(i) $\lambda = 3$ とする．$(A - 3E_3)\boldsymbol{x} = \boldsymbol{0}$ を満たすベクトル $\boldsymbol{x}$ を求める．

$$\begin{pmatrix} 1 & 1 & -1 \\ -1 & -1 & 1 \\ -1 & -1 & a-3 \end{pmatrix}\begin{pmatrix} x_1 \\ x_2 \\ x_3 \end{pmatrix} = \begin{pmatrix} 0 \\ 0 \\ 0 \end{pmatrix} \quad \text{すなわち} \quad \begin{cases} x_1 + x_2 - x_3 = 0 \\ x_1 + x_2 - (a-3)x_3 = 0 \end{cases}$$

$a \neq 4$ のとき，上の式より $x_3 = 0,\ x_1 + x_2 = 0$ であるから

$$\boldsymbol{x} = \begin{pmatrix} x_1 \\ x_2 \\ x_3 \end{pmatrix} = \begin{pmatrix} x_1 \\ -x_1 \\ 0 \end{pmatrix} = x_1 \begin{pmatrix} 1 \\ -1 \\ 0 \end{pmatrix} \ (x_1 \text{ は任意定数}).$$

ゆえに，$\{\begin{pmatrix} 1 \\ -1 \\ 0 \end{pmatrix}\}$ は $W(3)$ の1つの基である．明らかに $\dim W(3) = 1$.

$a = 4$ のとき，先の連立方程式は $x_1 + x_2 - x_3 = 0$ と同値である．すなわち $x_3 = x_1 + x_2$ であるから

$$\boldsymbol{x} = \begin{pmatrix} x_1 \\ x_2 \\ x_3 \end{pmatrix} = \begin{pmatrix} x_1 \\ x_2 \\ x_1 + x_2 \end{pmatrix} = x_1 \begin{pmatrix} 1 \\ 0 \\ 1 \end{pmatrix} + x_2 \begin{pmatrix} 0 \\ 1 \\ 1 \end{pmatrix} \ (x_1, x_2 \text{ は任意定数}).$$

したがって，$W(3)$ の基の1組は $\{\begin{pmatrix} 1 \\ 0 \\ 1 \end{pmatrix}, \begin{pmatrix} 0 \\ 1 \\ 1 \end{pmatrix}\}$ である．また，これらのベクトルは1次独立であるから，$\dim W(3) = 2$.

(ii) $\lambda = a$ とする．$(A - aE_3)\boldsymbol{x} = \boldsymbol{0}$ を満たすベクトル $\boldsymbol{x}$ を求める．

$$\begin{pmatrix} 4-a & 1 & -1 \\ -1 & 2-a & 1 \\ -1 & -1 & 0 \end{pmatrix}\begin{pmatrix} x_1 \\ x_2 \\ x_3 \end{pmatrix} = \begin{pmatrix} 0 \\ 0 \\ 0 \end{pmatrix} \quad \text{すなわち} \quad \begin{cases} (4-a)x_1 + x_2 - x_3 = 0 \\ x_1 + x_2 = 0 \end{cases}$$

よって，$x_2 = -x_1, x_3 = (3-a)x_1$ であるから

$$\boldsymbol{x} = \begin{pmatrix} x_1 \\ x_2 \\ x_3 \end{pmatrix} = \begin{pmatrix} x_1 \\ -x_1 \\ (3-a)x_1 \end{pmatrix} = x_1 \begin{pmatrix} 1 \\ -1 \\ 3-a \end{pmatrix} \ (x_1 \text{ は任意定数}).$$

したがって，$\dim W(a) = 1$.

以上によって，行列 A が対角化できるのは，3 個の 1 次独立な固有ベクトルをもつ場合であるから，$a=4$ のときである．このとき，求められた基を用いた行列 $P=\begin{pmatrix}1&0&1\\0&1&-1\\1&1&-1\end{pmatrix}$ とおけば，$P^{-1}AP=\begin{pmatrix}3&0&0\\0&3&0\\0&0&4\end{pmatrix}$． ■

3. 次の行列を対角化する直交行列とそのときの対角行列を求めよ．

(1) $\begin{pmatrix}1&1&-2\\1&1&2\\-2&2&2\end{pmatrix}$　　(2) $\begin{pmatrix}3&-1&1\\-1&3&-1\\1&-1&3\end{pmatrix}$

【解答】 定理 7.15 より，対称行列は直交行列によって対角化できる．

(1) 与えられた行列を A とする．式 (7.4) を用いて，行列 A の固有多項式 $\phi_A(t)=|tE_3-A|$ を求める．

$$\begin{aligned}\phi_A(t)&=\begin{vmatrix}t-1&-1&2\\-1&t-1&-2\\2&-2&t-2\end{vmatrix}\quad(1\text{ 行 }+(t-1)\times 2\text{ 行},\ 3\text{ 行 }+2\times 2\text{ 行})\\&=\begin{vmatrix}0&(t-1)^2-1&-2(t-1)+2\\-1&t-1&-2\\0&2t-4&t-6\end{vmatrix}\quad(1\text{ 列で展開する})\\&=\begin{vmatrix}t(t-2)&-2(t-2)\\2(t-2)&t-6\end{vmatrix}\quad(1\text{ 行から }(t-1)\text{ を外に出す})\\&=(t-2)\begin{vmatrix}t&-2\\2(t-2)&t-6\end{vmatrix}\\&=(t-2)\{t(t-6)+4(t-2)\}\\&=(t-2)(t^2-2t-8)\\&=(t-2)(t+2)(t-4).\end{aligned}$$

ゆえに，固有多項式は $\phi_A(t)=(t-2)(t+2)(t-4)$ であり，したがって 固有値は $-2, 2, 4$ である．

次に，行列 A の固有値 λ に対する固有ベクトル $\boldsymbol{x}=\begin{pmatrix}x_1\\x_2\\x_3\end{pmatrix}$ を求める．

(i) $\lambda=4$ とする．$(A-4E_3)\boldsymbol{x}=\boldsymbol{0}$ を満たすベクトル $\boldsymbol{x}$ を求める．

$$\begin{pmatrix}-3&1&-2\\1&-3&2\\-2&2&-2\end{pmatrix}\begin{pmatrix}x_1\\x_2\\x_3\end{pmatrix}=\begin{pmatrix}0\\0\\0\end{pmatrix}\quad\text{すなわち}\quad\begin{cases}x_1-3x_2+2x_3=0\\x_1-x_2+x_3=0\end{cases}$$

よって，$x_3=2x_2$，$x_1=-x_2$ であるから

$$\boldsymbol{x}=\begin{pmatrix}x_1\\x_2\\x_3\end{pmatrix}=\begin{pmatrix}-x_2\\x_2\\2x_2\end{pmatrix}=-x_2\begin{pmatrix}1\\-1\\-2\end{pmatrix}\ (x_2\text{ は任意定数}).$$

(ii) $\lambda = 2$ とする．$(A - 2E_3)\boldsymbol{x} = \boldsymbol{0}$ を満たすベクトル $\boldsymbol{x}$ を求める．

$$\begin{pmatrix} -1 & 1 & -2 \\ 1 & -1 & 2 \\ -2 & 2 & 0 \end{pmatrix} \begin{pmatrix} x_1 \\ x_2 \\ x_3 \end{pmatrix} = \begin{pmatrix} 0 \\ 0 \\ 0 \end{pmatrix} \quad \text{すなわち} \quad \begin{cases} x_1 - x_2 + 2x_3 = 0 \\ x_1 - x_2 = 0 \end{cases}$$

よって，$x_2 = x_1$，$x_3 = 0$ であるから

$$\boldsymbol{x} = \begin{pmatrix} x_1 \\ x_2 \\ x_3 \end{pmatrix} = \begin{pmatrix} x_1 \\ x_1 \\ 0 \end{pmatrix} = x_1 \begin{pmatrix} 1 \\ 1 \\ 0 \end{pmatrix} \ (x_1 \text{ は任意定数}).$$

(iii) $\lambda = -2$ とする．$(A + 2E_3)\boldsymbol{x} = \boldsymbol{0}$ を満たすベクトル $\boldsymbol{x}$ を求める．

$$\begin{pmatrix} 3 & 1 & -2 \\ 1 & 3 & 2 \\ -2 & 2 & 4 \end{pmatrix} \begin{pmatrix} x_1 \\ x_2 \\ x_3 \end{pmatrix} = \begin{pmatrix} 0 \\ 0 \\ 0 \end{pmatrix} \quad \text{すなわち} \quad \begin{cases} 3x_1 + x_2 - 2x_3 = 0 \\ x_1 + 3x_2 + 2x_3 = 0 \end{cases}$$

よって，$x_2 = -x_1$，$x_3 = x_1$ であるから

$$\boldsymbol{x} = \begin{pmatrix} x_1 \\ x_2 \\ x_3 \end{pmatrix} = \begin{pmatrix} x_1 \\ -x_1 \\ x_1 \end{pmatrix} = x_1 \begin{pmatrix} 1 \\ -1 \\ 1 \end{pmatrix} \ (x_1 \text{ は任意定数}).$$

したがって，各固有値 λ に対する固有空間 $W(\lambda)$ は，次のように表される．

$$W(4) = [\begin{pmatrix} 1 \\ -1 \\ -2 \end{pmatrix}], \quad W(2) = [\begin{pmatrix} 1 \\ 1 \\ 0 \end{pmatrix}], \quad W(-2) = [\begin{pmatrix} 1 \\ -1 \\ 1 \end{pmatrix}].$$

ここで，$\boldsymbol{a}_1 = \begin{pmatrix} 1 \\ -1 \\ -2 \end{pmatrix}$，$\boldsymbol{a}_2 = \begin{pmatrix} 1 \\ 1 \\ 0 \end{pmatrix}$，$\boldsymbol{a}_3 = \begin{pmatrix} 1 \\ -1 \\ 1 \end{pmatrix}$ とおけば

$$(\boldsymbol{a}_1, \boldsymbol{a}_2) = 0, \quad (\boldsymbol{a}_1, \boldsymbol{a}_3) = 0, \quad (\boldsymbol{a}_2, \boldsymbol{a}_3) = 0.$$

よって，$\{\boldsymbol{a}_1, \boldsymbol{a}_2, \boldsymbol{a}_3\}$ は直交系である．そのノルムを計算すると

$$\|\boldsymbol{a}_1\| = \sqrt{1+1+4} = \sqrt{6},\ \|\boldsymbol{a}_2\| = \sqrt{1+1} = \sqrt{2},\ \|\boldsymbol{a}_3\| = \sqrt{1+1+1} = \sqrt{3}$$

であるから，この $\{\boldsymbol{a}_1, \boldsymbol{a}_2, \boldsymbol{a}_3\}$ を正規化すると

$$\frac{1}{\|\boldsymbol{a}_1\|}\boldsymbol{a}_1 = \frac{1}{\sqrt{6}} \begin{pmatrix} 1 \\ -1 \\ -2 \end{pmatrix}, \quad \frac{1}{\|\boldsymbol{a}_2\|}\boldsymbol{a}_2 = \frac{1}{\sqrt{2}} \begin{pmatrix} 1 \\ 1 \\ 0 \end{pmatrix}, \quad \frac{1}{\|\boldsymbol{a}_3\|}\boldsymbol{a}_3 = \frac{1}{\sqrt{3}} \begin{pmatrix} 1 \\ -1 \\ 1 \end{pmatrix}.$$

これらのベクトルを用いて

$$P=\begin{pmatrix}\dfrac{1}{\sqrt{6}}&\dfrac{1}{\sqrt{2}}&\dfrac{1}{\sqrt{3}}\\\dfrac{-1}{\sqrt{6}}&\dfrac{1}{\sqrt{2}}&\dfrac{-1}{\sqrt{3}}\\\dfrac{-2}{\sqrt{6}}&0&\dfrac{1}{\sqrt{3}}\end{pmatrix}=\frac{1}{\sqrt{6}}\begin{pmatrix}1&\sqrt{3}&\sqrt{2}\\-1&\sqrt{3}&-\sqrt{2}\\-2&0&\sqrt{2}\end{pmatrix}$$

とおけば，P は直交行列であり (定理 6.7)，${}^tPAP=\begin{pmatrix}4&0&0\\0&2&0\\0&0&-2\end{pmatrix}$.

(2) 与えられた行列を B とする．式 (7.4) を用いて，固有多項式 $\phi_B(t)=|tE_3-B|$ を求める．

$$\begin{aligned}\phi_B(t)&=\begin{vmatrix}t-3&1&-1\\1&t-3&1\\-1&1&t-3\end{vmatrix}\quad(1\text{ 行 }+(t-3)\times 3\text{ 行},\ 2\text{ 行 }+3\text{ 行})\\&=\begin{vmatrix}0&t-2&(t-3)^2-1\\0&t-2&t-2\\-1&1&t-3\end{vmatrix}\quad(1\text{ 列で展開する})\\&=-\begin{vmatrix}t-2&(t-3)^2-1\\t-2&t-2\end{vmatrix}\\&=-\begin{vmatrix}t-2&(t-2)(t-4)\\t-2&t-2\end{vmatrix}\quad(1\text{ 列と }2\text{ 列から }(t-2)\text{ を外に出す})\\&=-(t-2)^2\begin{vmatrix}1&t-4\\1&1\end{vmatrix}\\&=-(t-2)^2(-t+5)\\&=(t-5)(t-2)^2.\end{aligned}$$

ゆえに，固有多項式は $\phi_B(t)=(t-5)(t-2)^2$ である．したがって，行列 B の固有値は 5, 2 (重解) である．

次に，行列 B の固有値 λ に対する固有空間 $W(\lambda)=\{\boldsymbol{x}=\begin{pmatrix}x_1\\x_2\\x_3\end{pmatrix}\mid(B-\lambda E_3)\boldsymbol{x}=\boldsymbol{0}\}$ の基を求める．

(i) $\lambda=5$ とする．$(B-5E_3)\boldsymbol{x}=\boldsymbol{0}$ を満たすベクトル $\boldsymbol{x}$ を求める．

$$\begin{pmatrix}-2&-1&1\\-1&-2&-1\\1&-1&-2\end{pmatrix}\begin{pmatrix}x_1\\x_2\\x_3\end{pmatrix}=\begin{pmatrix}0\\0\\0\end{pmatrix}\quad\text{すなわち}\quad\begin{cases}2x_1+x_2-x_3=0\\x_1+2x_2+x_3=0\end{cases}$$

これによって，$x_2 = -x_1$，$x_3 = x_1$ であるから

$$\boldsymbol{x} = \begin{pmatrix} x_1 \\ x_2 \\ x_3 \end{pmatrix} = \begin{pmatrix} x_1 \\ -x_1 \\ x_1 \end{pmatrix} = x_1 \begin{pmatrix} 1 \\ -1 \\ 1 \end{pmatrix} \ (x_1 \text{ は任意定数}).$$

そこで，$\boldsymbol{a}_1 = \begin{pmatrix} 1 \\ -1 \\ 1 \end{pmatrix}$ とおく．したがって，$W(5) = [\boldsymbol{a}_1]$.

(ii) $\lambda = 2$ とする．$(B - 2E_3)\boldsymbol{x} = \boldsymbol{0}$ を満たすベクトル $\boldsymbol{x}$ を求める．

$$\begin{pmatrix} 1 & -1 & 1 \\ -1 & 1 & -1 \\ 1 & -1 & 1 \end{pmatrix} \begin{pmatrix} x_1 \\ x_2 \\ x_3 \end{pmatrix} = \begin{pmatrix} 0 \\ 0 \\ 0 \end{pmatrix} \quad \text{すなわち} \quad x_1 - x_2 + x_3 = 0.$$

このとき，この式を満たしている 1 つのベクトルを $\boldsymbol{a}_2 = \begin{pmatrix} 1 \\ 0 \\ -1 \end{pmatrix}$ として，これと直交している $W(2)$ のベクトル $\boldsymbol{x} = \begin{pmatrix} x_1 \\ x_2 \\ x_3 \end{pmatrix}$ を求める．すなわち，次の式を満たすベクトルを求めればよい．

$$\begin{cases} x_1 - x_2 + x_3 = 0 \\ x_1 \qquad\quad - x_3 = 0 \end{cases}$$

このとき，$x_1 = x_3$，$x_2 = 2x_3$ であるから

$$\boldsymbol{x} = \begin{pmatrix} x_1 \\ x_2 \\ x_3 \end{pmatrix} = \begin{pmatrix} x_3 \\ 2x_3 \\ x_3 \end{pmatrix} = x_3 \begin{pmatrix} 1 \\ 2 \\ 1 \end{pmatrix} \ (x_3 \text{ は任意定数}).$$

したがって，$\boldsymbol{a}_3 = \begin{pmatrix} 1 \\ 2 \\ 1 \end{pmatrix}$ とおけば，$\{\boldsymbol{a}_2, \boldsymbol{a}_3\}$ は $W(2)$ の 1 組の基である．

以上より，$\{\boldsymbol{a}_1,\ \boldsymbol{a}_2,\ \boldsymbol{a}_3\}$ が固有ベクトルからなる 1 組の基である．これらを正規化する．

$$\boldsymbol{p}_1 = \frac{1}{\sqrt{3}} \begin{pmatrix} 1 \\ -1 \\ 1 \end{pmatrix}, \quad \boldsymbol{p}_2 = \frac{1}{\sqrt{2}} \begin{pmatrix} 1 \\ 0 \\ -1 \end{pmatrix}, \quad \boldsymbol{p}_3 = \frac{1}{\sqrt{6}} \begin{pmatrix} 1 \\ 2 \\ 1 \end{pmatrix}.$$

このとき，$P = (\boldsymbol{p}_1\ \boldsymbol{p}_2\ \boldsymbol{p}_3) = \dfrac{1}{\sqrt{6}} \begin{pmatrix} \sqrt{2} & \sqrt{3} & 1 \\ -\sqrt{2} & 0 & 2 \\ \sqrt{2} & -\sqrt{3} & 1 \end{pmatrix}$ とおけば，P は直交行列であり (定理 6.7)，${}^tPBP = \begin{pmatrix} 5 & 0 & 0 \\ 0 & 2 & 0 \\ 0 & 0 & 2 \end{pmatrix}$ となる． ■

4. 行列 $A = \begin{pmatrix} 0 & i & 1 \\ -i & 0 & i \\ 1 & -i & 0 \end{pmatrix}$ を対角化するユニタリ行列を求めよ．

【解答】 はじめに，A はエルミート行列である．すなわち

$$A^* = {}^t\overline{A} = {}^t\begin{pmatrix} 0 & -i & 1 \\ i & 0 & -i \\ 1 & i & 0 \end{pmatrix} = \begin{pmatrix} 0 & i & 1 \\ -i & 0 & i \\ 1 & -i & 0 \end{pmatrix} = A.$$

定理 7.14 より，エルミート行列はユニタリ行列によって対角化できる．
式 (7.4) を用いて，行列 A の固有多項式 $\phi_A(t) = |tE_3 - A|$ を求める．

$$\begin{aligned}
\phi_A(t) &= \begin{vmatrix} t & -i & -1 \\ i & t & -i \\ -1 & i & t \end{vmatrix} \quad (1 \text{ 行} + t \times 3 \text{ 行},\ 2 \text{ 行} + i \times 3 \text{ 行}) \\
&= \begin{vmatrix} 0 & ti-i & t^2-1 \\ 0 & t-1 & ti-i \\ -1 & i & t \end{vmatrix} \quad (1 \text{ 列で展開する}) \\
&= -\begin{vmatrix} i(t-1) & (t-1)(t+1) \\ t-1 & i(t-1) \end{vmatrix} \quad (1 \text{ 列と } 2 \text{ 列から } (t-1) \text{ を外に出す}) \\
&= -(t-1)^2 \begin{vmatrix} i & t+1 \\ 1 & i \end{vmatrix} \\
&= (t-1)^2(t+2).
\end{aligned}$$

ゆえに，固有多項式は $\phi_A(t) = (t-1)^2(t+2)$ である．したがって，行列 A の固有値は 1 (重解), -2 である．A はエルミート行列なので，固有値に対する固有ベクトルは直交する．

次に，固有空間 $W(1)$ と $W(-2)$ の基を求めて，正規化する．

(i) 固有値 $\lambda = 1$ に対する固有空間 $W(1)$ の基を求める．$(A - E_3)\boldsymbol{x} = \boldsymbol{0}$ を満たすベクトル $\boldsymbol{x} = \begin{pmatrix} x_1 \\ x_2 \\ x_3 \end{pmatrix}$ を求める．

$$\begin{pmatrix} -1 & i & 1 \\ -i & -1 & i \\ 1 & -i & -1 \end{pmatrix} \begin{pmatrix} x_1 \\ x_2 \\ x_3 \end{pmatrix} = \begin{pmatrix} 0 \\ 0 \\ 0 \end{pmatrix} \quad \text{すなわち} \quad x_1 - ix_2 - x_3 = 0.$$

よって，$x_1 = ix_2 + x_3$. ゆえに

$$\boldsymbol{x} = \begin{pmatrix} ix_2 + x_3 \\ x_2 \\ x_3 \end{pmatrix} = x_2 \begin{pmatrix} i \\ 1 \\ 0 \end{pmatrix} + x_3 \begin{pmatrix} 1 \\ 0 \\ 1 \end{pmatrix} \ (x_2, x_3 \text{ は任意定数}).$$

このとき，$\boldsymbol{a}_1 = \begin{pmatrix} i \\ 1 \\ 0 \end{pmatrix}$ として，これと直交している $W(1)$ のベクトル $\boldsymbol{x} = \begin{pmatrix} x_1 \\ x_2 \\ x_3 \end{pmatrix}$ を求める．このためには，次の連立方程式を満たすベクトルを求めればよい．

$$\begin{cases} x_1 - ix_2 - x_3 = 0 \\ -ix_1 + x_2 = 0 \end{cases}$$

このとき，$x_1 = x_2/i = -ix_2$，$x_3 = x_1 - ix_2 = -ix_2 - ix_2 = -2ix_2$ であるから

$$\boldsymbol{x} = \begin{pmatrix} x_1 \\ x_2 \\ x_3 \end{pmatrix} = \begin{pmatrix} -ix_2 \\ x_2 \\ -2ix_2 \end{pmatrix} = -ix_2 \begin{pmatrix} 1 \\ i \\ 2 \end{pmatrix} \ (x_2 \text{ は任意定数}).$$

そこで，$\boldsymbol{a}_1 = \begin{pmatrix} i \\ 1 \\ 0 \end{pmatrix}$，$\boldsymbol{a}_2 = \begin{pmatrix} 1 \\ i \\ 2 \end{pmatrix}$ とすれば $\{\boldsymbol{a}_1, \boldsymbol{a}_2\}$ は $W(1)$ の 1 つの基である．

(ii) 固有値 $\lambda = -2$ に対する固有空間 $W(-2)$ の基を求める．$(A + 2E_3)\boldsymbol{x} = \boldsymbol{0}$ を満たすベクトル $\boldsymbol{x} = \begin{pmatrix} x_1 \\ x_2 \\ x_3 \end{pmatrix}$ を求める．

$$\begin{pmatrix} 2 & i & 1 \\ -i & 2 & i \\ 1 & -i & 2 \end{pmatrix} \begin{pmatrix} x_1 \\ x_2 \\ x_3 \end{pmatrix} = \begin{pmatrix} 0 \\ 0 \\ 0 \end{pmatrix} \quad \text{すなわち} \quad \begin{cases} 2x_1 + ix_2 + x_3 = 0 \\ x_1 - ix_2 + 2x_3 = 0 \end{cases}$$

よって，$x_3 = -x_1$，$x_2 = ix_1$ であるから

$$\boldsymbol{x} = \begin{pmatrix} x_1 \\ x_2 \\ x_3 \end{pmatrix} = \begin{pmatrix} x_1 \\ ix_1 \\ -x_1 \end{pmatrix} = x_1 \begin{pmatrix} 1 \\ i \\ -1 \end{pmatrix} \ (x_1 \text{ は任意定数}).$$

そこで，$\boldsymbol{a}_3 = \begin{pmatrix} 1 \\ i \\ -1 \end{pmatrix}$ とおく．

以上によって，$\left\{ \begin{pmatrix} i \\ 1 \\ 0 \end{pmatrix}, \begin{pmatrix} 1 \\ i \\ 2 \end{pmatrix}, \begin{pmatrix} 1 \\ i \\ -1 \end{pmatrix} \right\}$ は固有ベクトルからなる 1 組の基である．これらを正規化する．

$$\boldsymbol{p}_1 = \frac{1}{\sqrt{2}} \begin{pmatrix} i \\ 1 \\ 0 \end{pmatrix}, \quad \boldsymbol{p}_2 = \frac{1}{\sqrt{6}} \begin{pmatrix} 1 \\ i \\ 2 \end{pmatrix}, \quad \boldsymbol{p}_3 = \frac{1}{\sqrt{3}} \begin{pmatrix} 1 \\ i \\ -1 \end{pmatrix}.$$

そこで, $U = (\boldsymbol{p}_1\ \boldsymbol{p}_2\ \boldsymbol{p}_3) = \dfrac{1}{\sqrt{6}}\begin{pmatrix} \sqrt{3}i & 1 & \sqrt{2} \\ \sqrt{3} & i & \sqrt{2}i \\ 0 & 2 & -\sqrt{2} \end{pmatrix}$ とおけば, U はユニタリ行列であり (定理 6.11), $U^*AU = \begin{pmatrix} 1 & 0 & 0 \\ 0 & 1 & 0 \\ 0 & 0 & -2 \end{pmatrix}$ となる. ■

5. 行列 $A = \begin{pmatrix} 1 & -1 & -1 \\ 1 & 3 & 1 \\ 1 & 1 & 3 \end{pmatrix}$ を対角化せよ. また, それを用いて A^n を求めよ.

【解答】 式 (7.4) を用いて, 行列 A の固有多項式 $\phi_A(t) = |tE_3 - A|$ を求める.

$$\begin{aligned}
\phi_A(t) &= \begin{vmatrix} t-1 & 1 & 1 \\ -1 & t-3 & -1 \\ -1 & -1 & t-3 \end{vmatrix} \quad (2\,\text{列}\ -1\,\text{列},\ 3\,\text{列}\ +(t-3)\times 1\,\text{列}) \\
&= \begin{vmatrix} t-1 & -t+2 & (t-2)^2 \\ -1 & t-2 & -t+2 \\ -1 & 0 & 0 \end{vmatrix} \quad (3\,\text{行で展開する}) \\
&= -\begin{vmatrix} -t+2 & (t-2)^2 \\ t-2 & -t+2 \end{vmatrix} \\
&= -\begin{vmatrix} -(t-2) & (t-2)^2 \\ t-2 & -(t-2) \end{vmatrix} \quad (1\,\text{列と}\ 2\,\text{列から}\ (t-2)\ \text{を外に出す}) \\
&= -(t-2)^2\begin{vmatrix} -1 & t-2 \\ 1 & -1 \end{vmatrix} \\
&= (t-2)^2(t-3).
\end{aligned}$$

ゆえに, 固有多項式は $\phi_A(t) = (t-2)^2(t-3)$ である. したがって, 行列 A の固有値は 3, 2 (重解) である.

次に, 行列 A の固有値 λ に対する固有ベクトル $\boldsymbol{x} = \begin{pmatrix} x_1 \\ x_2 \\ x_3 \end{pmatrix}$ を求める.

(i) $\lambda = 3$ とする. $(A - 3E_3)\boldsymbol{x} = \boldsymbol{0}$ を満たすベクトル $\boldsymbol{x}$ を求める.

$$\begin{pmatrix} -2 & -1 & -1 \\ 1 & 0 & 1 \\ 1 & 1 & 0 \end{pmatrix}\begin{pmatrix} x_1 \\ x_2 \\ x_3 \end{pmatrix} = \begin{pmatrix} 0 \\ 0 \\ 0 \end{pmatrix} \quad \text{すなわち} \quad \begin{cases} x_1 \phantom{{}+x_2} + x_3 = 0 \\ x_1 + x_2 \phantom{{}+x_3} = 0 \end{cases}$$

よって, $x_2 = x_3 = -x_1$ であるから

$$\boldsymbol{x} = \begin{pmatrix} x_1 \\ x_2 \\ x_3 \end{pmatrix} = \begin{pmatrix} x_1 \\ -x_1 \\ -x_1 \end{pmatrix} = x_1\begin{pmatrix} 1 \\ -1 \\ -1 \end{pmatrix} \quad (x_1\ \text{は任意定数}).$$

(ii) $\lambda = 2$ とする．$(A - 2E_3)\boldsymbol{x} = \mathbf{0}$ を満たすベクトル $\boldsymbol{x}$ を求める．

$$\begin{pmatrix} -1 & -1 & -1 \\ 1 & 1 & 1 \\ 1 & 1 & 1 \end{pmatrix}\begin{pmatrix} x_1 \\ x_2 \\ x_3 \end{pmatrix} = \begin{pmatrix} 0 \\ 0 \\ 0 \end{pmatrix} \quad \text{すなわち} \quad x_1 + x_2 + x_3 = 0.$$

よって，$x_3 = -x_1 - x_2$ であるから

$$\boldsymbol{x} = \begin{pmatrix} x_1 \\ x_2 \\ x_3 \end{pmatrix} = \begin{pmatrix} x_1 \\ x_2 \\ -x_1 - x_2 \end{pmatrix} = x_1\begin{pmatrix} 1 \\ 0 \\ -1 \end{pmatrix} + x_2\begin{pmatrix} 0 \\ 1 \\ -1 \end{pmatrix} \ (x_1, x_2 \text{ は任意定数}).$$

以上によって，行列 A の固有値 λ に対する固有空間 $W(\lambda)$ について

$$W(3) = [\begin{pmatrix} 1 \\ -1 \\ -1 \end{pmatrix}], \qquad W(2) = [\begin{pmatrix} 1 \\ 0 \\ -1 \end{pmatrix}, \begin{pmatrix} 0 \\ 1 \\ -1 \end{pmatrix}].$$

これは，3 個の 1 次独立な A の固有ベクトルが存在することを示す．定理 7.7 より，行列 A は対角化できる．ここで，これらの固有ベクトルから $P = \begin{pmatrix} 1 & 1 & 0 \\ -1 & 0 & 1 \\ -1 & -1 & -1 \end{pmatrix}$ とおけば，$P^{-1}AP = \begin{pmatrix} 3 & 0 & 0 \\ 0 & 2 & 0 \\ 0 & 0 & 2 \end{pmatrix}$ となる．したがって

$$(P^{-1}AP)^n = \begin{pmatrix} 3 & 0 & 0 \\ 0 & 2 & 0 \\ 0 & 0 & 2 \end{pmatrix}^n = \begin{pmatrix} 3^n & 0 & 0 \\ 0 & 2^n & 0 \\ 0 & 0 & 2^n \end{pmatrix}.$$

一方，明らかに次の式が成り立つ．

$$\begin{aligned} (P^{-1}AP)^n &= \overbrace{(P^{-1}AP)(P^{-1}AP)(P^{-1}AP)\dots(P^{-1}AP)}^{n \text{ 個}} \\ &= (P^{-1}A^2P)\overbrace{(P^{-1}AP)\dots(P^{-1}AP)}^{(n-2) \text{ 個}} \\ &= \cdots = (P^{-1}A^{n-1}P)(P^{-1}AP) = P^{-1}A^nP. \end{aligned}$$

ゆえに

$$P^{-1}A^nP = \begin{pmatrix} 3^n & 0 & 0 \\ 0 & 2^n & 0 \\ 0 & 0 & 2^n \end{pmatrix}.$$

次に，P の逆行列を掃出法で求める．

$$(P \mid E_3) = \left(\begin{array}{ccc|ccc} 1 & 1 & 0 & 1 & 0 & 0 \\ -1 & 0 & 1 & 0 & 1 & 0 \\ -1 & -1 & -1 & 0 & 0 & 1 \end{array}\right) \to \left(\begin{array}{ccc|ccc} 1 & 1 & 0 & 1 & 0 & 0 \\ 0 & 1 & 1 & 1 & 1 & 0 \\ 0 & 0 & -1 & 1 & 0 & 1 \end{array}\right)$$

$$\to \left(\begin{array}{ccc|ccc} 1 & 0 & -1 & 0 & -1 & 0 \\ 0 & 1 & 1 & 1 & 1 & 0 \\ 0 & 0 & 1 & -1 & 0 & -1 \end{array}\right) \to \left(\begin{array}{ccc|ccc} 1 & 0 & 0 & -1 & -1 & -1 \\ 0 & 1 & 0 & 2 & 1 & 1 \\ 0 & 0 & 1 & -1 & 0 & -1 \end{array}\right)$$

であるから，$P^{-1} = \begin{pmatrix} -1 & -1 & -1 \\ 2 & 1 & 1 \\ -1 & 0 & -1 \end{pmatrix}$ となる．したがって

$$\begin{aligned} A^n &= P \begin{pmatrix} 3^n & 0 & 0 \\ 0 & 2^n & 0 \\ 0 & 0 & 2^n \end{pmatrix} P^{-1} \\ &= \begin{pmatrix} 1 & 1 & 0 \\ -1 & 0 & 1 \\ -1 & -1 & -1 \end{pmatrix} \begin{pmatrix} 3^n & 0 & 0 \\ 0 & 2^n & 0 \\ 0 & 0 & 2^n \end{pmatrix} \begin{pmatrix} -1 & -1 & -1 \\ 2 & 1 & 1 \\ -1 & 0 & -1 \end{pmatrix} \\ &= \begin{pmatrix} 3^n & 2^n & 0 \\ -3^n & 0 & 2^n \\ -3^n & -2^n & -2^n \end{pmatrix} \begin{pmatrix} -1 & -1 & -1 \\ 2 & 1 & 1 \\ -1 & 0 & -1 \end{pmatrix} \\ &= \begin{pmatrix} -3^n + 2^{n+1} & -3^n + 2^n & -3^n + 2^n \\ 3^n - 2^n & 3^n & 3^n - 2^n \\ 3^n - 2^n & 3^n - 2^n & 3^n \end{pmatrix}. \quad \blacksquare \end{aligned}$$

6. ケーリー・ハミルトンの定理を用いて，次の行列の逆行列を求めよ．

(1) $A = \begin{pmatrix} 1 & -1 & 2 \\ 0 & -1 & 3 \\ 0 & 3 & -1 \end{pmatrix}$　　(2) $B = \begin{pmatrix} 3 & -1 & -1 \\ -1 & 3 & -1 \\ -1 & -1 & 3 \end{pmatrix}$

【解答】 (1) 式 (7.4) を用いて，行列 A の固有多項式 $\phi_A(t) = |tE_3 - A|$ を求める．

$$\begin{aligned} \phi_A(t) &= \begin{vmatrix} t-1 & 1 & -2 \\ 0 & t+1 & -3 \\ 0 & -3 & t+1 \end{vmatrix} \quad (1\text{ 列で展開}) \\ &= (t-1) \begin{vmatrix} t+1 & -3 \\ -3 & t+1 \end{vmatrix} \\ &= (t-1)\{(t+1)^2 - 9\} \\ &= (t-1)(t^2 + 2t - 8) \\ &= t^3 + t^2 - 10t + 8. \end{aligned}$$

次に，行列式 $|A|$ を計算する．

$$|A| = \begin{vmatrix} 1 & -1 & 2 \\ 0 & -1 & 3 \\ 0 & 3 & -1 \end{vmatrix} = \begin{vmatrix} -1 & 3 \\ 3 & -1 \end{vmatrix} = 1 - 9 = -8 \ (\neq 0).$$

よって，逆行列 A^{-1} が存在する．

したがって，ケーリー・ハミルトンの定理より，$\phi_A(A) = O$ であるから

$$A^3 + A^2 - 10A + 8E_3 = O.$$

上式の両辺に A^{-1} をかけると

$$A^2 + A - 10E_3 + 8A^{-1} = O$$

が得られる．これを変形して

$$\begin{aligned} 8A^{-1} &= -A^2 - A + 10E_3 \\ &= -\begin{pmatrix} 1 & -1 & 2 \\ 0 & -1 & 3 \\ 0 & 3 & -1 \end{pmatrix}^2 - \begin{pmatrix} 1 & -1 & 2 \\ 0 & -1 & 3 \\ 0 & 3 & -1 \end{pmatrix} + 10\begin{pmatrix} 1 & 0 & 0 \\ 0 & 1 & 0 \\ 0 & 0 & 1 \end{pmatrix} \\ &= -\begin{pmatrix} 1 & 6 & -3 \\ 0 & 10 & -6 \\ 0 & -6 & 10 \end{pmatrix} + \begin{pmatrix} -1 & 1 & -2 \\ 0 & 1 & -3 \\ 0 & -3 & 1 \end{pmatrix} + \begin{pmatrix} 10 & 0 & 0 \\ 0 & 10 & 0 \\ 0 & 0 & 10 \end{pmatrix} \\ &= \begin{pmatrix} 8 & -5 & 1 \\ 0 & 1 & 3 \\ 0 & 3 & 1 \end{pmatrix}. \end{aligned}$$

ゆえに，$A^{-1} = \dfrac{1}{8}\begin{pmatrix} 8 & -5 & 1 \\ 0 & 1 & 3 \\ 0 & 3 & 1 \end{pmatrix}$.

(2) 式 (7.4) を用いて，行列 B の固有多項式 $\phi_B(t) = |tE_3 - B|$ を求める．

$$\begin{aligned} \phi_B(t) &= \begin{vmatrix} t-3 & 1 & 1 \\ 1 & t-3 & 1 \\ 1 & 1 & t-3 \end{vmatrix} \quad (1\text{ 行} +2\text{ 行} +3\text{ 行}) \\ &= \begin{vmatrix} t-1 & t-1 & t-1 \\ 1 & t-3 & 1 \\ 1 & 1 & t-3 \end{vmatrix} \quad (1\text{ 行から } t-3 \text{ を外に出す}) \\ &= (t-1)\begin{vmatrix} 1 & 1 & 1 \\ 1 & t-3 & 1 \\ 1 & 1 & t-3 \end{vmatrix} \quad (2\text{ 列} -1\text{ 列},\ 3\text{ 列} -1\text{ 列}) \\ &= (t-1)\begin{vmatrix} 1 & 0 & 0 \\ 1 & t-4 & 0 \\ 1 & 0 & t-4 \end{vmatrix} \quad (1\text{ 行で展開する}) \end{aligned}$$

$$
\begin{aligned}
&= (t-1)\begin{vmatrix} t-4 & 0 \\ 0 & t-4 \end{vmatrix} \\
&= (t-1)(t-4)^2 \\
&= (t-1)(t^2-8t+16) \\
&= t^3-9t^2+24t-16.
\end{aligned}
$$

次に，行列式 $|B|$ を計算する．

$$
\begin{aligned}
|B| = \begin{vmatrix} 3 & -1 & -1 \\ -1 & 3 & -1 \\ -1 & -1 & 3 \end{vmatrix} &= \begin{vmatrix} 0 & 0 & -1 \\ -4 & 4 & -1 \\ 8 & -4 & 3 \end{vmatrix} \quad (1\text{ 行で展開}) \\
&= -\begin{vmatrix} -4 & 4 \\ 8 & -4 \end{vmatrix} = -16(1-2) = 16\ (\neq 0).
\end{aligned}
$$

よって，逆行列 B^{-1} が存在する．

したがって，ケーリー・ハミルトンの定理より，$\phi_B(B) = O$ であるから

$$B^3 - 9B^2 + 24B - 16E_3 = O.$$

上式の両辺に B^{-1} をかけると

$$B^2 - 9B + 24E_3 - 16B^{-1} = O.$$

よって

$$
\begin{aligned}
16B^{-1} &= B^2 - 9B + 24E_3 \\
&= \begin{pmatrix} 3 & -1 & -1 \\ -1 & 3 & -1 \\ -1 & -1 & 3 \end{pmatrix}^2 - 9\begin{pmatrix} 3 & -1 & -1 \\ -1 & 3 & -1 \\ -1 & -1 & 3 \end{pmatrix} + 24\begin{pmatrix} 1 & 0 & 0 \\ 0 & 1 & 0 \\ 0 & 0 & 1 \end{pmatrix} \\
&= \begin{pmatrix} 11 & -5 & -5 \\ -5 & 11 & -5 \\ -5 & -5 & 11 \end{pmatrix} + \begin{pmatrix} -27 & 9 & 9 \\ 9 & -27 & 9 \\ 9 & 9 & -27 \end{pmatrix} + \begin{pmatrix} 24 & 0 & 0 \\ 0 & 24 & 0 \\ 0 & 0 & 24 \end{pmatrix} \\
&= \begin{pmatrix} 8 & 4 & 4 \\ 4 & 8 & 4 \\ 4 & 4 & 8 \end{pmatrix}.
\end{aligned}
$$

ゆえに，$B^{-1} = \dfrac{1}{16}\begin{pmatrix} 8 & 4 & 4 \\ 4 & 8 & 4 \\ 4 & 4 & 8 \end{pmatrix} = \dfrac{1}{4}\begin{pmatrix} 2 & 1 & 1 \\ 1 & 2 & 1 \\ 1 & 1 & 2 \end{pmatrix}.$ ■

7. ケーリー・ハミルトンの定理を用いて，次の行列の 4 乗を求めよ．

(1) $A = \begin{pmatrix} 1 & -1 & 2 \\ 0 & -1 & 3 \\ 0 & 3 & -1 \end{pmatrix}$　　(2) $B = \begin{pmatrix} 3 & -1 & -1 \\ -1 & 3 & -1 \\ -1 & -1 & 3 \end{pmatrix}$

【解答】 (1) 行列 A にケーリー・ハミルトンの定理を適用して (前問 (1) 参照)

$$A^3 + A^2 - 10A + 8E_3 = O \qquad ①$$

が成り立つ．これを変形して

$$A^3 = -(A^2 - 10A + 8E_3) \qquad ②$$

となる．このとき，① に行列 A をかけると

$$A^4 + A^3 - 10A^2 + 8A = O$$

が得られる．これを変形して，②を代入して

$$\begin{aligned}
A^4 &= -A^3 + 10A^2 - 8A \\
&= (A^2 - 10A + 8E_3) + 10A^2 - 8A \\
&= 11A^2 - 18A + 8E_3 \\
&= 11\begin{pmatrix} 1 & -1 & 2 \\ 0 & -1 & 3 \\ 0 & 3 & -1 \end{pmatrix}^2 - 18\begin{pmatrix} 1 & -1 & 2 \\ 0 & -1 & 3 \\ 0 & 3 & -1 \end{pmatrix} + 8\begin{pmatrix} 1 & 0 & 0 \\ 0 & 1 & 0 \\ 0 & 0 & 1 \end{pmatrix} \\
&= 11\begin{pmatrix} 1 & 6 & -3 \\ 0 & 10 & -6 \\ 0 & -6 & 10 \end{pmatrix} - 18\begin{pmatrix} 1 & -1 & 2 \\ 0 & -1 & 3 \\ 0 & 3 & -1 \end{pmatrix} + 8\begin{pmatrix} 1 & 0 & 0 \\ 0 & 1 & 0 \\ 0 & 0 & 1 \end{pmatrix} \\
&= \begin{pmatrix} 11 & 66 & -33 \\ 0 & 110 & -66 \\ 0 & -66 & 110 \end{pmatrix} + \begin{pmatrix} -18 & 18 & -36 \\ 0 & 18 & -54 \\ 0 & -54 & 18 \end{pmatrix} + \begin{pmatrix} 8 & 0 & 0 \\ 0 & 8 & 0 \\ 0 & 0 & 8 \end{pmatrix} \\
&= \begin{pmatrix} 1 & 84 & -69 \\ 0 & 136 & -120 \\ 0 & -120 & 136 \end{pmatrix}.
\end{aligned}$$

(2) 行列 B にケーリー・ハミルトンの定理を適用して (前問 (2) 参照)

$$B^3 - 9B^2 + 24B - 16E_3 = O \qquad ③$$

が成り立つ．これを変形して

$$B^3 = 9B^2 - 24B + 16E_3 \qquad ④$$

が得られる．また，③ に行列 B をかけると

$$B^4 - 9B^3 + 24B^2 - 16B = O$$

である．したがって，この式を変形して，④を代入して

$$B^4 = 9B^3 - 24B^2 + 16B$$

$$
\begin{aligned}
&= 9(9B^2 - 24B + 16E_3) - 24B^2 + 16B \\
&= 57B^2 - 200B + 144E_3 \\
&= 57\begin{pmatrix} 3 & -1 & -1 \\ -1 & 3 & -1 \\ -1 & -1 & 3 \end{pmatrix}^2 - 200\begin{pmatrix} 3 & -1 & -1 \\ -1 & 3 & -1 \\ -1 & -1 & 3 \end{pmatrix} + 144\begin{pmatrix} 1 & 0 & 0 \\ 0 & 1 & 0 \\ 0 & 0 & 1 \end{pmatrix} \\
&= 57\begin{pmatrix} 11 & -5 & -5 \\ -5 & 11 & -5 \\ -5 & -5 & 11 \end{pmatrix} - 200\begin{pmatrix} 3 & -1 & -1 \\ -1 & 3 & -1 \\ -1 & -1 & 3 \end{pmatrix} + \begin{pmatrix} 144 & 0 & 0 \\ 0 & 144 & 0 \\ 0 & 0 & 144 \end{pmatrix} \\
&= \begin{pmatrix} 627 & -285 & -285 \\ -285 & 627 & -285 \\ -285 & -285 & 627 \end{pmatrix} + \begin{pmatrix} -600 & 200 & 200 \\ 200 & -600 & 200 \\ 200 & 200 & -600 \end{pmatrix} + \begin{pmatrix} 144 & 0 & 0 \\ 0 & 144 & 0 \\ 0 & 0 & 144 \end{pmatrix} \\
&= \begin{pmatrix} 171 & -85 & -85 \\ -85 & 171 & -85 \\ -85 & -85 & 171 \end{pmatrix}. \quad \blacksquare
\end{aligned}
$$

8. 次の行列の固有多項式を求めよ.

(1) $A = \begin{pmatrix} 0 & 0 & 0 & -a_0 \\ 1 & 0 & 0 & -a_1 \\ 0 & 1 & 0 & -a_2 \\ 0 & 0 & 1 & -a_3 \end{pmatrix}$ (2) $B = \begin{pmatrix} 0 & 0 & 0 & 0 & -a_1 \\ 1 & 0 & 0 & 0 & -a_2 \\ 0 & 1 & 0 & 0 & -a_3 \\ 0 & 0 & 1 & 0 & -a_4 \\ 0 & 0 & 0 & 1 & -a_5 \end{pmatrix}$

【解答】 (1) 式 (7.4) を用いて, 行列 A の固有多項式 $\phi_A(t) = |tE_4 - A|$ を求める.

$$
\begin{aligned}
\phi_A(t) &= \begin{vmatrix} t & 0 & 0 & a_0 \\ -1 & t & 0 & a_1 \\ 0 & -1 & t & a_2 \\ 0 & 0 & -1 & t+a_3 \end{vmatrix} \quad \text{(1 列で展開する)} \\
&= t\begin{vmatrix} t & 0 & a_1 \\ -1 & t & a_2 \\ 0 & -1 & t+a_3 \end{vmatrix} + \begin{vmatrix} 0 & 0 & a_0 \\ -1 & t & a_2 \\ 0 & -1 & t+a_3 \end{vmatrix} \quad \text{(ともに 1 列で展開する)} \\
&= t\left(t\begin{vmatrix} t & a_2 \\ -1 & t+a_3 \end{vmatrix} + \begin{vmatrix} 0 & a_1 \\ -1 & t+a_3 \end{vmatrix}\right) + \begin{vmatrix} 0 & a_0 \\ -1 & t+a_3 \end{vmatrix} \\
&= t\{t(t^2 + a_3 t + a_2) + a_1\} + a_0 \\
&= t(t^3 + a_3 t^2 + a_2 t + a_1) + a_0 \\
&= t^4 + a_3 t^3 + a_2 t^2 + a_1 t + a_0.
\end{aligned}
$$

(2) 式 (7.4) を用いて，行列 B の固有多項式 $\phi_B(t) = |tE_5 - B|$ を求める．

$$\phi_B(t) = \begin{vmatrix} t & 0 & 0 & 0 & a_1 \\ -1 & t & 0 & 0 & a_2 \\ 0 & -1 & t & 0 & a_3 \\ 0 & 0 & -1 & t & a_4 \\ 0 & 0 & 0 & -1 & t+a_5 \end{vmatrix}$$

$$= t\begin{vmatrix} t & 0 & 0 & a_2 \\ -1 & t & 0 & a_3 \\ 0 & -1 & t & a_4 \\ 0 & 0 & -1 & t+a_5 \end{vmatrix} + \begin{vmatrix} 0 & 0 & 0 & a_1 \\ -1 & t & 0 & a_3 \\ 0 & -1 & t & a_4 \\ 0 & 0 & -1 & t+a_5 \end{vmatrix}$$

(第 1 項は (1) の結果を使い，第 2 項は後を参照する.)

$$= t(t^4 + a_5t^3 + a_4t^2 + a_3t + a_2) + a_1$$
$$= t^5 + a_5t^4 + a_4t^3 + a_3t^2 + a_2t + a_1.$$

第 2 項は

$$\begin{vmatrix} 0 & 0 & 0 & a_1 \\ -1 & t & 0 & a_3 \\ 0 & -1 & t & a_4 \\ 0 & 0 & -1 & t+a_5 \end{vmatrix} = \begin{vmatrix} 0 & 0 & a_1 \\ -1 & t & a_4 \\ 0 & -1 & t+a_5 \end{vmatrix} = \begin{vmatrix} 0 & a_1 \\ -1 & t+a_5 \end{vmatrix} = a_1. \quad \blacksquare$$

9. 行列 $A = \begin{pmatrix} \cos\theta & -\sin\theta \\ \sin\theta & \cos\theta \end{pmatrix}$ を対角化せよ．

【解答】 はじめに，$AA^* = A^*A = E_2$ であるから，行列 A はユニタリ行列である．すなわち

$$AA^* = \begin{pmatrix} \cos\theta & -\sin\theta \\ \sin\theta & \cos\theta \end{pmatrix}\begin{pmatrix} \cos\theta & \sin\theta \\ -\sin\theta & \cos\theta \end{pmatrix}$$
$$= \begin{pmatrix} \cos^2\theta + \sin^2\theta & 0 \\ 0 & \cos^2\theta + \sin^2\theta \end{pmatrix} = \begin{pmatrix} 1 & 0 \\ 0 & 1 \end{pmatrix}.$$

ゆえに，$AA^* = E_2$ が成り立つ．$A^*A = E_2$ も同様である．ユニタリ行列は正規行列であるから，定理 7.17 より，行列 A は対角化可能である．

次に，式 (7.4) を用いて，行列 A の固有多項式 $\phi_A(t) = |tE_2 - A|$ を求める．

$$\phi_A(t) = \begin{vmatrix} t-\cos\theta & \sin\theta \\ -\sin\theta & t-\cos\theta \end{vmatrix}$$
$$= (t-\cos\theta)^2 + \sin^2\theta$$
$$= t^2 - 2t\cos\theta + \cos^2\theta + \sin^2\theta$$
$$= t^2 - 2t\cos\theta + 1$$
$$= \{t - (\cos\theta + i\sin\theta)\}\{t - (\cos\theta - i\sin\theta)\}.$$

したがって，A の固有値は $\cos\theta \pm i\sin\theta$ である．

$\theta = n\pi\,(n = 0, \pm 1, \pm 2, \ldots)$ のとき，$A = \pm E$ であり，明らかに，A は対角化できる．

以降において，$\theta \neq n\pi\,(n = 0, \pm 1, \pm 2, \ldots)$ とする．

次に，行列 A の固有値 λ に対する固有空間 $W(\lambda)$ の基を求める．

(i) $\lambda = \cos\theta + i\sin\theta$ とする．$\{A - (\cos\theta + i\sin\theta)E_2\}\boldsymbol{x} = \mathbf{0}$ を満たすベクトル $\boldsymbol{x}$ を求める．

$$\begin{aligned}
&\{A - (\cos\theta + i\sin\theta)E_2\}\boldsymbol{x} \\
&= \left\{\begin{pmatrix} \cos\theta & -\sin\theta \\ \sin\theta & \cos\theta \end{pmatrix} - \begin{pmatrix} \cos\theta + i\sin\theta & 0 \\ 0 & \cos\theta + i\sin\theta \end{pmatrix}\right\}\begin{pmatrix} x_1 \\ x_2 \end{pmatrix} \\
&= \begin{pmatrix} -i\sin\theta & -\sin\theta \\ \sin\theta & -i\sin\theta \end{pmatrix}\begin{pmatrix} x_1 \\ x_2 \end{pmatrix} = \begin{pmatrix} 0 \\ 0 \end{pmatrix}.
\end{aligned}$$

これは，次の方程式と同値である．

$$x_1 - ix_2 = 0.$$

したがって

$$\boldsymbol{x} = \begin{pmatrix} x_1 \\ x_2 \end{pmatrix} = \begin{pmatrix} ix_2 \\ x_2 \end{pmatrix} = x_2\begin{pmatrix} i \\ 1 \end{pmatrix} \ (x_2 \text{ は任意定数}).$$

よって，$W(\cos\theta + i\sin\theta) = [\begin{pmatrix} i \\ 1 \end{pmatrix}]$.

(ii) $\lambda = \cos\theta - i\sin\theta$ とする．$\{A - (\cos\theta - i\sin\theta)E_2\}\boldsymbol{x} = \mathbf{0}$ を満たすベクトル $\boldsymbol{x} = \begin{pmatrix} x_1 \\ x_2 \end{pmatrix}$ を求めればよい，すなわち

$$\begin{pmatrix} i\sin\theta & -\sin\theta \\ \sin\theta & i\sin\theta \end{pmatrix}\begin{pmatrix} x_1 \\ x_2 \end{pmatrix} = \begin{pmatrix} 0 \\ 0 \end{pmatrix}.$$

これは，次の方程式と同値である．

$$x_1 + ix_2 = 0.$$

したがって

$$\boldsymbol{x} = \begin{pmatrix} x_1 \\ x_2 \end{pmatrix} = \begin{pmatrix} -ix_2 \\ x_2 \end{pmatrix} = -x_2\begin{pmatrix} i \\ -1 \end{pmatrix} \ (x_2 \text{ は任意定数}).$$

よって，$W(\cos\theta - i\sin\theta) = [\begin{pmatrix} i \\ -1 \end{pmatrix}]$.

次に，$\boldsymbol{a}_1 = \begin{pmatrix} i \\ 1 \end{pmatrix}$，$\boldsymbol{a}_2 = \begin{pmatrix} i \\ -1 \end{pmatrix}$ とおけば

$$(\boldsymbol{a}_1,\ \boldsymbol{a_2}) = {}^t\boldsymbol{a}_1\overline{\boldsymbol{a_2}} = (i, 1)\begin{pmatrix} -i \\ -1 \end{pmatrix} = -i^2 - 1 = 1 - 1 = 0.$$

であるから，$\boldsymbol{a}_1, \boldsymbol{a}_2$ は直交している．さらに，$\boldsymbol{a}_1, \boldsymbol{a}_2$ を正規化する．

$$\boldsymbol{p}_1 = \frac{1}{\|\boldsymbol{a}_1\|}\boldsymbol{a}_1 = \frac{1}{\sqrt{2}}\begin{pmatrix} i \\ 1 \end{pmatrix},\quad \boldsymbol{p}_2 = \frac{1}{\|\boldsymbol{a_2}\|}\boldsymbol{a}_2 = \frac{1}{\sqrt{2}}\begin{pmatrix} i \\ -1 \end{pmatrix}.$$

そこで，$U = (\boldsymbol{p}_1\ \boldsymbol{p}_2) = \frac{1}{\sqrt{2}}\begin{pmatrix} i & i \\ 1 & -1 \end{pmatrix}$ とおけば，U はユニタリ行列であり，$U^*AU = \begin{pmatrix} \cos\theta + i\sin\theta & 0 \\ 0 & \cos\theta - i\sin\theta \end{pmatrix}$ として対角化できる．　■

問　題 7. B

1. 直交行列 P の行列式の絶対値は 1 であることを示せ．

【解答】 ${}^tPP = E$ より $|{}^tPP| = |{}^tP| \cdot |P| = 1$. すなわち, $|P|^2 = 1$, $|P| = \pm 1$. ゆえに 直交行列 P の行列式 $|P|$ の絶対値は 1 である.

2. A を n 次正方行列，$g(t)$ を任意の多項式とする．$g(A)$ が正則であるための必要十分条件は，A の固有多項式 $f_A(t)$ と $g(t)$ が互いに素であることである．このことを証明せよ．

【解答】 A の固有値を $\lambda_1, \ldots, \lambda_n$ とする. A の固有多項式 $f_A(t)$ について

$$f_A(t) = \prod_{i=1}^{n}(t - \lambda_i) \quad (i = 1, \ldots, n).$$

フロベニウスの定理により, 行列 $g(A)$ の固有値は $g(\lambda_1), \ldots, g(\lambda_n)$ である. よって, $g(A)$ の行列式 $|g(A)|$ について

$$|g(A)| = \prod_{i=1}^{n} g(\lambda_i)$$

したがって

$$\begin{aligned} g(A)\text{ が正則である} &\iff \text{すべての } i\ (1 \leqq i \leqq n) \text{ について } g(\lambda_i) \neq 0 \\ &\iff f_A(t) \text{ と } g(t) \text{ は共通の零点をもたない} \\ &\iff f_A(t) \text{ と } g(t) \text{ は互いに素である} \end{aligned}$$

3. n 次正方行列 A はべき零行列であるとする．このとき，次のことを示せ．

(1) $A^n = O$　　(2) $\det(E + A) = 1$

【解答】 $A^m = O$, A の固有値を $\lambda_1, \ldots, \lambda_n$ とする．
(1) フロベニウスの定理より A^m の固有値は $\lambda_1^m, \ldots, \lambda_n^m$ である．$A^m = O$ であるから $\lambda_1^m = \cdots = \lambda_n^m = 0$ より

$$\lambda_1 = \cdots = \lambda_n = 0$$

したがって, A の固有多項式を $\psi_A(t)$ とすると

$$\psi_A(t) = t^n$$

ゆえに，ケーリー・ハミルトンの定理より, $\psi_A(A) = A^n = O$.
(2) 多項式 $g(t) = 1 + t$ に対する行列 $E + A$ の固有値を $\mu_1, \ldots, \mu_n$ とする．フロベニウスの定理と (1) より

$$\mu_i = 1 + \lambda_i = 1 \quad (i = 1, \ldots, n)$$

ゆえに $|E + A| = \mu_1 \ldots \mu_n = 1$.

4. 実対称行列 A $(A \neq O)$ はべき零行列ではないことを示せ．
【解答】 実対称行列 A は直交行列 P により対角化できる．つまり

$$P^{-1}AP = \begin{pmatrix} \lambda_1 & & 0 \\ & \ddots & \\ 0 & & \lambda_n \end{pmatrix} = \Lambda$$

仮に, A がべき零行列であるとする．つまり, $A^m = O$ $(m > 0)$ とする．

$$\Lambda^m = (P^{-1}AP) \ldots (P^{-1}AP) = P^{-1}A^mP = O$$

より $\begin{pmatrix} \lambda_1^m & & 0 \\ & \ddots & \\ 0 & & \lambda_n^m \end{pmatrix} = O$. ゆえに, $\lambda_1^m = \cdots = \lambda_n^m = 0$ であるから $\lambda_1 = \cdots = \lambda_n = 0$. したがって, $P^{-1}AP = O$. すなわち $A = O$ でなければならない．ゆえに, 実対称行列 $A\,(\neq O)$ はべき零行列ではない．

第8章　2次形式，2次曲面

8.1　2次形式

n 個の実変数 $x_1, x_2, \ldots, x_n$ について，実係数2次の同次式を**実2次形式**といい

$$\sum_{i=1}^{n} a_{ii} x_i^2 + \sum_{i<j}^{n} 2 a_{ij} x_i x_j \tag{8.1}$$

として表され，ここで $a_{ij} = a_{ji}\ (i > j)$，$A = (a_{ij})$，$\boldsymbol{x} = \begin{pmatrix} x_1 \\ x_2 \\ \vdots \\ x_n \end{pmatrix}$ とおくことにより

$$\sum_{i,j=1}^{n} a_{ij} x_i x_j = {}^t\boldsymbol{x} A \boldsymbol{x} \tag{8.2}$$

として表すことができる．この実2次形式を $F(\boldsymbol{x})$ で表し，実対称行列 A を $F(\boldsymbol{x})$ の**係数行列**という．特に，A が対角行列 $\begin{pmatrix} \lambda_1 & & & 0 \\ & \lambda_2 & & \\ & & \ddots & \\ 0 & & & \lambda_n \end{pmatrix}$ のときは

$$F(\boldsymbol{x}) = \lambda_1 x_1^2 + \lambda_2 x_2^2 + \cdots + \lambda_n x_n^2.$$

いま，実正則行列 P により

$$P^{-1}\boldsymbol{x} = \boldsymbol{y}, \qquad \boldsymbol{x} = P\boldsymbol{y}, \qquad \boldsymbol{y} = \begin{pmatrix} y_1 \\ y_2 \\ \vdots \\ y_n \end{pmatrix} \tag{8.3}$$

のように変数 $x_1, x_2, \ldots, x_n$ を $y_1, y_2, \ldots, y_n$ に変換すると

$$F(\boldsymbol{x}) = {}^t\boldsymbol{x} A \boldsymbol{x} = {}^t(P\boldsymbol{y}) A (P\boldsymbol{y}) = {}^t\boldsymbol{y}({}^tPAP)\boldsymbol{y}.$$

したがって，$F(\boldsymbol{x})$ は $\boldsymbol{y}$ についての実 2 次形式となり，その係数行列 B は

$$B = {}^tPAP$$

である．式 (8.3) の変数の変換を**正則 1 次変換**，P が直交行列のときは**直交変換**という．

定理 8.1 実 2 次形式 $F(\boldsymbol{x})$ に対し，適当な直交変換 $\boldsymbol{x} = P\boldsymbol{y}$ を行って

$$F(\boldsymbol{x}) = \lambda_1 y_1^2 + \lambda_2 y_2^2 + \cdots + \lambda_n y_n^2$$

とできる．ここで，$\lambda_1, \lambda_2, \ldots, \lambda_n$ は $F(\boldsymbol{x})$ の係数行列 A の固有値である．

上式の右辺を実 2 次形式 $F(\boldsymbol{x})$ の**標準形**という．

定理 8.2 実 2 次形式 $F(\boldsymbol{x})$ は適当な正則 1 次変換 $\boldsymbol{x} = Q\boldsymbol{z}$ (Q は正則行列) により，次の形にすることができる．

$$F(\boldsymbol{x}) = z_1^2 + \cdots + z_p^2 - z_{p+1}^2 - \cdots - z_{p+q}^2$$

定理 8.3 (シルベスター (Sylvester) の慣性法則) 実 2 次形式 $F(\boldsymbol{x})$ が正則 1 次変換 $\boldsymbol{x} = P\boldsymbol{y}$，$\boldsymbol{x} = Q\boldsymbol{z}$ により

$$F(\boldsymbol{x}) = y_1^2 + \cdots + y_p^2 - y_{p+1}^2 - \cdots - y_{p+q}^2$$
$$F(\boldsymbol{x}) = z_1^2 + \cdots + z_{p'}^2 - z_{p'+1}^2 - \cdots - z_{p'+q'}^2$$

となれば，$p = p'$，$q = q'$ である．

実 2 次形式 $F(\boldsymbol{x}) = {}^t\boldsymbol{x}A\boldsymbol{x}$ について，任意のベクトル $\boldsymbol{x} \neq \boldsymbol{0}$ に対して常に $F(\boldsymbol{x}) > 0$ のとき $F(\boldsymbol{x})$ を**正値**であるという．任意のベクトル $\boldsymbol{x}$ に対して $F(\boldsymbol{x}) \geqq 0$ のとき $F(\boldsymbol{x})$ を**半正値**であるという．同様に**負値**，**半負値**も定義される．また，それぞれの場合に応じ，実対称行列 A を**正値**，**半正値**などという．

定理 8.4 実 2 次形式 $F(\boldsymbol{x}) = {}^t\boldsymbol{x}A\boldsymbol{x}$ が正値であるための必要十分条件は，A の固有値がすべて正となることである．

例 8.1 $A = {}^tQQ$ となる正方行列 Q が存在するとき

$${}^t\boldsymbol{x}A\boldsymbol{x} = {}^t\boldsymbol{x}{}^tQQ\boldsymbol{x} = {}^t(Q\boldsymbol{x})(Q\boldsymbol{x}) = (Q\boldsymbol{x}, Q\boldsymbol{x}) \geqq 0.$$

よって，A は半正値である．ここで，Q が正則のとき，$\boldsymbol{x} \neq \boldsymbol{0}$ ならば $Q\boldsymbol{x} \neq \boldsymbol{0}$ であるから ${}^t\boldsymbol{x}A\boldsymbol{x} = (Q\boldsymbol{x}, Q\boldsymbol{x}) > 0$．したがって A は正値である．

定理 8.5 n 次実対称行列 $A = (a_{ij})$ が正値であるための必要十分条件は

$$A_k = \begin{pmatrix} a_{11} & \ldots & a_{1k} \\ \vdots & \ddots & \vdots \\ a_{k1} & \ldots & a_{kk} \end{pmatrix} \text{ として，} \quad |A_k| > 0 \ (k = 1, 2, \ldots, n).$$

エルミート形式 複素数を係数として，n 個の複素変数 $x_1, x_2, \ldots, x_n$ の式

$$F(\boldsymbol{x}) = \sum_{i,j=1}^{n} a_{ij}\overline{x_i}x_j, \qquad a_{ij} = \overline{a_{ji}}$$

を**エルミート形式**という．$A = (a_{ij})$ は $A^* = A$ を満たすのでエルミート行列であり，これを $F(\boldsymbol{x})$ の**係数行列**という．A を用いれば

$$F(\boldsymbol{x}) = \boldsymbol{x}^* A\boldsymbol{x}, \qquad \boldsymbol{x} = \begin{pmatrix} x_1 \\ x_2 \\ \vdots \\ x_n \end{pmatrix}$$

として表すことができる．$\overline{F(\boldsymbol{x})} = F(\boldsymbol{x})^* = \boldsymbol{x}^* A^* (\boldsymbol{x}^*)^* = F(\boldsymbol{x})$ となり $F(\boldsymbol{x})$ は常に実数値をとる．

定理 8.6 エルミート形式 $F(\boldsymbol{x})$ に対して，適当なユニタリ変換 $\boldsymbol{x} = U\boldsymbol{y}$ を行って

$$F(\boldsymbol{x}) = \lambda_1\overline{y_1}y_1 + \lambda_2\overline{y_2}y_2 + \cdots + \lambda_n\overline{y_n}y_n$$

とできる．ここで，$\lambda_1, \lambda_2, \ldots, \lambda_n$ は $F(\boldsymbol{x})$ の係数行列 A の固有値である．また，適当な正則 1 次変換 $\boldsymbol{x} = U\boldsymbol{z}$ により

$$F(\boldsymbol{x}) = \overline{z_1}z_1 + \cdots + \overline{z_p}z_p - \overline{z_{p+1}}z_{p+1} - \cdots - \overline{z_{p+q}}z_{p+q}$$

となり，$F(\boldsymbol{x})$ に対して p, q は一定である．

定理 8.7 エルミート形式 $F(\boldsymbol{x}) = {}^t\boldsymbol{x}A\boldsymbol{x}$ に対して次の 3 条件は同値である．

(1) $F(\boldsymbol{x})$ は正値である．　　(2) A の固有値はすべて正である．

(3) $A_k = \begin{pmatrix} a_{11} & \ldots & a_{1k} \\ \vdots & \ddots & \vdots \\ a_{k1} & \ldots & a_{kk} \end{pmatrix}$ として，$|A_k| > 0 \ (k = 1, 2, \ldots, n)$.

問題 8.1 A を係数行列とする $\boldsymbol{x}$ の 2 次形式は $(A\boldsymbol{x}, \boldsymbol{x})$ と表されることを示せ．

【解答】 A は対称行列であるから，${}^tA = A$．さらに定理 1.3 により，${}^t(A\boldsymbol{x}) = {}^t\boldsymbol{x}\,{}^tA = {}^t\boldsymbol{x}A$ が成り立つ．これらにより

$$ {}^t\boldsymbol{x}A\boldsymbol{x} = {}^t\boldsymbol{x}\,{}^tA\boldsymbol{x} = {}^t(A\boldsymbol{x})\boldsymbol{x} = (A\boldsymbol{x}, \boldsymbol{x}). \quad \blacksquare $$

問題 8.2 次の実 2 次形式の標準形を求めよ．

(1) $F(\boldsymbol{x}) = x_1^2 + x_2^2 + 3x_3^2 + 2x_1x_2 - 2x_2x_3 - 2x_1x_3$

(2) $F(\boldsymbol{x}) = x_1^2 - x_2^2 - x_3^2 - 2x_1x_2 + 2x_2x_3 - 2x_1x_3$

【解答】 (1) 与えられた実 2 次形式は次のように表される．

$$ F(\boldsymbol{x}) = {}^t\boldsymbol{x}A\boldsymbol{x} = (x_1\ x_2\ x_3)\begin{pmatrix} 1 & 1 & -1 \\ 1 & 1 & -1 \\ -1 & -1 & 3 \end{pmatrix}\begin{pmatrix} x_1 \\ x_2 \\ x_3 \end{pmatrix}. $$

この係数行列 A の固有多項式は

$$ \phi_A(t) = |tE - A| = \begin{vmatrix} t-1 & -1 & 1 \\ -1 & t-1 & 1 \\ 1 & 1 & t-3 \end{vmatrix} = t(t-4)(t-1). $$

A の固有値 4, 1, 0 に対応する固有ベクトルは

$$ u\begin{pmatrix} -1 \\ -1 \\ 2 \end{pmatrix}, \quad v\begin{pmatrix} 1 \\ 1 \\ 1 \end{pmatrix}, \quad w\begin{pmatrix} -1 \\ 1 \\ 0 \end{pmatrix} \qquad (u, v, w \text{ は } 0 \text{ でない任意定数}) $$

である (互いに直交)．ゆえに，直交変換 $\boldsymbol{x} = \dfrac{1}{\sqrt{6}}\begin{pmatrix} -1 & \sqrt{2} & -\sqrt{3} \\ -1 & \sqrt{2} & \sqrt{3} \\ 2 & \sqrt{2} & 0 \end{pmatrix}\boldsymbol{y}$ を行って

$$ F(\boldsymbol{y}) = 4y_1^2 + y_2^2. $$

(2) 与えられた実 2 次形式は次のように表される．

$$ F(\boldsymbol{x}) = {}^t\boldsymbol{x}A\boldsymbol{x} = (x_1\ x_2\ x_3)\begin{pmatrix} 1 & -1 & -1 \\ -1 & -1 & 1 \\ -1 & 1 & -1 \end{pmatrix}\begin{pmatrix} x_1 \\ x_2 \\ x_3 \end{pmatrix}. $$

この係数行列 A の固有多項式は

$$ \phi_A(t) = |tE - A| = \begin{vmatrix} t-1 & 1 & 1 \\ 1 & t+1 & -1 \\ 1 & -1 & t+1 \end{vmatrix} = (t-2)(t+1)(t+2). $$

A の固有値 $2, -1, -2$ に対応する固有ベクトルは

$$u\begin{pmatrix}-2\\1\\1\end{pmatrix},\quad v\begin{pmatrix}1\\1\\1\end{pmatrix},\quad w\begin{pmatrix}0\\-1\\1\end{pmatrix}\qquad (u, v, w \text{ は } 0 \text{ でない任意定数})$$

である (互いに直交)．ゆえに，直交変換 $\boldsymbol{x} = \dfrac{1}{\sqrt{6}}\begin{pmatrix}-2 & \sqrt{2} & 0\\ 1 & \sqrt{2} & -\sqrt{3}\\ 1 & \sqrt{2} & \sqrt{3}\end{pmatrix}\boldsymbol{y}$ を行って

$$F(\boldsymbol{y}) = 2y_1^2 - y_2^2 - 2y_3^2 \quad ■$$

問題 8.3 例 8.1 において，$A = {}^tQQ$ が正値であれば，Q は正則であることを示せ．

【解答】 $A = {}^tQQ$ が正値であるから，定理 8.4 により A の固有値 λ_i $(i = 1, 2, \ldots, n)$ はすべて正，すなわち $\lambda_i > 0$ である．一方，補足 (p.156) により

$$|A| = \lambda_1\lambda_2\ldots\lambda_n > 0$$

であるから，定理 2.3 と定理 2.7 により

$$0 < |A| = |{}^tQQ| = |{}^tQ|\cdot|Q| = |Q|^2.$$

これより，$|Q| \neq 0$ である．すなわち Q は正則である．　■

問題 8.4 次の 2 次形式が正値であるような a の値の範囲を求めよ．

(1) $ax_1^2 + 2x_1x_2 + ax_2^2$

(2) $x_1^2 + 2ax_2^2 + 2ax_3^2 + 2x_1x_2 + 2ax_2x_3 + 2x_1x_3$

【解答】 (1) 2 次形式の係数行列 $A = \begin{pmatrix}a & 1\\ 1 & a\end{pmatrix}$ が正値であるための必要十分条件は，定理 8.5 により

$$|A_1| = |a| = a > 0, \qquad |A_2| = \begin{vmatrix}a & 1\\ 1 & a\end{vmatrix} = a^2 - 1 > 0$$

が成り立つことである．ゆえに，$a > 0$ かつ $a < -1$, $1 < a$ であるから，$a > 1$.

(2) 2 次形式の係数行列 $A = \begin{pmatrix}1 & 1 & 1\\ 1 & 2a & a\\ 1 & a & 2a\end{pmatrix}$ が正値であるための必要十分条件は，定理 8.5 により

$$|A_1| = |1| = 1, \quad |A_2| = \begin{vmatrix}1 & 1\\ 1 & 2a\end{vmatrix} = 2a - 1 > 0, \quad |A_3| = \begin{vmatrix}1 & 1 & 1\\ 1 & 2a & a\\ 1 & a & 2a\end{vmatrix} = a(3a - 2) > 0$$

が成り立つことである．ゆえに，$a > 1/2$ かつ $a < 0$, $2/3 < a$ であるから，$a > 2/3$.

8.2　2 次曲面

座標変換 空間に点 O を原点とする直交座標軸をとり，長さ 1 で x 軸, y 軸, z 軸の正の向きをもつベクトルをそれぞれ $\boldsymbol{e}_1, \boldsymbol{e}_2, \boldsymbol{e}_3$ とする．空間の点 N の座標が (x, y, z) ならば

$$\overrightarrow{\mathrm{ON}} = x\boldsymbol{e}_1 + y\boldsymbol{e}_2 + z\boldsymbol{e}_3 = (\boldsymbol{e}_1\ \boldsymbol{e}_2\ \boldsymbol{e}_3)\begin{pmatrix} x \\ y \\ z \end{pmatrix}$$

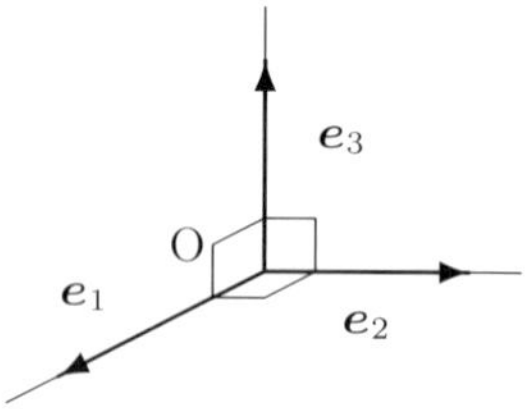

である．この座標軸は点 O と正規直交基 $\boldsymbol{e}_1, \boldsymbol{e}_2, \boldsymbol{e}_3$ によって定まるから，**直交座標系** $\mathrm{O} - \boldsymbol{e}_1, \boldsymbol{e}_2, \boldsymbol{e}_3$ とも表す．

座標系を新しい直交座標系 $\mathrm{O}' - \boldsymbol{e}_1', \boldsymbol{e}_2', \boldsymbol{e}_3'$ に変換したとき，点 N の座標が (x, y, z) から (x', y', z') に変わったとする．ここで

$$(\boldsymbol{e}_1'\ \boldsymbol{e}_2'\ \boldsymbol{e}_3') = (\boldsymbol{e}_1\ \boldsymbol{e}_2\ \boldsymbol{e}_3)P, \qquad P = \begin{pmatrix} p_{11} & p_{12} & p_{13} \\ p_{21} & p_{22} & p_{23} \\ p_{31} & p_{32} & p_{33} \end{pmatrix}$$

として，$\boldsymbol{e}_1, \boldsymbol{e}_2, \boldsymbol{e}_3$; $\boldsymbol{e}_1', \boldsymbol{e}_2', \boldsymbol{e}_3'$ はともに正規直交基であるから

P は直交行列である，すなわち ${}^tP = P^{-1}$

また，$\overrightarrow{\mathrm{OO}'} = x_0\boldsymbol{e}_1 + y_0\boldsymbol{e}_2 + z_0\boldsymbol{e}_3$ のとき

$$\overrightarrow{\mathrm{ON}} = \overrightarrow{\mathrm{OO}'} + \overrightarrow{\mathrm{O'N}} = (\boldsymbol{e}_1\ \boldsymbol{e}_2\ \boldsymbol{e}_3)\left\{\begin{pmatrix} x_0 \\ y_0 \\ z_0 \end{pmatrix} + P\begin{pmatrix} x' \\ y' \\ z' \end{pmatrix}\right\}$$

であるから，次の関係式が成り立つ．

$$\begin{pmatrix} x \\ y \\ z \end{pmatrix} = P\begin{pmatrix} x' \\ y' \\ z' \end{pmatrix} + \begin{pmatrix} x_0 \\ y_0 \\ z_0 \end{pmatrix}, \qquad \begin{pmatrix} x' \\ y' \\ z' \end{pmatrix} = {}^tP\begin{pmatrix} x \\ y \\ z \end{pmatrix} - {}^tP\begin{pmatrix} x_0 \\ y_0 \\ z_0 \end{pmatrix} \tag{8.4}$$

ここで，(x_0', y_0', z_0') は座標系 $\mathrm{O}' - \boldsymbol{e}_1', \boldsymbol{e}_2', \boldsymbol{e}_3'$ に関する点 O の座標である．

$\mathrm{O}' = \mathrm{O}$ のとき座標軸の**回転**，$\boldsymbol{e}_i' = \boldsymbol{e}_i$ $(i = 1, 2, 3)$ のとき**平行移動**という．

2 次曲面 1 つの直交座標系において，x, y, z の 2 次方程式

$$\begin{aligned} F(x, y, z) \ = \ & a_{11}x^2 + a_{22}y^2 + a_{33}z^2 + 2a_{12}xy + 2a_{23}yz + 2a_{31}zx \\ & + 2b_1x + 2b_2y + 2b_3z + c = 0 \end{aligned} \tag{8.5}$$

が表す図形を**2次曲面**という．

方程式 (8.5) は，$A=(a_{ij})\ (a_{ij}=a_{ji}\ (i>j))$, $\boldsymbol{x}=\begin{pmatrix} x \\ y \\ z \end{pmatrix}$, $\boldsymbol{b}=\begin{pmatrix} b_1 \\ b_2 \\ b_3 \end{pmatrix}$ とおくと

$$F(\boldsymbol{x})={}^t\boldsymbol{x}A\boldsymbol{x}+2{}^t\boldsymbol{b}\boldsymbol{x}+c=0 \tag{8.6}$$

と表され，さらに $\widetilde{A}=\begin{pmatrix} A & \boldsymbol{b} \\ {}^t\boldsymbol{b} & c \end{pmatrix}$, $\widetilde{\boldsymbol{x}}=\begin{pmatrix} \boldsymbol{x} \\ 1 \end{pmatrix}$ とおけば

$${}^t\widetilde{\boldsymbol{x}}\widetilde{A}\widetilde{\boldsymbol{x}}=0$$

と表すことができる．

いま，$\boldsymbol{x}=\begin{pmatrix} x \\ y \\ z \end{pmatrix}$, $\boldsymbol{x}'=\begin{pmatrix} x' \\ y' \\ z' \end{pmatrix}$, $\boldsymbol{x}_0=\begin{pmatrix} x_0 \\ y_0 \\ z_0 \end{pmatrix}$ とおくと，座標変換式 (8.4) は

$$\boldsymbol{x}=P\boldsymbol{x}'+\boldsymbol{x}_0 \tag{8.7}$$

と表され，これを方程式 (8.6) に代入すれば，方程式 (8.6) は次のよう書き換わる．

$${}^t\boldsymbol{x}'A'\boldsymbol{x}'+2{}^t\boldsymbol{b}'\boldsymbol{x}'+c'=0 \tag{8.8}$$

ただし，$A'={}^tPAP$, $\boldsymbol{b}'={}^tP(A\boldsymbol{x}_0+\boldsymbol{b})$, $c'={}^t\boldsymbol{x}_0A\boldsymbol{x}_0+2{}^t\boldsymbol{b}\boldsymbol{x}_0+c=F(\boldsymbol{x}_0)$ となる．

また，$\widetilde{P}=\begin{pmatrix} P & \boldsymbol{x}_0 \\ {}^t\boldsymbol{0} & 1 \end{pmatrix}$, $\widetilde{\boldsymbol{x}}'=\begin{pmatrix} \boldsymbol{x}' \\ 1 \end{pmatrix}$ とおくと，式 (8.7) より

$$\widetilde{\boldsymbol{x}}=\widetilde{P}\widetilde{\boldsymbol{x}}'$$

したがって，方程式 (8.5) は次のようになる．

$${}^t\widetilde{\boldsymbol{x}}'\widetilde{A}'\widetilde{\boldsymbol{x}}'=0$$

ただし，$\widetilde{A}'={}^t\widetilde{P}\widetilde{A}\widetilde{P}$. 一方，$P$ は直交行列であるから，以上のことより

$$\begin{array}{ll} |A'|=|A|, & |\widetilde{A'}|=|\widetilde{A}|, \\ \operatorname{rank}A'=\operatorname{rank}A, & \operatorname{rank}\widetilde{A'}=\operatorname{rank}\widetilde{A} \end{array} \tag{8.9}$$

実対称行列 A は，適当な直交行列 P により対角行列に変換されることから，座標軸の回転 $\boldsymbol{x}=P\boldsymbol{x}'$ により，方程式 (8.5) は

$$\lambda_1{x'}^2+\lambda_2{y'}^2+\lambda_3{z'}^2+2b_1'x'+2b_2'y'+2b_3'z'+c=0 \tag{8.10}$$

となる（ここで，$\lambda_1,\lambda_2,\lambda_3$ は A の固有値である）．

2次曲面の標準形　2次曲面 $F(\boldsymbol{x})$ は，係数行列 A の固有値 $\lambda_1,\lambda_2,\lambda_3$ の値により，次の**標準形**に分類される．

表　2 次曲面の標準形の分類

	rank A	rank $\widetilde{A}$	標　準　形	
I	3	4	(1) $\dfrac{x^2}{a^2}+\dfrac{y^2}{b^2}+\dfrac{z^2}{c^2}=1$	楕円面
			(2) $\dfrac{x^2}{a^2}+\dfrac{y^2}{b^2}-\dfrac{z^2}{c^2}=1$	一葉双曲面
			(3) $\dfrac{x^2}{a^2}+\dfrac{y^2}{b^2}-\dfrac{z^2}{c^2}=-1$	二葉双曲面
			(4) $\dfrac{x^2}{a^2}+\dfrac{y^2}{b^2}+\dfrac{z^2}{c^2}=-1$	虚の楕円面
		3	(5) $\dfrac{x^2}{a^2}+\dfrac{y^2}{b^2}-\dfrac{z^2}{c^2}=0$	2 次錐面
			(6) $\dfrac{x^2}{a^2}+\dfrac{y^2}{b^2}+\dfrac{z^2}{c^2}=0$	虚の 2 次錐面
II	2	4	(7) $\dfrac{x^2}{a^2}+\dfrac{y^2}{b^2}=2pz$	楕円放物面
			(8) $\dfrac{x^2}{a^2}-\dfrac{y^2}{b^2}=2pz$	双曲放物面
		3	(9) $\dfrac{x^2}{a^2}+\dfrac{y^2}{b^2}=1$	楕円柱面
			(10) $\dfrac{x^2}{a^2}+\dfrac{y^2}{b^2}=-1$	虚の楕円柱面
			(11) $\dfrac{x^2}{a^2}-\dfrac{y^2}{b^2}=1$	双曲柱面
		2	(12) $\dfrac{x^2}{a^2}-\dfrac{y^2}{b^2}=0$	交わる 2 平面
			(13) $\dfrac{x^2}{a^2}+\dfrac{y^2}{b^2}=0$	虚の交わる 2 平面
III	1	3	(14) $x^2=2py$	放物柱面
		2	(15) $x^2=c \quad (c>0)$	平行 2 平面
			(16) $x^2=c \quad (c<0)$	虚の平行 2 平面
		1	(17) $x^2=0$	一致した 2 平面

中心 2 次曲面 S が点 P_0 に関して対称であるとき，P_0 を S の**中心**という．ただし，S は空集合でないとする．

点 $P_0(x_0, y_0, z_0)$ が曲面 (8.6) の中心となるのは，点 P_0 を原点とするように座標軸の平行移動をしたとき新しい原点 P_0 が中心となることであるから，式 (8.8) により

$$\text{点 } P_0(x_0, y_0, z_0) \text{ が曲面 (8.6) の中心} \iff A\boldsymbol{x}_0 + \boldsymbol{b} = \boldsymbol{0} \tag{8.11}$$

ただし $\boldsymbol{x}_0 = \begin{pmatrix} x_0 \\ y_0 \\ z_0 \end{pmatrix}$．$S$ が空集合 (虚の楕円面，虚の楕円柱面，虚の平行 2 平面) のときも条件 (8.11) を満たす点 P_0 を中心という．

$|A| \neq 0$ の場合，曲面 (8.6) は唯一の中心をもつ．唯一中心をもつ 2 次曲面 S を**有心 2 次曲面**といい，その他の場合は**無心 2 次曲面**という．無心 2 次曲面 S は中心をもたないか，または無限個の中心をもつ．

中心をもつ 2 次曲面の場合，中心 P_0 を原点とし，行列 A の長さ 1 で直交する 3 つの固有ベクトルから得られる直交座標系をとれば，標準形が得られる．

問題 8.5 次の 2 次曲面の標準形を求めよ．

(1) $3x^2 + 4y^2 + 5z^2 + 4xy + 4yz - 2x + 4y + 4z - 25 = 0$

(2) $x^2 - z^2 - 4xy - 4yz + 2x + 4y + 4z - 15 = 0$

(3) $4x^2 + y^2 + 4z^2 - 4xy + 4yz - 8zx + 14x - 6y - 10z + 38 = 0$

【解答】 (1) 与えられた 2 次曲面の $A, \widetilde{A}$ は

$$A = \begin{pmatrix} 3 & 2 & 0 \\ 2 & 4 & 2 \\ 0 & 2 & 5 \end{pmatrix}, \quad \widetilde{A} = \begin{pmatrix} 3 & 2 & 0 & -1 \\ 2 & 4 & 2 & 2 \\ 0 & 2 & 5 & 2 \\ -1 & 2 & 2 & -25 \end{pmatrix}.$$

A の固有多項式は

$$\phi_A(t) = |tE - A| = \begin{vmatrix} t-3 & -2 & 0 \\ -2 & t-4 & -2 \\ 0 & -2 & t-5 \end{vmatrix} = (t-7)(t-4)(t-1)$$

であるから，A の固有値は $7, 4, 1$ である．したがって，$|A| = 1 \cdot 4 \cdot 7 = 28$, $\operatorname{rank} A = 3$. また，$|\widetilde{A}| = -784$ であるから，$\operatorname{rank} \widetilde{A} = 4$, $d = |\widetilde{A}|/|A| = -28$ となる．ゆえに，求める標準形は $7x'^2 + 4y'^2 + z'^2 - 28 = 0$, すなわち

$$\frac{1}{4}x^2 + \frac{1}{7}y^2 + \frac{1}{28}z^2 = 1 \qquad \text{(楕円面)}.$$

(2) 与えられた 2 次曲面の $A, \widetilde{A}$ は

$$A = \begin{pmatrix} 1 & -2 & 0 \\ -2 & 0 & -2 \\ 0 & -2 & -1 \end{pmatrix}, \quad \widetilde{A} = \begin{pmatrix} 1 & -2 & 0 & 1 \\ -2 & 0 & -2 & 2 \\ 0 & -2 & -1 & 2 \\ 1 & 2 & 2 & -15 \end{pmatrix}.$$

A の固有多項式は

$$\phi_A(t) = |tE - A| = \begin{vmatrix} t-1 & 2 & 0 \\ 2 & t & 2 \\ 0 & 2 & t+1 \end{vmatrix} = t(t+3)(t-3)$$

であるから，A の固有値は $3, 0, -3$, 対応する固有ベクトルは

$$u\begin{pmatrix} 2 \\ -2 \\ 1 \end{pmatrix}, \quad v\begin{pmatrix} -2 \\ -1 \\ 2 \end{pmatrix}, \quad w\begin{pmatrix} 1 \\ 2 \\ 2 \end{pmatrix} \qquad (u, v, w \text{ は } 0 \text{ でない任意定数})$$

である (互いに直交)．また $\operatorname{rank} A = 2$ であり

$$\widetilde{A} = \begin{pmatrix} 1 & -2 & 0 & 1 \\ -2 & 0 & -2 & 2 \\ 0 & -2 & -1 & 2 \\ 1 & 2 & 2 & -15 \end{pmatrix} \to \begin{pmatrix} 1 & -2 & 0 & 1 \\ 0 & -4 & -2 & 4 \\ 0 & -2 & -1 & 2 \\ 0 & 4 & 2 & -16 \end{pmatrix} \to \begin{pmatrix} 1 & -2 & 0 & 1 \\ 0 & -4 & -2 & 4 \\ 0 & 0 & 0 & -12 \\ 0 & 0 & 0 & 0 \end{pmatrix}$$

より，$\operatorname{rank} \widetilde{A} = 3$ である．したがって，求める標準形の曲面は分類表の II の場合である．
固有ベクトル $(u = v = w = 1/3)$ を用いて，座標軸の回転

$$\begin{pmatrix} x \\ y \\ z \end{pmatrix} = \frac{1}{3}\begin{pmatrix} 2 & -2 & 1 \\ -2 & -1 & 2 \\ 1 & 2 & 2 \end{pmatrix}\begin{pmatrix} x_2 \\ y_2 \\ z_2 \end{pmatrix}$$

をほどこして，2 次曲面は $3\left(x_2^2 - y_2^2 + 2y_2 - 5\right) = 0$ となる．これを変形して

$$x_2^2 - (y_2 - 1)^2 - 4 = 0.$$

さらに，平行移動 $x_3 = x_2$, $y_3 = y_2 - 1$, $z_3 = z_2$ により

$$x_3^2 - y_3^2 - 4 = 0.$$

ゆえに，求める標準形は

$$\frac{1}{4}x^2 - \frac{1}{4}y^2 = 1 \qquad \text{(双曲柱面)}.$$

(3) 与えられた 2 次曲面の A, $\widetilde{A}$ は

$$A = \begin{pmatrix} 4 & -2 & -4 \\ -2 & 1 & 2 \\ -4 & 2 & 4 \end{pmatrix}, \quad \widetilde{A} = \begin{pmatrix} 4 & -2 & -4 & 7 \\ -2 & 1 & 2 & -3 \\ -4 & 2 & 4 & -5 \\ 7 & -3 & -5 & 38 \end{pmatrix}.$$

A の固有多項式は

$$\phi_A(t) = |tE - A| = \begin{vmatrix} t-4 & 2 & 4 \\ 2 & t-1 & -2 \\ 4 & -2 & t-4 \end{vmatrix} = t^2(t-9)$$

であるから，A の固有値は 9, 0 (重解), 対応する固有ベクトルは

$$u\begin{pmatrix} -2 \\ 1 \\ 2 \end{pmatrix}, \quad v\begin{pmatrix} 1 \\ 2 \\ 0 \end{pmatrix}, \quad w\begin{pmatrix} 0 \\ -2 \\ 1 \end{pmatrix} \qquad (u, v, w \text{ は } 0 \text{ でない任意定数})$$

である ($\boldsymbol{a}_1, \boldsymbol{a}_2, \boldsymbol{a}_3$ とする)．また $\operatorname{rank} A = 1$ であり

$$\widetilde{A} = \begin{pmatrix} 4 & -2 & -4 & 7 \\ -2 & 1 & 2 & -3 \\ -4 & 2 & 4 & -5 \\ 7 & -3 & -5 & 38 \end{pmatrix} \to \begin{pmatrix} 0 & 0 & 0 & 1 \\ -2 & 1 & 2 & -3 \\ 0 & 0 & 0 & 1 \\ 1 & 0 & 1 & 29 \end{pmatrix} \to \begin{pmatrix} 0 & 0 & 0 & 1 \\ -2 & 1 & 2 & -3 \\ 0 & 0 & 0 & 0 \\ 1 & 0 & 1 & 0 \end{pmatrix} \to \begin{pmatrix} 1 & 0 & 1 & 0 \\ 0 & 1 & 4 & 0 \\ 0 & 0 & 0 & 1 \\ 0 & 0 & 0 & 0 \end{pmatrix}$$

より，$\operatorname{rank} \widetilde{A} = 3$ である．したがって，求める標準形は分類表の III の場合である．

次に，固有ベクトル ($u = v = w = 1$) を正規直交化する．$(\boldsymbol{a}_1, \boldsymbol{a}_2) = (\boldsymbol{a}_1, \boldsymbol{a}_3) = 0$, $\boldsymbol{a}_3 - ((\boldsymbol{a}_2, \boldsymbol{a}_3)/(\boldsymbol{a}_2, \boldsymbol{a}_2))\boldsymbol{a}_2 = \begin{pmatrix} 4 \\ -2 \\ 5 \end{pmatrix}$ より

$$\frac{1}{3}\begin{pmatrix} -2 \\ 1 \\ 2 \end{pmatrix}, \quad \frac{1}{\sqrt{5}}\begin{pmatrix} 1 \\ 2 \\ 0 \end{pmatrix}, \quad \frac{1}{3\sqrt{5}}\begin{pmatrix} 4 \\ -2 \\ 5 \end{pmatrix}.$$

これを用いて，座標軸の回転

$$\begin{pmatrix} x \\ y \\ z \end{pmatrix} = \frac{1}{3\sqrt{5}}\begin{pmatrix} -2\sqrt{5} & 3 & 4 \\ \sqrt{5} & 6 & -2 \\ 2\sqrt{5} & 0 & 5 \end{pmatrix}\begin{pmatrix} x_2 \\ y_2 \\ z_2 \end{pmatrix}$$

をほどこして，2 次曲面は $9x_2^2 - 18x_2 + \dfrac{2}{\sqrt{5}}y_2 + \dfrac{6}{\sqrt{5}}z_2 + 38 = 0$ となる．これを変形して

$$9(x_2 - 1)^2 + \frac{2}{\sqrt{5}}(y_2 + 3z_2) + 27 = 0.$$

さらに，座標軸の平行移動 $x_3 = x_2 - 1$, $y_3 = y_2$, $z_3 = z_2$ により

$$9x_3^2 + \frac{2}{\sqrt{5}}(y_3 + 3z_3) + 27 = 0.$$

再度，座標軸の回転

$$\begin{pmatrix} x_3 \\ y_3 \\ z_3 \end{pmatrix} = \frac{1}{\sqrt{10}}\begin{pmatrix} \sqrt{10} & 0 & 0 \\ 0 & 1 & -3 \\ 0 & 3 & 1 \end{pmatrix}\begin{pmatrix} x_4 \\ y_4 \\ z_4 \end{pmatrix}$$

により

$$9x_4^2 + 2\sqrt{2}y_4 + 27 = 0$$

となる．さらに，座標軸の平行移動 $x_5 = x_4$, $y_5 = y_4 + 27\sqrt{2}/4$, $z_5 = z_4$ により，$9x_5^2 + 2\sqrt{2}y_5 = 0$ に書き換えられる．ゆえに，求める標準形は

$$x^2 = -\frac{2\sqrt{2}}{9}y \qquad \text{(双曲柱面)} \quad \blacksquare$$

問題 8.6 次の 2 次曲面の中心を求めよ．

(1) $x^2 + 3y^2 + 2z^2 + 4yz + 4zx - 4x + 6y - 4z + 1 = 0$

(2) $x^2 + y^2 + z^2 + 2xy + 2yz - 2zx + 6x - 2y + 2z - 11 = 0$

【解答】 (1) 与えられた 2 次曲面は

$$F(\boldsymbol{x}) = {}^t\boldsymbol{x}A\boldsymbol{x} + 2{}^t\boldsymbol{b}\boldsymbol{x} + c = {}^t\boldsymbol{x}\begin{pmatrix} 1 & 0 & 2 \\ 0 & 3 & 2 \\ 2 & 2 & 2 \end{pmatrix}\boldsymbol{x} + 2\,{}^t\!\begin{pmatrix} -2 \\ 3 \\ -2 \end{pmatrix}\boldsymbol{x} + 1 = 0$$

で与えられる．条件 (8.11) により，曲面の中心 $\boldsymbol{x}_0$ は，方程式

$$\boldsymbol{0} = A\boldsymbol{x}_0 + \boldsymbol{b} = \begin{pmatrix} 1 & 0 & 2 \\ 0 & 3 & 2 \\ 2 & 2 & 2 \end{pmatrix}\begin{pmatrix} x_1 \\ x_2 \\ x_3 \end{pmatrix} + \begin{pmatrix} -2 \\ 3 \\ -2 \end{pmatrix}$$

を満たす．クラーメルの方法を用いて $(|A| = -10)$, $A\boldsymbol{x}_0 = -\boldsymbol{b}$ を解く．

$$x_1 = \frac{-\begin{vmatrix} -2 & 0 & 2 \\ 3 & 3 & 2 \\ -2 & 2 & 2 \end{vmatrix}}{-10} = 2, \quad x_2 = \frac{-\begin{vmatrix} 1 & -2 & 2 \\ 0 & 3 & 2 \\ 2 & -2 & 2 \end{vmatrix}}{-10} = -1, \quad x_3 = \frac{-\begin{vmatrix} 1 & 0 & -2 \\ 0 & 3 & 3 \\ 2 & 2 & -2 \end{vmatrix}}{-10} = 0$$

である．ゆえに，2 次曲面の中心は $\begin{pmatrix} 2 \\ -1 \\ 0 \end{pmatrix}$ である．

(2) 与えられた 2 次曲面は

$$F(\boldsymbol{x}) = {}^t\boldsymbol{x}\begin{pmatrix} 1 & 1 & -1 \\ 1 & 1 & 1 \\ -1 & 1 & 1 \end{pmatrix}\boldsymbol{x} + 2\,{}^t\!\begin{pmatrix} -3 \\ -1 \\ 1 \end{pmatrix}\boldsymbol{x} - 11 = 0$$

で与えられる．条件 (8.11) により，曲面の中心 $\boldsymbol{x}_0$ は，方程式

$$\boldsymbol{0} = A\boldsymbol{x}_0 + \boldsymbol{b} = \begin{pmatrix} 1 & 1 & -1 \\ 1 & 1 & 1 \\ -1 & 1 & 1 \end{pmatrix}\begin{pmatrix} x_1 \\ x_2 \\ x_3 \end{pmatrix} + \begin{pmatrix} -3 \\ -1 \\ 1 \end{pmatrix}$$

を満たす．このとき，$A\boldsymbol{x}_0 = -\boldsymbol{b}$ に掃出法を適用して

$$\left(\begin{array}{ccc|c} 1 & 1 & -1 & 3 \\ 1 & 1 & 1 & 1 \\ -1 & 1 & 1 & -1 \end{array}\right) \longrightarrow \left(\begin{array}{ccc|c} 1 & 1 & -1 & 3 \\ 0 & 0 & 2 & -2 \\ 0 & 2 & 0 & 2 \end{array}\right) \longrightarrow \left(\begin{array}{ccc|c} 1 & 1 & -1 & 3 \\ 0 & 0 & 1 & -1 \\ 0 & 1 & 0 & 1 \end{array}\right) \longrightarrow \left(\begin{array}{ccc|c} 1 & 0 & 0 & 1 \\ 0 & 1 & 0 & 1 \\ 0 & 0 & 1 & -1 \end{array}\right)$$

となる．ゆえに，2 次曲面の中心は $\begin{pmatrix} 1 \\ 1 \\ -1 \end{pmatrix}$ である． ■

章末問題 8

問　題 8. A

1. 実 2 次形式 $2x^2 + 2y^2 + 5z^2 - 2xy - 4yz + 4zx$ の標準形を求めよ．

【解答】 与えられた実 2 次形式は

$$F(\boldsymbol{x}) = {}^t\boldsymbol{x}A\boldsymbol{x} = (x_1\ x_2\ x_3)\begin{pmatrix} 2 & -1 & 2 \\ -1 & 2 & -2 \\ 2 & -2 & 5 \end{pmatrix}\begin{pmatrix} x_1 \\ x_2 \\ x_3 \end{pmatrix}.$$

この係数行列 A の固有多項式は

$$\phi_A(t) = |tE - A| = \begin{vmatrix} t-2 & 1 & -2 \\ 1 & t-2 & 2 \\ 2 & 2 & t-5 \end{vmatrix} = (t-1)^2(t-7).$$

A の固有値は 7, 1 (重解), 対応する固有ベクトルは

$$u\begin{pmatrix} 1 \\ -1 \\ 2 \end{pmatrix},\quad v\begin{pmatrix} 1 \\ 1 \\ 0 \end{pmatrix},\quad w\begin{pmatrix} -2 \\ 0 \\ 1 \end{pmatrix} \qquad (u, v, w \text{ は 0 でない任意定数})$$

である ($\boldsymbol{a}_1, \boldsymbol{a}_2, \boldsymbol{a}_3$ とする)．さらに，固有ベクトル $(u = v = w = 1)$ を正規直交化する．$(\boldsymbol{a}_1, \boldsymbol{a}_2) = (\boldsymbol{a}_1, \boldsymbol{a}_3) = 0$, $\boldsymbol{a}_3 - ((\boldsymbol{a}_2, \boldsymbol{a}_3)/(\boldsymbol{a}_2, \boldsymbol{a}_2))\boldsymbol{a}_2 = \begin{pmatrix} -1 \\ 1 \\ 1 \end{pmatrix}$ より

$$\frac{1}{\sqrt{6}}\begin{pmatrix} 1 \\ -1 \\ 2 \end{pmatrix},\quad \frac{1}{\sqrt{2}}\begin{pmatrix} 1 \\ 1 \\ 0 \end{pmatrix},\quad \frac{1}{\sqrt{3}}\begin{pmatrix} -1 \\ 1 \\ 1 \end{pmatrix}.$$

これを用いた直交変換

$$\boldsymbol{x} = \frac{1}{\sqrt{6}}\begin{pmatrix} 1 & \sqrt{3} & -\sqrt{2} \\ -1 & \sqrt{3} & \sqrt{2} \\ 2 & 0 & \sqrt{2} \end{pmatrix}\boldsymbol{y}$$

を行って，求める標準形は

$$F(\boldsymbol{y}) = 7y_1^2 + y_2^2 + y_3^2. \quad ■$$

2. エルミート形式 $\overline{x_1}x_1+\overline{x_2}x_2+\overline{x_3}x_3++\overline{x_1}x_2+\overline{x_2}x_1+i\overline{x_1}x_3-i\overline{x_3}x_1$ の標準形を求めよ．

【解答】 与えられたエルミート形式は

$$F(\boldsymbol{x})={}^t\boldsymbol{x}A\boldsymbol{x}=(x_1\ x_2\ x_3)\begin{pmatrix}1&1&i\\1&1&0\\-i&0&1\end{pmatrix}\begin{pmatrix}x_1\\x_2\\x_3\end{pmatrix}.$$

この係数行列 A の固有多項式は

$$\phi_A(t)=|tE-A|=\begin{vmatrix}t-1&-1&-i\\-1&t-1&0\\i&0&t-1\end{vmatrix}=(t-1)(t-1+\sqrt{2})(t-1-\sqrt{2}).$$

A の固有値は $1,\ 1+\sqrt{2},\ 1-\sqrt{2}$, 対応する固有ベクトルは

$$u\begin{pmatrix}0\\i\\1\end{pmatrix},\quad v\begin{pmatrix}-\sqrt{2}i\\-i\\1\end{pmatrix},\quad w\begin{pmatrix}\sqrt{2}i\\-i\\1\end{pmatrix}\qquad (u,v,w\ は\ 0\ でない任意定数)$$

である (互いに直交)．ゆえに，固有ベクトル $(u=v=w=1/2)$ を用いたユニタリ変換 $\boldsymbol{x}=\dfrac{1}{2}\begin{pmatrix}0&-\sqrt{2}i&\sqrt{2}i\\\sqrt{2}i&-i&-i\\\sqrt{2}&1&1\end{pmatrix}\boldsymbol{y}$ を行って

$$F(\boldsymbol{y})=\overline{y_1}y_1+(1+\sqrt{2})\overline{y_2}y_2+(1-\sqrt{2})\overline{y_3}y_3 \quad ■$$

3. 次の 2 次曲面の標準形を求めよ (a は実数)．

(1) $3x^2+3y^2+3z^2+2xy-2yz+2zx+2x+6y-2z+5=0$
(2) $3x^2+4y^2+2z^2-4xy+4zx+6x+6y-18z-3=0$
(3) $x^2+2y^2-4xy+4zx+6x-4y+a=0$

【解答】 (1) 与えられた 2 次曲面の $A,\ \widetilde{A}$ は

$$A=\begin{pmatrix}3&1&1\\1&3&-1\\1&-1&3\end{pmatrix},\quad \widetilde{A}=\begin{pmatrix}3&1&1&1\\1&3&-1&3\\1&-1&3&-1\\1&3&-1&5\end{pmatrix}$$

である．A の固有多項式は

$$\phi_A(t)=|tE-A|=\begin{vmatrix}t-3&-1&-1\\-1&t-3&1\\-1&1&t-3\end{vmatrix}=(t-1)(t-4)^2$$

であるから，A の固有値は $1, 4$ (重解) である．さらに

$$|A| = 16,\ \operatorname{rank} A = 3; \quad |\widetilde{A}| = 32,\ \operatorname{rank} \widetilde{A} = 4; \quad d = \frac{|\widetilde{A}|}{|A|} = 2$$

が得られる．ゆえに，求める標準形は $4x'^2 + 4y'^2 + z'^2 + 2 = 0$, すなわち

$$x^2 + y^2 + \frac{1}{4}z^2 = -\frac{1}{2} \qquad \text{(虚の楕円面)}.$$

(2) 与えられた 2 次曲面の $A, \widetilde{A}$ は

$$A = \begin{pmatrix} 3 & -2 & 2 \\ -2 & 4 & 0 \\ 2 & 0 & 2 \end{pmatrix}, \quad \widetilde{A} = \begin{pmatrix} 3 & -2 & 2 & 3 \\ -2 & 4 & 0 & 3 \\ 2 & 0 & 2 & -9 \\ 3 & 3 & -9 & -3 \end{pmatrix}$$

である．A の固有多項式は

$$\phi_A(t) = |tE - A| = \begin{vmatrix} t-3 & 2 & -2 \\ 2 & t-4 & 0 \\ -2 & 0 & t-2 \end{vmatrix} = t(t-3)(t-6)$$

であるから，A の固有値は $6, 3, 0$ であり, 対応する固有ベクトルは

$$u\begin{pmatrix} 2 \\ -2 \\ 1 \end{pmatrix}, \quad v\begin{pmatrix} 1 \\ 2 \\ 2 \end{pmatrix}, \quad w\begin{pmatrix} -2 \\ -1 \\ 2 \end{pmatrix} \qquad (u, v, w \text{ は } 0 \text{ でない任意定数})$$

である (互いに直交).

$\operatorname{rank} A = 2$ であり，$|\widetilde{A}| = -1458$ より $\operatorname{rank} \widetilde{A} = 4$ である．座標軸の回転

$$\begin{pmatrix} x \\ y \\ z \end{pmatrix} = \frac{1}{3}\begin{pmatrix} 2 & 1 & -2 \\ -2 & 2 & -1 \\ 1 & 2 & 2 \end{pmatrix}\begin{pmatrix} x_2 \\ y_2 \\ z_2 \end{pmatrix}$$

により，2 次曲面は $3\left(2x_2^2 + y_2^2 - 2x_2 - 2y_2 - 6z_2 - 1\right) = 0$ となる．これを変形した

$$2(x_2 - \frac{1}{2})^2 + (y_2 - 1)^2 - 6(z_2 + \frac{5}{12}) = 0$$

に対して，座標軸の平行移動 $x_3 = x_2 - 1/2,\ y_3 = y_2 - 1,\ z_3 = z_2 + 5/12$ をほどこして

$$2x_3^2 + y_3^2 - 6z_3 = 0$$

となる．ゆえに，求める標準形は

$$\frac{1}{3}x^2 + \frac{1}{6}y^2 = z \qquad \text{(楕円放物面)}.$$

(3) 与えられた 2 次曲面の $A, \widetilde{A}$ は

$$A = \begin{pmatrix} 1 & -2 & 2 \\ -2 & 2 & 0 \\ 2 & 0 & 0 \end{pmatrix}, \quad \widetilde{A} = \begin{pmatrix} 1 & -2 & 2 & 3 \\ -2 & 2 & 0 & -2 \\ 2 & 0 & 0 & 0 \\ 3 & -2 & 0 & a \end{pmatrix}$$

で与えられる．A の固有多項式は

$$\phi_A(t) = |tE - A| = \begin{vmatrix} t-1 & 2 & -2 \\ 2 & t-2 & 0 \\ -2 & 0 & t \end{vmatrix} = (t+2)(t-1)(t-4)$$

であるから，A の固有値は $4, 1, -2$ である．さらに，$|A| = -8$, $\mathrm{rank}\, A = 3$, $|\widetilde{A}| = 8(2-a)$ より

$$\mathrm{rank}\, A \leqq \mathrm{rank}\, \widetilde{A} = \begin{cases} 4 & (a \neq 2) \\ 3 & (a = 2) \end{cases}, \qquad d = \frac{|\widetilde{A}|}{|A|} = a - 2$$

である．ゆえに，求める標準形は $4x'^2 + y'^2 - 2z'^2 + a - 2 = 0$, すなわち

$$4x^2 + y^2 - 2z^2 = 2 - a \qquad \begin{cases} \text{一葉双曲面} & (a < 2) \\ \text{2 次錐面} & (a = 2) \\ \text{二葉双曲面} & (a > 2) \end{cases}$$

問　題 8. B

1. 実 2 次形式 $F(\boldsymbol{x}) = {}^t\boldsymbol{x}A\boldsymbol{x}$ は，$|A_k| \neq 0\ (k = 1, 2, \ldots, n)$ のとき，適当な正則 1 次変換 $\boldsymbol{x} = Q\boldsymbol{y}$, $Q = \begin{pmatrix} 1 & & * \\ & \ddots & \\ 0 & & 1 \end{pmatrix}$ により

$$F(\boldsymbol{x}) = |A_1| y_1^2 + \frac{|A_2|}{|A_1|} y_2^2 + \cdots + \frac{|A_n|}{|A_{n-1}|} y_n^2$$

とできることを示せ．(定理 8.5 の証明参照; n についての帰納法を用いよ.) また，適当な正則 1 次変換 $\boldsymbol{x} = P\boldsymbol{z}$ により $\left(y_i = \dfrac{|A_{i-1}|}{|A_i|} z_i\right)$

$$F(\boldsymbol{x}) = \frac{1}{|A_1|} z_1^2 + \frac{|A_1|}{|A_2|} z_2^2 + \cdots + \frac{|A_{n-1}|}{|A_n|} z_n^2$$

とできることを示せ (Jacobi の方法).

【解答】 $n = 1$ のときは明らかである．

$n-1$ のとき成り立つと仮定して，$n (> 1)$ のときも成り立つことを示す．定理 8.6 の証明におけるように．

対称行列 $A = \begin{pmatrix} A_{n-1} & \boldsymbol{a} \\ {}^t\boldsymbol{a} & d \end{pmatrix}$ に対して $S = \begin{pmatrix} E_{n-1} & -(A_{n-1})^{-1}\boldsymbol{a} \\ {}^t\boldsymbol{0} & 1 \end{pmatrix}$ とおくと ${}^tSAS = \begin{pmatrix} A_{n-1} & \boldsymbol{0} \\ {}^t\boldsymbol{0} & d \end{pmatrix}$ となり $|S| = 1$ であるから $|A| = |A_{n-1}| \cdot d$. したがって, $d = \dfrac{|A|}{|A_{n-1}|}$ であり，正則 1 次変換 $\boldsymbol{x} = S\boldsymbol{u}$, $\boldsymbol{u} = \begin{pmatrix} u_1 \\ \vdots \\ u_n \end{pmatrix}$ により

$$F(\boldsymbol{x}) = {}^t\boldsymbol{x}A\boldsymbol{x} = (u_1 \ \ldots \ u_{n-1})A_{n-1}\begin{pmatrix} u_1 \\ \vdots \\ u_{n-1} \end{pmatrix} + d \cdot u_n^2$$

さらに，$u_1, \ldots, u_{n-1}$ の 2 次形式

$$G(u_1, \ldots, u_{n-1}) = (u_1 \ \ldots \ u_{n-1})A_{n-1}\begin{pmatrix} u_1 \\ \vdots \\ u_{n-1} \end{pmatrix}$$

は，帰納法の仮定より，適当な正則 1 次変換 $\begin{pmatrix} u_1 \\ \vdots \\ u_{n-1} \end{pmatrix} = T_{n-1}\begin{pmatrix} y_1 \\ \vdots \\ y_{n-1} \end{pmatrix}$, $T_{n-1} = \begin{pmatrix} 1 & & * \\ & \ddots & \\ 0 & & 1 \end{pmatrix}$ により

$$G(u_1, \ldots, u_{n-1}) = |A_1|y_1^2 + \frac{|A_2|}{|A_1|}y_2^2 + \cdots + \frac{|A_{n-1}|}{|A_{n-2}|}y_{n-1}^2$$

したがって，$T = \begin{pmatrix} T_{n-1} & \boldsymbol{0} \\ {}^t\boldsymbol{0} & 1 \end{pmatrix}$ とおくと $S \cdot T = \begin{pmatrix} 1 & & * \\ & \ddots & \\ 0 & & 1 \end{pmatrix}$ となり，正則 1 次変換 $\begin{pmatrix} x_1 \\ \vdots \\ x_n \end{pmatrix} = S \cdot T\begin{pmatrix} y_1 \\ \vdots \\ y_n \end{pmatrix}$ により

$$F(\boldsymbol{x}) = |A_1|y_1^2 + \frac{|A_2|}{|A_1|}y_2^2 + \cdots + \frac{|A_{n-1}|}{|A_{n-2}|}y_{n-1}^2 + \frac{|A_n|}{|A_{n-1}|}y_n^2$$

また，$y_i = \dfrac{|A_{i-1}|}{|A_i|}z_i$ ($i = 1, \ldots, n$, ただし $|A_0| = 1$ とする) とおくと

$$F(\boldsymbol{x}) = |A_1|z_1^2 + \frac{|A_2|}{|A_1|}z_2^2 + \cdots + \frac{|A_n|}{|A_{n-1}|}z_n^2 \quad \blacksquare$$

2 次曲面の標準形の図

2 次曲面の標準形の分類表 (p.214) に対応しています．

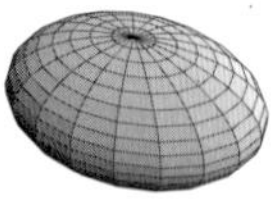

(1) $\dfrac{x^2}{a^2}+\dfrac{y^2}{b^2}+\dfrac{z^2}{c^2}=1$

楕円面

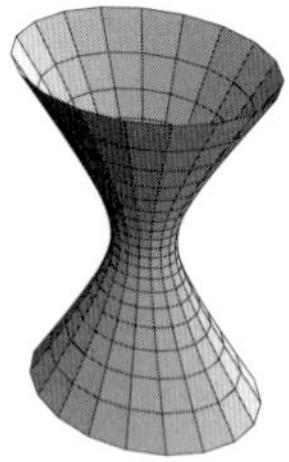

(2) $\dfrac{x^2}{a^2}+\dfrac{y^2}{b^2}-\dfrac{z^2}{c^2}=1$

一葉双曲面

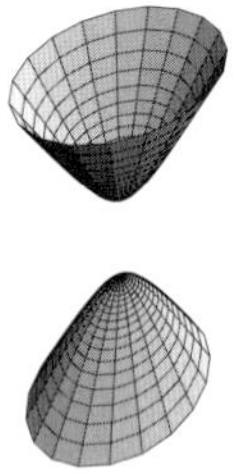

(3) $\dfrac{x^2}{a^2}+\dfrac{y^2}{b^2}-\dfrac{z^2}{c^2}=-1$

二葉双曲面

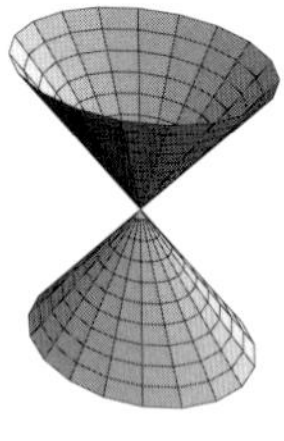

(5) $\dfrac{x^2}{a^2}+\dfrac{y^2}{b^2}-\dfrac{z^2}{c^2}=0$

2 次錐面

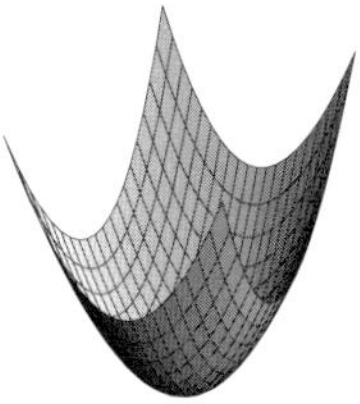

(7) $\frac{x^2}{a^2} + \frac{y^2}{b^2} = 2pz$

楕円放物面

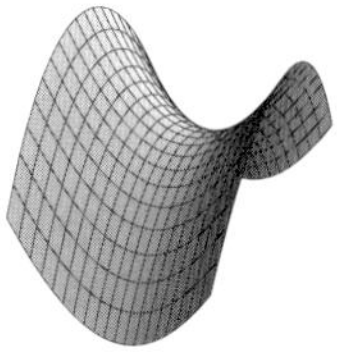

(8) $\frac{x^2}{a^2} - \frac{y^2}{b^2} = 2pz$

双曲放物面

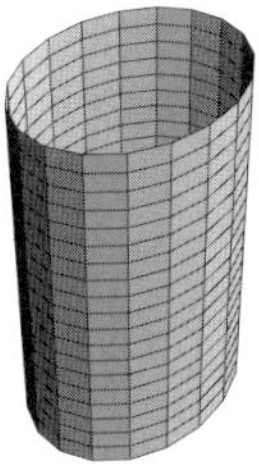

(9) $\frac{x^2}{a^2} + \frac{y^2}{b^2} = 1$

楕円柱面

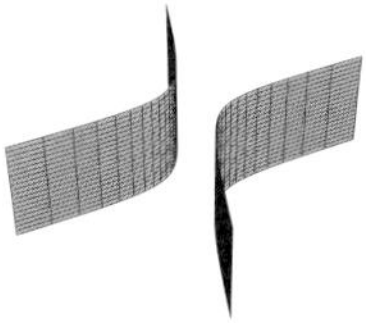

(11) $\frac{x^2}{a^2} - \frac{y^2}{b^2} = 1$

双曲柱面

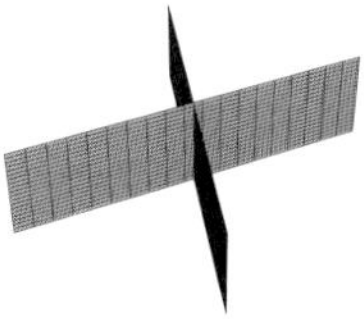

(12) $\frac{x^2}{a^2} - \frac{y^2}{b^2} = 0$

交わる 2 平面

索引

〈著者〉

川原雄作（かわはら　ゆうさく）

東京理科大学名誉教授・理学博士

木村哲三（きむら　てつぞう）

大東文化大学経済学部教授・理学博士

新妻　弘（にいつま　ひろし）

東京理科大学名誉教授・理学博士

亀田真澄（かめだ　ますみ）

山口東京理科大学基礎工学部准教授

詳解　線形代数の基礎

2001年5月15日　初版1刷発行
2022年3月25日　初版10刷発行

検印廃止

著　者　川原雄作・木村哲三・新妻　弘・亀田真澄 ©2001

発行者　南條光章

発行所　**共立出版株式会社**

東京都文京区小日向4丁目6番19号
電話　東京(03)3947-2511番（代表）
郵便番号112-0006
振替口座 00110-2-57035番
URL　www.kyoritsu-pub.co.jp

印刷：加藤文明社／製本：協栄製本

（一般社団法人 自然科学書協会 会員）

NDC 411.3／Printed in Japan

ISBN 978-4-320-01675-0

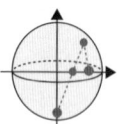